高等学校应用型新工科创新人才培养计划系列教材

高等学校云计算与大数据专业课改系列教材

云计算与虚拟化技术

青岛英谷教育科技股份有限公司　编著

西安电子科技大学出版社

内 容 简 介

本书以云计算环境下的虚拟化应用为中心，侧重于虚拟化硬件配置、资源限制及系统管理等方面的实用技能培养，旨在为搭建一个完整实用的虚拟化环境提供完备的理论基础和实践指导。

全书共分 11 章。第 1 章简要介绍了虚拟化技术的历史演变、实现原理、常用软件以及与云计算的关系；第 2 章至第 9 章以目前业内最常用的虚拟化软件 KVM 为例，详细讲解了创建 KVM 虚拟机、CPU 虚拟化、内存虚拟化、网络虚拟化、存储虚拟化、资源限制、分布式文件系统管理和管理虚拟机等常用操作；第 10 章和第 11 章对容器虚拟化技术 Docker 进行了专题讲解，包括对 Docker 的基本应用与 Docker 集群高级应用的介绍和指导。

本书内容精练，适用面广，可作为高等院校大数据、计算机科学与技术、软件工程、计算机软件、计算机信息管理等专业的教材，也可作为虚拟化和云计算从业者及爱好者的参考用书。

图书在版编目(CIP)数据

云计算与虚拟化技术 / 青岛英谷教育科技股份有限公司编著. —西安：
西安电子科技大学出版社，2018.2(2024.1 重印)
ISBN 978-7-5606-4834-7

Ⅰ. ① 云… Ⅱ. ① 青… Ⅲ. ① 云计算—研究 ② 数字技术—研究
Ⅳ. ① TP393.027 ② TN01

中国版本图书馆 CIP 数据核字(2018)第 010577 号

策　　划　毛红兵
责任编辑　刘玉芳　阎　彬
出版发行　西安电子科技大学出版社(西安市太白南路 2 号)
电　　话　(029)88202421　88201467　　邮　　编　710071
网　　址　www.xduph.com　　电子邮箱　xdupfxb001@163.com
经　　销　新华书店
印刷单位　陕西天意印务有限责任公司
版　　次　2018 年 2 月第 1 版　　2024 年 1 月第 5 次印刷
开　　本　787 毫米×1092 毫米　1/16　印　张　22.5
字　　数　531 千字
定　　价　59.00 元
ISBN 978-7-5606-4834-7 / TP
XDUP 5136001-5

高等学校云计算与大数据专业课改系列教材编委会

❖❖❖ 前　　言 ❖❖❖

随着信息技术的发展，计算机和互联网逐渐融入人们的工作和生活，人们频繁地应用计算机和互联网安排日常出行、就餐购物、休闲娱乐等事宜，数据信息的采集和整理变得越发重要。这时一系列的问题就产生了：如何通过数据信息高效地管理业务？如何动态地调整资源，降低成本？怎样共享已有平台之间的数据信息？显然，传统的计算机架构体系并不足以支撑起大数据时代，而日趋成熟的虚拟化技术和有着广阔前景的云计算技术，将成为实现大数据价值的左膀右臂。

云计算和虚拟化并非捆绑技术，但二者同时使用可以实现优势互补。云计算和虚拟化又是密切相关的，虚拟化是云计算必不可少的支撑技术之一，使用虚拟化技术可以使云计算基础设施的资源部署更灵活。虚拟化也可以引入云计算的理念，为用户提供所需的资源和服务。

虚拟化的概念早在 20 世纪 60 年代就被正式提出，但一直只在大型机上应用。VMware Inc.的首席科学家 Mendel Rosenblum 曾预言："在未来的几年中，虚拟化不再局限于进行简单的资源部署和作为机房使用，它们将提供一个基本构造块，以提高台式机的可移动性、安全性和可用性。"如今，虚拟化技术已臻成熟，在计算机体系结构、操作系统和编程语言等诸多领域都扮演着重要角色：它整合了服务器，将服务器在硬件、功耗、冷却和空间等方面的要求降低了 50%~70%；同时提高了运营效率，最大限度地减少停机的次数，确保了业务的连续性；它还允许快速创建、链接和克隆虚拟机，大大简化了程序开发、测试和上线的过程。

而云计算被视为继 Web 2.0 之后科技产业最重要的商机。2009 年起，阿里、Google、中国移动、HP、微软、IBM、Microsoft、英特尔、戴尔等行业巨头先后推出了自有的云计算服务。2010 年 10 月，《国务院关于加快培育和发展战略性新兴产业的决定》将新一代信息技术产业列入重点发展的七大战略性新兴产业之一，而云计算则是其中的重中之重。同年 10 月 18 日，工信部、发改委联合印发了《关于做好云计算服务创新发展试点示范工作的通知》，在许多城市大力推动云计算产业的发展，近十年来，已经取得了许多显著的成果。

本书是面向高等院校虚拟化与云计算专业的标准化教材，兼顾完善的理论性和较强的实用性。全书以云计算环境下虚拟化技术的应用为核心，第 1 章介绍了虚拟化和云计算的基本原理和常用概念；第 2 章～第 9 章以虚拟化软件 KVM 为基础，重点讲解了 CPU 虚拟化、内存虚拟化、网络虚拟化、存储虚拟化、资源限制、分布式文件系统管理及管理虚拟机的相关知识；最后两章对 Docker 容器虚拟化技术进行专题介绍，主要包括 Docker 基础应用以及 Docker 集群高级应用两部分内容。读者通过对本书的学习，可以了解虚拟化技术的背景和原理，掌握 KVM 下创建虚拟机的方法，掌握 CPU 和内存虚拟化、资源限制和分布式文件系统的应用方法，了解网络虚拟化与存储虚拟化的相关方法，掌握 Docker 的使用方法和技巧，对虚拟化技术拥有一定的理解和实践能力。云计算与虚拟化技术的更新很快，为了能够与最新技术更新保持同步，本书在每章小结处放置了一个"最新更新"二维码，扫描后可及时查看最新知识点，敬请关注。

本书由青岛英谷教育科技股份有限公司编写，参与本书编写工作的有张杰、凌月婷、孟洁、金成学、焦裕朋、张伟洋、侯方超、张玉星、王燕和刘英哲等。本书在编写期间得到了各合作院校专家及一线教师的大力支持，在此，要特别感谢给予我们开发团队大力支持和帮助的领导及同事，感谢合作院校的师生给予我们的支持和鼓励，更要感谢开发团队每一位成员所付出的艰辛劳动。

由于水平所限，书中难免有不当之处，读者在阅读过程中如有发现，可以通过邮箱(yinggu@121ugrow.com)与我们联系，以期不断完善。

本书编委会

2017 年 10 月

❖❖❖ 目　　录 ❖❖❖

第1章 云计算与虚拟化概论

本章目标

- 了解虚拟化的演进历史
- 了解虚拟化的实现层次
- 了解常用的虚拟化软件
- 了解容器虚拟化
- 了解 IaaS、PaaS、SaaS 的概念和相互区别
- 了解主流的云平台
- 了解几种流行的开源 IaaS 云平台

虚拟化和云计算技术是当下最为炙手可热的主流 IT 技术。虚拟化技术实现了 IT 资源的逻辑抽象和统一表示，在大规模数据中心管理和解决方案交付等方面发挥着巨大的作用，是支撑云计算伟大构想的最重要的技术基石；而在未来，云计算将会成为计算机的发展趋势和最终目标，以提高资源利用效率，满足用户不断增长的计算需求。云计算以虚拟化为核心，虚拟化则为云计算提供技术支持，二者相互依托，共同发展。

1.1 虚拟化简介

虚拟化技术和多任务操作系统的根本目的相同，即让计算机拥有能满足不止一个任务需求的处理能力。近年来，虚拟化技术已成为构建企业 IT 环境的必备技术，许多企业里虚拟机的数量已经远远大于物理机，虚拟化技术已成为 IT 从业者尤其是运维工程师的必备技能。

1.1.1 虚拟化技术的起源

1961 年，IBM 公司出品的 IBM709 型计算机(如图 1-1 所示)最早实现了分时系统，该系统将 CPU 的占用切分为多个极短的(1/100sec)时间片，每一个时间片都可以同时执行不同的任务，而通过对这些时间片的交替使用，可以将一个 CPU 虚拟成多个 CPU，并且让每一个虚拟 CPU 看起来都在同时运行，这就是虚拟机的雏形，之后的 System360 型计算机亦支持这一分时系统。

图 1-1　IBM709 型计算机

1972 年，IBM 正式将 System370 型计算机的分时系统命名为虚拟机(Virtual Machine)。

1990 年，IBM 的 System390 型计算机开始支持逻辑分区，允许用户将一个 CPU 分为若干份(最多 10 份)，即可以将一个物理 CPU 分为 10 个逻辑 CPU，且每一个逻辑 CPU 都是独立的。后来 IBM 将这些分时系统开源，才有了 X86 平台上虚拟机的发展。

1.1.2 虚拟化技术的原理和特点

虚拟化技术能将许多虚拟服务器融合到一个单独的物理主机上，并通过运行环境的彻底隔离充分保障虚拟机系统的安全。因此，通过虚拟化技术，服务提供方理论上可以为每个客户创建一个独占的虚拟主机。

1. 虚拟化技术的原理

虚拟化技术的原理如下：在操作系统中加入一个虚拟化层(Hypervisor)，这是一种位于物理机和操作系统之间的软件，允许多个操作系统共享一套基础硬件，也叫虚拟机监视

器(Virtual Machine Monitor，VMM)，该虚拟化层可以对下层主机的物理硬件资源(包括物理 CPU、内存、磁盘、网卡、显卡等)进行封装和隔离，将其抽象为另一种形式的逻辑资源，然后提供给上层虚拟机使用。本质上，虚拟化层是联系主机和虚拟机的一个中间件。

通过虚拟化技术构建的虚拟机一般被称为 GuestOS(客户机)，而作为 GuestOS 载体的物理主机则被称为 HostOS(宿主机)。

一个系统要成为虚拟机，需要满足以下条件：

- ✧ 由 VMM 提供的高效(>80%)、独立的计算机系统。
- ✧ 拥有自己的虚拟硬件(CPU、内存、网络设备、存储设备等)。
- ✧ 上层软件会将该系统识别为真实物理机。
- ✧ 有虚拟机控制台。

2. 虚拟化技术的特点

虚拟化技术有以下主要特点：

- ✧ 同质：虚拟机的本质与物理机的本质相同。例如，二者 CPU 的 ISA(指令集架构 Instruction Set Architecture)是相同的。
- ✧ 高效：虚拟机的性能与物理机接近，在虚拟机上执行的大多数指令有直接在硬件上执行的权限和能力，只有少数的敏感指令会由 VMM 来处理。
- ✧ 资源可控：VMM 对物理机和虚拟机的资源都是绝对可控的。
- ✧ 移植方便：如果物理主机发生故障或者因为其他原因需要停机，虚拟机可以迅速移植到其他物理主机上，从而确保生产或者服务不会停止；物理主机故障修复后，还可以迅速移植回去，从而充分利用硬件资源。

Red Hat 公司曾经测试过一些应用服务在虚拟机上运行的效率，部分测试报告如表 1-1 所示。

表 1-1　虚拟机性能测试报告(节选)

IBM DB2	SAP	ORACLE	JAVA	LAMP
VM=HOST*90%	VM=HOST*90%	VM=HOST*90%	VM=HOST*94%	VM=HOST*138%

从表 1-1 的数据可以看出，该虚拟机的性能已经相当接近物理机，LAMP 服务在虚拟机上运行的效率甚至还提高了，因为虚拟化技术将其中的 Apache、PHP/Python、MySQL 三个应用服务拆分到了三个不同的虚拟机中运行。

1.1.3　虚拟化的实现层次

在理解各种虚拟化的实现方法之前，需要先了解 X86 CPU 的一般架构。

为了保证代码执行的安全性、多用户的独立性以及操作系统的正常运行，研发者引入了 CPU 执行状态的概念，用来限制不同程序的访问能力，避免一个程序获取另一个程序的内存数据，并防止程序对物理硬件进行错误操作。

一般而言，CPU 都可以分为用户态和内核态两种基本状态，而 X86 CPU 更是可以细分为 Ring3～0 四种状态，如图 1-2 所示。

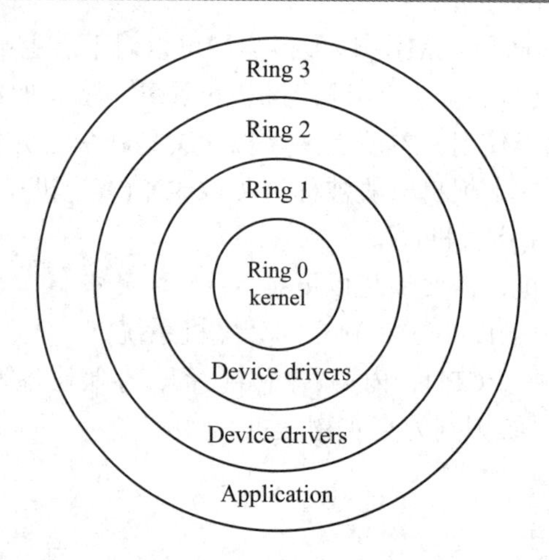

图 1-2　X86 CPU 状态分类

X86 CPU 的各种状态简介如下：

✧ Ring0：内核态(Kernel Mode)，宿主机操作系统内核运行的层次，运行在核心态的代码可以无限制地对系统内存、设备驱动程序、网卡接口、显卡接口等外围设备进行访问。
✧ Ring1 和 Ring2：驱动层，不涉及应用程序，与虚拟化的实现关系不大。
✧ Ring3：用户态(User Mode)，运行在用户态的代码要受到 CPU 的检查，这些代码只能访问内存页表项中允许用户态访问的页面的虚拟地址(受限的内存访问)，而且只能访问 TSS(Task State Segment，指操作系统进程管理过程中，进程切换时的任务现场信息)中的 I/O Permission Bitmap(I/O 许可位图)中规定能被用户态访问的端口，不能访问外围设备，也不能抢占 CPU。所有的用户程序(Application)都运行在用户态，当这些程序需要调用硬件设备时，CPU 会通过专用接口调用核心态的代码，之后这些程序才能对硬件设备进行操作。如果用户态的应用程序直接调用硬件设备，就会被宿主机操作系统捕捉到并触发异常报告。

粗略而言，GuestOS 和 VMM 都属于运行在 Ring3 上的应用程序，GuestOS 操作硬件设备时，会先将操作指令传递给 VMM，由 VMM 对该指令进行监控和检测，然后将指令传递给 HostOS，HostOS 则会将 GuestOS 发出的用户态指令模拟为核心态指令，最后交给 CPU 处理。

1.1.4　虚拟化的实现方式

虚拟化的实现方式分为全软件模拟、虚拟化层翻译和容器虚拟化三种。

1. 全软件模拟

全软件模拟技术理论上可以模拟所有已知的硬件，甚至不存在的硬件，但由于是软件模拟方式，所以效率很低，一般仅用于科研，不适合商业化推广。采用这种技术的软件有 Bochs 以及早期的 QEMU 等。

2. 虚拟化层翻译

在虚拟化发展的早期，技术主流是借助软件实现的全虚拟化和半虚拟化这两种虚拟化层翻译技术，两种技术各有优缺点，将其灵活应用于不同的环境，可以充分发挥两者的优越性，获得更好的效果。

Intel 领衔的硬件厂商的介入则开启了硬件虚拟化的新时代，从此全虚拟化和半虚拟化技术有了逐渐靠拢的趋势。当下的虚拟化行业已不再以单纯地出售虚拟化软件为主要盈利手段，而是将虚拟化技术整合在了更大、更完善的虚拟化平台解决方案中。

目前，主流的虚拟化层翻译技术有以下几类：

1) 全虚拟化(Fullvirtualization)

使用全虚拟化技术，GuestOS 可直接在 VMM 上运行而不需要对自身做任何修改。全虚拟化的 GuestOS 具有完全的物理机特性，即 VMM 会为 GuestOS 模拟出它需要的所有抽象资源，包括但不限于 CPU、磁盘、内存、网卡、显卡等。全虚拟化技术的实现架构如图 1-3 所示。

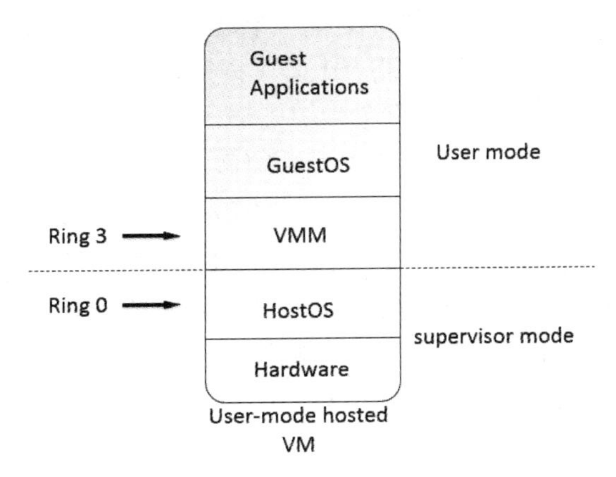

图 1-3　全虚拟化技术架构

用户使用虚拟机 GuestOS 的时候，不可避免会使用 GuestOS 中的虚拟设备驱动程序和核心调度程序来操作硬件设备。例如，GuestOS 使用网卡时，就会调用 VMM 模拟的虚拟网卡驱动来操作物理网卡。但由上图可知，全虚拟化架构下的 GuestOS 是运行在 CPU 用户态中的，因此不能直接操作硬件设备，只有运行在 CPU 核心态中的 HostOS 才可以直接操作硬件设备。为解决这一问题，VMM 引入了特权解除和陷入模拟机制。

(1) 特权解除：又称翻译机制，即当 GuestOS 需要使用运行在核心态的指令时，VMM 就会动态地将该指令捕获，并调用若干运行在非核心态的指令来模拟该核心态指令的效果，从而将核心态的特权解除，解除该特权之后，GuestOS 中的大部分指令都可以正常执行。但是，仅凭借特权解除机制并不能完美解决所有问题，因为在一个 OS 指令集中往往还存在着敏感指令(可能是内核态，也可能是用户态)，这时就需要实现陷入模拟机制。

(2) 陷入模拟：HostOS 和 GuestOS 都存在部分敏感指令(如 reboot、shutdown 等)，这些敏感指令如果被误用会导致很大麻烦。试想，如果在 GuestOS 中执行的“reboot”指令

将 HostOS 重启了，显然会非常糟糕。而 VMM 的陷入模拟机制正是为了解决这个问题：如果在 GuestOS 中执行了需要运行在内核态中的 reboot 指令，则 VMM 首先会将该指令获取、检测并判定为敏感指令，然后启动陷入模拟机制，将敏感指令“reboot”模拟成一个只对 GuestOS 进行操作的、非敏感的，并且运行在非核心态的“reboot”指令，并将其交给 CPU 处理，最后由 CPU 准确执行重启 GuestOS 的操作。

由于全虚拟化是将非内核态指令模拟成内核态指令再交给 CPU 处理，中间要经过两重转换，因此效率比半虚拟化要低，但优点在于不会修改 GuestOS，所以全虚拟化的 VMM 可以安装绝大部分的操作系统。

典型的全虚拟化软件有 VMWare、Hyper-V、KVM-X86(复杂指令集)等。

2) 半虚拟化(Paravirtualization)

半虚拟化技术是需要 GuestOS 协助的虚拟化技术，因为在半虚拟化 VMM 中运行的 GuestOS 内核都经过了修改。一种方式是修改 GuestOS 内核指令集中包括敏感指令在内的内核态指令，使 HostOS 在接收到没有经过半虚拟化 VMM 模拟和翻译处理的 GuestOS 内核态指令或敏感指令时，可以准确判断出该指令是否属于 GuestOS，从而高效地避免错误；另一种方式是在每一个 GuestOS 中安装特定的半虚拟化软件，如 VMTools、RHEVTools 等。因此，半虚拟化技术在处理敏感指令和内核态指令的流程上更为简单。

典型的半虚拟化软件如 Xen、KVM-PowerPC(简易指令集)等。

3) 硬件辅助虚拟化(HVM)

2005 年，Intel 公司提出并开发了由 CPU 直接支持的虚拟化技术，即硬件辅助虚拟化技术，这种虚拟化技术引入了新的 CPU 运行模式和新的指令集，使 VMM 和 GuestOS 运行在不同的模式之下(VMM 运行在 Ring0 的根模式下；GuestOS 则运行在 Ring0 的非根模式下)。硬件辅助虚拟化技术的架构如图 1-4 所示。

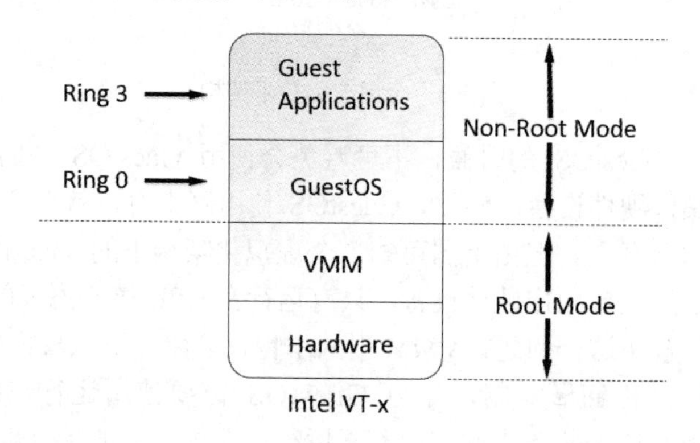

图 1-4　硬件辅助虚拟化技术的架构

CPU 硬件辅助虚拟化技术解决了非内核态敏感指令的陷入模拟难题：由于 GuestOS 运行于受控模式，其内核指令集中的敏感指令会全部陷入 VMM，由 VMM 进行模拟。模式切换时上下文的保存恢复工作也都由硬件来完成，从而大大提高了陷入模拟的效率。硬件辅助虚拟化技术的引入，使 X86 CPU 可以轻松实现完全的虚拟化，因而被之前存在分歧的几乎所有虚拟化软件所采用，包括 KVM-X86、VMWare ESX Server 3、Xen 3.0 等。

目前，主流的硬件辅助虚拟化技术有以下两种：

(1) Intel VT-x：Intel 的 CPU 硬件辅助虚拟化技术，包括 Intel VT Flex-Priority(Intel 灵活任务优先级)、Intel VTF lex-Migration(Intel 虚拟化灵活迁移技术)和 Extended Page-Tables(Intel VT 扩展页表)三大组成部分。Intel VT-x 技术可以让一个 CPU 模拟多个 CPU 的并行运行，从而使一台物理服务器内可以同时运行多个操作系统，降低(甚至消除)多台虚拟机之间的资源争夺和限制，从硬件上极大地改善虚拟机的安全性和性能，提高基于软件的虚拟化解决方案的灵活性与稳定性。

(2) AMD-V：AMD 的 CPU 硬件辅助虚拟化技术，是针对 X86 处理器系统架构开发的一组硬件扩展和硬件辅助虚拟化技术，能够简化基于软件的虚拟化解决方案，改进 VMM 的设计，从而更充分地利用硬件资源，提高服务器和数据中心的虚拟化效率。

4) 内存虚拟化

以往，GuestOS 使用的是虚拟内存，因此必须进行虚拟内存到物理内存的翻译，这就影响了虚拟机的效率，而如今 Intel 的 EPT 技术、AMD 的 RVI 技术均支持内存虚拟化。

内存虚拟化的映射(内存地址转换)涉及以下三类地址：

✧ 虚拟地址(VA)：GuestOS 提供给其应用程序使用的线性地址空间。

✧ 物理地址(PA)：经 VMM 抽象的，虚拟机看到的伪物理地址。

✧ 机器地址(MA)：真实的机器物理地址，即地址总线上出现的地址信号。

宿主机到虚拟机的内存地址映射关系如下：

✧ GuestOS：GuestOS 负责 VA 到 PA 的映射，表达式为 PA = f(VA)。

✧ VMM：VMM 负责 PA 到 MA 的映射，表达式为 MA = g(PA)。

通过上述映射，在应用程序访问地址 VA1 时，该地址会先经过 GuestOS 的页表转换为 PA1，再经过 VMM 的页表将 PA1 转换为 MA1，从而实现了内存地址从虚拟地址到机器地址的转换。

5) 总线虚拟化

总线虚拟化技术可以将一块网卡分给若干个 GuestOS 使用，每台虚拟机分得网卡性能的 1/N。由于总线虚拟化技术是直接把物理设备划分给 GuestOS 的，无需经过 VMM，因此性能较高，甚至接近真机。内存虚拟化和总线虚拟化技术的实现，进一步提高了 GuestOS 和 HostOS 的运行性能。

目前，主流的总线虚拟化技术主要有以下两类：

(1) Intel 的 VT-d 技术。使用 VT-d 技术时，每个 I/O 设备在系统内存中都有一个专用区域，只有该 I/O 设备与分配到该设备的虚拟机才能对该内存区域进行访问。VT-d 技术通过将特定的 I/O 设备安全分配给特定的虚拟机来减少 VMM 管理 I/O 流量的工作，加速了数据传输的速度。

(2) AMD 的 IOMMU 技术。IOMMU 位于外围设备和主机之间，负责管理设备对系统内存的访问，将设备所请求的地址转换为系统内存地址，并检查每个接入的权限。IOMMU 通过允许 VMM 直接将真实设备分配给客户操作系统的方法来让 I/O 虚拟化更有效，此时，VMM 会将客户请求转换为主机操作系统的真实驱动程序请求。通常情况下，IOMMU 会被部署为 HyperTransport 或者 PCI 桥接设备的一部分。

3．容器虚拟化

容器虚拟化是一种不同于虚拟机方式的虚拟化技术，它并不是一种硬件虚拟化方法，而是一个操作系统级的虚拟化方法，因而不属于全虚拟化和半虚拟化中的任意一类。

容器虚拟化技术以容器为虚拟化的载体单位，容器可以为应用程序提供隔离的运行空间，且一个容器内的变动不会影响其他容器。与虚拟机相比，容器具有以下特性：

✧ 在容器里运行的一般是不完整的操作系统(虽然也可以)，而在虚拟机上必须运行完整的操作系统。
✧ 容器比虚拟机使用更少的资源，包括 CPU、内存等。
✧ 容器在云硬件(或虚拟机)中可被复用，就像虚拟机在裸机上可被复用一样。
✧ 容器的部署时间可以短到毫秒级，虚拟机则最少是分钟级。

容器比虚拟机更轻量、效率更高，部署也更加便捷，但容器是将应用打包并以进程的形式运行在操作系统上的，因此应用之间并非完全隔离，这是容器虚拟化的一大缺陷。

Linux 系统上的容器虚拟化技术被称为 LXC(Linux Container)，是最常使用的容器虚拟化方案之一，本书第 10 章与第 11 章会以优化的 LXC 技术——Docker 技术为例，对容器虚拟化方法进行专题介绍。

1.1.5 常用的虚拟化软件

目前，X86 平台上的主流虚拟化软件可分为两类：面向企业的 VMware、Hyper-V、Xen、KVM，以及面向个人用户的 VMware WorkStation 和 Virtual-Box。

1．VMware

VMware 首款产品发布于 1999 年，是最早出现在 X86 平台上的虚拟化软件，具有良好的兼容性和稳定性。VMware 的产品线较为全面，既有虚拟化整体解决方案，也有 IaaS、PaaS、SaaS 平台以及网络、存储等方面的产品。经过近 20 年的发展，VMware 的专用协议得到了很多厂商的支持，已经形成了自己的产品生态链。

VMware 的软件是非开源产品，对用户收费，所以一般只被传统行业与政府机关所采用，中小企业和互联网公司使用较少。

2．Xen

Xen 由剑桥大学开发，是最早的开源虚拟化软件，半虚拟化的概念也是 Xen 最早提出的。2007 年 8 月，Xen 被 Citrix 公司收购，并发布了管理工具 XenServer。

作为一种比较古老的虚拟化软件，Xen 已很少被新建虚拟化系统的公司使用，但由于其兼容性和稳定性较好，一些在 Xen 上有技术积累的公司目前仍在使用这一软件。

3．Hyper-V

Hyper-V 是微软出品的虚拟化软件，近年来发展较为迅速。Hyper-V 软件必须在 64 位的 Windows 系统上运行，但也可以创建 Linux 虚拟机。

Hyper-V 是非开源的收费产品，管理工具 SCVMM 的配置比较复杂，在管理多台宿主机时，需要先配置 Windows 域和 Windows Server 集群，因此只在一些 Windows 系统为主的企业中应用。

4. KVM

KVM 是近年来发展迅猛的虚拟化技术，该技术一经推出就支持硬件虚拟化，具备相当优秀的兼容性。目前，KVM 是 OpenStack 平台首选的虚拟化引擎，国内新一代的公有云大部分也都采用了 KVM 技术。因此，本书对虚拟化技术的介绍即以 KVM 为例。

1.2　云计算简介

云计算(Cloud Computing)是一种基于互联网的相关服务的增加、使用和交付模式，它依赖于虚拟化，通常会通过互联网来提供动态易扩展且经常是虚拟化的资源。借助虚拟化技术，可以把服务器等硬件资源构建成一个虚拟资源池，从而实现共同计算和共享资源，即实现云计算。

1.2.1　云计算的实现模式

云计算的实现模式如图 1-5 所示。

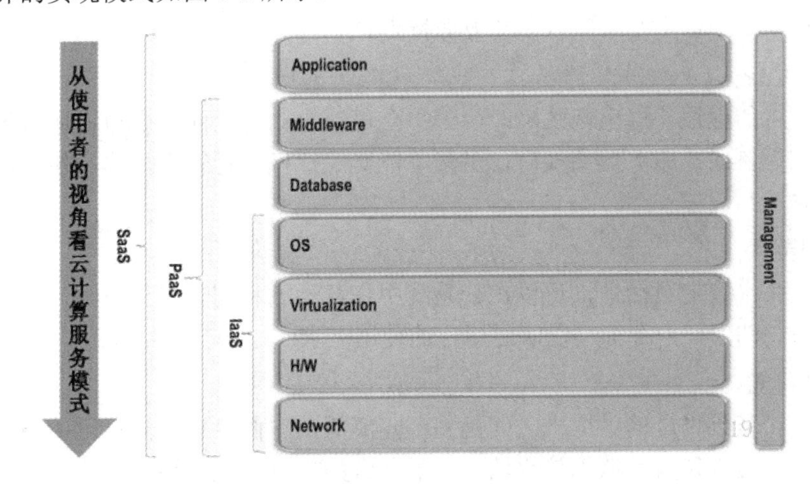

图 1-5　云计算的实现模式

由上图可知，云计算的实现模式可以分为三种。

1. IaaS——基础设施即服务

所谓基础设施，就是硬件、网络和操作系统资源的集成。在 IaaS 模式下，用户不必自行采购硬件设备，也不用考虑安装 OS、配置防火墙、网络升级、更换硬件等事务，只需选择自己所需的硬件配置，如操作系统、带宽等，就可以使用相应的硬件资源。

2. PaaS——平台即服务

在 IaaS 模式下，用户虽然不需要自己安装操作系统，也不用担心硬件和网络的维护问题，却仍需要安装应用程序并为其配置运行环境，如安装中间件和数据库等。而 PaaS 在 IaaS 的基础上增加了中间件和数据库的资源，用户选择 PaaS 时只需考虑自己习惯使用哪种语言的数据库，然后只关心程序的开发和部署即可。

3. SaaS——软件即服务

在 SaaS 模式下，用户只要注册一个账号，无需任何安装操作，只要登录就可使用所需的软硬件资源。例如，企业邮箱就是一个 SaaS 模式的应用，企业只需要注册邮箱用户，然后设置自己的邮箱域名，整个企业的用户就都可以使用这个邮箱的功能了。

打个比方，如果要修建一条马路，那么 IaaS 就是这条马路的基石；PaaS 就是这条马路的钢筋水泥，让马路更加牢固；而 SaaS 就是可供人使用的马路。用户可以根据自身业务需求，选择适合自己的云服务模式。

1.2.2 云平台的主要特性

云平台是用于管理云计算的硬件、软件并向用户提供云计算服务的平台。云平台软件则用于对云平台进行管理。云平台软件能将现有的基础设施(包括任何商用计算机硬件)转换为一个单独的资源库，即一个云系统，通过重新划分硬件资源来实现用户资源的合理分配。不仅如此，云平台软件还可以对资源的使用进行监控和计量，提高客户机系统的可靠性，使整个云系统更稳定、更安全。

总的来说，云平台主要具有以下几方面特点。

1. 可用性高

当一台主机的虚拟化层出现故障时，云平台可以自动将上面的虚拟机迁移到另一个虚拟化层上。在控制面板服务器离线时，虽然不能对虚拟机进行管理操作，但虚拟机依旧可以正常运行。

2. 管理灵活

云平台具有高度的灵活性，可以在云系统中任意添加和删除多种资源，如虚拟化层、数据存储设备、CPU、内存等，以满足用户的使用需求。

3. 安全可靠

作为云平台基础设施的虚拟机之间是完全隔离的，它们各自访问自己的硬盘；存储虚拟机的服务器上也安装有反欺骗防火墙；在云平台的控制面板中还可以给每个用户设置不同的角色，每个角色配置不同级别的访问权限。

4. 负载均衡

云平台拥有强大的负载均衡功能，能够显著提高应用程序的可用性和可扩展性。

5. 用户管理方便

云平台为其用户提供了非常精细的控制选项，同时还能设置多种不同类型的用户和用户组，并分别定制不同用户与用户组的访问权限和功能要求。

6. 计费功能完善

面向第三方的云平台通常拥有完善的计费功能和账单系统，支持多种货币类型，从而可以实现资源的计划使用和自动结算。

7. 集成丰富的 API

云平台集成了多种应用软件接口，为用户在云端进行应用开发提供了极大的便利。

8．支持移动接入

云平台一般都支持 iPhone/Android 应用，用户可以通过移动设备连接云系统，管理自有云资源，并在云中进行操作。

1.2.3　主流云平台产品

随着大众对云计算的需求日益增长，越来越多的 IT 巨头研发了自有的云计算平台，供用户进行多角度、多形式的云技术开发。这些云计算平台都有自己的鲜明特点，其核心功能、涵盖领域以及面向对象都有所不同。企业和个人在选择云平台时，不仅要考虑提供商的技术实力，也要考虑云平台的易用性与自己的使用需求。

1．微软云计算

总体来看，目前微软的云计算发展最为迅速，其推出的首批 SaaS 产品包括 Dynamics CRM Online、Exchange Online、Office Communications Online 以及 SharePoint Online，每种产品都有多客户共享版本，主要服务对象是中小型企业。针对普通用户，微软还提供包括 Windows Live、Office Live 和 Xbox Live 等的在线服务。

2．IBM 云计算

2007 年，IBM 公司发布了蓝云(Blue Cloud)计划。IBM 宣称，计划中的这套产品可以“通过分布式的全球化资源让企业的数据中心能像互联网一样运行”。作为最早进入中国的云计算服务提供商，IBM 在中文服务方面比较成熟，对中国的云计算用户而言是一个不错的选择。今后，IBM 的云计算服务将有可能涵盖其全部的业务和产品线。

3．亚马逊云计算

亚马逊云计算全称为亚马逊网络服务(Amazon Web Services，AWS)，它提供了一系列全面的 IaaS 和 PaaS 服务，其中最有名的服务包括：弹性计算云(Elastic Compute Cloud，EC2)服务、简单存储服务、弹性块存储服务、关系型数据库服务和 NoSQL 数据库，同时还提供与网络、数据分析、机器学习、物联网、移动服务、开发、云管理、云安全等有关的云服务。

4．谷歌云计算

谷歌围绕因特网搜索创建了一种超动力商业模式，如今，他们又以应用托管、企业搜索以及其他更多形式向企业开放了他们的“云”。谷歌的应用软件引擎(Google AppEngine，GAE)让开发人员可以编译基于 Python 的应用程序，并免费使用谷歌的基础设施来进行托管(最高存储空间达 500MB)。

5．红帽(Red Hat)云计算服务

Red Hat 公司是云计算领域的后起之秀，它提供类似于亚马逊弹性计算云技术的纯软件云计算平台。红帽云计算平台的基础架构使用自己研发的操作系统和虚拟化技术，可以搭建在各种工业标准服务器(HP、IBM、DELL 等)、存储设备(EMC、DELL、IBM、NetAPP 等)以及网络环境中，具备与硬件平台完全无关的特性，因而拥有显著的价格优势以及灵活多变的功能。

6．百度应用开放平台

百度应用开放平台(Baidu App Engine)是以用户需求为导向、以创新的“框计算”技术和全开放机制为基础、为广大应用开发者及运营商提供的开放式技术对接通道。不仅为用户实现了“即搜即用、即搜即得”的全新搜索体验，也为平台合作者提供了展现自身应用的便捷接口。目前，百度应用开放平台已正式对外开放，包括游戏、视频、音乐、阅读、工具、生活等各类 WebApp 应用均可申请合作。

百度应用开放平台的推出，标志着源于用户的搜索需求正呈现出新的发展趋势——分析百度的搜索关键词，可以发现与应用相关的搜索词数量正不断攀升，目前已占到总搜索数量的 30%。百度在此时推出应用开放平台可谓大势所趋，不仅可以推动更多优质的应用资源与用户需求直接对接，也是百度“让人们更便捷地获取信息，找到所求”理念的最好诠释。

7．阿里云服务引擎

阿里云服务引擎(Aliyun Cloud Engine，ACE)是一个基于云计算基础架构的网络应用程序托管环境，可以帮助开发者简化网络应用程序的构建和维护工作，并能根据应用访问量和数据存储的增长量进行扩展。ACE 支持由 PHP 或 NODE.JS 语言编写的应用程序，支持在线创建 MySQL 远程数据库应用。

ACE 为应用提供负载均衡、弹性伸缩、故障恢复、安全沙箱等服务支持，同时集成了 Session、缓存、文件存储、定时任务等分布式服务，使 PHP、NodeJS 等流行的 Web 开发语言可以更加便捷地使用云计算服务。

8．新浪 Sina App Engine

新浪 Sina App Engine(SAE)采用了分层架构，自上而下分别为反向代理层、路由逻辑层与 Web 计算服务层。从 Web 计算服务层则可以延伸出 SAE 附属的分布式计算型服务和分布式存储型服务，具体又可分为同步计算型服务、异步计算型服务、持久化存储服务与非持久化存储服务。

9．华为 FusionCloud

FusionCloud 是华为公司推出的融合云计算服务，旨在实现不同厂家的硬件资源池、计算架构、存储架构、网络架构的融合，并实现固定与移动融合的云接入。

FusionCloud 可以针对企业的不同应用场景提供完整高效、易于构建且开放的云计算解决方案，包括弹性化、自动化的基础设施，按需服务的模式以及更便捷的 IT 服务。通过整合 OpenStack 开源云平台技术，FusionCloud 能最大限度地实现云平台的开放性，帮助企业和服务供应商建立并管理私有云、公共云和混合云中的各项服务。

截至目前，FusionCloud 已服务于全球 130 个国家和地区，部署了 200 万台虚拟机和 420 个云数据中心，覆盖政府和公共事业、电信、能源、金融、交通、医疗、教育、媒体、制造业等各大关键领域。

1.2.4 开源 IaaS 云平台

目前，市面上的主流云平台软件多数是在开源 IaaS 云平台的基础上研发的，比如华为的 FusionCloud，就是在 OpenStack 基础上开发的云计算产品。鉴于此，下面将对包括 OpenStack 在内的四大开源 IaaS 云平台进行一个简要介绍。

1．Eucalyptus

Eucalyptus 是最早试图克隆 AWS 的开源 IaaS 云平台。Eucalyptus 由云控制器(CLC)、Walrus、集群控制器(CC)、存储控制器(SC)和节点控制器(NC)组成，它们相互协作，共同提供用户所需的云服务，各组件间使用支持 WS-Security 的 SOAP 消息实现安全的通信。Eucalyptus 对外提供兼容 AWS 的 SOAP 和 Query 接口，主要开发语言为 Java 和 C，但不提供其他 API。

CLC 是 Eucalyptus 的核心，包括虚拟机控制、存储卷管理、网络资源(Address)管理、镜像管理、快照管理、Keypair 管理和元数据管理等服务模块。Eucalyptus 使用开源软件 ESB Mule 将所有的 CLC 服务模块编排起来，对外统一提供 EC2 和 EBS 服务。虽然 Eucalyptus 在 SOA 层面做得较好，但 ESB 技术门槛比较高，而且 Eucalyptus 只支持很少的插件，因此在抽象框架和插件的设计方面较为欠缺。

Eucalyptus 缺少 API 层设计，CLC 为全局资源管理层，集群服务(CC 和 SC)为底层资源管理层。但是，CLC、CC 和 NC 并非软件架构层面的分层，只能看做一种管理较大规模集群的工程化方法。虽然 Eucalyptus 将每个集群的计算、存储和网络资源管理功能都设计成了独立服务，但网络服务仅在代码上独立了出来，实践上并未按照独立的服务实现，整体设计解耦不够。

Eucalyptus 的 CLC 采用开源软件 ESB Mule 为核心编排服务，架构较为新颖；但 CC 和 NC 采用的则是 Apache+CGI 的软件架构，基于 Axis/C 来实现 Web 服务。因此，整体来看 Eucalyptus 还没有开发平台化的趋势。

2．OpenNebula

OpenNebula 是 Reservoir 项目的一部分，源于 2005 年欧洲研究学会发起的虚拟基础设备和云端运算计划，是该计划研发的虚拟化管理层的开源实现。OpenNebula 使用 C++ 编写核心，使用 Ruby 开发的各种 Driver 来实现具体的功能，整体系统只有一个核心部件 Front End(前端)，即 ONE。

OpenNebula 分为三层，即接口层、核心层和驱动层：

(1) 接口层提供了原生的 XML-RPC 接口，同时实现了 EC2、OCCI 和 OpenNebula Cloud API(OCA)等多种 API，为用户提供了多种选择。

(2) 核心层的 OpenNebula Core 提供统一的 Hook 插件管理、Request 请求管理、VM 生命周期管理、虚拟化层(Hypervisor)管理、网络资源管理和存储资源管理等核心功能，同时配合 Scheduler 对外提供计算资源、存储资源和网络资源的管理服务。

(3) 最底层是由各种 Driver 构成的驱动层，与虚拟化软件(KVM、Xen)和物理基础设施交互。

在 OpenNebula 中，计算、存储和网络部分是 ONE 中各自独立的模块，资源调度功能也被分离出来。ONE 中的调度引擎 Haizer 可以提供带有 lease(租约)功能的高级资源调度能力，而其中的 requirement 和 matcher 模块则支持多种策略的资源额度管理功能。

OpenNebula 并未采用 SOA 的设计，没有将计算、存储和网络设计为独立组件，解耦做得还不够。但值得注意的是：OpenNebula 可以使用 Libvirt 提供的接口，以远程调用计算节点上的虚拟化控制命令，这种无代理的设计在系统安装部署阶段会减少很多的软件安装配置工作，是 OpenNebula 的一个亮点。

3. CloudStack

CloudStack 是由 Cloud.com 开发的开源 IaaS 软件，被 Citrix 收购后捐献给了 Apache 基金会。CloudStack 已为全球多个公有云提供了 IaaS 平台技术，如英国电信(BT)、日本电报电话公司(NTT)和韩国电信(KT)等。

CloudStack 的总体架构包括四层：Dashboard/CLI 层、CLoudStack API、核心引擎层和计算/网络/存储控制器层，是典型的分层架构。CloudStack 提供原生自定义 API，也支持 AWS 兼容的 API。

与 OpenNebula 类似，CloudStack 也未采用 SOA 的设计，同样没有将计算/存储/网络部分从核心引擎中分离出来，因此在松耦合和组件设计方面有待进一步改进。

CloudStack 包括 Management Server、Agent 和 JavaAPI 等组成部分，运行时需要部署 Tomcat 的 Servlet，另外，CloudStack 还大量使用 Python 来开发与网络和系统管理相关的功能。值得注意的是，CloudStack 代码中包括一套独立的 Java 代码库，涵盖通信、数据管理、事件管理、任务管理和插件管理等功能，可作为一个基本完整的开发平台。

4. OpenStack

OpenStack 是由 NASA(美国国家航空航天局)和全球三大云计算中心之一 Rackspace 合作研发，由 Apache 软件基金会以许可证方式授权的开源项目。OpenStack 拥有最好的社区和生态环境，吸引了大量的公司和开发者围绕其进行云计算开发。借助 OpenStack 的优秀开发平台，开发人员可以很方便地同时参与多个组件的开发工作。

OpenStack 整体架构分 3 层：最上层为应用程序和管理界面(Horizon)层与 API 接入层；第二层为核心层，包括计算服务(Nova)、存储服务(包括对象存储服务 Swift 和块存储服务 Cinder)和网络服务(Quantum)，其中，Quantum 和 Cinder 是最新加入核心服务中的 OpenStack 孵化项目；第三层为共享服务层，目前主要包括账户权限管理服务(Keystone)和镜像服务(Glance)。

OpenStack 的计算服务 Nova 包含 API Server(包括 CloudController)、Nova-Scheduler、Nova-Compute、Nova-Volume 和 Nova-Network 等多个组成部分，所有组件通过 RabbitMQ 来通信，使用 MySQL 数据库来保存数据。Nova 中大量采用了框架与插件的设计，如 Scheduler 支持插件开发新的调度算法；Compute 部分支持通过插件使用不同的虚拟化层(Hypervisor)；Network 和 Volume 部分也通过插件支持不同厂商的技术和设备等。Cinder 和 Quantum 等服务亦采取了与 Nova 类似的整体架构和插件设计。

在 Essex 及之前的 OpenStack 版本里，EBS(Elastic Block Service，弹性块存储服务)与 Nova-Volume 耦合在一起，网络服务也与 Nova-Network 绑定。但在开发中的 Folsom 版本里，EBS 和 Network 从 Nova 中独立出来成为新的服务 Cinder 和 Quantum。Nova 通过 API 来调用新的 Cinder 和 Quantum 服务，可以看到，OpenStack 在 SOA 和服务化组件解耦上是做得最好的。

OpenStack 的所有服务均使用 Python 开发，且所有服务均使用相似的软件架构与内部实现技术。

5. 开源 IaaS 云平台综合比较

各 IaaS 开源云平台在分层、SOA、组件化、解耦和开发平台等方面的比较如下：

(1) 分层方面，所有的开源IaaS云平台都做得比较好。

(2) 在SOA/组件化/解耦方面，OpenStack和Eucalyptus比较有优势。

(3) 在框架和插件设计方面，除Eucalyptus较差以外，其他平台均较好，其中以OpenStack的开发平台为最好，CloudStack次之。

(4) 信息传递方面，由于信息遍布在系统的多个地方，因此信息传递的最佳方式是通过消息将状态变化发送给负责任务管理/统计的模块统一处理，在这一点上，采用Message Bus机制的OpenStack和采用Mule机制的Eucalyptus有明显优势。

综上所述，目前各开源IaaS云平台中，总体而言OpenStack的设计最为优秀，其次则是Eucalyptus与CloudStack。

最新更新

本章小结

通过本章的学习，读者应当了解：

✧ 虚拟化是在操作系统中加入一个虚拟化层(VMM)，该层可以对下层主机物理硬件资源进行封装、隔离，将其抽象为另一种形式的逻辑资源，并提供给上层虚拟机使用。

✧ 虚拟化的实现方式分为全软件模拟、虚拟化层翻译和容器虚拟化三种，近几年还出现了容器虚拟化的代表技术Docker。

✧ 全软件模拟理论上可以模拟所有已知的硬件，甚至不存在的硬件，但由于使用的是软件方式，所以效率非常低。

✧ 半虚拟化是需要GuestOS协助的虚拟化技术，在半虚拟化VMM中运行的GuestOS内核态指令都经过了特别的修改，因此，半虚拟化VMM在处理敏感指令和内核态指令的流程上相对更为简单。

✧ Intel开发了由CPU直接支持的硬件辅助虚拟化技术，这种虚拟化技术引入了新的CPU运行模式和新的指令集。

✧ 容器虚拟化是一种不同于虚拟机方式的虚拟化技术，可以为应用程序提供隔离的运行空间，比虚拟机更轻量、效率更高，部署也更加便捷。

✧ 容器是将应用打包并以进程的形式运行在操作系统上，因此应用之间并非完全隔离，这是容器虚拟化技术的一大缺陷。

✧ X86平台上的虚拟化软件主要有VMWare、Hyper-V、Xen、KVM等，其中VMWare和Hyper-V是收费软件，且不开源，Xen和KVM是开源的免费软件。

✧ 云计算服务商可以提供IaaS、PaaS、SaaS等多种模式的云服务，用户可以根据自己的需求选择需要的服务。

✧ OpenStack拥有最好的社区和生态环境，开发和维护十分方便，是值得关注的开源云平台。

本章练习

1. 简要描述虚拟化技术的原理。

2. 有关虚拟化技术的特点，下列说法错误的是________。

A．同质且高效　　B．资源可控

C．移植方便　　D．性能大大低于物理机

3. 一个系统要成为虚拟机，需要满足的条件有________。

A. 由 VMM 提供的高效(>80%)、独立的计算机系统

B. 拥有自己的虚拟硬件(CPU、内存、网络设备、存储设备等)

C. 上层软件会将该系统识别为真实物理机

D. 有虚拟机控制台

4. 下列说法错误的是________。

A. 使用全虚拟化技术，操作系统工作在 CPU 的 Ring0 层，VMM 工作在 CPU 的 Ring3 层

B. 使用硬件辅助虚拟化技术，操作系统工作在 CPU 的 Ring0 层，VMM 工作在 CPU 的 Ring3 层

C. 使用全虚拟化技术，操作系统工作在 CPU 的 Ring1 层，VMM 工作在 CPU 的 Ring2 层

D. 使用硬件辅助虚拟化技术，VMM 工作在 CPU 的 Ring0 层，GuestOS 工作在 Ring0 层

5. 简要描述几种主流虚拟化软件的特点。

6. 简要描述 X86 CPU 的硬件辅助虚拟化技术分为哪几类，各有什么特点。

7. 内存虚拟化的映射涉及几类地址？宿主机到虚拟机的内存地址映射关系是什么？

8. 有关容器虚拟化的描述，下列说法错误的是________。

A. 容器一般运行的是完整的操作系统

B. 容器比虚拟机使用更少的资源，包括 CPU、内存等

C. 容器在云硬件(或虚拟机)中可被复用，类似于虚拟机在裸机上可被复用

D. 容器的部署时间可以短到毫秒级，虚拟机则只能达到分钟级

9. 简要描述至少三种主流云平台的特点。

10. 云平台不具备________的特性。

A. 可用性高，管理灵活，安全可靠

B. 负载均衡，用户管理方便，计费功能完善

C. 云平台集成了多种应用软件接口，支持移动接入

D. 部署时间短，拥有自己的虚拟硬件

11. 简要描述 IaaS、PaaS、SaaS 的特点和区别________。

12. OpenStack 的计算服务 Nova 的组成部分包括。

A. API Server 和 Nova-Scheduler

B. Cinder 和 Horizon

C. Nova-Compute 和 Nova-Volume

D. Nova-Network

13. OpenStack 的整体架构分为几层？每层都有哪些服务？

第2章　创建KVM虚拟机

本章目标

- 了解KVM的组成、获取和作用
- 了解KVM相关软件的安装方法
- 掌握VNC在不同宿主主机上的安装方法
- 掌握KVM虚拟机的创建方法
- 能使用图形界面创建虚拟机
- 尝试使用命令行方式创建虚拟机

创建虚拟机是应用虚拟化技术的第一步，本节主要介绍使用 KVM 技术创建 Linux 和 Windows 虚拟机的方法。

2.1 KVM 技术简介

KVM(Kernel-based Virtual Machine)即基于内核的虚拟机，是一种开源的虚拟化技术，自问世以来就发展迅速，目前已成为主流的开源虚拟化技术。内核不是操作系统，而是一个完整操作系统的核心部分，由操作系统中管理存储器、文件、外部设备和系统资源的部分组成，通常用于运行进程，并提供进程间的通信。因此，KVM 引擎的体积非常小(大约 1 万行代码)且操作简单，使开发者可以把精力集中在如何使用虚拟机上，而不用考虑修改内核。

2.1.1 KVM 技术历史

KVM 最初是由以色列 Qumranet 公司开发的虚拟化引擎，2007 年 2 月被正式合并到 Linux 2.6.20 内核中。2008 年 9 月 4 日，Red Hat 公司收购了 Qumranet，开始在 RHEL 中用 KVM 替换 Xen，第一个包含 KVM 的 Red Hat Linux 版本是 RHEL 5.4。从 RHEL6 开始，KVM 成为 RHEL 系统默认的虚拟化引擎。

KVM 引擎不仅可以在具备 Intel VT 或者 AMD-V 功能的 X86 平台上运行，还被移植到了 S/390、PowerPC 和 IA-64 平台上，在 Linux 3.9 版本的内核中也添加了 KVM 引擎对 ARM 架构的支持。

2.1.2 KVM 技术组成

KVM 技术由 KVM 引擎、虚拟化程序 QEMU 和管理工具 Libvirt 组成。

1. KVM 引擎

KVM 引擎是一种基于虚拟化扩展(Intel VT 或者 AMD-V)的 X86 硬件的 Linux 原生全虚拟化引擎，在其中虚拟机被实现为常规的 Linux 进程，由标准 Linux 调度程序进行调度，使其能够使用 Linux 内核的已有功能。

但是，KVM 引擎本身并不执行任何硬件模拟，而是要借助某个特殊的客户应用程序，通过/dev/kvm 接口设备给虚拟机设置一个地址空间，向该虚拟机提供模拟的 I/O，并将它的视频显示映射回宿主机的显示屏，目前，这个应用程序是 QEMU。

2. 虚拟化程序 QEMU

QEMU 是一个开源的 I/O 虚拟化软件，可以对一个完整的计算机物理层环境进行虚拟化(如网卡、硬盘等)。KVM 虚拟机的所有 I/O 请求都会被 QEMU 中途截获，并重新发送到 QEMU 所模拟的用户进程中。

QEMU 原本并不是 KVM 的一部分，而是一个独立的纯软件虚拟化系统，虽然单独使

用时性能十分低下，但其代码中包含了一套完整的虚拟化解决方案，包括处理器虚拟化方案、内存虚拟化方案，以及 KVM 所需的各类虚拟设备(网卡、显卡、存储控制器和硬盘等)的模拟方案，因而被 KVM 所采用。

KVM 在 QEMU 原有的基础上做了一些修改：虚拟机运行时，QEMU 会通过 KVM 引擎提供的系统调用接口进入内核，由 KVM 负责将虚拟机置于特殊的处理模式下运行，如果有虚拟机进行 I/O 操作，KVM 就会从上次的系统调用接口处返回 QEMU，由 QEMU 来负责解析和模拟这些设备。

除此之外，虚拟机的配置和创建、虚拟机运行时依赖的虚拟设备、虚拟机运行时的用户环境和交互机制以及一些虚拟机的特定技术(比如动态迁移)，也都是由 QEMU 来实现的。从 QEMU 的角度看，也可以看做 QEMU 使用了 KVM 引擎的虚拟化功能，为自己的虚拟机提供了硬件虚拟化加速。

3. 管理工具 Libvirt

Libvirt 的设计目的是通过相同的方式管理不同的虚拟化引擎，如 KVM、Xen、LXC 等，是一种开源工具，主要由以下三部分功能组成：

(1) 支持主流编程语言，如 C、Python、Ruby 等的 API 和库。

(2) Libvirtd 服务。

(3) 命令行工具 virsh。

Libvirt 可以对虚拟机进行管理，包括虚拟机的创建、启动、关闭、挂起、恢复、迁移和销毁等，也可以对虚拟机的 CPU、内存、硬盘、网卡等设备进行添加和删除。

2.1.3 KVM 系统架构

Linux 上的 KVM 虚拟化系统架构如图 2-1 所示。

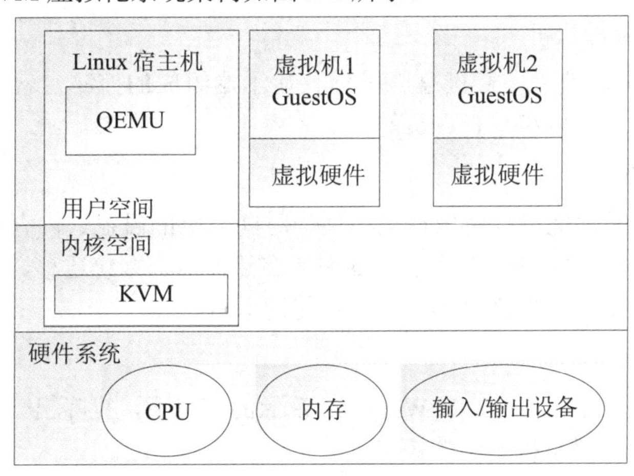

图 2-1　KVM 虚拟化系统架构

由图可知，一个完整的 KVM 虚拟化系统包括以下部分：

✧ KVM：运行在内核空间，负责 CPU 和内存的虚拟化以及 Guest 的 I/O 拦截，并将被拦截的 I/O 交给 QEMU 处理。

✧ QEMU：修改过的用于 KVM 虚拟机的 QEMU 代码运行在用户空间，负责硬件 I/O 的虚拟化，并通过/dev/kvm 设备与 KVM 交互。
✧ GuestOS：虚拟机系统，包括 CPU(VCPU，即虚拟 CPU)、内存和驱动(Console、网卡、I/O 设备驱动等)，被 KVM 置于一种受限制的 CPU 模式下运行。

2.1.4 KVM 的获取

KVM 有两种获取方式，一种是使用 Linux 改造版本内置的 KVM，另一种是将 KVM 作为独立的虚拟化层(Hypervisor)进行安装。

很多 Linux 改造版本都内置了 KVM，如红帽企业 Linux 5.4 及以上版本、SUSE Linux Enterprise Server 11 SP1 及以上版本、Ubuntu 10.04 LTS 及以上版本等。如果想在虚拟机上运行 Linux 系统或者 Windows 系统的话，直接使用内置 KVM 的 Linux 改造版本是很合适的选择。

有的 Linux 版本把 KVM 与 Linux 的组合进行了优化，并把 KVM 拆分成单独的模块，红帽企业虚拟化产品 RHEV 使用的就是这种方式，该方式适合云环境或者运行 Windows 服务器的(大型)环境使用。

2.1.5 KVM 的作用

KVM 作为 Linux 内置的虚拟化技术，在提高系统效率和性能方面具备显著的作用。

1．提高物理服务器资源利用率

应用 KVM 技术，可以避免使用多台显示器，减小设备带来的辐射，同时也节省了空间、能源等的消耗，从而降低了硬件投入。

2．支持批量部署虚拟机

应用 KVM 技术，使用一套键盘、鼠标、显示器组成的控制台就能登录所有的虚拟机，极大地提高了系统和网络维护人员的工作效率。

3．支持实时快照功能

KVM 技术的快照功能可以将虚拟机在某一时间点上的磁盘、内存和设备状态保存起来，作为一个系统还原点，当设备由于外部因素突然掉电、系统迁移、故障或崩溃时，可使用相应命令将虚拟机的状态恢复到某一个系统还原点。

4．支持克隆功能

KVM 技术能在不改变 Linux 或 Windows 镜像的情况下，克隆出一台或多台相同配置的虚拟机，大大提高了虚拟机安装的效率。

5．支持离线迁移和在线迁移

离线迁移即先挂起源主机，然后将它的系统状态、磁盘数据等迁移到目标主机中，该方式适合性能要求不高的用户使用。

在线迁移则不需要先挂起源主机，而是在源主机服务运行的同时进行迁移，迁移时会

不断读写内存数据，如果这个过程中源数据发生改变，形成“脏数据”，就将其再次发送给目标主机，不断循环，直到源主机和目标主机的内存数据差异达到标准，源主机就会挂起，将控制权交给目标主机，所有的服务也就无缝转移至目标主机上继续运行，该方式多用于满足 SLA(Service-Level Agreement，服务等级协议)的应用。当前的主流云平台基本都可以进行在线迁移。

6．支持资源的动态调整

传统 IT 架构的资源是固定的，无法动态分配，但 KVM 技术可以动态地调整 CPU 的数量和内存的使用量。

2.2　安装前准备

安装虚拟机前，需要做一些准备工作，让宿主机支持虚拟化功能，具体包括开启 CPU 虚拟化开关、安装宿主机操作系统、安装 KVM 组件及 VNC 远程辅助工具等。

2.2.1　检查宿主机 BIOS 设置

安装 KVM，首先需要检查宿主机的 BIOS 环境设置。

以微星主板为例，开启宿主机电源，在进入操作系统启动界面之前，按【F2】或者【Delete】键进入 BIOS 设置界面(不同主机进入 BIOS 的方式可能不同，操作时按实际情况进行)，进行以下配置。

1．开启 CPU 虚拟化开关

按照以下步骤，开启宿主机 BIOS 中的 CPU 虚拟化开关：

(1) 在宿主机的 BIOS 界面中，单击 CPU 配置选项【CPU 特征】，如图 2-2 所示。

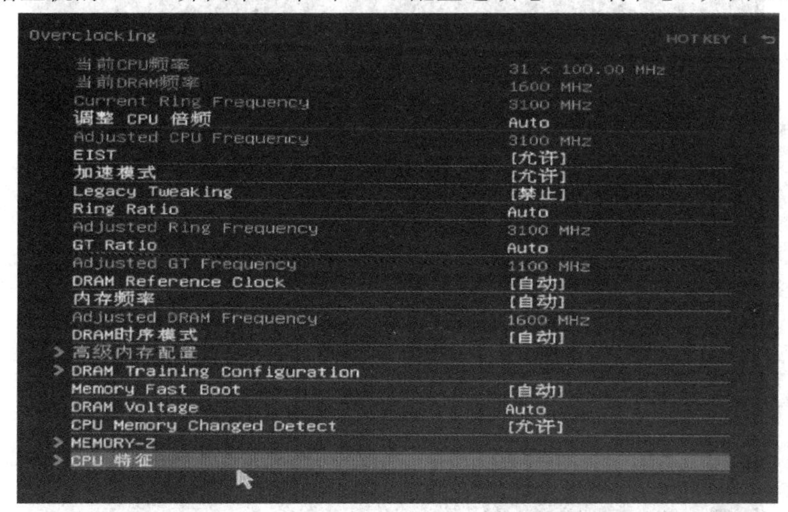

图 2-2　进入宿主机 CPU 配置

(2) 进入 CPU 的配置界面后，找到【Intel 虚拟化技术】和【Intel VT-D 技术】两个配置项目，如图 2-3 所示。

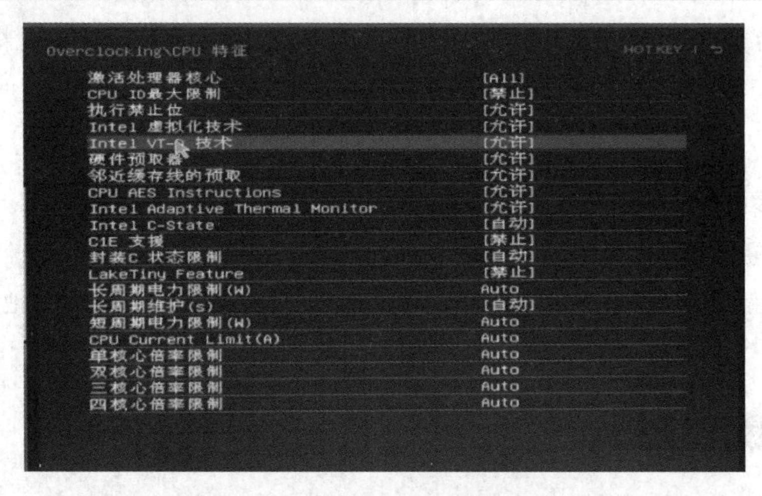

图 2-3　配置 CPU 虚拟化选项

(3) 将【Intel 虚拟化技术】项设置为“允许”，如图 2-4 所示。

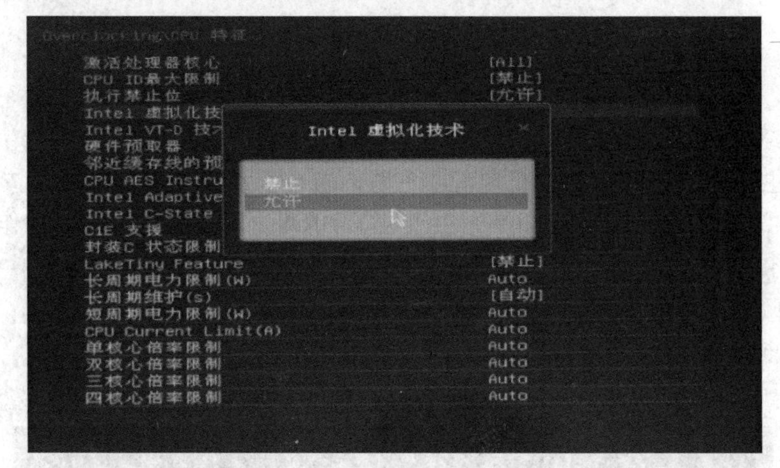

图 2-4　开启 CPU 的虚拟化开关

(4) 然后将【Intel VT-D 技术】项也设置为“允许”，如图 2-5 所示。

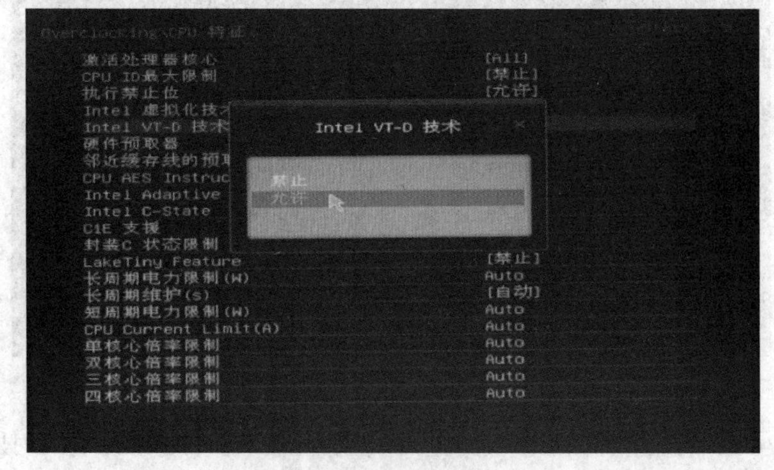

图 2-5　开启 CPU 的 VT-D 开关

2. 配置宿主机启动选项

按照以下步骤，配置宿主机的启动选项：

(1) 单击 BIOS 界面中的【启动】项目，如图 2-6 所示。

图 2-6　进入 BIOS 启动配置

(2) 在出现的界面中，将【Boot mode select】项设置为“LEGACY+UEFI”模式，使宿主机能从 U 盘启动，如图 2-7 所示。

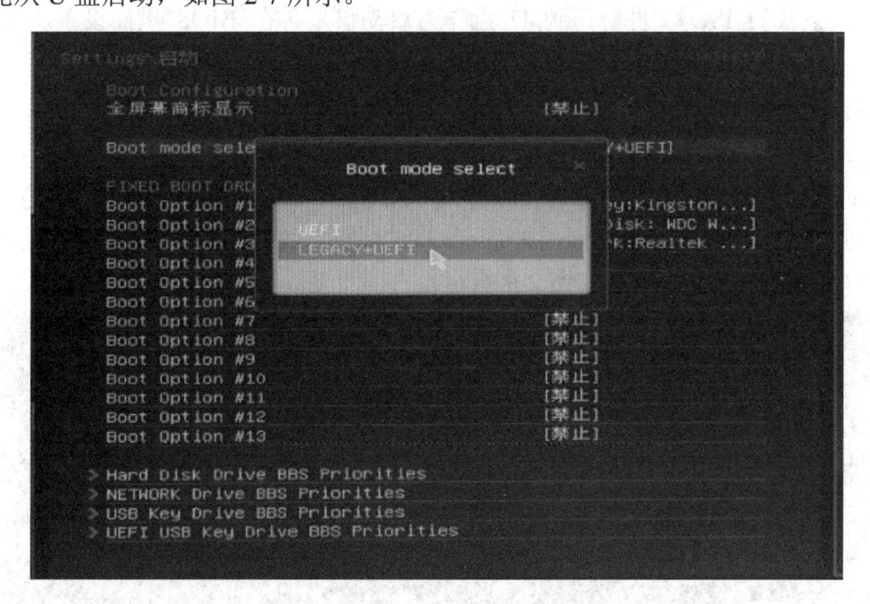

图 2-7　配置宿主机启动模式

(3) 单击【Boot Option #1】项，在弹出的【Boot mode select】对话框中，选择启动设备。如果从 U 盘启动，则选择启动用的 U 盘名称，本例中为“KingstonDataTraveler SE9PMAP”；如果从光盘启动，则选择“CD/DVD”，如图 2-8 所示。

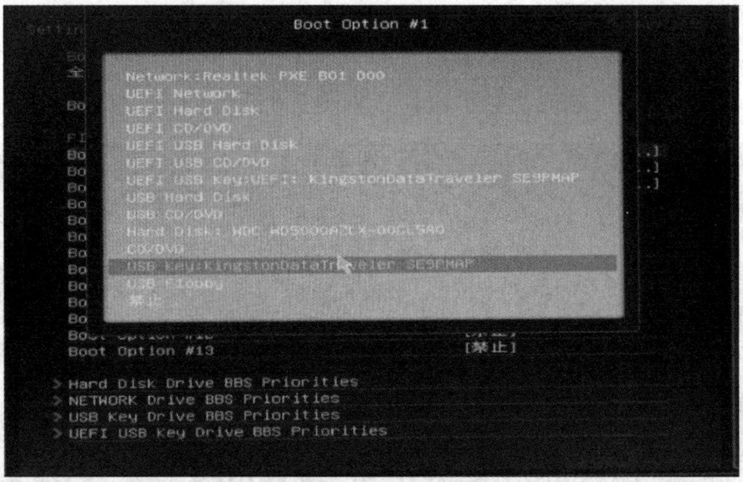

图 2-8　选择宿主机启动设备

2.2.2　安装宿主机操作系统

KVM 虚拟机需要建立在 Linux 系统的宿主机上，本例中，使用 CentOS 7 作为宿主机操作系统，可以使用光盘或者 U 盘安装。如果使用 U 盘安装，需要先从 CentOS 官网(https://www.centos.org)下载 CentOS 7 的 ISO 文件，然后在 Windows 系统中，使用 UltraISO 把下载的 ISO 文件解压到 U 盘作为启动盘，再在 BIOS 里面设置从 U 盘启动即可。

1．启动安装向导

使用光盘或 U 盘引导启动宿主机，进入 CentOS 7 安装界面，三个选项从上而下依次为：【Install CentOS 7】——安装操作系统；【Test this media & install CentOS 7】——测试安装文件并安装操作系统；【Troubleshooting】——修复故障。选择【Install CentOS 7】，开始安装 CentOS 7 操作系统，如图 2-9 所示。

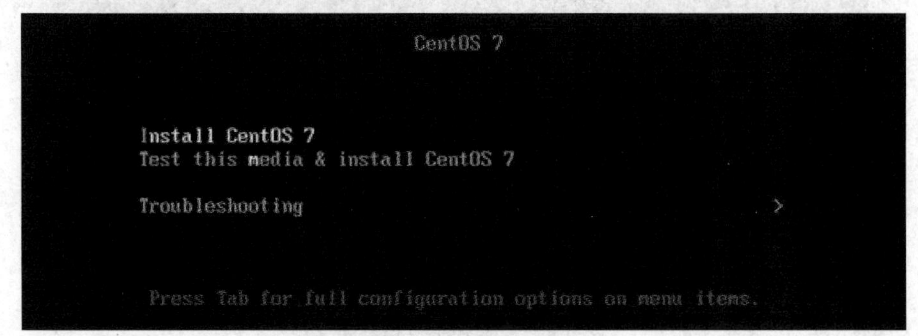

图 2-9　CentOS 7 安装界面

安装过程中，安装程序可能会长时间卡在某个位置而无法继续运行，这是由于安装盘找不到正确的路径，需要手动对路径进行修改，具体操作如下：首先按【E】键进入安装路径下，如图 2-10 所示。

```
> vmlinuz initrd=initrd.img inst.stage2=hd:LABEL=CentOS\x207\x20x86_64 rd.live
.check quiet_
```

图 2-10　出错的安装路径

其中，“hd”表示硬盘，“hd:”后是安装路径。将“hd:”后的路径名称清除，重新输入路径“/dev/sda1”或“/dev/sdb1”(此路径与硬件配置有关，不同电脑启动加载 U 盘的位置可能不同，导致指向 ISO 文件的分区不同)，如图 2-11 所示。

```
> vmlinuz initrd=initrd.img inst.stage2=hd:/dev/sda1_quiet
```

图 2-11　修正后的安装路径

路径修改完毕后，按【Ctrl】+【X】组合键，保存修改并退出当前界面，启动安装程序，如图 2-12 所示。

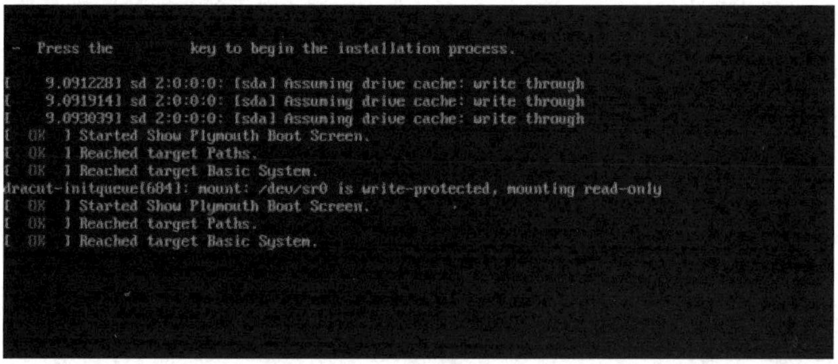

```
-  Press the         key to begin the installation process.

[    9.091228] sd 2:0:0:0: [sda] Assuming drive cache: write through
[    9.091914] sd 2:0:0:0: [sda] Assuming drive cache: write through
[    9.093039] sd 2:0:0:0: [sda] Assuming drive cache: write through
[  OK  ] Started Show Plymouth Boot Screen.
[  OK  ] Reached target Paths.
[  OK  ] Reached target Basic System.
dracut-initqueue[684]: mount: /dev/sr0 is write-protected, mounting read-only
[  OK  ] Started Show Plymouth Boot Screen.
[  OK  ] Reached target Paths.
[  OK  ] Reached target Basic System.
```

图 2-12　启动操作系统安装程序

2. 选择安装包

在出现的 CentOS 安装向导界面中，单击图标【SOFTWARE SELECTION】，选择系统内置的安装软件包，如图 2-13 所示。

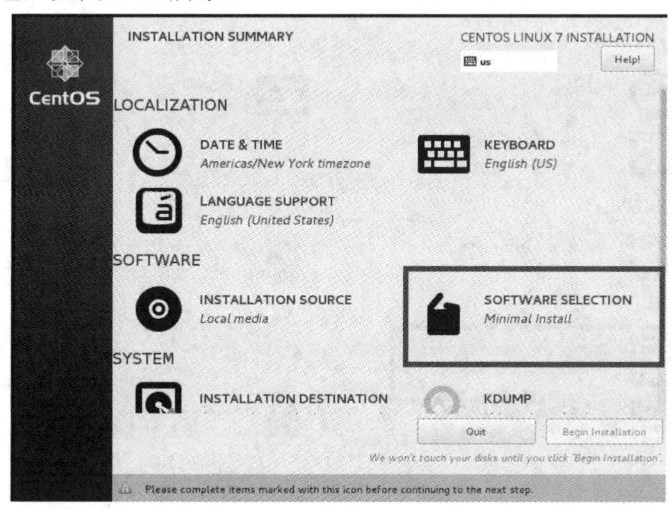

图 2-13　进入 CentOS 安装包设置

在出现的界面【SOFTWARE SELECTION】中，选择左侧列表中的【Server with GUI】项目，并勾选右侧复选框中所有相关的安装包(为避免初学者找不到相关程序，建议选中所有安装包，有基础的人可以只选择默认的安装包)，如图 2-14 所示。

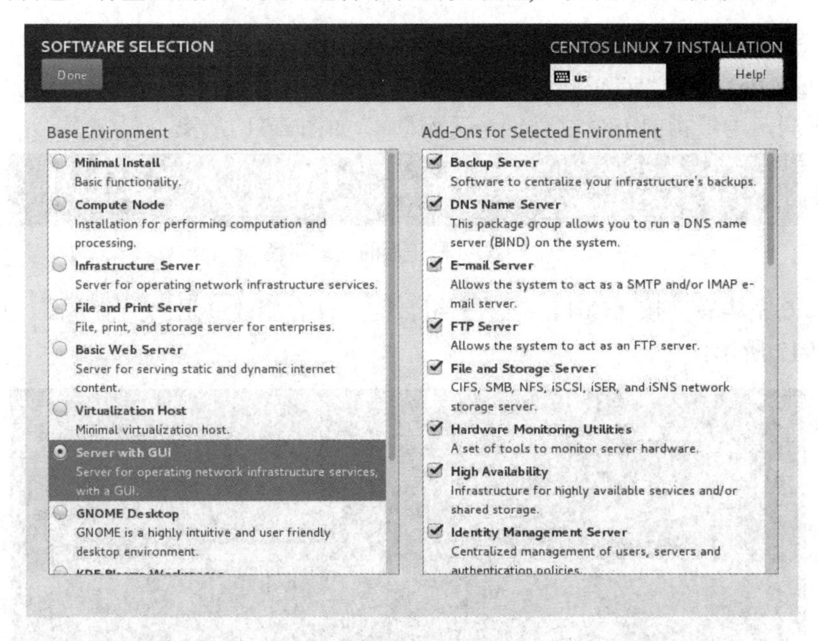

图 2-14　选择相关安装包

3. 配置硬盘分区

安装宿主机系统前，可以手动配置硬盘分区，也可以使用默认分区。

单击安装向导界面中的图标【INSTALLATION DESTINATION】，可以设置宿主机的硬盘分区，如图 2-15 所示。

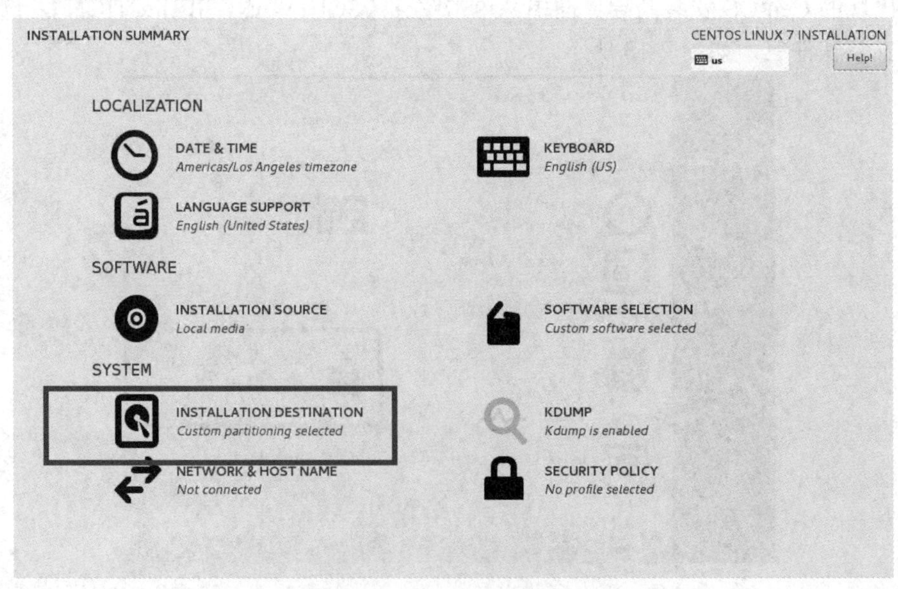

图 2-15　进入硬盘分区设置

在出现的界面【INSTALLATION DESTINATION】中，选择【Local Standard Disks】(本地标准硬盘)项目，然后将【Other Storage Options】设置为“I will configure partitioning”(自定义分区)方式或者“Automatically configure partitioning”(自动分区)方式，本章选择后一种方式，但如果熟练掌握 Linux 操作系统，则可以选择默认的前一种方式，设置完毕后，单击界面左上角的【Done】按钮确认，如图 2-16 所示。

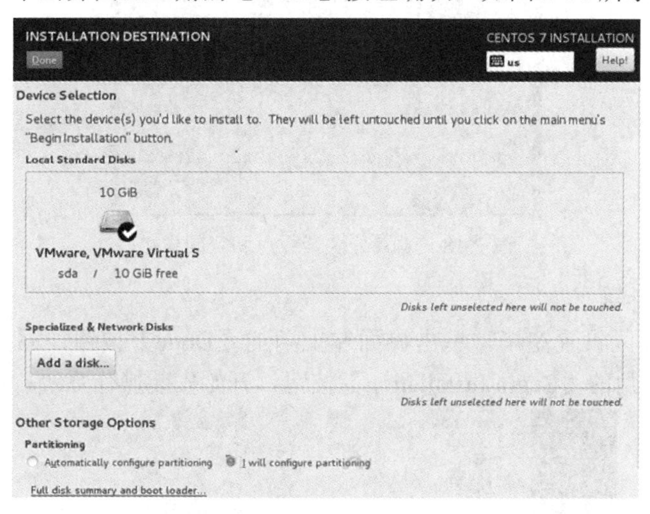

图 2-16　设置分区方式

在随后出现的【MANUAL PARTITIONING】(分区设置)界面中，将边栏【New CentOS 7 Installation】中的分区模式设置为“Standard Partition”(标准分区)，如图 2-17 所示。

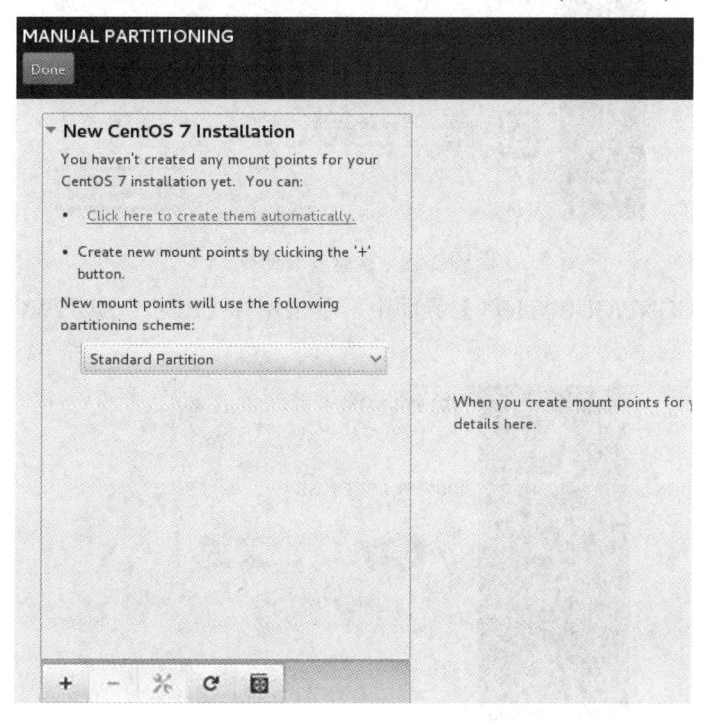

图 2-17　设置分区模式

单击边栏左下角的【+】按钮，会弹出【ADD A NEW MOUNT POINT】对话框，在其中可以设置所添加分区的挂载点(Mount Point)及其占用的空间大小(Desired Capacity)，设置完毕，单击【Add mount Point】按钮确认，如图 2-18 所示。

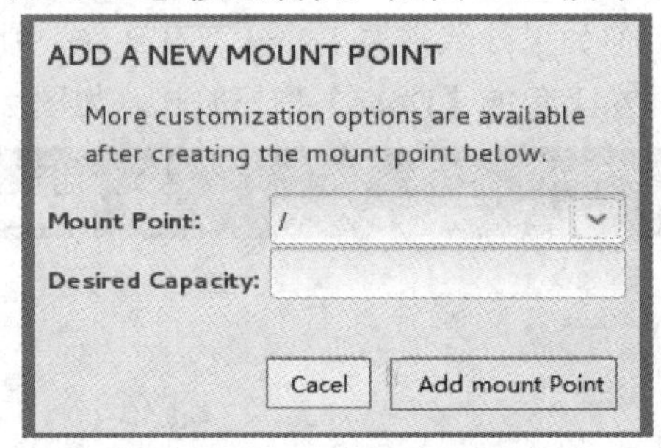

图 2-18　设置分区挂载点和空间大小

4．安装操作系统

宿主机硬盘分区设置完毕，单击界面左上角的【Done】按钮，回到安装向导界面，然后单击界面右下角的【Begin Installation】按钮，开始安装操作系统，如图 2-19 所示。

图 2-19　执行安装命令

在出现的【CONFIGURATION】界面中，单击图标【ROOT PASSWORD】，如图 2-20 所示。

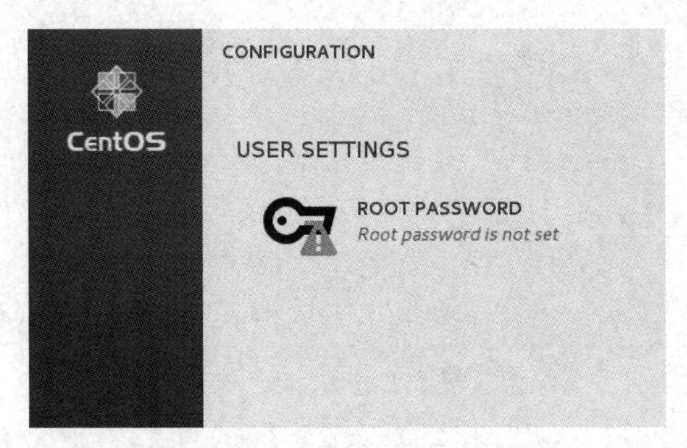

图 2-20　进入 root 用户密码设置

在弹出的【ROOT PASSWORD】界面中，设置 root 用户的密码，如图 2-21 所示。

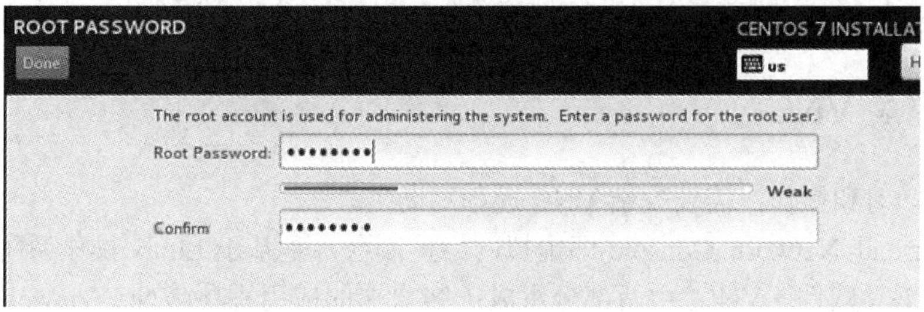

图 2-21　设置 root 用户密码

设置完成后，单击界面左上角的【Done】按钮确认，等待系统安装完毕，如图 2-22 所示。

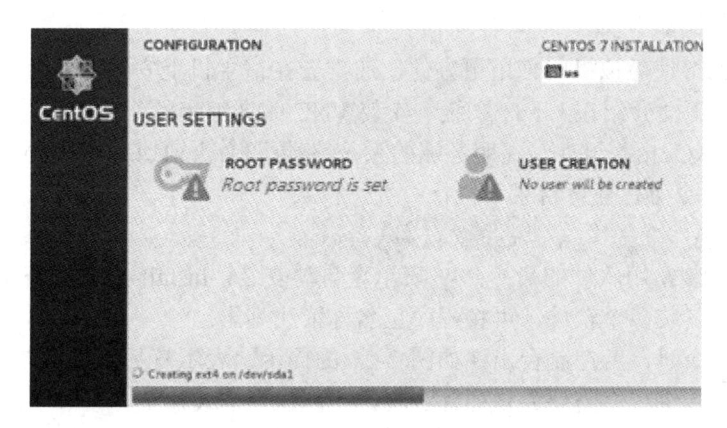

图 2-22　CentOS 7 正在安装

系统安装完毕后，单击界面右下角的【Reboot】按钮，重新启动宿主机，如图 2-23 所示。

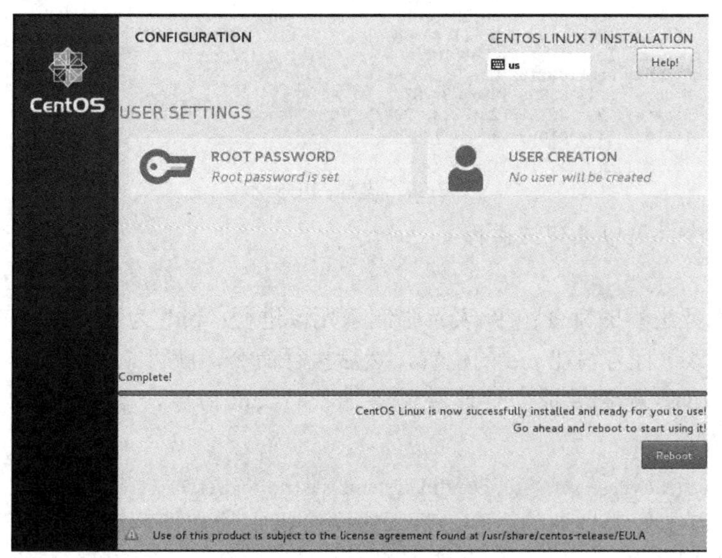

图 2-23　CentOS 7 安装完成

注意 设置root用户的密码时，请使用容易记住的密码，因为后面会经常用到。

2.2.3 安装VNC

为方便学习和操作，需要安装VNC远程辅助工具。

VNC(Virtual Network Console)即虚拟网络控制台，是基于Linux操作系统的免费开源的远程控制工具软件。VNC 由两部分组成：客户端的应用程序(VNC Viewer)和服务器端的应用程序(VNC Server)。作为远程操作系统，VNC的所有操作都在服务端主机进行，远程控制能力强大、高效且实用。VNC 在 Linux 操作系统中适应性很强，并有友好的图形用户界面。

1. Linux下安装VNC

安装 VNC 可使虚拟机的使用更方便，通常会在宿主机上安装服务器端，而在虚拟机上安装客户端。下面介绍在Linux系统下安装VNC的详细步骤。

(1) 安装 VNC 相关组件。在服务端的系统终端(即命令窗口)中执行 yum 命令，安装VNC组件，该命令可在任意目录下执行：

```
# yum -y install tigervnc tigervnc-server tigervnc-server-module
```

其中，yum是安装常用软件的命令；-y表示全自动安装；install后面接需要安装的程序包名称，若要同时安装多个软件，可将程序包名称依次列出。

执行上述命令时，若控制台出现如图2-24的提示，表示有另一进程(方框内的进程)正在运行并占用安装进程，需要先杀死此进程，才能执行安装命令。

```
[root@localhost ~]# yum -y install tigervnc tigervnc-server tigervnc-server-module
Loaded plugins: fastestmirror, langpacks
Existing lock /var/run/yum.pid: another copy is running as pid 11144.
Another app is currently holding the yum lock; waiting for it to exit...
  The other application is: PackageKit
    Memory :  40 M RSS (920 MB VSZ)
    Started: Sun Jul 16 20:22:02 2017 - 02:00 ago
    State  : Running, pid: 11144
Another app is currently holding the yum lock; waiting for it to exit...
  The other application is: PackageKit
    Memory :  40 M RSS (920 MB VSZ)
    Started: Sun Jul 16 20:22:02 2017 - 02:02 ago
    State  : Sleeping, pid: 11144
```

图2-24 进程占用提示

执行kill命令，可以杀死该进程：

```
# kill -9 pid
```

其中，kill 是杀死进程的命令；-9 表示强制杀死该进程；pid 为需要杀死的进程号，本例中为11144，将该进程号写在pid的位置，然后执行命令，就可杀死该进程。

(2) 复制 VNC 配置模板文件。在服务端执行 cp 命令，复制 VNC 配置模板文件vncserver@.service

```
# cp /lib/systemd/system/vncserver@.service /lib/systemd/system/vncserver@:1.service
```

其中，cp为复制文件或目录的命令，后面跟两个指定的文件，第一个文件为原文件，另一个文件为目标文件，本例中，即是将/lib/systemd/system/路径下的配置模板文件

vncserver@.service 复制一份，重命名为 vncserver@:1.service，作为 vncserver 服务的配置文件。

注意　复制 VNC 的配置文件是为了保留一份初始配置文件，用来在配置失败后恢复原始配置。

(3) 修改 VNC 配置文件/lib/systemd/system/vncserver@:1.service。在复制的配置文件 vncserver@:1.service 中找到以下代码并修改：

- ✧ 找到代码“User=<USER>”，将其修改为“User=root”。
- ✧ 找到代码“ExecStart=/usr/bin/vncserver %i”，将其修改为“ExecStart=/usr/sbin/runuser -l root -c "/usr/bin/vncserver %i"”。
- ✧ 找到代码“PIDFile=/home/<USER>/.vnc/%H%i.pid”，将其修改为“PIDFile=/root/.vnc/%H%i.pid”。

(4) 设置客户端登录密码。在服务端上以 root 用户权限执行 vncpasswd 命令，设置客户端登录密码：

```
#  vncpasswd
```

命令执行后，需要输入两次匹配的密码才能成功设置。

(5) 修改 VNC 客户端窗口分辨率。用 VI 编辑器打开/usr/bin/vncserver 文件，找到分辨率这一项，代码如下：

```
$ geometry = "1204x768"
```

将其设置成适合自己显示器的分辨率，比如 1500x768，代码如下：

```
$ geometry = "1500x768"
```

(6) 删除无用文件。在服务端执行以下命令，删除/tmp 路径下的.X11-unix 目录：

```
#  rm -rf  .X11-unix
```

(7) 启动 VNC 服务。在服务端执行以下命令，启动 VNC 服务：

```
#  systemctl  start vncserver@:1.service
#  systemctl  enable vncserver@:1.service
```

systemctl enable vncserver@:1.service 命令用来设置在系统启动时自动启动 VNC 服务。VNC 默认使用 5900 以上的端口。

执行 systemctl start vncserver@:1.service 命令时可能失败，此时需要先检查 vncserver@:1.service 文件是否正确，确认文件没有问题后，使用 systemctl daemon-reload 命令重新加载 system 配置，成功加载后，再次执行 systemctl start vncserver@:1.service 命令，启动 VNC 服务。

注意　系统启动时，VNC 服务可能启动成功，也可能启动失败。可使用命令 netstat –an | grep VNC 端口号(默认使用 5901 端口，后续每多启动一个 VNC 进程，端口号加 1)，查看 VNC 进程的情况，若无内容，表明 VNC 启动失败，否则，即为成功。VNC 启动失败可能是/tmp/路径下再次生成了.X11-unix 文件导致的，因此需要查看/tmp/路径下是否存在.X11-unix 文件，若存在，则将其删除，再重新启动 VNC 服务。

(8) 关闭服务端 firewalld 防火墙。在服务端执行以下命令，关闭 firewalld 防火墙：

```
# systemctl stop firewalld
# systemctl disable firewalld
```

(9) 用客户端登录 VNC 服务端。在需要连接 vncserver 的客户端，执行以下命令，启动 VNC 终端：

```
# vncviewer
```

弹出【VNC Viewer：Connection Details】对话框，在【VNC server】后输入“VNC 服务端 IP 地址:端口”，本例为“192.168.1.1:5901”，如图 2-25 所示。

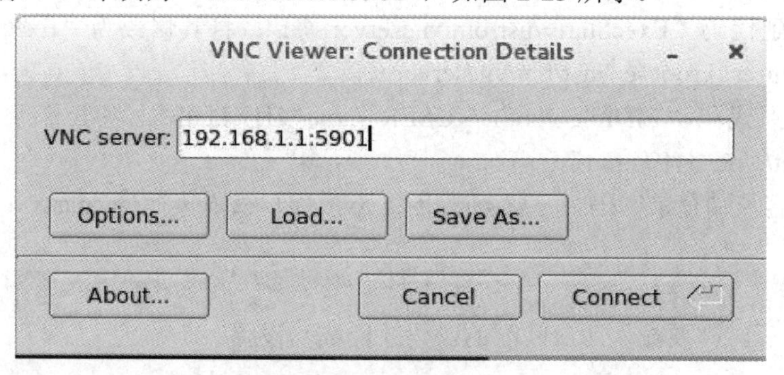

图 2-25　登录 VNC 服务端

单击【Connect】按钮后输入密码，即可登录 VNC 服务端。

2．Windows 下安装 VNC

使用 Windows 系统的主机多作为 VNC 的客户端运行，因此下面以安装 VNC 客户端程序 VNC Viewer 为例，介绍在 Windows 系统下安装 VNC 的详细步骤。

(1) 下载 VNC Viewer 安装程序。访问 VNC 官网 https://www.realvnc.com/en/connect/download/viewer，将 VNC 客户端的安装程序 VNC-Viewer-x.x.x-Windows.exe 下载到客户端主机上，如图 2-26 所示。

REALVNC　EN　BENEFITS　DOWNLOAD　BUY　NEWS　SUPPORT　ABOUT US　SIGN IN

Download VNC Viewer to the device to control from

Make sure you've downloaded VNC Connect to the computer you want to control.

Windows　macOS　Linux　Raspberry Pi　iOS　Android　Chrome　Solaris　HP-UX　AIX

DOWNLOAD VNC VIEWER

SHA-256: 80fcc8aa0aa95c8f281c7e18df1de1e7d627e9460f603c8d6382de23cf3ce734

EXE x86/x64

图 2-26　VNC 官网

注意　如果需要安装 VNC 服务端程序，则需下载 VNC Server 的安装包。

(2) 安装 VNC Viewer。启动安装程序，在弹出的对话框中设置安装语言为“English”，然后单击【OK】按钮，如图 2-27 所示。

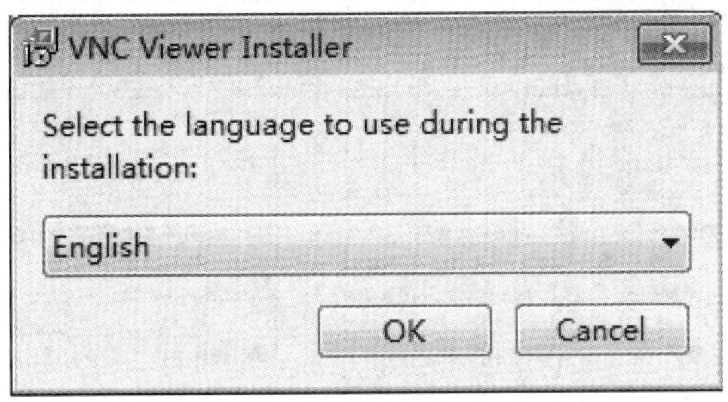

图 2-27　选择 VNC 安装语言

进入安装向导界面，单击【Next】按钮，根据提示进行 VNC 的安装，基本选项均保持默认即可，如图 2-28 所示。

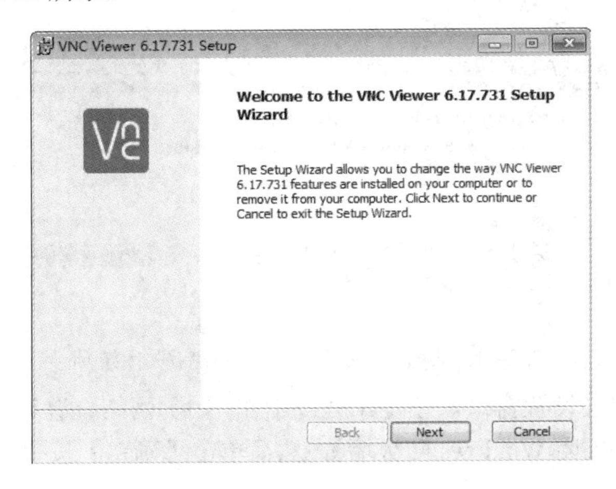

图 2-28　VNC 安装向导界面

安装程序默认将 VNC 安装在 C 盘，若要更改，也可在安装向导的【Custom Setup】窗口中单击【Browse…】按钮，选择其他安装路径，如图 2-29 所示。

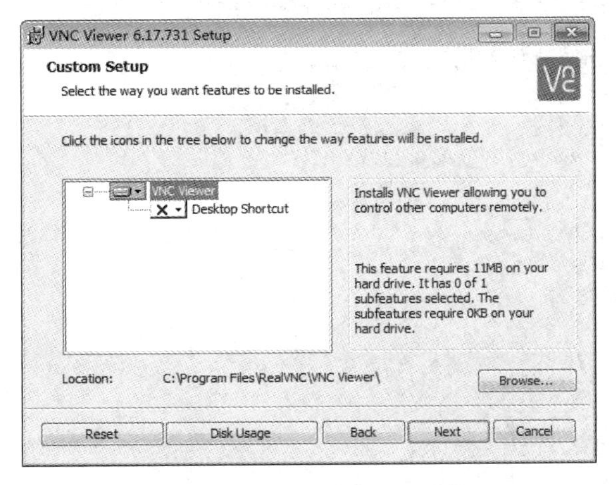

图 2-29　选择 VNC 安装路径

(3) 关闭 Windows 防火墙。进入客户端操作系统的【控制面板】窗口，单击【Windows 防火墙】项目，对 Windows 防火墙进行设置，如图 2-30 所示。

图 2-30　进入【Windows 防火墙】设置

在出现的设置窗口中，单击左侧的【打开或关闭 Windows 防火墙】项目，如图 2-31 所示。

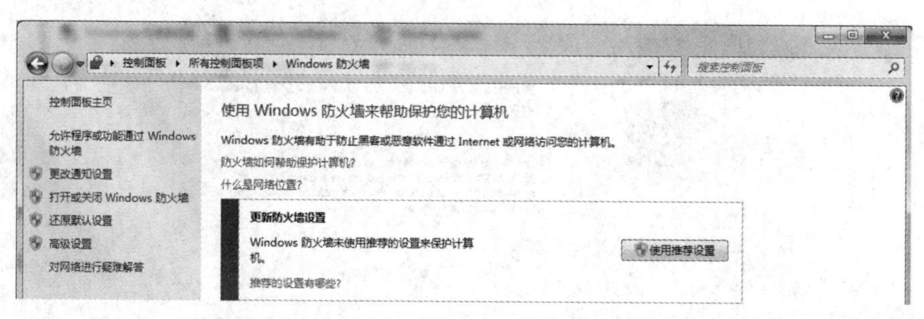

图 2-31　设置 Windows 防火墙开启/关闭选项

进入防火墙自定义设置窗口，在【家庭或工作(专用)网络位置设置】与【公用网络位置设置】中均选择【关闭 Windows 防火墙】，然后单击【确定】按钮，关闭 Windows 防火墙，如图 2-32 所示。

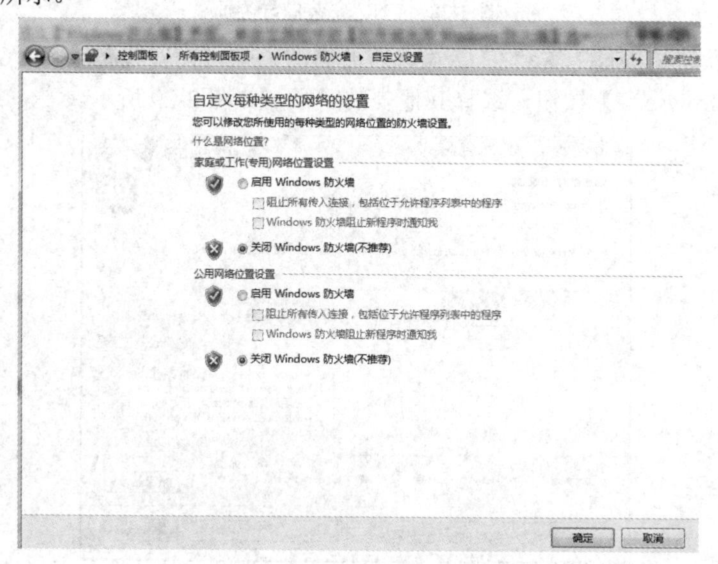

图 2-32　关闭 Windows 防火墙

(4) 创建 VNC 连接。在客户端的【开始】菜单中启动刚安装的 VNC 程序，在弹出的【VNC Viewer】窗口的空白处单击鼠标右键，在弹出的菜单中选择【New connection】命令，创建一个新的 VNC 连接，如图 2-33 所示。

图 2-33　VNC Viewer 对话框

在弹出的 VNC Viewer 配置对话框中，在【VNC Server】后输入待创建连接的 VNC 服务端 IP 地址与端口号(VNC 默认端口从 5900 开始)，格式为“IP 地址:端口号”，设置完毕，单击【OK】按钮，完成新连接的创建，如图 2-34 所示。

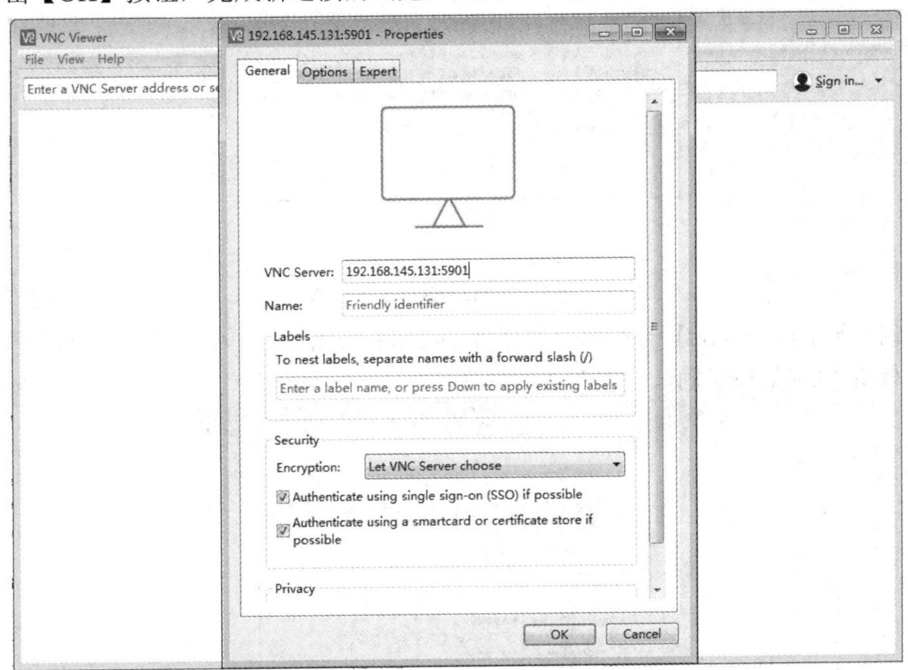

图 2-34　设置 VNC 服务端口

(5) 远程连接 VNC 服务端。新连接创建后，在【VNC Viewer】窗口中会出现一个图标，在其上单击鼠标右键，选择弹出菜单中的【Connect】命令，连接 VNC 服务端，如图 2-35 所示。

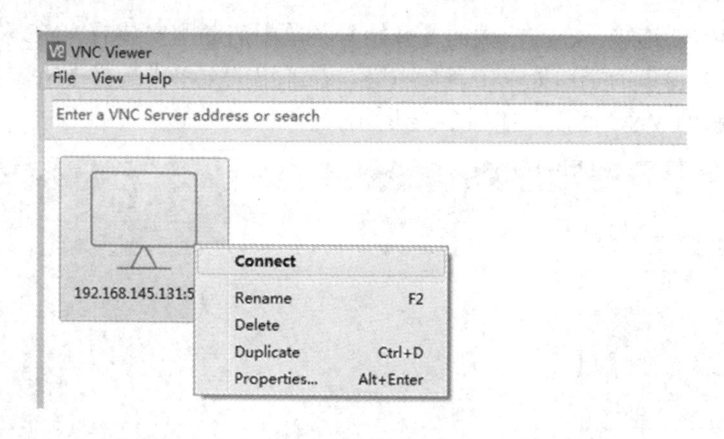

图 2-35　连接 VNC 服务端

在弹出的【Encryption】对话框中，单击【Continue】按钮，允许远程连接，如图 2-36 所示。

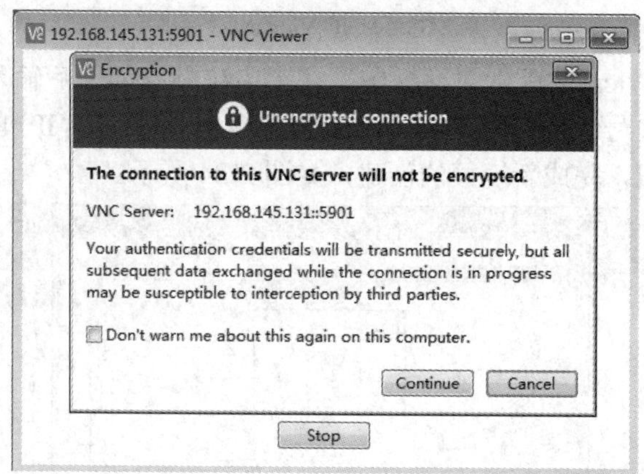

图 2-36　开启 VNC 连接权限

弹出【Authentication】对话框，在【Password】后面输入 VNC 服务端的密码，输入完毕后单击【OK】按钮确认，如图 2-37 所示。

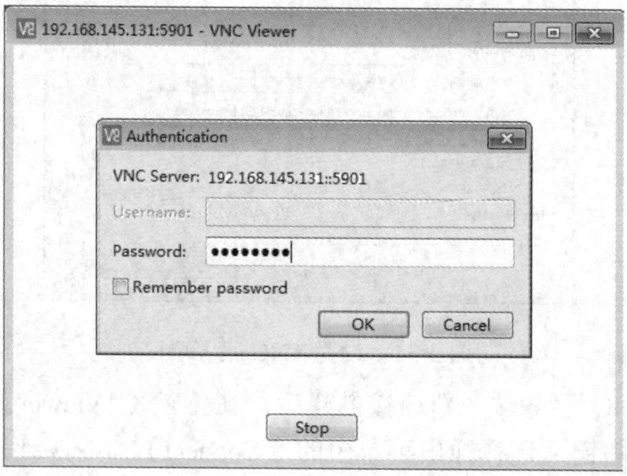

图 2-37　登录 VNC 服务端

若密码正确，即可成功远程连接到 VNC 服务端的桌面，如图 2-38 所示。

图 2-38　VNC 服务端连接成功

2.2.4　配置虚拟机安装环境

安装虚拟机前，需要先在宿主机上配置安装环境，检查支持情况并安装必需组件。

1．检查 CPU 是否支持虚拟化

进入宿主机的 CentOS 7 操作系统，在终端执行 egrep '(vmx|svm)' /proc/cpuinfo 命令，检查 CPU 是否支持虚拟化功能，如果输出信息中有“vmx”(Intel CPU 支持虚拟化的标志)或者“svm”(AMD CPU 支持虚拟化的标志)字样，则说明 CPU 支持虚拟化，如图 2-39 所示。

```
[root@localhost ~]# egrep '(vmx|svm)' /proc/cpuinfo
flags           : fpu vme de pse tsc msr pae mce cx8 apic sep mtrr pge mca cmov
oat pse36 clflush dts acpi mmx fxsr sse sse2 ss ht tm pbe syscall nx rdtscp lm c
onstant_tsc arch_perfmon pebs bts rep_good nopl xtopology nonstop_tsc aperfmperf
 eagerfpu pni pclmulqdq dtes64 monitor ds_cpl vmx est tm2 ssse3 cx16 xtpr pdcm p
cid sse4_1 sse4_2 popcnt tsc_deadline_timer xsave lahf_lm arat epb pln pts dther
m tpr_shadow vnmi flexpriority ept vpid xsaveopt
flags           : fpu vme de pse tsc msr pae mce cx8 apic sep mtrr pge mca cmov
oat pse36 clflush dts acpi mmx fxsr sse sse2 ss ht tm pbe syscall nx rdtscp lm c
onstant_tsc arch_perfmon pebs bts rep_good nopl xtopology nonstop_tsc aperfmperf
 eagerfpu pni pclmulqdq dtes64 monitor ds_cpl vmx est tm2 ssse3 cx16 xtpr pdcm p
cid sse4_1 sse4_2 popcnt tsc_deadline_timer xsave lahf_lm arat epb pln pts dther
m tpr_shadow vnmi flexpriority ept vpid xsaveopt
[root@localhost ~]# █
```

图 2-39　宿主机 CPU 检查结果

2．检查 BIOS 虚拟化开关

以 Intel CPU 的宿主机为例，在其终端执行以下命令，检查 BIOS 虚拟化开关：

```
# lsmod | grep kvm
```

如果输出以下结果，说明虚拟化开关已开启：

```
kvm_intel   54285   0
kvm   333172   1 kvm_intel
```

然后执行以下命令，将组件 kvm-intel 加载到宿主机系统中：

```
# modprobe kvm-intel
```

3．安装 KVM 相关组件

2.2.2 小节中宿主机使用的系统安装方式已经默认安装了 KVM 需要的相关组件，但在没有安装 KVM 相关组件的宿主机上，则需执行以下命令安装 KVM 相关组件：

```
# yum -y install libcanberra-gtk2 qemu-kvm.x86_64 qemu-kvm-tools.x86_64 libvirt.x86_64 libvirt-cim.x86_64 libvirt-client.x86_64 libvirt-java.noarch libvirt-python.x86_64 libiscsi-1.7.0-5.el6.x86_64 dbus-devel virt-clone tunctl virt-manager libvirt libvirt-python python-virtinst
```

4．安装 Linux 图形界面

如果宿主机系统中没有安装图形界面，则需执行以下命令安装图形界面相关组件：

```
# yum groupinstall "X Window System"
```

安装完成后，重启宿主机，使以上安装的组件生效。

5．创建网桥

可以创建并使用网桥，使虚拟机可以与其他主机相互访问，步骤如下：

(1) 创建新网桥。在宿主机上执行以下命令，创建网桥 br0 并将其绑定到设备名为 eth0 的网卡上，命令如下：

```
# virsh iface-bridge eth0 br0
```

(2) 修改网卡配置。宿主机网卡的配置文件 ifcfg-eth0 位于/etc/sysconfig/network-scripts 目录下，复制该文件，并将其重命名为 ifcfg-br0，命令如下：

```
# cp /etc/sysconfig/network-scripts/ifcfg-eth0 /etc/sysconfig/network-scripts/ifcfg-br0
```

然后使用 VI 编辑器，将 ifcfg-br0 内容修改如下：

```
TYPE=Bridge
BOOTPROTO=static
DEFROUTE=yes
PEERDNS=yes
PEERROUTES=yes
IPV4_FAILURE_FATAL=no
NAME=br0
DEVICE=br0
ONBOOT=yes
IPADDR=192.168.1.116
NETMASK=255.255.255.0
GATEWAY=192.168.1.1
```

同时修改原网卡配置文件 ifcfg-eth0，只保留如下内容，其他都删除：

```
NAME=eth0
DEVICE=eth0
ONBOOT=yes
BRIDGE=br0
```

(3) 重启网络。新网桥创建完成后，在宿主机上执行以下命令，重启网络：

```
# systemctl restart network
```

若重启网络后网络不生效，则需要重启宿主机系统。

首次创建虚拟机时，也可以不自行创建网桥，而是使用系统默认的虚拟化网桥。

2.3 创建虚拟机

完成安装前的准备工作之后，就可以开始创建虚拟机了，本节将分别介绍创建 Linux 和 Windows 系统虚拟机的方法。

2.3.1 创建 Linux 虚拟机

本例中创建使用 CentOS 7 版本系统的 Linux 虚拟机，可以在图形界面 virt-manager 中进行操作。

1．启动虚拟机管理界面

在宿主机终端输入 virt-manager 命令(如果没有安装 KVM 相关组件，系统会提示找不到这个命令)，启动虚拟机管理图形界面，并弹出主窗口【Virtual Machine Manager】，如图 2-40 所示。

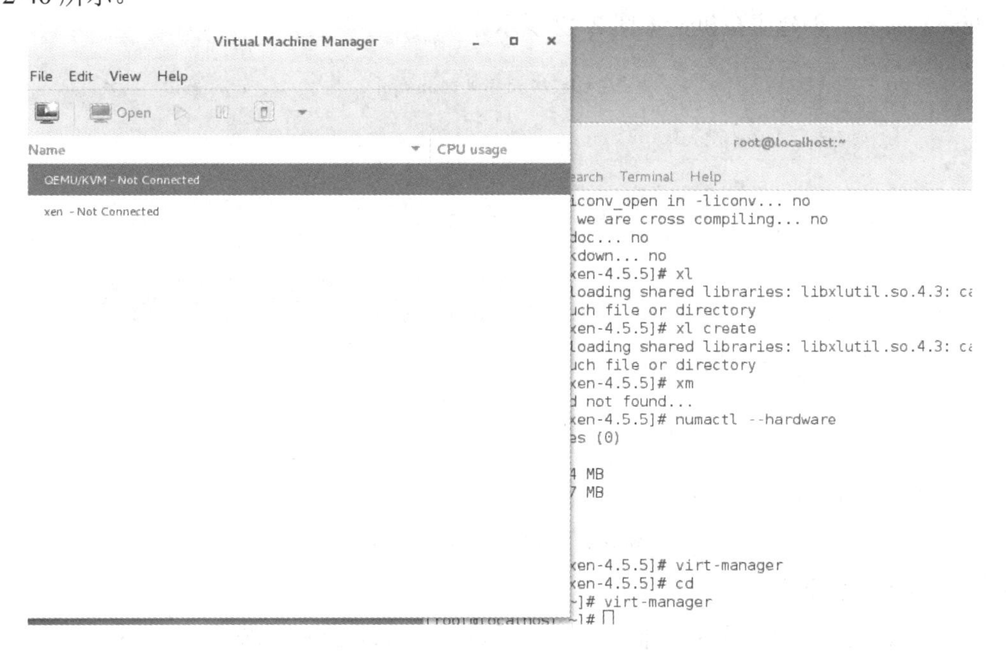

图 2-40　启动图形界面 virt-manager

其中，【QEMU/KVM】项目对应的状态是“Not Connected”，说明 KVM 虚拟化层尚未与宿主机系统连接；【xen】是 Xen 的配置项，由于没有安装 Xen 相关组件，所以状态也是“Not Connected”。

2. 连接 KVM

在【QEMU/KVM–Not Connected】项目上单击鼠标右键，在弹出的菜单中选择【Connect】命令，连接 KVM，如图 2-41 所示。

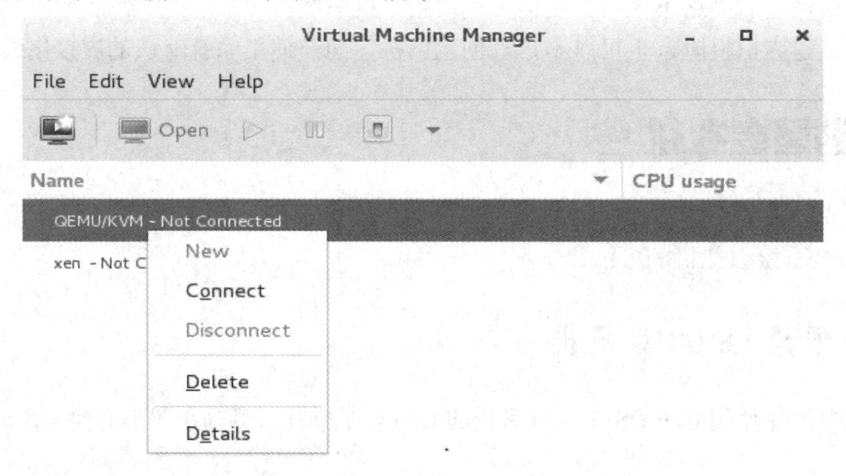

图 2-41　连接 KVM

3. 选择创建虚拟机

宿主机系统与 KVM 的连接建立后，就可以单击菜单栏中的【File】/【New Virtual Machine】命令，创建虚拟机，如图 2-42 所示。

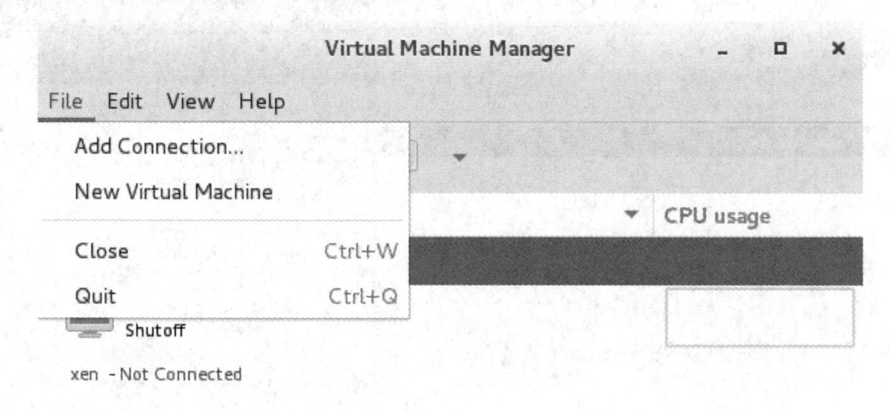

图 2-42　选择创建新的虚拟机

4. 指定安装源文件

在弹出的【New VM】对话框中，选择【Local install media(ISO image or CDROM)】项目，即选择从本地获取安装源文件，然后单击【Forward】按钮，如图 2-43 所示。

在接下来出现的对话框中，单击【Use ISO image】右边的【Browse...】按钮，选择 ISO 格式的虚拟机安装源文件，如图 2-44 所示。

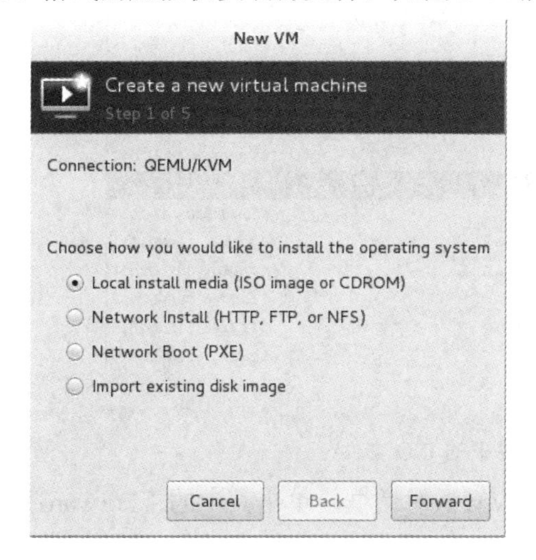

图 2-43　选择安装源文件获取方式

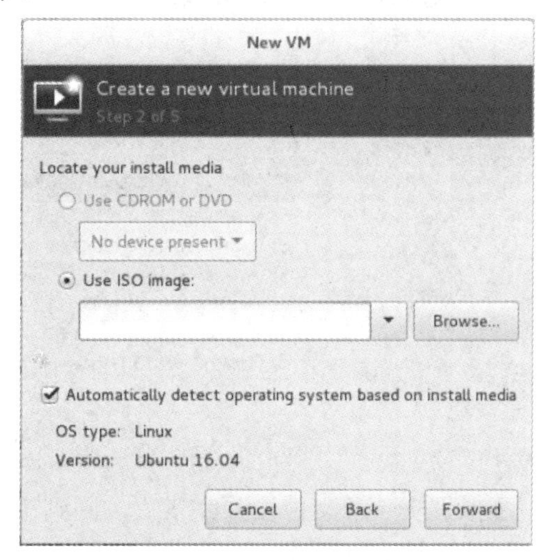

图 2-44　选择安装源文件

在弹出的【Choose Storage Volume】窗口中，会显示所有已放入/var/lib/libvirt/images 路径(虚拟机 ISO 默认存放路径)下的虚拟机 ISO 文件，选择需要的文件，然后单击【Choose Volume】按钮即可，如图 2-45 所示。

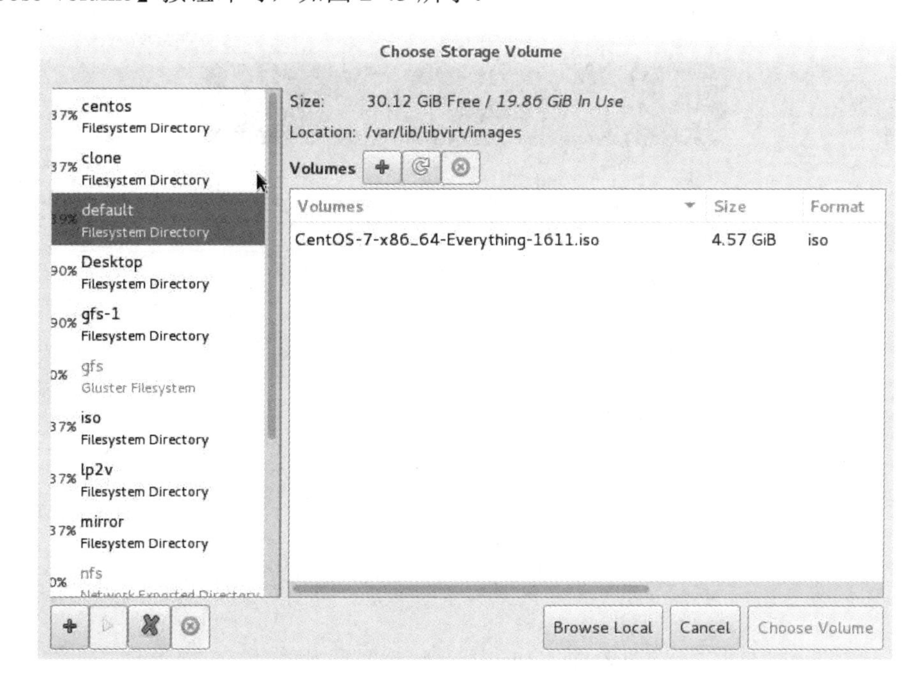

图 2-45　查找默认路径下的 ISO 文件

如需选择存放在其他路径下的虚拟机 ISO 文件，可以单击窗口右下方的【Browse Local】按钮，进入【Locate ISO media】窗口，查找并选择需要的 ISO 文件，如图 2-46 所示。

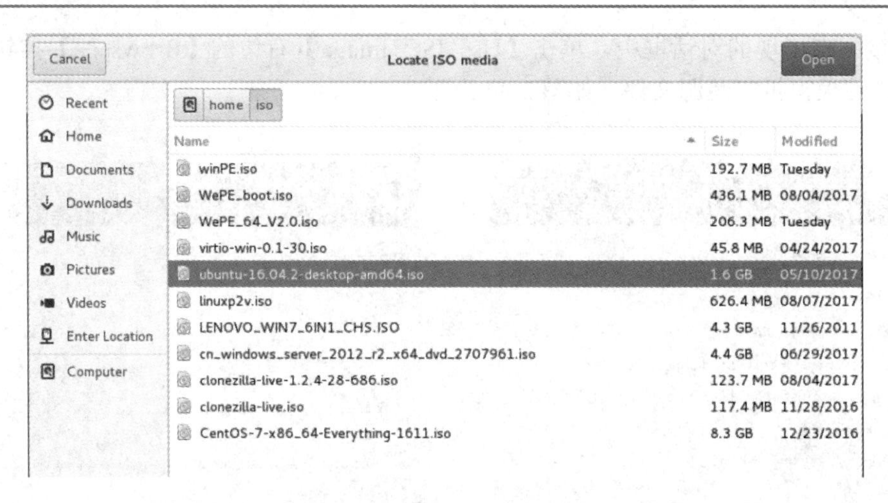

图 2-46　查找自定义路径下的 ISO 文件

虚拟机安装源文件设置完毕后，回到【New VM】对话框，单击其中的【Forward】按钮，进行后续设置操作。

5. 分配内存和 CPU

在【New VM】对话框中，将【Memory(RAM)】(内存)设置为 1024 MB，【CPUs】(CPU 数量)设置为 1，然后单击【Forward】按钮，如图 2-47 所示。

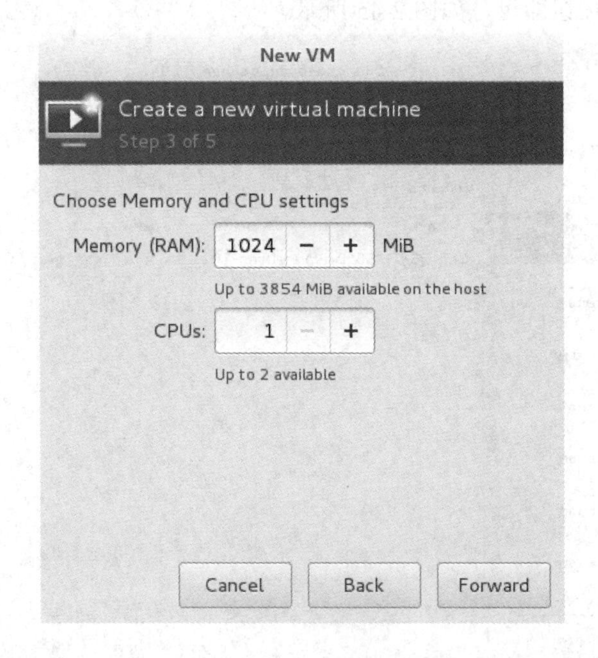

图 2-47　给虚拟机分配 CPU 和内存

6. 分配存储空间

在下一个【New VM】对话框中，指定新建虚拟机使用的硬盘文件大小为 20 GB，虚拟机管理程序会根据这个大小创建一个格式为 qcow2 的文件，如图 2-48 所示。

图 2-48　指定虚拟机硬盘大小

虚拟机硬盘镜像(image)文件的默认存放路径为/var/lib/libvirt/images/，如果想使用其他路径，可以使用以下方式更改：

首先进入自定义保存路径，执行以下命令，在其中创建一个虚拟机的 image 文件：

```
# qemu-img create CentOS7.qcow2 -f qcow2 100G
```

其中，参数 create 后面是要创建的文件名，参数-f 后面是所创建文件的格式，一般使用 qcow2 格式，最后的“100 G”是容量。

然后选择图 2-48 对话框中的【Select managed or other existing storage】项，单击下面的【Browse…】按钮，在弹出的【Choose Storage Volume】窗口中，单击【Browse Local】按钮，在弹出的【Locate existing storage】窗口中，选择自定义路径下的 image 文件，单击【Open】按钮，指定使用该文件，如图 2-49 所示。

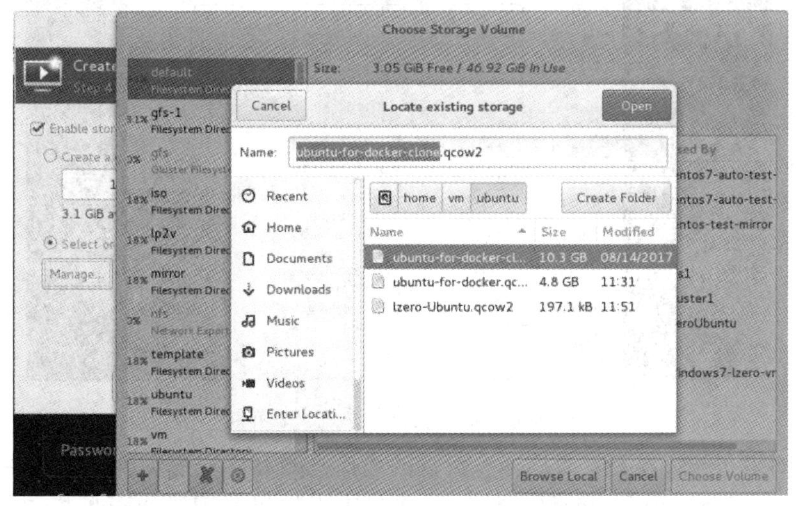

图 2-49　使用自定义路径下的虚拟机硬盘镜像文件

7. 设置虚拟机名称

在最后一个【New VM】对话框中，在【Name】后的文本框内设置新建虚拟机的名称，然后单击【Finish】按钮，完成虚拟机安装设置，如图 2-50 所示。

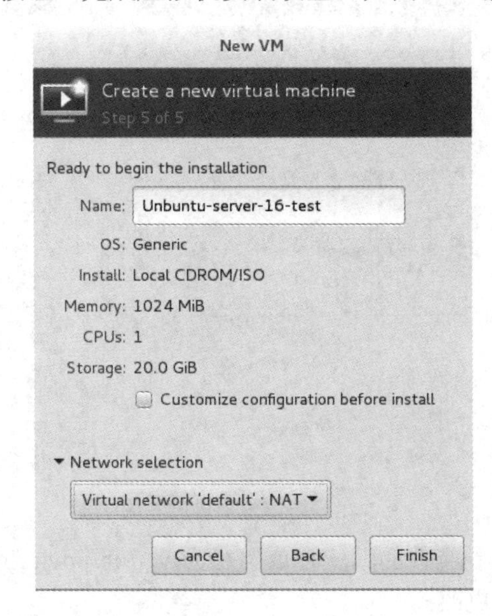

图 2-50　命名新建虚拟机

8. 安装虚拟机操作系统

安装设置完成后，会弹出虚拟机管理窗口，自动启动虚拟机的 Linux 操作系统安装程序，按提示逐步进行安装即可，如图 2-51 所示。

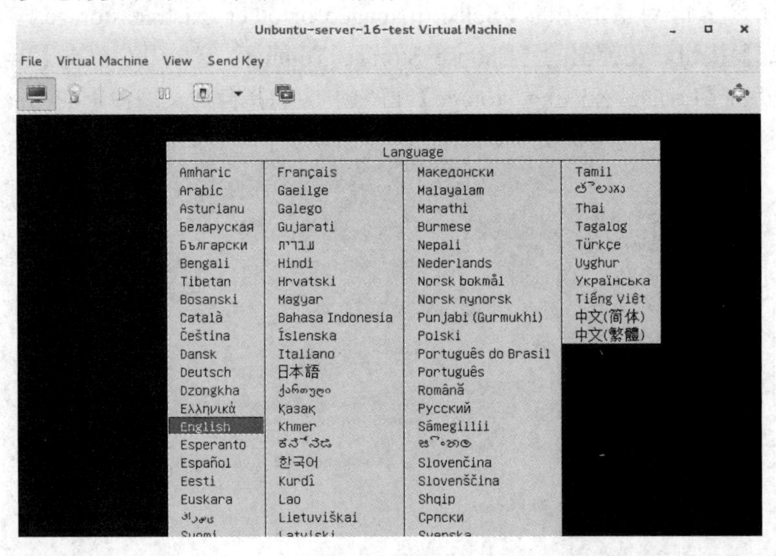

图 2-51　虚拟机操作系统安装界面

注意，如果在安装设置阶段选择了错误的虚拟机的 ISO 安装文件，则安装程序会出现错误提示信息“No boot device”，这时需要单击虚拟机管理窗口菜单栏中的【View】/【Details】命令，查看详细信息，如图 2-52 所示。

图 2-52　查看虚拟机详细信息

在弹出的【主机名 on QEMU/KVM】窗口中，单击左侧列表中的【IDE CDROM 1】项目，然后检查右侧【Virtual Disk】区域中的【Source path】指向的文件是否为正确的 ISO 文件，如图 2-53 所示。

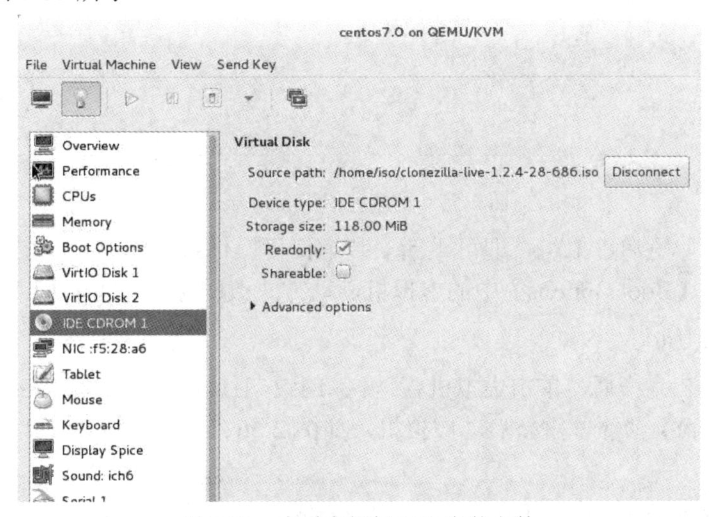

图 2-53　查看虚拟机 ISO 安装文件

如果文件有误，则单击【Disconnect】按钮，然后单击出现的【Connect】按钮，在弹出的【Choose Media】对话框中，重新指定正确的 ISO 文件路径，然后单击【OK】按钮，如图 2-54 所示。

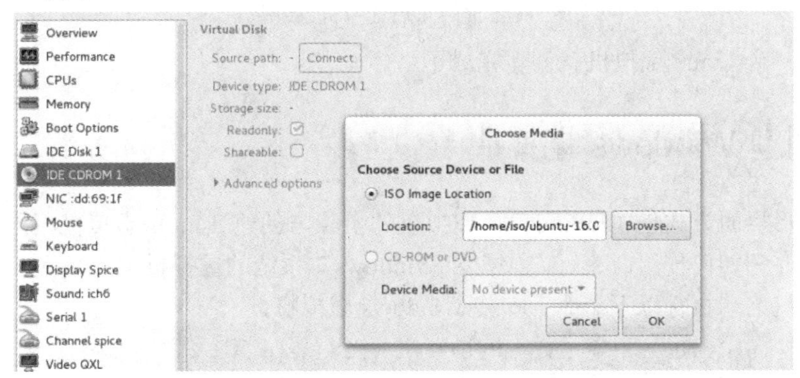

图 2-54　重新指定 ISO 文件

接下来单击左侧列表中的【Boot Options】项目，然后勾选右侧【Boot device menu】设置中的【Enable boot menu】项目，再勾选下方列表中的【IDE CDROM 1】项目，将虚拟机的启动方式设置为光驱启动，最后单击右下角的【Apply】按钮，应用当前设置，如图 2-55 所示。

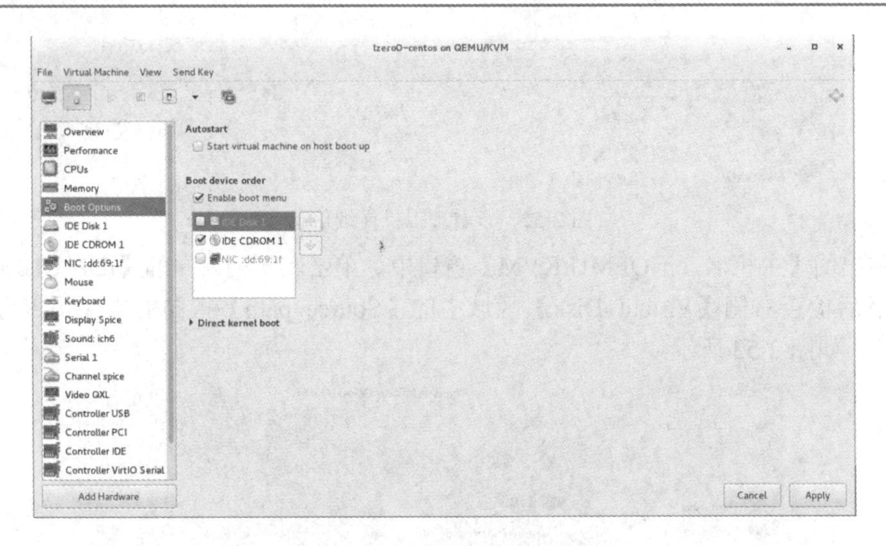

图 2-55 更改虚拟机启动方式

设置完成后，重启虚拟机，即可重新安装虚拟机操作系统。注意，在安装成功后，要在重启系统前将【Boot Options】中的虚拟机驱动方式改回【IDE Disk 1】，即硬盘启动。

9. 重启虚拟机

操作系统安装完毕后，单击虚拟机管理窗口上方工具栏中的黑色小三角，在弹出的菜单中选择【Reboot】命令，重新启动虚拟机，如图 2-56 所示。

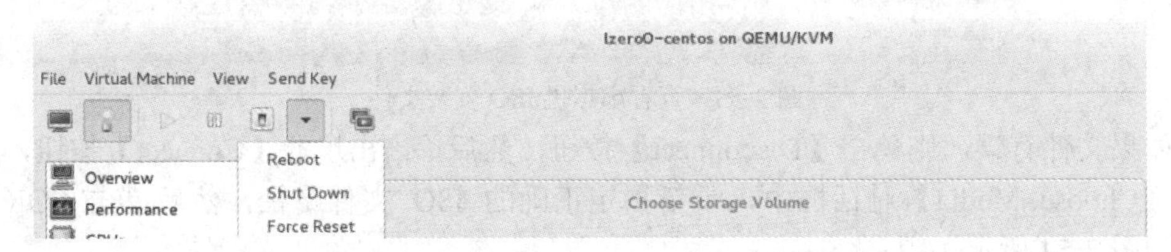

图 2-56 重启虚拟机系统

至此，一台 Linux 虚拟机就创建完成了。

2.3.2 创建 Windows 虚拟机

使用图形界面方式创建 Windows 虚拟机的步骤与创建 Linux 虚拟机相同，因此不再赘述，下面介绍如何使用命令行方式安装 Windows 7 系统的虚拟机。

在宿主机终端执行以下命令，安装 Windows 虚拟机：

```
# virt-install --name Windows7-test-vm --ram 2048 --vcpus 2 --os-type Windows --cdrom=/home/iso/LENOVO_WIN7_6IN1_CHS.ISO --file=/var/lib/libvirt/images/windows.qcow2 --file-size 100 --hvm --vnc --vncport=5910 --bridge virbr0
```

上述命令中各参数的作用如下：

✧ name：虚拟机名称。本例中，虚拟机名称为 Windows7-test-vm。

✧ ram：虚拟机内存，默认单位为 MB。本例中，虚拟机内存大小为 2048 MB。

✧ vcpus：分配给虚拟机的 CPU 个数。本例中，虚拟 CPU 的数量为 2。

- ✧ os-type：虚拟机操作系统类型，可以是 Windows 或者 Linux。本例中为 Windows。
- ✧ cdrom：安装文件路径。本例中为/home/iso/LENOVO_WIN7_6IN1_CHS.ISO。
- ✧ file：虚拟机硬盘镜像文件的路径。本例中为/var/lib/libvirt/images/windows.qcow2。
- ✧ file-size：虚拟机硬盘镜像文件大小，单位为 GB。本例中，文件大小为 100 GB。
- ✧ hvm：设置使用全虚拟化技术。
- ✧ vnc：设置支持 VNC 连接。
- ✧ vncport：分配的 VNC 端口。
- ✧ bridge：设置使用的网桥。本例中为网桥 virbr0。

该命令执行后，会自动弹出 Windows 虚拟机的系统安装界面，如图 2-57 所示。

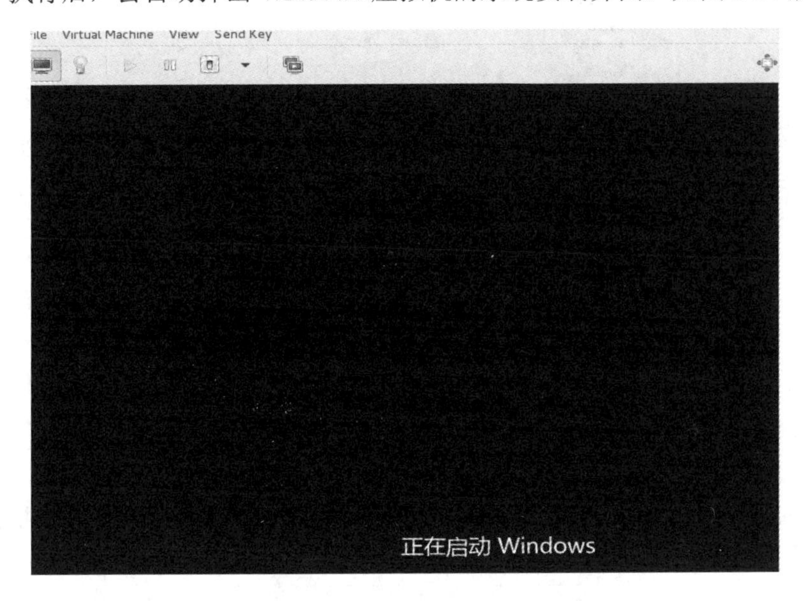

图 2-57　启动虚拟机系统安装界面

注 意 Windows 虚拟机安装完成后，可能会出现鼠标不同步问题，此问题可通过虚拟机的【View】菜单中的【Detail】选项为虚拟机添加一个 USB 鼠标来解决，但只能添加一次，再次添加就有可能造成 Windows 蓝屏。如果添加鼠标后仍不能同步，则可以删除新添加的鼠标，改为添加 USB Tablet，然后再次尝试启动虚拟机。

2.4　克隆虚拟机

实际工作中，可能需要创建多台虚拟机，为实现快速部署，可基于已创建的虚拟机克隆新的虚拟机。

在克隆之前，首先要创建一台全新的虚拟机，在安装好必备的基础软件后，清空网络配置，即可将其作为模板使用。清空网络配置的目的主要是防止克隆虚拟机启动后的 IP 地址与现有网络中的主机 IP 地址相冲突。

2.4.1 选择克隆模板

在图形界面 virt-manager 中，单击被选作克隆模板的虚拟机，在弹出的菜单中选择【Clone】(克隆)命令，如图 2-58 所示。

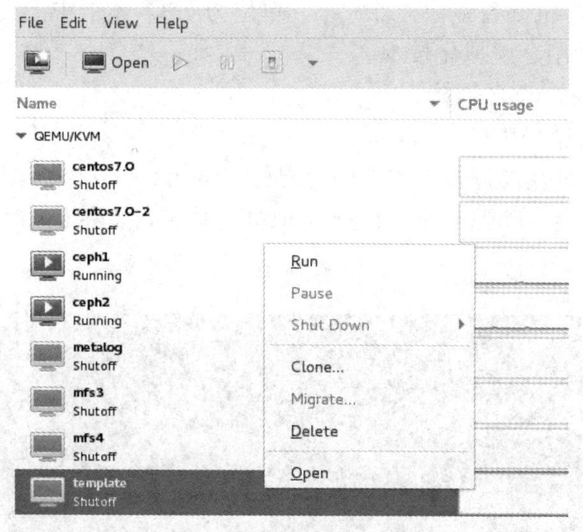

图 2-58 选择模板虚拟机

2.4.2 命名克隆虚拟机

在弹出的【Clone Virtual Machine】对话框中，在【Name】后面的文本框内输入克隆虚拟机的名称，如图 2-59 所示。

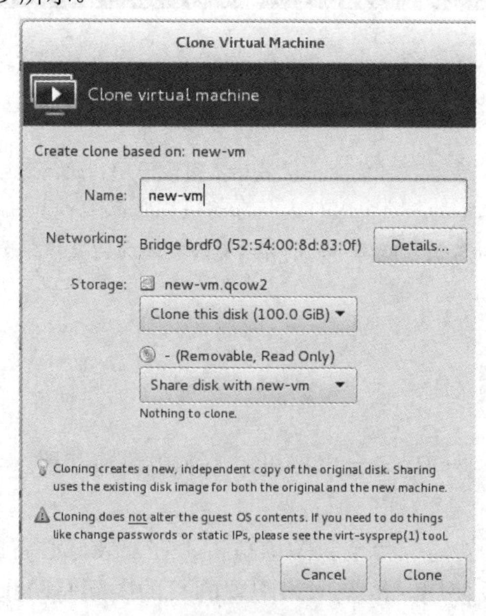

图 2-59 设置克隆虚拟机名称

2.4.3　进行克隆

设置完毕，单击【Clone】按钮，就会开始克隆虚拟机了，等待克隆完成即可，如图 2-60 所示。

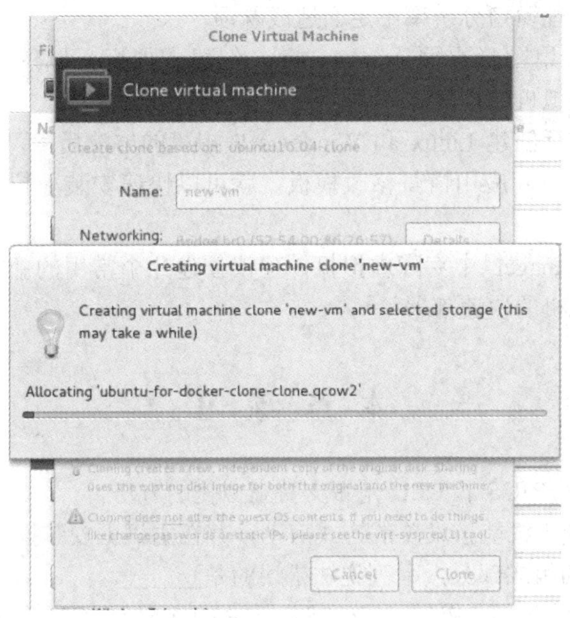

图 2-60　克隆虚拟机

本 章 小 结

最新更新

通过本章的学习，读者应当了解：

✧ KVM 是基于虚拟化扩展(Intel VT 或者 AMD-V)的 X86 硬件的 Linux 原生开源全虚拟化解决方案。该方案中，虚拟机被实现为常规的 Linux 进程，由标准 Linux 调度程序进行调度，这使得 KVM 能够使用 Linux 内核的已有功能。

✧ QEMU 原本并不是 KVM 的一部分，而是一个独立的纯软件虚拟化系统，其代码中包含了整套的虚拟化解决方案，包括处理器虚拟化方案、内存虚拟化方案以及 KVM 所需的各类虚拟设备的模拟方案，因而被 KVM 所采用。

✧ KVM 运行在内核空间，负责 CPU 和内存的虚拟化以及 Guest 的 I/O 拦截，并将被拦截的 I/O 请求交给 QEMU 处理；KVM 虚拟机的 QEMU 代码运行在用户空间，负责硬件 I/O 的虚拟化，并通过/dev/kvm 设备与 KVM 交互。

✧ KVM 虚拟机系统包括 CPU(VCPU，即虚拟 CPU)、内存和驱动(包括 Console、网卡、I/O 设备驱动等)，被 KVM 置于受限制的 CPU 模式下运行。

✧ 创建虚拟机前，要先检查宿主机的 BIOS 和 CPU 设置是否允许创建虚拟机，以 Intel 的 CPU 为例，需要打开 BIOS 里面的 Intel 虚拟化和 VT-d 开关才能支持虚拟化功能。

✧ 在 CentOS 7 操作系统中执行 egrep '(vmx|svm)' /proc/cpuinfo 命令，如果输出信息中可以看到“vmx”或者“svm”，则说明 CPU 支持虚拟化。

✧ 建议安装 VNC 远程辅助工具，实现客户端与服务端之间的便捷连接，避免使用虚拟机时由于管理窗口分辨率不足而造成麻烦。

✧ 建议初学者使用图形界面 virt-manager 创建虚拟机，以熟悉各种资源分配的步骤，加深对虚拟机的理解。

✧ 掌握使用命令行创建 Linux 和 Windows 虚拟机的方法后，可以创建自定义的命令行模板，针对不同应用情景修改模板，就可以快速安装虚拟机，免除逐步安装的麻烦。

✧ 可以在 virt-manager 中克隆虚拟机，建议创建几个常用的虚拟机模板用于克隆，以便进行虚拟机的快速部署。

本 章 练 习

1. 简述查看主机 BIOS 和 CPU 是否支持虚拟化的方法。
2. 配置 BIOS 使主机能按设置的方式启动，并在主机上安装操作系统。
3. 有关 KVM 的组成部分，下列说法错误的是______。

   A. 虚拟机系统包括 CPU、内存和驱动，被 KVM 置于一种受限制的 CPU 模式下运行

   B. KVM 负责拦截 Guest 的 I/O 请求，并将被拦截的 I/O 请求交给 QEMU 处理

   C. KVM 虚拟机的 QEMU 代码运行在用户空间

   D. QEMU 运行在内核空间，负责 CPU 和内存的虚拟化

   E. QEMU 负责硬件 I/O 的虚拟化，并通过/dev/kvm 设备与 KVM 交互
4. Libvirt 工具不具备______功能。

   A. 支持主流编程语言

   B. 监控操作系统运行

   C. Libvirtd 服务

   D. 命令行工具 virsh
5. 在图形界面中，不使用系统的默认路径，而是在自己指定的路径下创建 Linux 和 Windows 虚拟机。
6. 使用命令行方式，创建自定义的虚拟机。

第3章　CPU 虚拟化

本章目标

- 了解 SMP、MPP、NUMA 技术的特点和区别
- 了解 NUMA 技术在 KVM CPU 虚拟化中的应用
- 了解查看 CPU 状态的命令
- 了解将 CPU 分配给虚拟机的方法
- 了解在线添加虚拟机 CPU 的方法
- 了解嵌套创建虚拟机的方法

从本章开始，将逐步讲解计算机体系内各部分的虚拟化技术。本章主要对 KVM 虚拟化中的 NUMA 技术和 Nested 特性进行介绍。NUMA 技术主要用于虚拟机对物理机 CPU 的绑定，能够优化虚拟机的性能；Nested 特性则允许创建无限嵌套的虚拟机，前提是宿主机性能足够强大。

3.1 多 CPU 技术发展简介

多 CPU 技术发展至今，主要经历了 SMP、MPP 和 NUMA 三种技术。

3.1.1 SMP 技术

SMP(Symmetrical Multi-Processing)即全对称多处理器技术，该技术允许多个 CPU 通过同一条总线访问内存，所以也被称为一致内存访问(UMA)架构，在这种架构下，任何时候 CPU 都只能为内存的每个数据保持或共享唯一的值，如图 3-1 所示。

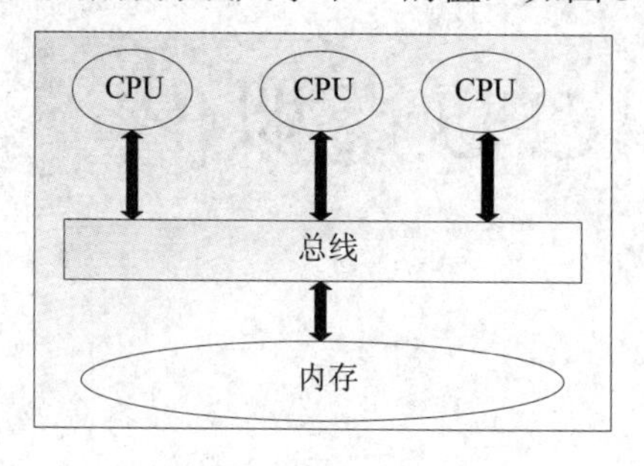

图 3-1 SMP 技术架构

3.1.2 MPP 技术

MPP(Massively Parallel Processing)即大规模并行处理技术，该系统由许多松耦合的处理单元组成(注意是处理单元，而非处理器，等同于一个 SMP 服务器)，每个单元内的 CPU 都有自己的私有资源，如总线、内存、硬盘等，每个单元也都有自己的操作系统与管理数据库的实例副本。MPP 技术将每个这样的处理单元视为一个 SMP 节点，并将多个这样的 SMP 节点通过一定的节点互联网络进行连接，以协同完成一个任务，虽然每个 SMP 节点是相互隔离的，但从用户的角度来看，就像是一个服务器系统，如图 3-2 所示。

MPP 技术最大的特点在于系统资源不是共享的：与 NUMA 技术不同，MPP 系统中的每个 SMP 节点可以运行自己的操作系统和数据库等，但一个 SMP 节点内的 CPU 并不能访问另一个节点的内存，节点之间的信息交互只能通过节点互联网络实现，该过程一般称为数据重分配(Data Redistribution)。因此，MPP 服务器需要采用一种复杂的机制来调度和平衡各个 SMP 节点的负载与并行处理过程，目前一些基于 MPP 技术的服务器往往通过软件(如数据库)来屏蔽这种复杂性。

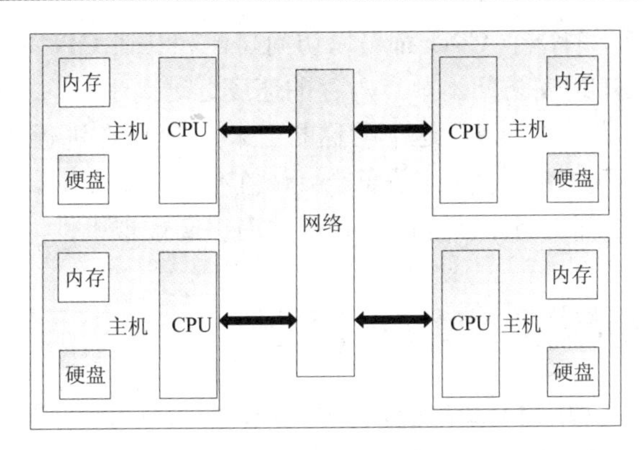

图 3-2　MPP 技术架构

MPP 系统理论上具有无限的扩展能力，现有的技术已能实现 512 个节点、数千个 CPU 的互联。目前，业界对 MPP 的节点互联网络暂无统一标准，如 NCR 的 Bynet、IBM 的 SPSwitch 都采用了不同的内部标准，但节点互联网络仅供 MPP 服务器内部使用，对用户而言是透明的，不影响用户使用。

3.1.3　NUMA 技术

NUMA 即非一致内存访问技术，是一种适用于多 CPU 处理器的技术。在 NUMA 架构下，CPU 访问内存的速度取决于该内存所在的位置，访问本节点内存的速度比访问非本节点内存要快许多。

NUMA 技术在 20 世纪 90 年代被开发出来，主要开发商包括 Burruphs(优利系统)、Convex Computer(惠普)、通用数据(EMC)、Digital(后来的 Compaq，2001 年 9 月被 HP 收购)。基于 NUMA 的 UNIX 系统的首次商业化应用是 XPS-100 系列服务器，由 VAST 公司的 Dan Gielen 为 HISI 设计。NUMA 技术的巨大成功，使 HISI 成为了欧洲的顶级 UNIX 厂商。

NUMA 技术在逻辑上遵循 SMP 技术。如图 3-3 所示，NUMA 服务器的基本特征是有多个 CPU 模块，每个 CPU 模块又由多个 CPU 组成，并且拥有独立的本地内存、I/O 槽口等，此类模块被称为 NUMA 节点。由于各 NUMA 节点之间可以通过互联模块(被称为 Crossbar Switch)进行连接并交互信息，因此，NUMA 系统中的每个 CPU 都可以访问整个系统的内存——这是 NUMA 系统与 MPP 系统最重要的差别。

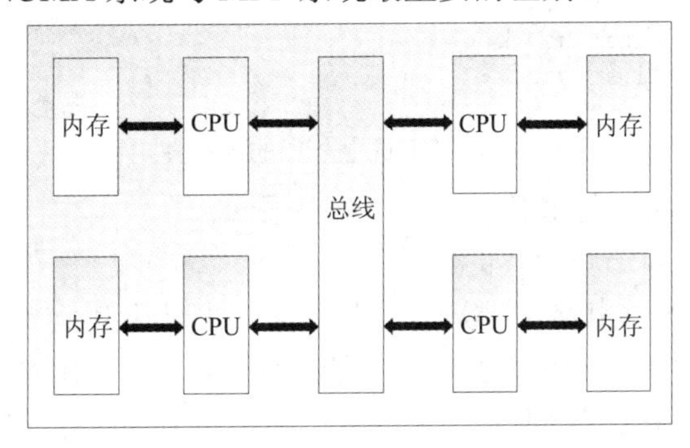

图 3-3　NUMA 技术架构

虽然 NUMA 架构下的每个 CPU 都可以访问自己和其他 CPU 的内存，但访问速度相差 10～100 倍。由于 NUMA 访问本节点内存的速度远远高于访问远程内存(系统内其它节点的内存)的速度(这也是“非一致”这个名称的由来)，因此在进行 NUMA 架构下的程序开发时，应尽量减少不同 CPU 之间的信息交互，在使用虚拟机时，也要注意对 CPU 进行优化，尽量让每个 CPU 都访问本节点的内存，从而提高虚拟机性能。

3.2 KVM 虚拟机的 NUMA 优化

KVM 虚拟化技术是 NUMA 架构的代表性技术之一，因此本节以 KVM 虚拟机为例，讲解 NUMA 架构下虚拟机 CPU 的优化方法。

3.2.1 查看宿主机配置信息

在宿主机上执行 numactl--hardware 命令，可以查看当前宿主机的 CPU 和内存配置，如图 3-4 所示。

```
[root@localhost images]# numactl --hardware
available: 1 nodes (0)
node 0 cpus: 0 1
node 0 size: 3854 MB
node 0 free: 2181 MB
node distances:
node   0
  0:  10
```

图 3-4 查看宿主机配置信息

输出结果显示，该宿主机有一颗双核心 CPU，可以访问的内存为 3854 MB，其中有 2181 MB 内存空闲。

在宿主机上执行 numastat 命令，可以查看宿主机每个节点的内存使用情况统计，如图 3-5 所示。

```
[root@localhost images]# numastat
                           node0
numa_hit                66044651
numa_miss                      0
numa_foreign                   0
interleave_hit              3602
local_node              66044651
other_node                     0
```

图 3-5 查看宿主机上节点的内存使用情况

输出结果中的各参数含义如下：

✧ numa_hit：使用本节点内存的次数。

✧ numa_miss：计划使用本节点内存，但是被调度使用其他节点内存的次数。

✧ numa_foreign：计划使用其他节点内存，但是被调度使用本节点内存的次数。

✧ interleave_hit：在交叉分配使用的内存中使用本节点内存的次数。

✧ local_node：本节点上运行的程序使用本节点内存的次数。

✧ other_node：其他节点上运行的程序使用本节点内存的次数。

在宿主机上执行 numastat -c 命令，可以查看宿主机上各个进程的内存使用情况，如图 3-6 所示。

```
[root@localhost Desktop]# numastat -c qemu-kvm

Per-node process memory usage (in MBs) for PID 25482 (qemu-kvm)
         Node 0 Total
         ------ -----
Huge          0     0
Heap         23    23
Stack         2     2
Private     418   418
------- ------ -----
Total       442   442
```

图 3-6　查看宿主机各进程的内存使用情况

3.2.2　配置 NUMA 自动平衡策略

Linux 默认采用 NUMA 自动平衡策略，即系统会自动调配内存使用，以求保持平衡，但该策略的使用与否可以由用户控制。

在宿主机上执行以下命令，可以停用 NUMA 自动平衡策略：

```
echo 0 > /proc/sys/kernel/numa_balancing
```

在宿主机上执行以下命令，可以重新开启 NUMA 自动平衡策略：

```
echo 1 > /proc/sys/kernel/numa_balancing
```

3.2.3　查看虚拟机配置信息

要对虚拟机的配置进行调整，首先需要查看虚拟机的配置信息，通常采取以下方法。

1. 查看正在运行的虚拟机

可以使用 virsh 命令行管理工具，查看正在运行的虚拟机信息，操作如下：

在宿主机上执行 virsh 命令，启动 virsh 命令行管理工具，如图 3-7 所示。

```
[root@localhost qemu]# virsh
Welcome to virsh, the virtualization interactive terminal.

Type:  'help' for help with commands
       'quit' to quit

virsh #
```

图 3-7　virsh 工具启动界面

然后执行 list 命令，就可以列出正在运行的虚拟机信息，如图 3-8 所示。

```
virsh # list
 Id    Name                           State
----------------------------------------------------
 12    Unbuntu-server-16-test         running

virsh #
```

图 3-8　查看正在运行的虚拟机

2．查看虚拟机的配置文件

使用 cat、more 等命令或者 VI 编辑器，可以查看存放在宿主机/etc/libvirt/qemu 路径下的虚拟机配置文件，该文件为 XML 格式，内容示例如下：

```
<!--
WARNING: THIS IS AN AUTO-GENERATED FILE. CHANGES TO IT ARE LIKELY TO BE
OVERWRITTEN AND LOST. Changes to this xml configuration should be made using:
  virsh edit Unbuntu-server-16-test
or other application using the libvirt API.
-->

<domain type='kvm'>
  <name>Unbuntu-server-16-test</name>
  <uuid>3c8c4917-15f9-4bde-a459-dbb355d6b6f6</uuid>
  <memory unit='KiB'>1048576</memory>
  <currentMemory unit='KiB'>1048576</currentMemory>
  <vcpu placement='static'>1</vcpu>
  <os>
    <type arch='x86_64' machine='pc-i440fx-rhel7.0.0'>hvm</type>
    <boot dev='hd'/>
  </os>
  <features>
    <acpi/>
    <apic/>
  </features>
  <cpu mode='custom' match='exact'>
    <model fallback='allow'>Nehalem</model>
  </cpu>
  <clock offset='utc'>
    <timer name='rtc' tickpolicy='catchup'/>
    <timer name='pit' tickpolicy='delay'/>
    <timer name='hpet' present='no'/>
  </clock>
  <on_poweroff>destroy</on_poweroff>
  <on_reboot>restart</on_reboot>
  <on_crash>restart</on_crash>
  <pm>
    <suspend-to-mem enabled='no'/>
    <suspend-to-disk enabled='no'/>
  </pm>
```

```
<devices>
  <emulator>/usr/libexec/qemu-kvm</emulator>
  <disk type='file' device='disk'>
    <driver name='qemu' type='qcow2'/>
    <source file='/var/lib/libvirt/images/Unbuntu-server-16-test.qcow2'/>
    <target dev='hda' bus='ide'/>
    <address type='drive' controller='0' bus='0' target='0' unit='0'/>
  </disk>
  <disk type='block' device='cdrom'>
    <driver name='qemu' type='raw'/>
    <target dev='hdb' bus='ide'/>
    <readonly/>
    <address type='drive' controller='0' bus='0' target='0' unit='1'/>
  </disk>
  <controller type='usb' index='0' model='ich9-ehci1'>
    <address type='pci' domain='0x0000' bus='0x00' slot='0x06' function='0x7'/>
  </controller>
  <controller type='usb' index='0' model='ich9-uhci1'>
    <master startport='0'/>
    <address type='pci' domain='0x0000' bus='0x00' slot='0x06' function='0x0' multifunction='on'/>
  </controller>
  <controller type='usb' index='0' model='ich9-uhci2'>
    <master startport='2'/>
    <address type='pci' domain='0x0000' bus='0x00' slot='0x06' function='0x1'/>
  </controller>
  <controller type='usb' index='0' model='ich9-uhci3'>
    <master startport='4'/>
    <address type='pci' domain='0x0000' bus='0x00' slot='0x06' function='0x2'/>
  </controller>
  <controller type='pci' index='0' model='pci-root'/>
  <controller type='ide' index='0'>
    <address type='pci' domain='0x0000' bus='0x00' slot='0x01' function='0x1'/>
  </controller>
  <controller type='virtio-serial' index='0'>
    <address type='pci' domain='0x0000' bus='0x00' slot='0x05' function='0x0'/>
  </controller>
  <interface type='network'>
    <mac address='52:54:00:8b:eb:26'/>
    <source network='default'/>
    <model type='rtl8139'/>
```

```
      <address type='pci' domain='0x0000' bus='0x00' slot='0x03' function='0x0'/>
    </interface>
    <serial type='pty'>
      <target port='0'/>
    </serial>
    <console type='pty'>
      <target type='serial' port='0'/>
    </console>
    <channel type='spicevmc'>
      <target type='virtio' name='com.redhat.spice.0'/>
      <address type='virtio-serial' controller='0' bus='0' port='1'/>
    </channel>
    <input type='mouse' bus='ps2'/>
    <input type='keyboard' bus='ps2'/>
    <graphics type='spice' autoport='yes'>
      <image compression='off'/>
    </graphics>
    <sound model='ich6'>
      <address type='pci' domain='0x0000' bus='0x00' slot='0x04' function='0x0'/>
    </sound>
    <video>
      <model type='qxl' ram='65536' vram='65536' vgamem='16384' heads='1'/>
      <address type='pci' domain='0x0000' bus='0x00' slot='0x02' function='0x0'/>
    </video>
    <redirdev bus='usb' type='spicevmc'>
    </redirdev>
    <redirdev bus='usb' type='spicevmc'>
    </redirdev>
    <memballoon model='virtio'>
      <address type='pci' domain='0x0000' bus='0x00' slot='0x07' function='0x0'/>
    </memballoon>
  </devices>
</domain>
```

3.3 配置 CPU

可以通过配置物理 CPU 和所用内存的对应关系，以及虚拟 CPU 和物理 CPU 的对应关系，从而提高虚拟机的效率。

3.3.1　查看 CPU 配置信息

在宿主机的 virsh 工具中使用 numatune 命令，可以查看某虚拟机的 NUMA 模式配置，如图 3-9 所示。其中，numatune 后面的参数为所查询虚拟机的 ID 号，也可以是虚拟机的名称，虚拟机每次重启后的 ID 都不同，需要以 list 命令的查询结果为准。本例中，虚拟机的 ID 为 12。

```
virsh # numatune 12
numa_mode        : strict
numa_nodeset     : 0
```

图 3-9　查看虚拟机的 NUMA 模式配置

numa_mode 项为该虚拟机所用物理 CPU 的内存使用模式(NUMA 模式)。本例中设置为 strict 模式，即表示该物理 CPU 只使用本节点的内存。

numa_nodeset 项为该虚拟机所用物理 CPU 所在的节点。本例中为 0，表示虚拟机使用了节点 0 的 CPU(根据 numa_mode 项，该 CPU 只使用本地节点 0 的内存)。

3.3.2　修改 NUMA 配置信息

可以修改虚拟机配置文件，以便在虚拟机 CPU 上使用所需的 NUMA 模式。

1．修改配置文件方式

确认 NUMA 自动平衡策略已关闭后，使用 VI 编辑器修改宿主机上的虚拟机配置文件，根据需要选择合适的 NUMA 模式，NUMA 模式共有三种：

✧　strict：只使用本节点内存。

✧　preferred：优先使用本节点内存。

✧　interleave：交错使用各节点内存。

修改虚拟机配置文件，在其中的<vcpu placement xxx>一行下面添加 NUMA 配置信息，重新启动后即可生效。

例如，在虚拟机配置文件中添加以下信息，可以让虚拟机随机使用一个宿主机节点的 CPU，并限定该 CPU 只使用本节点的内存：

```
<numatune>
        <memory mode='strict' placement='auto'/>
<numatune/>
```

其中，属性 memory mode 用于指定 NUMA 模式，本例中值为“strict”，即限定 CPU 只使用本节点的内存；如果要随机使用一个节点的 CPU，需要将参数 placement 的值设置为“auto”，表示为虚拟机自动匹配一个宿主机节点。也可以添加以下信息，指定虚拟机可以使用哪些节点的物理 CPU，并限定这些 CPU 只使用本节点的内存：

```
<numatune>
        <memory mode='strict' nodeset='4,1-2'/>
<numatune/>
```

其中，参数 nodeset 用于指定使用哪个节点的 CPU 和内存，节点的排序从 0 开始，本例中为节点 4、1 和 2。

2．命令行方式

除修改虚拟机配置文件之外，也可以在宿主机终端直接使用 virsh 工具中的 numatune 命令，指定虚拟机使用哪些节点的 CPU：

```
virsh # numatune 2 --nodeset '0,2 -3'
```

其中，参数 numatune 后面为虚拟机的 ID 号，表示将节点 0、2 和 3 节点的 CPU 配置给 ID 为 2 的虚拟机使用。

注意，使用这种方法修改的配置，在虚拟机重启后配置将消失。

3.3.3 配置 VCPU

可以修改虚拟机配置文件，给虚拟机配置 VCPU(虚拟 CPU)。

在宿主机上使用 VI 编辑器，修改虚拟机配置文件的<vcpu>一行中的以下代码，可以在 auto 模式下，给虚拟机配置 4 个 VCPU：

```
<vcpu placement='auto'>4</vcpu>
```

其中，VCPU 的参数 placement 用于设置 VCPU 和物理 CPU 的对应范围，“auto”表明随机使用 4 个物理 CPU。

如需指定 VCPU 使用的物理 CPU 范围，则需将参数 placement 改为“static”。例如，将代码修改如下，即可以给虚拟机配置 8 个 VCPU，这 8 个 VCPU 会在 ID 为 0～10 的物理 CPU 中随机使用 8 个：

```
<vcpu placement='static' cpuset='0-10'>8</vcpu>
```

其中，参数 cpuset 用于指定 VCPU 所用的物理 CPU 的 ID 号范围。

注意，<vcpu>配置的是 VCPU(包括超线程产生的 CPU)，而<numatune>配置的是物理 CPU，<vcpu>和<numatune>需要保持 CPU ID 号的对应关系一致。

将代码修改如下，可以给 1 个虚拟机分配 16 个 VCPU，但开始时只能使用 8 个：

```
<vcpu placement='auto' current='8'>16</vcpu>
```

其中，参数 current 用于指定虚拟机启动时能使用的 VCPU 数量，然后可以根据系统的压力情况，将其余的 VCPU 在线添加给虚拟机。

在<cputune>中添加以下代码，可以指定每个 VCPU 可以使用的物理 CPU：

```
<cputune>
    <vcpupin vcpu="0" cpuset="1-4"/>
    <vcpupin vcpu="1" cpuset="0,1"/>
    <vcpupin vcpu="2" cpuset="2,3"/>
    <vcpupin vcpu="3" cpuset="0,4"/>
</cputune>
```

其中，命令 vcpupin 用于指定某个 VCPU 所对应的物理 CPU。也可以使用 emulatorpin 命令，指定某些特定的物理 CPU，使这些 CPU 使用的内存都在同一个物理节点内部：

```
<cputune>
    <emulatorpin cpuset="1-3"/>
</cputune>
```

也可以在宿主机的 virsh 工具中使用 emulatorpin 命令，在虚拟机运行的情况下，调整 VCPU 使用的物理 CPU 范围，使某个虚拟机所使用的物理 CPU 都在同一个物理节点的内部：

```
virsh   #   emulatorpin 12 1-3
```

上述代码中，emulatorpin 命令后跟两个参数，第一个参数为某虚拟机的 ID，第二个参数为该虚拟机使用的物理 CPU 编号。第一个参数单独使用时，表示查看某虚拟机可使用的物理 CPU；两个参数一起使用时，则是指定某虚拟机可以使用哪些物理 CPU。本例中，“12”为使用 list 命令查出的虚拟机 ID，也可使用虚拟机的名称；“1-3”为物理 CPU，该命令执行后可以立即生效。

3.3.4　绑定 CPU

绑定 CPU，即将物理 CPU 绑定到虚拟机的 VCPU，可以提高虚拟机 CPU 的使用效率。CPU 绑定可以在线配置并立即生效，有效解决生产过程中的 CPU 利用率不均衡问题。

1．查看虚拟机的 CPU 信息

在宿主机终端启动 virsh 工具，在其中使用 vcpuinfo 命令，可以查看虚拟机的 VCPU 与宿主机的物理 CPU 的对应关系：

```
virsh # vcpuinfo 12
VCPU:           0
CPU:            1
State:          running
CPU time:       83.0s
CPU Affinity:   yy
```

可以看到，VCPU0 对应物理 CPU1，目前状态是 running，使用时间 83.0s；代码最后一行的“CPU Affinity: yy”表示这台虚拟机被允许使用两个物理 CPU。

2．在线绑定 CPU

以一台 8 个物理 CPU 的宿主机为例，使用 virshvcpuinfo 命令，查看虚拟机的 VCPU 与物理 CPU 的对应情况：

```
# virsh vcpuinfo   centos
VCPU:           0
CPU:            4
State:          running
CPU time:       16025.9s
CPU Affinity:   yyyyyyyy

VCPU:           1
CPU:            6
```

```
State:          running
CPU time:       20221.3s
CPU Affinity:   yyyyyyyy

VCPU:           2
CPU:            6
State:          running
CPU time:       12179.5s
CPU Affinity:   yyyyyyyy

VCPU:           3
CPU:            5
State:          running
CPU time:       12411.4s
CPU Affinity:   yyyyyyyy
```

上述代码中，虚拟机 centos 的 VCPU 与宿主机的物理 CPU 的对应情况如下：VCPU0 对应物理 CPU4；VCPU1 与 VCPU2 对应物理 CPU6；VCPU4 对应物理 CPU5。同时，参数 CPU Affinity(用于指定可使用的物理 CPU 对应关系)的值均为“yyyyyyyy”，表明该虚拟机的所有 VCPU 均可使用任意的物理 CPU。

注意，上述对应关系并不是固定的，如果使用 virsh vcpuinfo 命令反复查看虚拟机 centos 的 VCPU 与宿主机物理 CPU 的对应情况，会发现每次的结果都不相同，这是系统分配给虚拟机的 CPU 时间片反复切换所致。鉴于此，可以使用 vcpupin 命令，进行绑定 CPU 的操作，首先执行以下命令，将虚拟机 centos 的 VCPU0 与宿主机的物理 CPU3 绑定：

```
# virsh vcpupin   centos 0 3
# virsh vcpuinfo   centos
VCPU:           0
CPU:            3
State:          running
CPU time:       16033.7s
CPU Affinity:   ---y----

VCPU:           1
CPU:            1
State:          running
CPU time:       20234.7s
CPU Affinity:   yyyyyyyy

VCPU:           2
CPU:            0
State:          running
```

```
CPU time:      12188.5s
CPU Affinity:  yyyyyyyy

VCPU:          3
CPU:           0
State:         running
CPU time:      12420.2s
CPU Affinity:  yyyyyyyy
```

上述代码中，VCPU0 对应物理 CPU3，其参数 CPU Affinity 的值只有第四位为 y，表示 VCPU0 只能使用物理 CPU3，即将 VCPU0 绑定到了物理 CPU3；而其他 VCPU 的 CPU Affinity 参数值仍然为“yyyyyyyy”，表示没有设置绑定，可切换使用任意的物理 CPU。

然后使用同样的方法，依次将 VCPU1～3 与物理 CPU 绑定：VCPU1 绑定 CPU4，VCPU2 绑定 CPU5，VCPU3 绑定 CPU6。

绑定完毕后，再执行 vcpuinfo 命令，查看 VCPU 与 CPU 的对应情况：

```
# virsh vcpupin   centos 1 4
# virsh vcpupin   centos 2 5
# virsh vcpupin   centos 3 6
# virsh vcpuinfo  centos
VCPU:          0
CPU:           3
State:         running
CPU time:      16050.3s
CPU Affinity:  ---y----

VCPU:          1
CPU:           4
State:         running
CPU time:      20255.6s
CPU Affinity:  ----y---

VCPU:          2
CPU:           5
State:         running
CPU time:      12203.2s
CPU Affinity:  -----y--

VCPU:          3
CPU:           6
State:         running
CPU time:      12438.0s
```

```
CPU Affinity:    ------y-
```

结果显示，虚拟机 centos 的所有 VCPU 都已与宿主机的物理 CPU 成功绑定。

3.3.5 在线添加 CPU

业务压力大，又不能停机调整 CPU 的时候，可以给虚拟机在线添加 CPU，以提高虚拟机的处理能力。如需使用在线添加 CPU 功能，在为虚拟机分配 CPU 时就要预留足够的 CPU。

在宿主机的 virsh 工具中使用 vcpuinfo 命令，可以查看虚拟机的 VCPU 使用信息：

```
virsh # vcpuinfo   17
VCPU:          0
CPU:           1
State:         running
CPU time:      12.8s
CPU Affinity:  yy
```

其中，参数 VCPU 只有一个值 0，表明 ID 为 17 的虚拟机只使用一个 VCPU0，对应着物理 CPU1；CPU Affinity 参数值的两个标志位都是 y，表明宿主机有两个物理 CPU，且这两个 CPU 都可以分配给该虚拟机使用。

也可以在虚拟机终端执行以下命令，查看位于/proc/interrupts 的中断报告文件，该文件包含了系统正在使用的中断和每个 VCPU 被中断的次数等信息，通过该文件可以查看系统正在使用的 VCPU 状态：

```
# cat /proc/interrupts
```

输出结果如图 3-10 所示，表明目前虚拟机只使用了一个 VCPU，但物理机有两个物理 CPU 都可以分配给虚拟机。

```
[root@localhost Desktop]# cat /proc/interrupts
           CPU0
  0:        128   IO-APIC-edge      timer
  1:        183   IO-APIC-edge      i8042
  6:          3   IO-APIC-edge      floppy
  8:          0   IO-APIC-edge      rtc0
  9:          0   IO-APIC-fasteoi   acpi
 10:        339   IO-APIC-fasteoi   ehci_hcd:usb1, uhci_hcd:usb2, qxl
 11:       1024   IO-APIC-fasteoi   uhci_hcd:usb3, uhci_hcd:usb4, virtio3
 12:        144   IO-APIC-edge      i8042
 14:        232   IO-APIC-edge      ata_piix
 15:          0   IO-APIC-edge      ata_piix
 24:          0   PCI-MSI-edge      virtio0-config
 25:         56   PCI-MSI-edge      virtio0-input.0
 26:          0   PCI-MSI-edge      virtio0-output.0
 27:          0   PCI-MSI-edge      virtio1-config
 28:        231   PCI-MSI-edge      virtio1-virtqueues
 29:          0   PCI-MSI-edge      virtio2-config
 30:      10787   PCI-MSI-edge      virtio2-req.0
 31:       1223   PCI-MSI-edge      snd_hda_intel
NMI:          0   Non-maskable interrupts
LOC:      43109   Local timer interrupts
SPU:          0   Spurious interrupts
PMI:          0   Performance monitoring interrupts
IWI:      14561   IRQ work interrupts
RTR:          0   APIC ICR read retries
RES:          0   Rescheduling interrupts
CAL:          0   Function call interrupts
TLB:          0   TLB shootdowns
TRM:          0   Thermal event interrupts
THR:          0   Threshold APIC interrupts
```

图 3-10　查看虚拟机的 CPU 使用情况

在宿主机终端使用 virsh 工具中的 setvcpus 命令，可以为 ID 为 17 的虚拟机在线添加 1 个 VCPU：

```
virsh # setvcpus 17 2 --live
```

添加完毕，可以使用 vcpuinfo 命令，查看该虚拟机现在的 VCPU 个数：

```
virsh # vcpuinfo 17
VCPU:           0
CPU:            0
State:          running
CPU time:       26.8s
CPU Affinity:   yy

VCPU:           1
CPU:            0
State:          running
CPU Affinity:   yy
```

输出结果显示，新添加的两个 VCPU 都可用，但需要在虚拟机终端上执行以下命令，激活新添加的 VCPU：

```
echo 1 > /sys/devices/system/cpu/cpu1/online
```

成功激活后，在虚拟机上查看中断报告文件，可以看到虚拟机增加了一个 VCPU1，如图 3-11 所示。

```
[root@localhost Desktop]# cat /proc/interrupts
           CPU0       CPU1
  0:        128          0   IO-APIC-edge      timer
  1:        197          0   IO-APIC-edge      i8042
  6:          3          0   IO-APIC-edge      floppy
  8:          0          0   IO-APIC-edge      rtc0
  9:          1          0   IO-APIC-fasteoi   acpi
 10:        375          0   IO-APIC-fasteoi   ehci_hcd:usb1, uhci_hcd:usb2, qxl
 11:       1024          0   IO-APIC-fasteoi   uhci_hcd:usb3, uhci_hcd:usb4, virtio3
 12:        144          0   IO-APIC-edge      i8042
 14:        402          0   IO-APIC-edge      ata_piix
 15:          0          0   IO-APIC-edge      ata_piix
 24:          0          0   PCI-MSI-edge      virtio0-config
 25:        144          0   PCI-MSI-edge      virtio0-input.0
 26:          0          0   PCI-MSI-edge      virtio0-output.0
 27:          0          0   PCI-MSI-edge      virtio1-config
 28:        756          0   PCI-MSI-edge      virtio1-virtqueues
 29:          0          0   PCI-MSI-edge      virtio2-config
 30:      11051          0   PCI-MSI-edge      virtio2-req.0
 31:       1223          0   PCI-MSI-edge      snd_hda_intel
NMI:          0          0   Non-maskable interrupts
LOC:      49633       2642   Local timer interrupts
SPU:          0          0   Spurious interrupts
PMI:          0          0   Performance monitoring interrupts
IWI:      14963         78   IRQ work interrupts
RTR:          0          0   APIC ICR read retries
RES:       2086       1605   Rescheduling interrupts
CAL:          0        212   Function call interrupts
```

图 3-11 查看 VCPU 添加后的状态

目前，只有 CentOS 7、Windows Server 2008 数据中心版以及 Windows Server 2012 标准版和数据中心版支持 VCPU 的在线添加，但都不支持 VCPU 的在线去除，如果在上述系统中使用 setvcpus 命令，将 VCPU 的个数改为小于当前使用的个数，即进行 VCPU 的在线去除，则会输出以下结果：

```
virsh # setvcpus 17 1 --live
error: internal error: cannot change vcpu count of this domain
```

可以看到，由于系统不支持 VCPU 的在线去除，因此命令执行时会报错，错误信息意为“错误：内部错误：无法更改这个域的 VCPU 计数”。

3.4 host-passthrough 技术

使用 host-passthrough 技术，可以将物理 CPU 的型号直接指定给虚拟机的 VCPU 使用，跳过虚拟化层，以提高虚拟机的性能。

host-passthrough 技术适用于以下场景：

- ✧ 虚拟机的 VCPU 压力非常大。
- ✧ 需要将物理 CPU 的一些特性传输给虚拟机使用。
- ✧ 需要在虚拟机中显示与物理 CPU 相同的 CPU 品牌和型号，在公有云中很有意义。

3.4.1 查看 VCPU 标准型号

Libvirt 定义了 VCPU 的标准型号，常用的 VCPU 标准型号有以下几种：

```
'486' 'pentium' 'pentium2' 'pentium3' 'pentiumpro' 'coreduo' 'pentiumpro' 'n270' 'coreduo' 'core2duo' 'qemu32'
'kvm32' 'cpu64-rhel5' 'cpu64-rhel6' 'kvm64' 'qemu64' 'Conroe' 'Penryn' 'Nehalem''Westmere' 'SandyBridge'
'Haswell' 'athlon' 'phenom' 'Opteron_G1' 'Opteron_G2' 'Opteron_G3' 'Opteron_G4' 'Opteron_G5' 'POWER7'
'POWER7_v2.1' 'POWER7_v2.3'
```

VCPU 的型号可以在宿主机文件/usr/share/libvirt/cpu_map.xml 中查阅，文件内容示例如下：

```
<cpus>
  <arch name='x86'>
    <!-- vendor definitions -->
    <vendor name='Intel' string='GenuineIntel'/>
    <vendor name='AMD' string='AuthenticAMD'/>
    <!-- standard features, EDX -->
    <feature name='fpu'> <!-- CPUID_FP87 -->
        <cpuid function='0x00000001' edx='0x00000001'/>
    </feature>
    <feature name='vme'> <!-- CPUID_VME -->
        <cpuid function='0x00000001' edx='0x00000002'/>
    </feature>
...
<!-- models -->
    <model name='486'>
        <feature name='fpu'/>
        <feature name='vme'/>
```

```
        <feature name='pse'/>
    </model>
...
        <model name='SandyBridge'/>
        <feature name='fma'/>
        <feature name='pcid'/>
        <feature name='movbe'/>
        <feature name='fsgsbase'/>
        <feature name='bmi1'/>
        <feature name='hle'/>
        <feature name='avx2'/>
        <feature name='smep'/>
        <feature name='bmi2'/>
        <feature name='erms'/>
        <feature name='invpcid'/>
        <feature name='rtm'/>
    </model>
....
```

配置 VCPU 的型号主要是为保证虚拟机在不同宿主机之间迁移时的兼容性。

3.4.2　常用 VCPU 配置模式

常用的 VCPU 型号配置模式主要有三种：custom 模式、host-model 模式与 host-passthrough 模式。

1．custom(自定义)模式

custom 模式即用户自定义模式，在这种模式下，用户可以自己定义 VCPU 的型号。该模式的虚拟机配置文件如下：

```
<cpu mode='custom' match='exact'>
    <model fallback='allow'>kvm64</model>
 ...
    <feature policy='require' name='monitor'/>
  </cpu>
```

上述配置代码将 CPU 的型号设置为 kvm64。

2．host-model 模式

host-model 模式会根据物理 CPU 的特性，自动选择一个最接近的 CPU 标准型号，如果没有特别指定 CPU 配置模式，则默认使用这种模式。该模式的虚拟机配置文件如下：

```
<cpu mode='host-model' />
```

3. host-passthrough 模式

host-passthrough 模式会直接将物理 CPU 提供给虚拟机使用，在虚拟机上可以看到该物理 CPU 的型号。该模式的虚拟机配置文件如下：

```
<cpu mode='host-passthrough'/>
```

3.4.3 host-passthrough 配置方法

在宿主机终端执行以下命令，关闭虚拟机：

```
# virsh shutdown centos
```

然后使用 VI 编辑器，编辑虚拟机配置文件：

```
# vi /etc/libvirt/qemu/centos.xml
```

在虚拟机配置文件中，将元素<cpu>中的属性 cpu mode 的值改为“host-model”或“host-passthrough”，即将 VCPU 配置模式设置为 host-model 或 host-passthrough 模式。

然后在宿主机终端执行以下命令，重启 libvirtd 服务，令上述配置生效，再启动虚拟机：

```
# systemctl restart libvirtd
# virsh start centos
```

在虚拟机终端上执行 cat 命令，查看/proc/cpuinfo 文件：

```
# cat /proc/cpuinfo
```

如果使用的是 host-model 模式，libvirt 会根据物理 CPU 的型号，从规定的 CPU 标准型号中选择一种最相似的指定给虚拟机的 VCPU，查看结果如下：

```
processor       : 3
vendor_id       : GenuineIntel
cpu family      : 6
model           : 44
model name      : Westmere E56xx/L56xx/X56xx (Nehalem-C)
...
```

可以看到，在该模式下，系统给虚拟机的 VCPU 指定了比较接近物理 CPU 的型号 Westmere E56xx/L56xx/X56xx(Nehalem-C)。

而如果使用 host-passthrough 模式，则会直接显示物理 CPU 的型号，查看结果如下：

```
processor       : 3
vendor_id       : GenuineIntel
cpu family      : 6
model           : 44
model name      : Intel(R) Xeon(R) CPU           X5650  @ 2.67GHz
```

可以看出，在该模式下，系统直接把物理 CPU 指定给虚拟机使用，虚拟机的 VCPU 型号为 Intel(R) Xeon(R) CPUX5650 @2.67GHz，与物理 CPU 一致。

注 意　使用 host-passthrough 技术时，虚拟机不能迁移到使用不同型号 CPU 的主机上。

3.5　使用 Nested 创建嵌套虚拟机

Nested 技术是指在虚拟机上安装并运行虚拟机，即嵌套创建虚拟机。

KVM 技术与 VMWare 技术的原理不同：VMWare 第一层使用的是硬件虚拟化技术，第二层则完全是由软件模拟出来的，因此只能进行两层嵌套；而 KVM 则是将物理 CPU 的特性全部传输给虚拟机，所以理论上可以嵌套 N 层。

在 KVM 虚拟机上使用 Nested 技术创建嵌套虚拟机的步骤如下：

(1) 在宿主机终端执行以下命令，开启 KVM 的 Nested 功能：

```
modprobe kvm-intel nested=1
```

也可以在宿主机上使用 VI 编辑器，修改配置文件/etc/modprobe.d/kvm_mod.conf，在其中添加以下内容：

```
options kvm-intel nested=y
```

配置完毕，在宿主机终端执行以下命令，检查 Nested 功能是否打开：

```
cat /sys/module/kvm_intel/parameters/nested
Y
```

如果输出是“Y”，则说明配置正确，Nested 功能已开启。

(2) 在宿主机上使用 VI 编辑器，修改第一层虚拟机的配置文件，使用 host-passthrough 模式将物理机的 CPU 特性全部传输给虚拟机，代码如下：

```
<cpu mode='host-passthrough'/>
```

(3) 按照配置宿主机的方法配置第一层虚拟机，并在上面安装相应的组件(参考第 2 章)，然后就可以安装第二层的虚拟机了。

使用 Nested 技术创建嵌套虚拟机的前提是底层宿主机的性能足够强大，否则可能造成嵌套创建的虚拟机性能不足而无法工作，如响应太慢，或者启动失败。

本章小结

最新更新

通过本章的学习，读者应当了解：

✧ 非一致内存访问(NUMA)技术是一种适用于多 CPU 处理器的技术，在该技术架构下，CPU 访问内存的速度取决于内存所在的位置，访问本节点内存的速度比访问非本节点内存要快很多。

✧ 使用 numatune 命令，可令虚拟机 CPU 优先访问本地节点内存，提高处理效率。

✧ 强制虚拟机的 VCPU 和宿主机物理 CPU 进行一对一绑定，可以解决生产环境中 CPU 利用率不平衡的问题。

✧ 使用在线添加的方法为资源不足的虚拟机增加 VCPU，可以在不停机的情况下提高虚拟机的性能，从而减少对生产的影响。

✧ 使用 host-passthrough 模式，可以把物理 CPU 的特性直接传输给虚拟机的 VCPU 使用，提高虚拟机效率，但会影响虚拟机在使用不同型号 CPU 的宿主机之间的迁移。

✧ 使用 Nested 技术创建嵌套虚拟机的前提是底层宿主机的性能足够强大，否则可能造成嵌套创建的虚拟机性能不足而无法工作。

本 章 练 习

1．有关多 CPU 技术，下列说法错误的是______。

A. MPP 技术允许多个 CPU 通过同一条总线访问内存，所以也被称为一致内存访问(UMA)技术

B. MPP 的每个单元内的 CPU 都有自己私有的资源，如总线、内存、硬盘等

C. 非一致内存访问(NUMA)技术是一种用于多 CPU 处理器的技术，该技术下的内存访问时间取决于内存的型号

D. NUMA 架构在逻辑上遵循对称多处理(SMP)架构

2．在宿主机上，使用哪个命令可以列出宿主机的 CPU 与内存的配置？

3．简述 numastat 命令输出的各参数的含义。

4．简述 Linux 下关闭和重启 NUMA 自动平衡策略的设置方法。

5．一台虚拟机有两个 VCPU，使用哪个命令可以查看该虚拟机的 VCPU 与宿主机物理 CPU 的对应关系？使用哪个命令可以将这两个 VCPU 绑定到物理 CPU？

6．一台虚拟机目前有一个 VCPU，使用在线添加技术给这台虚拟机增加一个 VCPU 并使其生效。

7．使用 host-passthrough 技术，把物理 CPU 的特性全部传输给虚拟机，并在虚拟机上输出物理 CPU 的型号。

8．配置宿主机的系统环境，使之允许创建嵌套虚拟机，并在虚拟机上嵌套创建一台虚拟机。

第 4 章　内存虚拟化

本章目标

- 了解内存虚拟化技术
- 掌握 KSM 的使用方法
- 掌握内存气球的原理
- 掌握内存气球膨胀和收缩的概念
- 掌握 Windows 虚拟机内存气球驱动程序的安装方法
- 掌握调整内存气球的命令
- 掌握内存限制的方法
- 掌握巨型页的配置方法

内存虚拟化是虚拟化的一项关键技术，通过内存虚拟化技术，可以将宿主机的物理内存动态分配给虚拟机使用，实现内存共享。

内存虚拟化技术与操作系统支持的虚拟内存技术类似：虚拟内存技术允许应用程序使用邻近的内存地址空间，而这些地址空间并不需要与物理内存直接对应。而使用内存虚拟化技术，宿主机操作系统只需要保持虚拟内存页到物理内存页的映射，即可保证虚拟机应用程序的正常运行。

常用的内存虚拟化技术主要有 KSM、内存气球、巨型页三种，下面逐一进行介绍。

4.1 KSM 技术

KSM(Kernel SamePage Merging)即内存相同页合并技术，该技术可以将相同的内存页进行合并，类似于软件压缩，从而达到节省空间的目的。

4.1.1 KSM 的原理

KSM 的原理，是指 Linux 系统会将多个进程中的相同内存页合并成一个内存页，将这部分内存变为共享的，于是虚拟机使用的总内存就减少了。

在 KVM 中，KSM 技术通常被用来减少多台相同虚拟机的内存占用，提高内存的使用效率，在这些虚拟机使用相同的镜像和操作系统时，效果更加明显。

如图 4-1 所示，在未启用 KSM 的状态下，不同的虚拟机使用的是各自的内存。

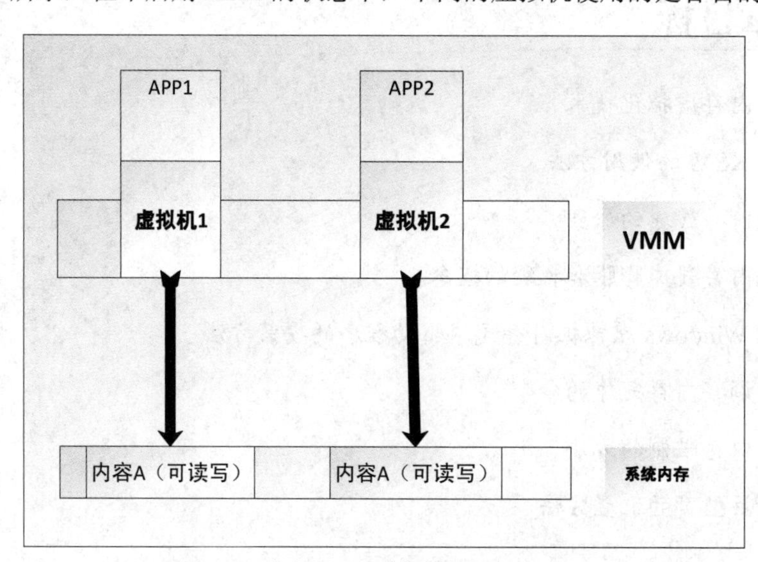

图 4-1　未启用 KSM 的虚拟机内存状态

而启用 KSM 后，不同的虚拟机可以使用内容相同的内存，且共同使用的内存为只读状态，如图 4-2 所示。

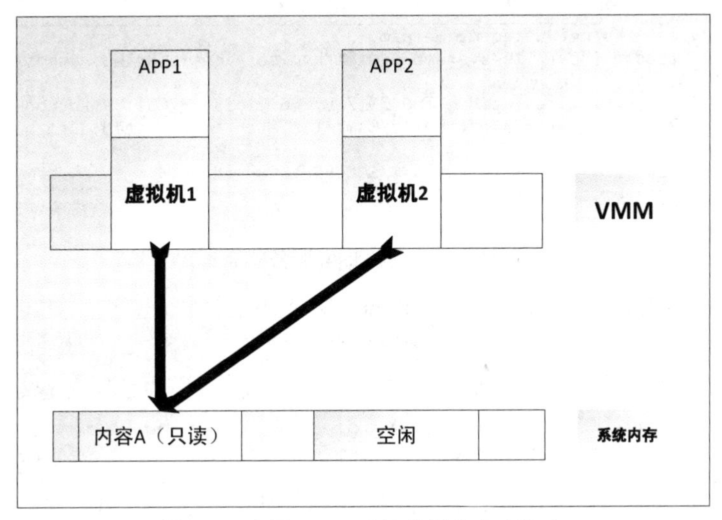

图 4-2　启用 KSM 后的虚拟机内存状态

而当有虚拟机向内存写入新内容后，宿主机才会为虚拟机重新分配内存，如图 4-3 所示。

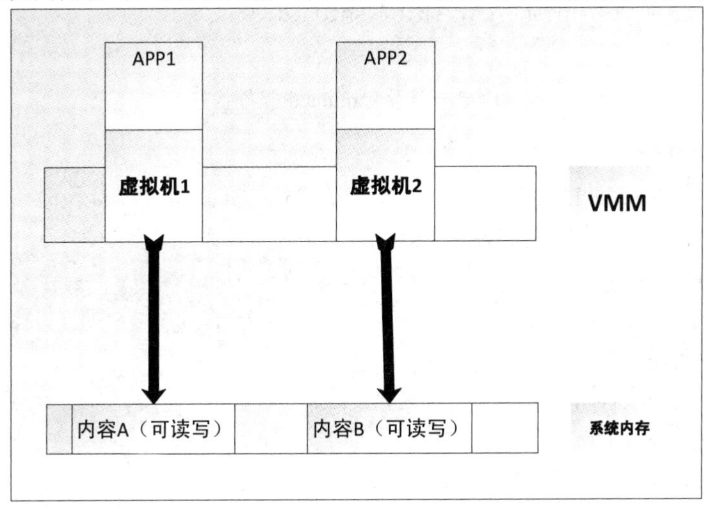

图 4-3　内容被修改后的虚拟机内存状态

4.1.2　KSM 的使用

在 CentOS 6 和 CentOS 7 系统中，承载 KSM 功能的服务有两个：ksm 服务与 ksmtuned 服务，两个服务需要同时开启，才能保证 KSM 功能的正常使用。

1．查看 KSM 支持服务

一般情况下，ksm 服务与 ksmtuned 服务都是默认开启的，可以使用以下命令确认。

在宿主机上执行 systemctl status 命令，可以查看 ksm 服务的运行状态：

```
#  systemctl status ksm
```

查询结果如图 4-4 所示，显示状态为 Active(running)，说明该服务运行正常。

```
● ksm.service - Kernel Samepage Merging
   Loaded: loaded (/usr/lib/systemd/system/ksm.service; enabled; vendor preset:
enabled)
   Active: active (exited) since Thu 2017-07-06 21:35:28 CST; 9min ago
  Process: 720 ExecStart=/usr/libexec/ksmctl start (code=exited, status=0/SUCCES
S)
 Main PID: 720 (code=exited, status=0/SUCCESS)
   CGroup: /system.slice/ksm.service
```

图 4-4　查看 ksm 服务状态

之后执行同样的命令，可以查看 ksmtuned 服务的运行状态：

```
# systemctl status ksmtuned
```

查询结果如图 4-5 所示，显示状态为 Active(running)，说明该服务也运行正常。

```
● ksmtuned.service - Kernel Samepage Merging (KSM) Tuning Daemon
   Loaded: loaded (/usr/lib/systemd/system/ksmtuned.service; enabled; vendor pre
set: enabled)
   Active: active (running) since Thu 2017-07-06 21:35:29 CST; 12min ago
  Process: 816 ExecStart=/usr/sbin/ksmtuned (code=exited, status=0/SUCCESS)
 Main PID: 834 (ksmtuned)
   CGroup: /system.slice/ksmtuned.service
           ├─ 834 /bin/bash /usr/sbin/ksmtuned
           └─3881 sleep 60
```

图 4-5　查看 ksmtuned 服务状态

2．查看 KSM 状态

如果要查看 KSM 的运行状态，可以在宿主机上执行以下命令，查看宿主机/sys/kernel/mm/ksm 目录下相关文件的记录：

```
# cat /sys/kernel/mm/ksm/pages_shared
# cat /sys/kernel/mm/ksm/pages_sharing
# cat /sys/kernel/mm/ksm/pages_unshared
# cat /sys/kernel/mm/ksm/pages_volatile
# cat /sys/kernel/mm/ksm/full_scans
```

上述文件所记录的内容类型如下：

- ✧ pages_shared：正在被使用的共享内存页数量。
- ✧ pages_sharing：被共享和被保存的节点数量。
- ✧ pages_unshared：合并内存页时，被反复检查的独特内存页数量。
- ✧ pages_volatile：改变太快而被放置的内存页数量。
- ✧ full_scans：合并区域被扫描的次数。

3．限制 KSM 功能

在内存足够使用的情况下，为阻止宿主机对某一特定虚拟机的内存页进行合并，可在虚拟机的 xml 文件中进行以下配置：

```
<memoryBacking>
     <nosharepages/>
</memoryBacking>
```

配置完毕后，可使用以下方式验证：

重启虚拟机，在宿主机上执行以下命令，开启 ksm 服务和 ksmtuned 服务：

```
# systemctl restart ksm
# systemctl restart ksmtuned
```

然后再查看 KSM 的运行状态，输出结果如图 4-6 所示，可以看到虚拟机的共享内存页数量为 0。

```
[root@CentOS60 ksm]# cat /sys/kernel/mm/ksm/pages_shared
0
[root@CentOS60 ksm]# cat /sys/kernel/mm/ksm/pages_sharing
0
[root@CentOS60 ksm]# cat /sys/kernel/mm/ksm/pages_unshared
0
```

图 4-6　查看 KSM 运行状态

4．关闭 KSM 功能

如果不需要 KSM 服务，可以在宿主机终端上输入以下命令，将 ksm 服务与 ksmtuned 服务关闭：

```
# systemctl stop ksm
# systemctl disable ksm
# systemctl stop ksmtuned
# systemctl disable ksmtuned
```

其中，systemctl stop 命令用于停止服务，systemctl disable 命令用于禁止服务开机启动。本例中，依次使用以上命令关闭 ksm 服务和 ksmtuned 服务，并禁止二者开机启动。

注意 KSM 功能可以在线开启。在 KSM 功能关闭的状态下，如果虚拟机运行时出现内存不足，可以使用 systemctl start 命令，开启 ksm 服务和 ksmtuned 服务，宿主机会逐渐合并内存页，不影响虚拟机业务的正常进行。

KSM 会消耗一定量的计算机资源进行内存扫描，而且可能会使系统频繁使用 swap 空间，从而导致虚拟机性能下降，因此建议仅将其用于测试环境，作为内存资源不足时的辅助功能，在生产环境中则最好将其彻底关闭。

4.2　内存气球

内存气球技术可以在虚拟机和宿主机之间按照实际需求的变化动态调整内存分配。如果有各自运行不同业务的多台虚拟机在同一台宿主机上运行，可以考虑使用内存气球技术，让虚拟机在不同的时间段释放或申请内存，有效提高内存的利用率。

4.2.1　内存气球简介

要改变虚拟机占用的宿主机内存，通常先要关闭虚拟机，然后修改启动时的内存配置，最后重启虚拟机，才能实现对内存占用的调整；而内存气球技术则可以在虚拟机运行时动态地调整其占用的宿主机内存，而不需要关闭虚拟机。

内存气球的基本操作方式有两种：

✧ 膨胀：把虚拟机的内存划给宿主机。

✧ 压缩：把宿主机的内存划给虚拟机。

内存气球技术在虚拟机内存中引入了形象的“气球”(Balloon)概念，“气球”中的内存是可供宿主机使用的(但不能被虚拟机访问或使用)：当宿主机内存紧张时，可以请求回收已分配给虚拟机的一部分内存，此时虚拟机先会释放其空闲的内存，若空闲内存不足，就会回收一部分使用中的内存，然后将其放入虚拟机的交换分区(swap)中，使内存气球充气膨胀，宿主机就可以回收这些内存，用于自身其他进程(或其他虚拟机)的运行；反之，当虚拟机中内存不足时，也可以压缩虚拟机的内存气球，释放出其中的部分内存，使虚拟机有更多可供使用的内存。

KVM、Xen、VMware 等主流的虚拟机软件都已对内存气球技术提供了支持。

4.2.2 内存气球的工作过程

内存气球的工作过程如下：

(1) Hypervisor 向虚拟机操作系统发送请求，将一定数量的内存归还给 Hypervisor。

(2) 虚拟机操作系统中的内存气球驱动收到 Hypervisor 的请求。

(3) 内存气球驱动使虚拟机的内存气球膨胀，气球中的内存不能被虚拟机访问。此时，即使虚拟机中内存余量不多(如某应用程序绑定或申请了大量的内存)，无法让内存气球膨胀到能满足 Hypervisor 的请求，内存气球驱动也会将尽可能多的内存放入气球，尽量满足 Hypervisor 所请求的内存数量(即使不一定能完全满足)。

(4) 虚拟机操作系统将内存气球中的内存归还给 Hypervisor。

(5) Hypervisor 将从内存气球中得来的内存分配到需要的地方。

(6) 如果宿主机没有使用从内存气球中回收的内存，还可以通过 Hypervisor 将其返还给虚拟机，过程如下：

✧ 由 Hypervisor 向虚拟机的内存气球驱动发送请求。

✧ 收到请求后，虚拟机的操作系统开始压缩内存气球。

✧ 内存气球中的内存被释放出来，可供虚拟机重新访问和使用。

4.2.3 内存气球的优缺点

内存气球具有可灵活分配内存的显著优势，但也存在管理及使用繁琐等不足之处。

1. 内存气球的优势

在节约和灵活分配内存方面，内存气球技术具有明显的优势，主要体现在以下几点：

(1) 内存气球可以被控制和监控，因此能够潜在地节约大量内存。

(2) 内存气球对内存的调节非常灵活，既可以请求少量内存，也可以请求大量内存。

(3) 使用内存气球可以让虚拟机归还部分内存，有效缓解宿主机的内存压力。

2．内存气球的不足

KVM 中的内存气球功能仍然存在许多不完善之处，主要体现在以下几方面：

(1) 使用内存气球，需要虚拟机操作系统加载内存气球驱动，但并非所有虚拟机的操作系统中都已安装了该驱动(如 Windows 系统就需要自行安装该驱动)。

(2) 内存气球从虚拟机系统中回收了大量内存，可能会降低虚拟机操作系统的运行性能：一方面，虚拟机内存不足时，可能会将用于硬盘数据缓存的内存放入气球中，使虚拟机的硬盘 I/O 访问增加；另一方面，虚拟机的应用软件处理机制如果不够好，也可能由于内存不足而导致虚拟机中正在运行的进程执行失败。

(3) 由于目前没有比较方便的自动化机制来管理内存气球，一般情况下，只能使用命令行的方法来使用内存气球，因此内存气球并不便于在生产环境中大规模自动化部署。

(4) 虚拟机内存频繁地动态增加或减少，可能会使内存被过度碎片化，从而降低内存使用时的性能。

(5) 内存的频繁变化还会影响虚拟机内核对内存的优化效果。例如：某虚拟机内核根据未使用内存气球时的初始内存数量应用了某种最优化的内存分配策略，但内存气球的使用导致虚拟机的可用内存减少了许多，这时起初的策略很可能就不是最优的了。

4.2.4 KVM 中内存气球的使用

借助内存气球技术，KVM 可实现虚拟机内存资源的弹性伸缩，及时调整虚拟机内存的大小，下面介绍 KVM 中内存气球技术的具体使用方法。

1．Linux 系统下内存气球的使用

CentOS 7 系统中默认已经安装内存气球的驱动，无需手动安装，功能配置过程如下：

1) 确认驱动已安装

在虚拟机终端执行 lspci 命令，查看系统中内存气球驱动的安装情况。查询结果如图 4-7 所示，最下面一行代码显示已安装了一个 PCI 设备 Virtio memory balloon，说明系统已经可以识别内存气球的驱动。

```
[root@localhost Desktop]# lspci
00:00.0 Host bridge: Intel Corporation 440FX - 82441FX PMC [Natoma] (rev 02)
00:01.0 ISA bridge: Intel Corporation 82371SB PIIX3 ISA [Natoma/Triton II]
00:01.1 IDE interface: Intel Corporation 82371SB PIIX3 IDE [Natoma/Triton II]
00:01.3 Bridge: Intel Corporation 82371AB/EB/MB PIIX4 ACPI (rev 03)
00:02.0 VGA compatible controller: Red Hat, Inc. QXL paravirtual graphic card (r
ev 04)
00:03.0 Ethernet controller: Red Hat, Inc Virtio network device
00:04.0 Audio device: Intel Corporation 82801FB/FBM/FR/FW/FRW (ICH6 Family) High
 Definition Audio Controller (rev 01)
00:05.0 Communication controller: Red Hat, Inc Virtio console
00:06.0 USB controller: Intel Corporation 82801I (ICH9 Family) USB UHCI Controll
er #1 (rev 03)
00:06.1 USB controller: Intel Corporation 82801I (ICH9 Family) USB UHCI Controll
er #2 (rev 03)
00:06.2 USB controller: Intel Corporation 82801I (ICH9 Family) USB UHCI Controll
er #3 (rev 03)
00:06.7 USB controller: Intel Corporation 82801I (ICH9 Family) USB2 EHCI Control
ler #1 (rev 03)
00:07.0 SCSI storage controller: Red Hat, Inc Virtio block device
00:08.0 Unclassified device [00ff]: Red Hat, Inc Virtio memory balloon
```

图 4-7　查看内存气球驱动信息

2) 修改配置文件

如果要使用内存气球功能，需要在虚拟机的 xml 配置文件中添加以下代码：

```
<memoryballoon model=‘virtio’>
    <alias name=‘balloon0’/>
</memoryballoon>
```

3) 配置内存气球

内存气球的基本配置步骤如下：

(1) 以 root 用户登录宿主机，在终端执行以下命令，查看当前虚拟机内存的容量：

```
virsh # qemu-monitor-command 5 --hmp --cmd info balloon
```

其中，“5”为当前运行的虚拟机的 ID 号；参数--hmp 即 human monitor protocal，表示允许数据无需任何格式转换即可直接传入；参数--cmd 后跟操作命令，可以省略；参数 info 为查看命令。

查询结果如图 4-8 所示，显示目前虚拟机的可用内存为 2 GB，即 2048 MB。

```
virsh # qemu-monitor-command 5 --hmp --cmd info balloon
balloon: actual=2048
```

图 4-8　查看调整前虚拟机内存容量

(2) 执行 qemu-monitor-command 命令，调整内存气球的可用内存：

```
virsh # qemu-monitor-command 5   --hmp   --cmd  balloon 1024
```

调整结果如图 4-9 所示，显示内存气球的内存已调整为 1 GB。

```
virsh # qemu-monitor-command 5 --hmp --cmd  balloon 1024


virsh # qemu-monitor-command 5 --hmp --cmd info balloon
balloon: actual=1024
```

图 4-9　调整内存气球容量

(3) 设置完毕，在虚拟机上执行以下命令，查看虚拟机的内存容量：

```
# free -m
```

查询结果如图 4-10 所示，显示调整后虚拟机的内存值(total)为 815 MB，小于设置的上限 1024 MB。

```
[root@localhost Desktop]# free -m
              total        used        free      shared  buff/cache   available
Mem:            815         449          76           9         289         197
Swap:          2047           0        2047
```

图 4-10　查看调整后虚拟机内存容量

注意，使用 qemu-monitor-command 命令时，如果缺少参数--hmp，则 qemu monitor 只会接收 JSON 格式的命令，如果命令不是 JSON 格式，就有可能报错，错误信息为“internal error cannot parse json info kvm:lexicalerror:invalid char in json text”。

2. Windows 系统下内存气球的使用

在 Windows 系统虚拟机上使用内存气球技术，需要先安装相关驱动，以 Windows 7 系统的虚拟机为例，安装配置过程如下：

(1) 查看虚拟机设备。进入虚拟机系统的【控制面板】窗口，单击其中的【硬件和声音】项目，在出现的【硬件和声音】设置窗口右侧，单击【设备和打印机】栏目中的【设备管理器】项目，如图 4-11 所示。

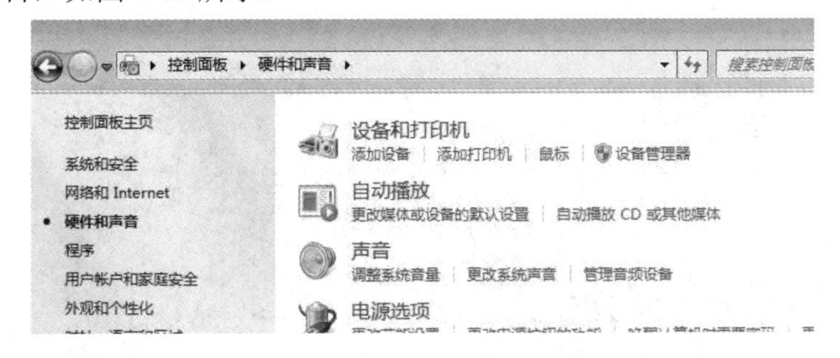

图 4-11　进入虚拟机设备管理器

在弹出的【设备管理器】窗口中，单击展开【系统设备】目录树，发现其中没有内存气球设备，如图 4-12 所示。

图 4-12　查看虚拟机系统设备

但是，可以看到设备根目录树中有几个前面有黄色问号的设备，即未被系统识别、需要安装驱动程序的设备，如图 4-13 所示。

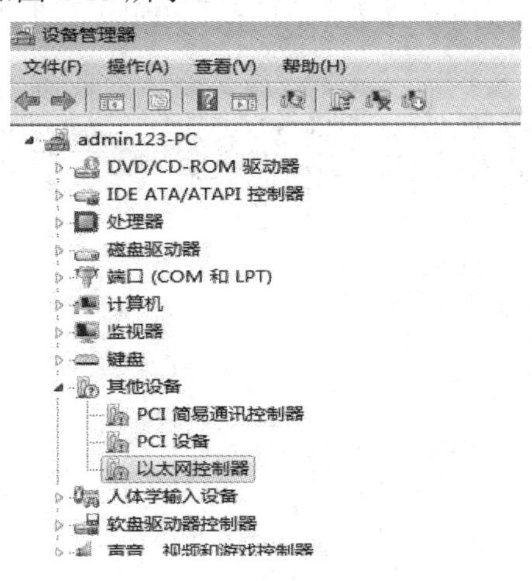

图 4-13　查看未被识别的设备

(2) 准备驱动程序。访问 https://fedorapeople.org/groups/virt/virtio-win/direct-downloads/stable-virtio/virtio-win.iso，下载内存气球驱动的光盘镜像文件 virtio-win-0.1-30.iso。然后参考 2.3.1 相关操作，在虚拟机管理窗口中，将下载的光盘镜像文件载入虚拟机光驱，如图 4-14 所示。

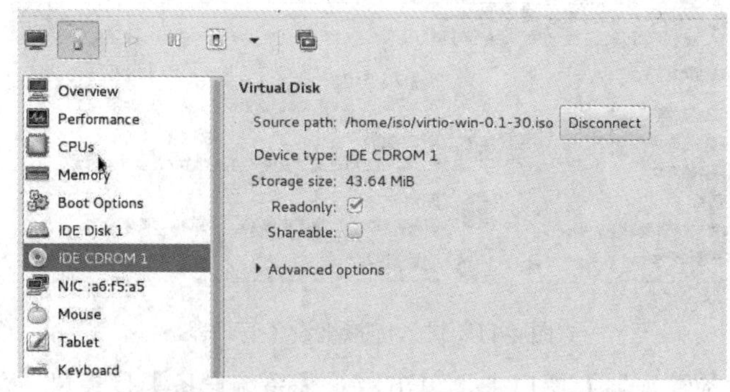

图 4-14　将驱动文件镜像载入虚拟机光驱

(3) 安装驱动程序。回到虚拟机系统的【设备管理器】窗口，在没有安装驱动程序的设备(如【PCI 设备】)上单击鼠标右键，在弹出的菜单中选择【更新驱动程序软件】命令，如图 4-15 所示。

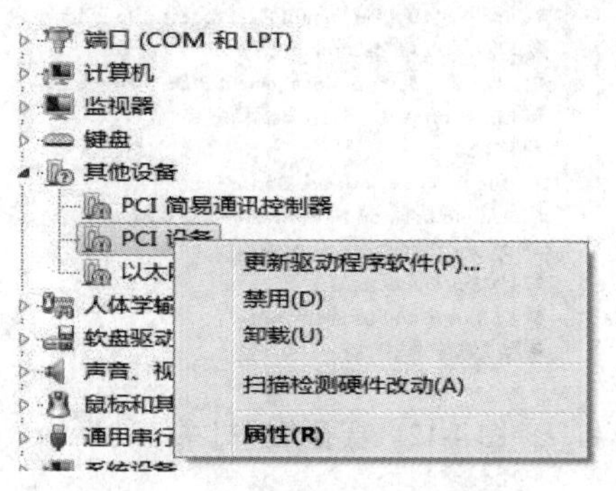

图 4-15　准备安装内存气球驱动

在弹出的【浏览计算机上的驱动程序文件】对话框中，单击【浏览】按钮，如图 4-16 所示。

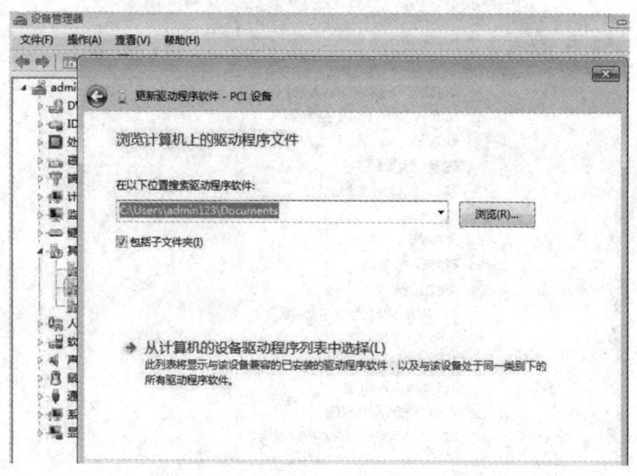

图 4-16　选择内存气球驱动文件

在弹出的【浏览文件夹】对话框中，找到刚才挂载了镜像的虚拟机光驱，双击展开目录，依次进入【WIN7】/【AMD64】目录，然后单击【确定】按钮，如图 4-17 所示。

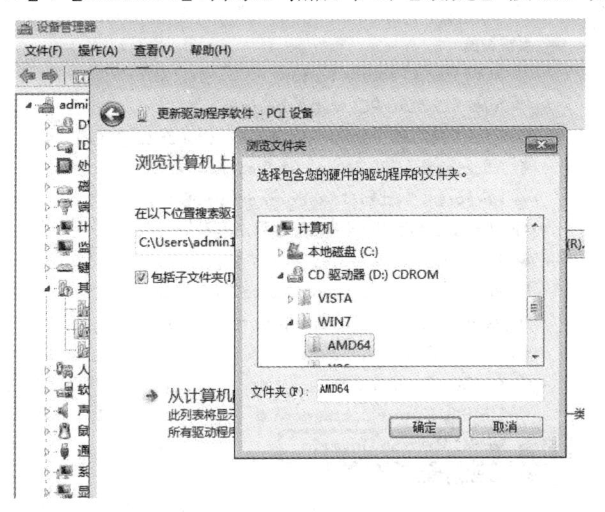

图 4-17　查找内存气球驱动所在路径

进入【正在安装驱动程序】对话框，进行安装，如图 4-18 所示。

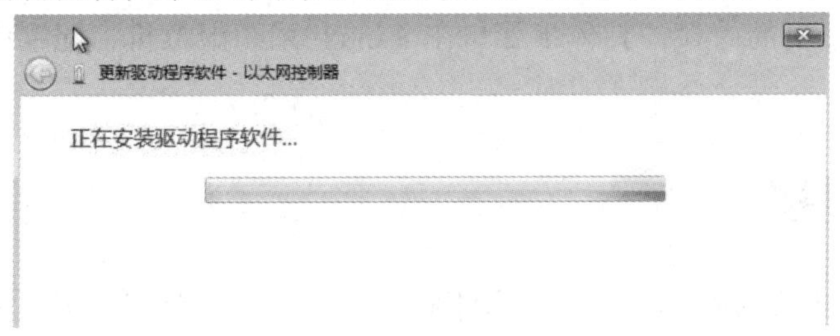

图 4-18　安装内存气球驱动

内存气球驱动安装完成后，单击【关闭】按钮，如图 4-19 所示。

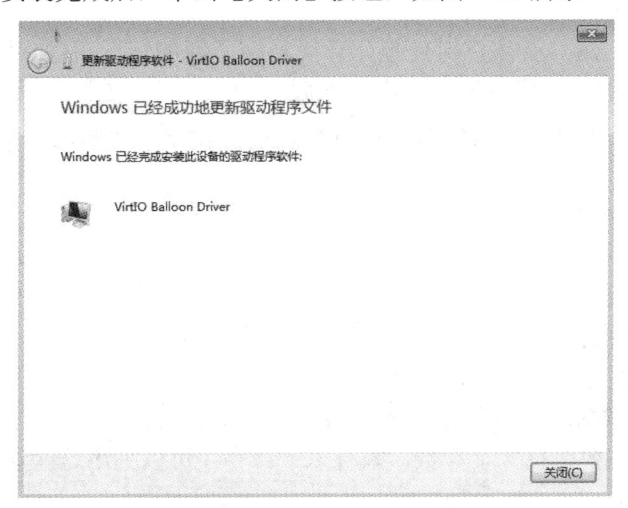

图 4-19　内存气球驱动安装完毕

内存气球驱动安装完毕后，会在虚拟机上增加一个名为 VirtIO Balloon Driver 的设备，可以在虚拟机系统的【设备管理器】中查看，如图 4-20 所示。

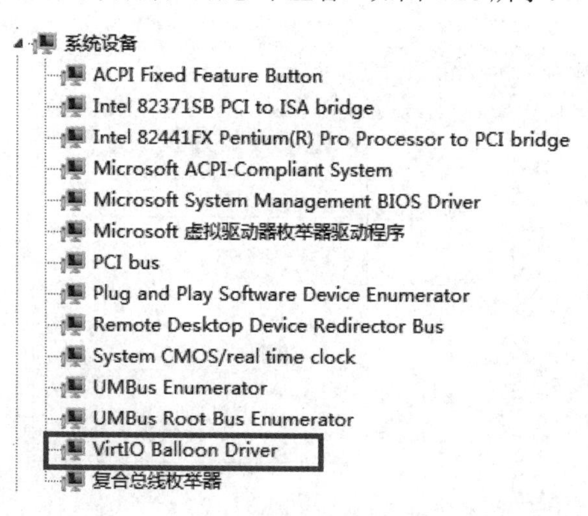

图 4-20　虚拟机内存气球设备安装完成

然后可以在宿主机终端使用 virsh qemu-monitor-command 等命令，查看并调整 Windows 系统虚拟机的内存，具体步骤与在 Linux 系统虚拟机上配置内存气球的方法相同，不再赘述。

4.3　内存限制

使用虚拟机内存限制技术，可以将虚拟机的内存消耗限制在一定范围内。

假设有一台 KVM 宿主机，上面运行着多台虚拟机，有的虚拟机业务负荷大，消耗内存多，有的虚拟机业务负荷低，消耗内存少，这时用户就可以使用内存限制技术，手动调节宿主机的内存分配。

需要说明的是，用户必须在对虚拟化环境特别了解的情况下(如对宿主机与各虚拟机平时的负载情况非常清楚)才建议使用这项功能。

内存限制的设定方法主要有两种：使用 memtune 命令，或修改虚拟机配置文件。

4.3.1　使用 memtune 命令

memtune 命令需要在 virsh 运行环境中使用，首先在终端启动 virsh 工具，格式如下：

```
virsh　#　memtune <虚拟机 ID> <参数> <后缀参数>
```

也可以在终端直接使用 virshmemtune 命令，格式如下：

```
#　virsh memtune <虚拟机 ID> <参数> <后缀参数>
```

memtune 命令主要包括 4 个参数，执行以下命令，可以列出这些参数的详细说明：

```
#　virsh memtune --help
```

输出结果如图 4-21 所示。

```
OPTIONS
  [--domain] <string>  domain name, id or uuid
  --hard-limit <number>  Max memory, as scaled integer (default KiB)
  --soft-limit <number>  Memory during contention, as scaled integer (default KiB)
  --swap-hard-limit <number>  Max memory plus swap, as scaled integer (default KiB)
  --min-guarantee <number>  Min guaranteed memory, as scaled integer (default KiB)
  --config         affect next boot
  --live           affect running domain
  --current        affect current domain
```

图 4-21　memtune 命令相关参数

memtune 命令各参数的具体含义如下：

✧ hard_limit：强制设置虚拟机的最大可用内存，单位为 KB。
✧ soft_limit：虚拟机竞争时的可用最大内存，单位为 KB。与 hard_limit 的区别在于，hard_limit 设置的是单台虚拟机可用的最大内存；soft_limit 则是设置在多台虚拟机同时运行时，每台虚拟机可用的最大内存。
✧ swap_hard_limit：虚拟机的最大可用内存加上 swap 内存的大小，单位为 KB。
✧ min_guarantee：强制设置虚拟机的最小使用内存，单位为 KB。

注意，参数 min_guarantee 虽然在 OPTIONS 里有列出，但并不被 CentOS 7 以上系统版本所支持，如果命令中包含这个参数，在执行时会报出如图 4-22 所示的错误；而 CentOS 6 系统虽然不会报错，但执行包含这个参数的命令时，该命令并不会生效。官方解释这是一个系统 bug，提醒用户使用时应注意规避。

```
virsh # memtune 6 --min_guarantee 2048
error: command 'memtune' doesn't support option --min_guarantee
```

图 4-22　min_guarantee 报错信息

memtune 命令的参数后面还有三个后缀参数，用于决定命令在何时生效，具体含义如下：

--config：将命令写入虚拟机的配置文件中，在虚拟机重启后生效。

--live：影响正在运行的虚拟机，让命令立即生效，但虚拟机重启后效果消失(如果命令中未明确指定后缀参数，则后缀参数默认为--live)。

--current：命令只影响正在运行状态或者停止状态的虚拟机，如果当前虚拟机正在运行，则虚拟机停止后效果消失。

例如，在宿主机上执行以下命令，可将 ID 为 6 的虚拟机的最大可用内存设置为 9 GB：

```
#  memtune 6  --hard-limit 9437184 --config
```

执行以下命令，可将 ID 为 6 的虚拟机的可用最大内存设置为 8 GB：

```
#  memtune 6  --soft-limit 8388608 --config
```

在给 ID 为 6 的虚拟机设置最大内存后，可以执行以下命令，限制该虚拟机可使用的宿主机 swap 内存不超过 10GB，注意这个值必须大于 hard-limit 所设置的值：

```
#  memtune 6 --swap-hard-limit 10485760 --config
```

注意，如果分别执行以上三条命令，设置 swap-hard-limit 参数时有可能会出现错误信息“error：Unable to change memory parameters. error:invalidargument:memoryhard_limit tunable value must be lower than or equal to swap_hard_limit”，因此，最好将三个参数一同设置，命令如下：

```
#  memtune  6 --hard-limit 9437184 --soft-limit 8388608 --swap-hard-limit 10485760 --config
```

该设置要慎用，因为虚拟机使用 swap 后性能会大幅下降。

4.3.2 修改虚拟机配置文件

除使用命令行方式以外，也可以通过修改配置文件的方法来限制虚拟机的内存，在虚拟机配置文件中添加以下配置代码即可：

```
<memtune>
    <hard_limit unit='KiB'>9437184</hard_limit>
    <soft_limit unit='KiB'>8388608</soft_limit>
    <swap_hard_limit unit='KiB'>10485760</swap_hard_limit>
</memtune>
```

注意，如果将参数 min_guarantee 添加到虚拟机配置文件中，执行时会报错，并导致虚拟机启动失败。

以上是 KVM 中对内存限制的设置方法，要根据工作中的实际情况进行合理调整。

4.4 巨型页

巨型页指的是内存中的巨型页面。X86 系统中，默认的内存页面大小是 4 KB，而巨型页的大小会远超过这个值，达到 2MB 甚至 1 GB 的容量。

巨型页的原理涉及操作系统的虚拟地址到物理地址的转换过程：操作系统为了能同时运行多个进程，会为每个进程提供一个虚拟的进程空间。在 32 位操作系统上，该进程空间的大小为 4 GB；而在 64 位操作系统上，该进程空间的大小为 2^{64} B(实际可能小于这个值)。

4.4.1 在宿主机上使用巨型页

在宿主机上使用巨型页需要进行三步操作：首先，开启系统的巨型页功能；然后，设置系统中巨型页的数量；最后，将巨型页挂载到宿主机系统。

1. 查看巨型页状态

在宿主机上执行以下命令，查看当前系统巨型页的使用情况：

```
cat  /proc/meminfo | grep  HugePages
```

查询结果如图 4-23 所示，表明当前系统中巨型页(HugePages_Total)的数量为 0。

```
[root@localhost Desktop]# cat /proc/meminfo | grep HugePages
AnonHugePages:    1449984 kB
HugePages_Total:        0
HugePages_Free:         0
HugePages_Rsvd:         0
HugePages_Surp:         0
```

图 4-23　查看系统巨型页数量

以上信息中各参数的含义如下：

HugePages_Total：巨型页的页面数量。

HugePages_Free：剩余的巨型页数量。

HugePages_Rsvd：被分配预留，但尚未使用的巨型页数目。

Hugepage_Surp：HugePages_Total 减去/proc/sys/vm/nr_hugepages(可用巨型页数量)的值。

Hugepagesize：每个巨型页的大小。

2. 设置巨型页数量

在宿主机上执行以下命令，设置系统巨型页的数量：

```
# sysctl -w vm.nr_hugepages=30
```

如图 4-24 所示，设置完毕后，当前系统巨型页的数量变为 30。该设置永久有效，如果重启系统，该设置值保持不变。

```
[root@CentOS60 vm]# sysctl -w vm.nr_hugepages=30
vm.nr_hugepages = 30
[root@CentOS60 vm]# cat /proc/meminfo|grep HugePages
AnonHugePages:    2564096 kB
HugePages_Total:       30
HugePages_Free:        30
HugePages_Rsvd:         0
HugePages_Surp:         0
```

图 4-24　设置系统巨型页数量

3. 挂载巨型页

执行以下命令，将巨型页挂载到系统并运行：

```
#  mount -t hugetlbfs hugetlbfs /dev/hugepages
```

其中，参数-t 指定设备的文件系统类型，本例为 hugetlbfs；参数 hugetlbfs 为挂载设备的名称；/dev/hugepages 用于指定挂载点，为 Linux 下的目录。

4. 关闭巨型页

执行以下命令，可以关闭宿主机上的巨型页功能：

```
#  sysctl  vm.nr_hugepages=0
#  umount  hugetlbfs
```

4.4.2　在虚拟机上使用巨型页

如果某虚拟机要使用宿主机的巨型页，需要进行以下操作：

(1) 重启宿主机的 libvirtd 服务。

(2) 在虚拟机上开启巨型页功能。

(3) 关闭虚拟机，然后编辑虚拟机的配置文件，设置该虚拟机可以使用的宿主机巨型页数量。

1. 分配给单台虚拟机使用

图 4-24 中，参数 hugepages_free 为 30，表示该宿主机的巨型页尚未被任何进程使用，使用该宿主机巨型页的配置操作如下。

首先，在宿主机上执行以下命令，重启 libvirtd 服务：

```
#   systemctl restart libvirtd.service
```

如果宿主机没有开启巨型页，在宿主机终端使用以下命令，设置巨型页数量：

```
#   sysctl -w vm.nr_hugepages=30
```

关闭虚拟机，在宿主机上使用 virsh edit 命令，编辑虚拟机配置文件，以使用宿主机的巨型页：

```
#   virsh edit centos7.0
```

在宿主机的虚拟机配置文件中添加以下内容：

```
<memoryBacking>
        <hugepages/>
</memoryBacking>
```

修改完毕，保存，然后启动虚拟机。

在宿主机上执行以下命令，查看巨型页的使用情况：

```
cat /proc/meminfo | grep -i HugePages
```

查询结果如图 4-25 所示，显示 Hugepagesize 项为 2048 KB，表明每个巨型页的大小默认为 2 MB。

```
[root@localhost qemu]# cat /proc/meminfo | grep -i HugePages
AnonHugePages:   1218560 kB
HugePages_Total:      30
HugePages_Free:       30
HugePages_Rsvd:        0
HugePages_Surp:        0
Hugepagesize:       2048 kB
```

图 4-25　查看巨型页使用情况

如果要让虚拟机释放巨型页，则需关闭虚拟机，并删除在该虚拟机配置文件中添加的配置。

2．分配给多台虚拟机使用

若要将巨型页同时分配给多台虚拟机使用，则还需要进行以下操作：

(1) 给各个宿主机节点(node)分配多个巨型页。

在宿主机上执行以下命令，为宿主机的各个 NUMA 节点分配巨型页：

```
#   echo 4 > /sys/devices/system/node/node0/hugepages/hugepages-1048576kB/nr_hugepages
#   echo 1024 > /sys/devices/system/node/node1/hugepages/hugepages-2048kB/nr_hugepages
```

其中，第一条命令给节点 node0 分配了 4 个 1 GB 的巨型页，第二条命令给节点 node1 分配了 1024 个 2 MB 的巨型页。

分配完毕，执行以下命令，进行巨型页挂载操作：

```
#   mkdir /dev/hugepages1G
#   mount -t hugetlbfs -o pagesize=1G none /dev/hugepages1G
#   mkdir /dev/hugepages2M
#   mount -t hugetlbfs -o pagesize=2M none /dev/hugepages2M
```

巨型页挂载成功后，在宿主机上重新启动 libvirtd 服务，虚拟机就可以使用宿主机的巨型页了。

(2) 编辑虚拟机配置文件，以使用宿主机节点(node)里分配好的巨型页。

对于 1 GB 及以上的巨型页，虚拟机不能直接使用，需要先在虚拟机配置文件里进行

设置，代码如下：

```
<memoryBacking>
    <hugepages/>
      <page size="1" unit="G" nodeset="0-3,5"/>
      <page size="2" unit="M" nodeset="4"/>
    </hugepages>
</memoryBacking>
```

上述代码指定了虚拟机要使用的巨型页参数：其中，参数 page size 值为“1”，表示单个巨型页的大小；参数 unit 用于指定巨型页的容量单位，本例为“G”，表示将使用 1 GB 的巨型页；参数 nodeset 用于指定巨型页所应用的节点范围，本例中为“0-3,5”，表示虚拟机使用节点 node0、node1、node2、node3 和 node5 时，将使用 1 GB 的巨型页；同理，下面一行代码中的 nodeset 值为“4”，unit 值为“M”，表示虚拟机使用节点 node4 时，将使用 2 MB 的巨型页。

注意　如果宿主机的巨型页不够用却进行了上述的配置，会导致虚拟机启动失败。

4.4.3　透明巨型页

从 CentOS 6 开始，Linux 系统自带了一项叫做透明巨型页(Transparent HugePage)的功能，它允许将所有的空闲内存用作缓存以提高系统性能，而且这个功能是默认开启的，不需手动设置。执行以下命令，可以查看虚拟机的透明巨型页功能是否开启：

```
#  cat /sys/kernel/mm/transparent_hugepage/enabled
```

查看结果如图 4-26 所示。如果位于“[ ]”中的是“always”，说明当前透明巨型页的功能处于开启状态，当有 512 个页面可供整合的时候，就会被合成一个 2MB 的巨型页；如果是“never”，则透明巨型页功能为关闭状态；如果是“madvise”，则会避免改变那些已被占用内存的状态。

```
[root@localhost Desktop]# cat /sys/kernel/mm/transparent_hugepage/enabled
[always] madvise never
```

图 4-26　查看透明巨型页是否开启

如果要改变透明巨型页的状态，比如关闭该功能，在宿主机上执行以下命令即可：

```
#  echo never >/sys/kernel/mm/transparent_hugepage/enabled
```

注意，透明巨型页功能与使用 hugetlbfs 文件挂载巨型页并不冲突，如果没有进行任何巨型页的指定和挂载，那么 KVM 就会自动使用透明巨型页功能进行系统优化。

本章小结

最新更新

通过本章的学习，读者应当了解：

✧ 本节介绍了内存的虚拟化技术，以合理分配内存资源，提高内存利用率。

✧ 在生产环境中，如果已经有足够的内存资源，建议慎重使用内存限制技术。

✧ 如果测试环境的内存资源不足，可以考虑在测试环境中使用内存压缩、限制等技术。

✧ 内存气球技术可用于宿主机和虚拟机内存的调节，但目前对内存气球的监控是难点。

✧ 使用内存限制技术时，可能会修改虚拟机的配置文件。因此日常工作中要做好配置文件的备份工作，以便能在配置错误导致虚拟机不能正常启动时迅速恢复。

✧ 使用巨型页时，应模拟生产环境进行多次测试，找到合理的配置参数进行配置。

本 章 练 习

1．简述内存虚拟化的几种主要技术。

2．创建一台 Windows 虚拟机，为其安装内存气球的驱动，然后调节内存气球至1 GB、2 GB、4 GB、8 GB(如果系统资源允许)。

3．有关内存气球，下列说法正确的是_____。

A. 膨胀：把虚拟机的内存划给宿主机

B. 压缩：把宿主机的内存划给虚拟机

C. 膨胀：把虚拟机的内存划给虚拟机

D. 压缩：把宿主机的内存划给宿主机

4．KSM 功能用到了 CentOS 7 系统的哪两个服务？这两个服务的开启和关闭的命令是什么？

5．有关内存气球，下列说法错误的是_____。

A. 内存气球可以被控制并监控，因此能潜在地节约大量的内存

B. 虚拟机系统中回收了大量内存，不会降低虚拟机操作系统的运行性能

C. 内存气球对内存的调节十分灵活，既可以请求少量内存，也可以请求大量内存

D. 用户使用内存气球让虚拟机归还部分内存，可以缓解其宿主机的内存压力

6．有关/sys/kernel/mm/ksm 文件中参数的描述，下列说法错误的是_____。

A. pages_shared：正在被使用的共享节点数量

B. pages_sharing：被共享和保存的内存页数量

C. pages_unshared：合并内存页时，被反复检查的独特内存页数量

D. pages_volatile：改变太快而被放置的内存页数量

E. full_scans：合并区域被扫描的次数

7．memtune 一般用到哪几个参数和哪几个后缀参数？各有什么作用？

8．将一台虚拟机的内存限制为 8 GB，使调整立即生效，并保证在虚拟机重新启动后也能生效。

9．有关 memtune 命令中各参数的描述，下列说法错误的是_____。

A. hard_limit：虚拟机竞争时的可用最大内存，单位为 KB

B. soft_limit：强制设置虚拟机的最大使用内存，单位为 KB

C. swap_hard_limit：虚拟机最大使用的内存加上 swap 内存的大小，单位为 KB

D. min_guarantee：强制设置虚拟机的最小使用内存，单位为 KB

10．为一台宿主机配置巨型页，并将 2 MB 和 1 GB 这两种巨型页分配给虚拟机使用。

第 5 章　网络虚拟化

本章目标

- 了解网络虚拟化技术
- 了解全虚拟化网卡和半虚拟化网卡的区别
- 掌握 Virtio 驱动的安装方法
- 掌握 Virtio 网卡的原理
- 了解网卡的 PCI Passthrough 功能配置方法
- 了解虚拟化交换机的安装与配置方法

本节将介绍网络虚拟化的相关技术。如图 5-1 所示，虚拟机与物理网卡通信的一般路径为：虚拟机→虚拟网卡→虚拟化层→内核网桥→物理网卡，KVM 网络优化方案的目的就是减少上述的通信层次，甚至实现直接使用物理网卡，以提高虚拟机的网络性能。

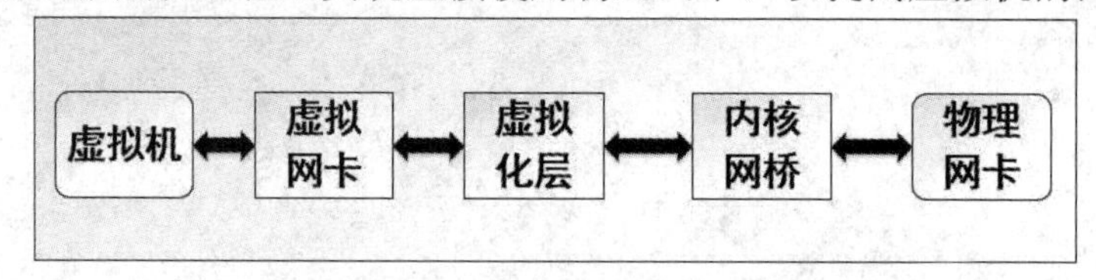

图 5-1　网络虚拟化一般通信层次

5.1　半虚拟化网卡(Virtio)技术

KVM 默认的网络虚拟化方法是全虚拟化网卡技术，即由 QEMU 在 Linux 系统的用户空间中模拟出网卡，然后分配给虚拟机使用。这种方法虽然可以灵活模拟多种类型的网卡，但网络 I/O 是基于虚拟化引擎的，效率很低，因此促成了全虚拟化网卡和半虚拟化网卡技术的产生。

与系统的虚拟化技术类似，全虚拟化网卡与半虚拟化网卡的区别在于：全虚拟化网卡是由虚拟化层完全模拟出来的，而半虚拟化网卡则通过驱动程序对操作系统进行了改造。在生产环境中，半虚拟化网卡技术，即 Virtio 技术应用较多。

5.1.1　Virtio 工作原理

如图 5-2 所示，通过 Virtio 半虚拟化网卡技术改造虚拟机的操作系统后，可以让虚拟机直接与虚拟化层通信，减少了通信的层次，从而提高虚拟机的网络性能。

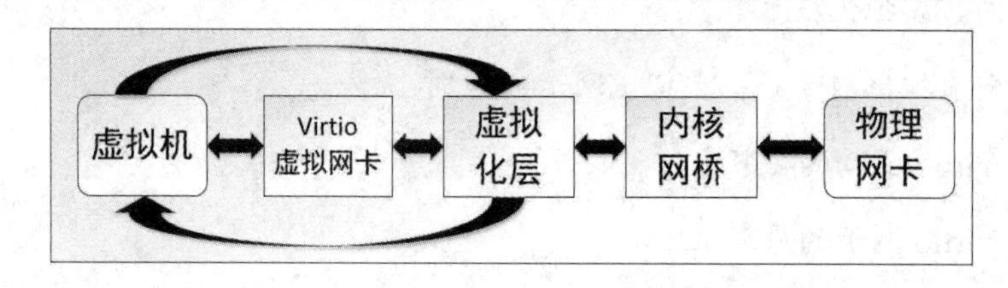

图 5-2　半虚拟化网卡(Virtio)技术模型

5.1.2　Virtio 功能配置

安装半虚拟化驱动程序 Virtio，是解决全虚拟化网卡效率低下的方案之一。有了这个驱动程序，虚拟机的网卡就可以使用 Virtio 的标准接口。

1. Linux 系统安装 Virtio 驱动

Linux 系统从内核 2.6.24 版本起开始支持 Virtio，之后版本的系统默认都已安装此驱

动。如果要确认虚拟机的 Linux 系统是否支持 Virtio，可以在虚拟机终端执行以下命令，查看系统的内核配置文件：

```
# cd /boot
# grep -i virtio config-3.18.44-20.el7.x86_64
```

其中，grep 后跟查看的配置文件名称，具体以/boot 目录下以 config 开头的文件为准，不同版本的内核会对应不同的文件名。本例为 config-3.18.44-20.el7.x86_64。

在系统的内核配置文件中搜索“Virtio”，如能查到，则表示支持 Virtio 驱动，如图 5-3 所示。

```
[root@localhost boot]# grep -i virtio config-3.18.44-20.el7.x86_64
CONFIG_NET_9P_VIRTIO=m
CONFIG_VIRTIO_BLK=m
CONFIG_SCSI_VIRTIO=m
CONFIG_VIRTIO_NET=m
# CONFIG_CAIF_VIRTIO is not set
CONFIG_VIRTIO_CONSOLE=m
CONFIG_HW_RANDOM_VIRTIO=m
CONFIG_VIRTIO=m
# Virtio drivers
CONFIG_VIRTIO_PCI=m
CONFIG_VIRTIO_BALLOON=m
CONFIG_VIRTIO_MMIO=m
# CONFIG_VIRTIO_MMIO_CMDLINE_DEVICES is not set
```

图 5-3　查看 Virtio 驱动是否安装

2．Windows 系统安装 Virtio 驱动

如果是 Windows 系统，需要先安装 Virtio 驱动，即给 Windows 系统的虚拟机添加一块网卡，并使用 Virtio 模式。具体步骤如下：

(1) 在宿主机上使用浏览器访问 https://fedorapeople.org/groups/virt/virtio-win/direct-downloads/stable-virtio/virtio-win.iso，下载 Virtio 驱动程序的镜像文件。

(2) 进入虚拟机的管理窗口，单击菜单栏中的【View】/【Detail】命令，如图 5-4 所示。

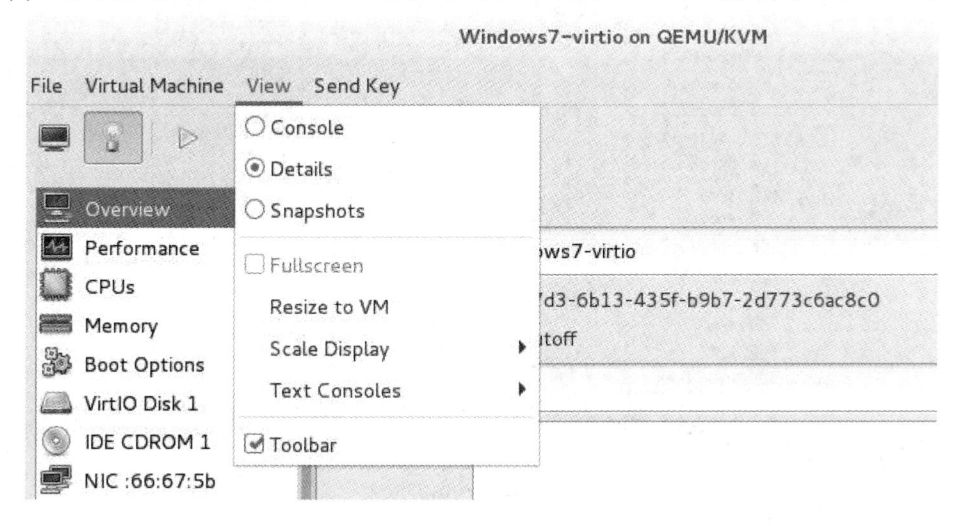

图 5-4　配置虚拟机设备

(3) 在出现的设置窗口中单击左下角的【Add Hardware】按钮，如图 5-5 所示。

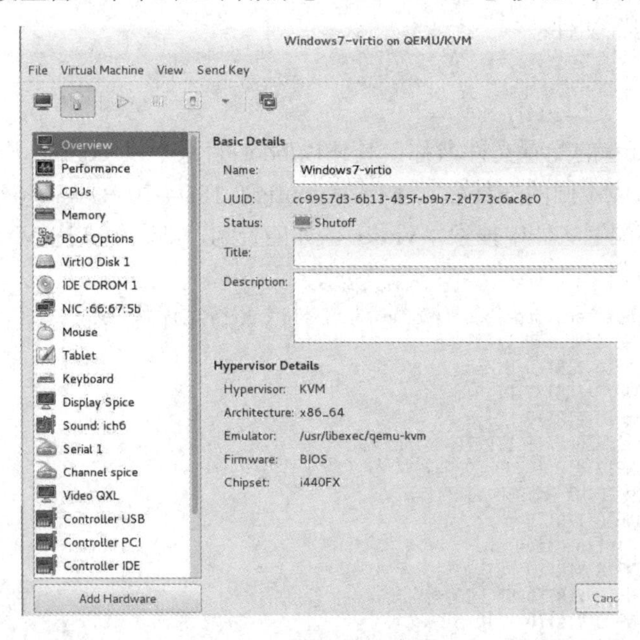

图 5-5　新增虚拟机设备

(4) 在弹出的【Add New Virtual Hardware】窗口中单击左侧的【Network】项目，然后在右侧界面中将【Device model】设置为“virtio”，如图 5-6 所示。

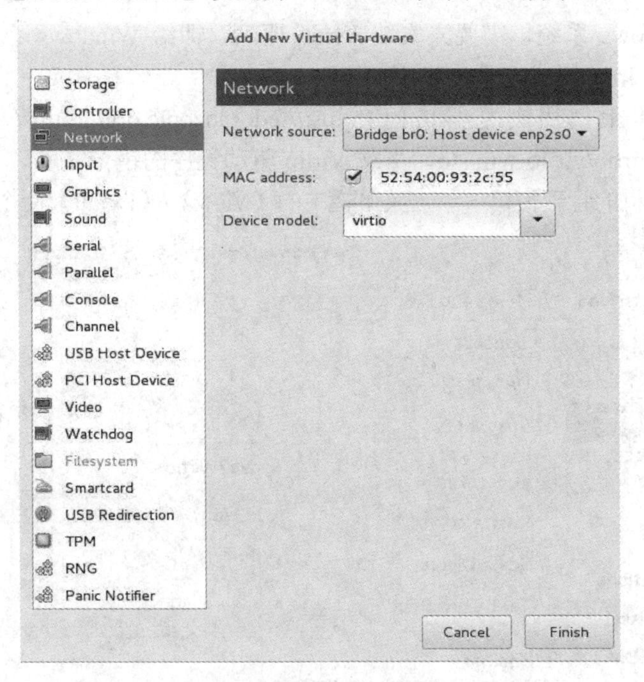

图 5-6　创建 Virtio 网卡

(5) 启动 Windows 虚拟机，进入【控制面板】窗口，单击【硬件和声音】项目，如图 5-7 所示。

图 5-7　进入虚拟机控制面板

(6) 在出现的【硬件和声音】设置窗口中单击【设备和打印机】/【设备管理器】项目，如图 5-8 所示。

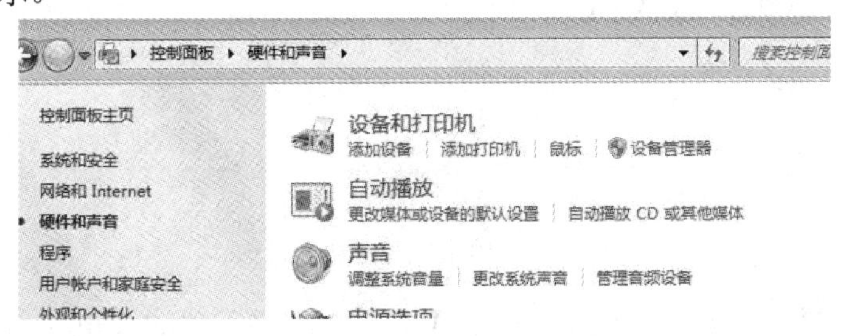

图 5-8　查看虚拟机设备管理器

(7) 在弹出的【设备管理器】窗口中单击展开【其他设备】目录，可以看到下面出现了一个前面有黄色问号的【以太网控制器】设备图标，如图 5-9 所示，该设备就是新添加的 Virtio 网卡。

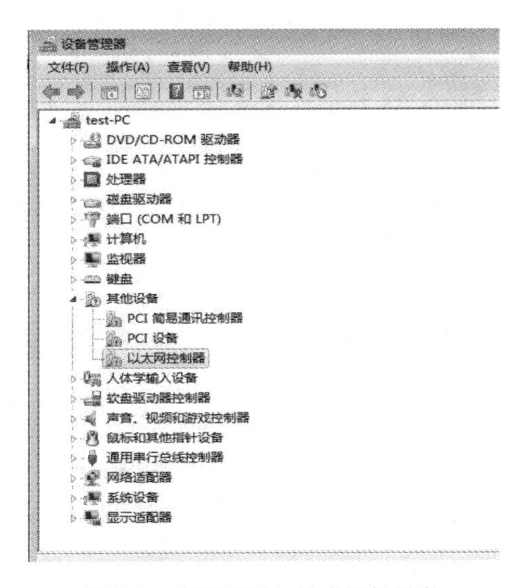

图 5-9　查看新添加的虚拟机设备

(8) 回到虚拟机管理窗口，单击左侧列表中的【IDE CDROM 1】项目，然后单击右侧界面中【Source path】后面的【Connect】按钮，给虚拟机光驱载入镜像，如图 5-10 所示。

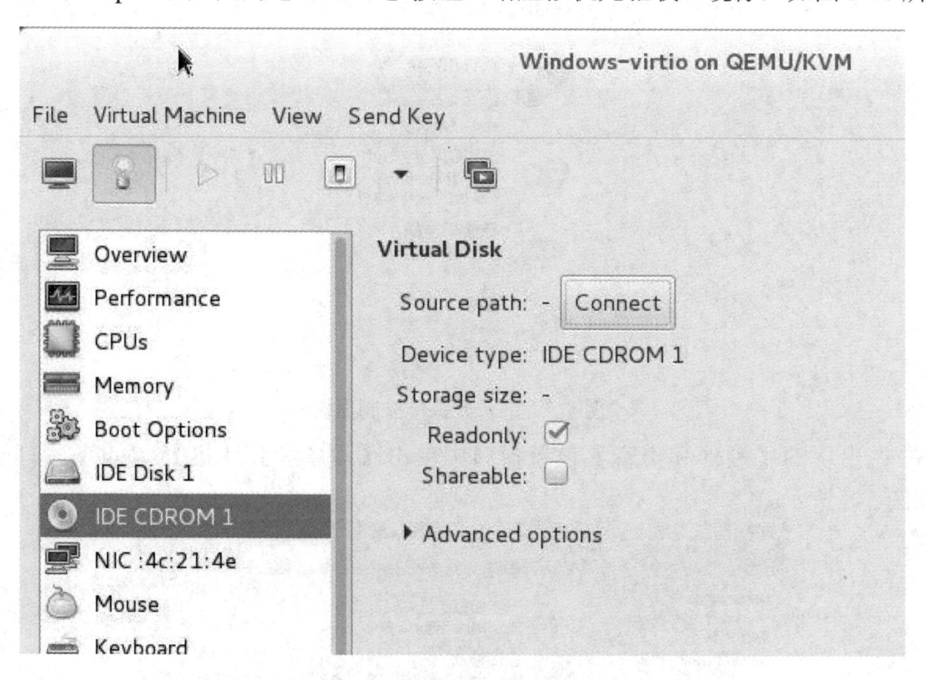

图 5-10　给虚拟光驱载入镜像

(9) 在弹出的【Choose Storage Volume】窗口中选择下载的 Virtio 驱动安装文件(ISO 格式)，然后单击【Choose Volume】按钮确认，如图 5-11 所示。

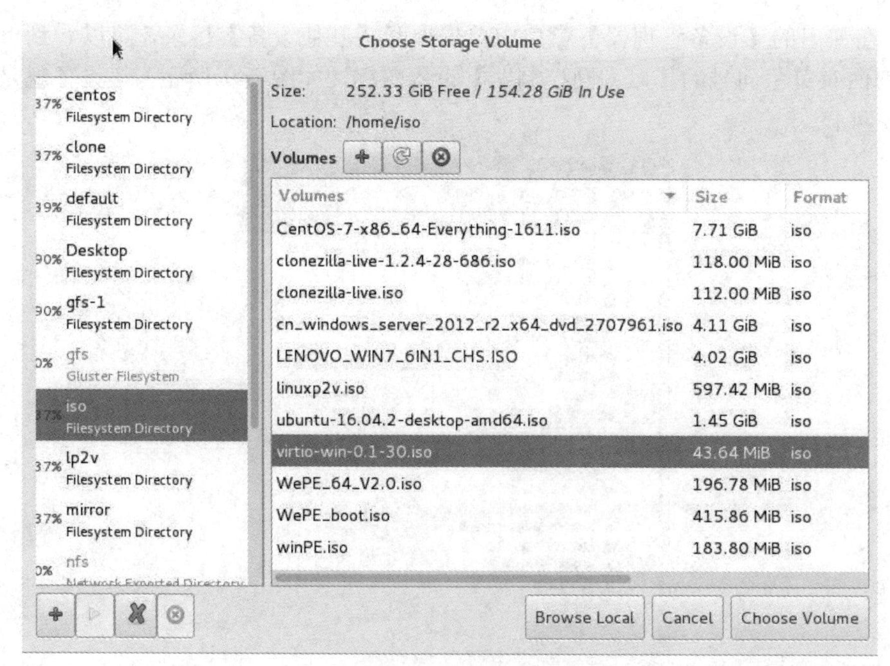

图 5-11　选择 Virtio 驱动安装文件

(10) 回到虚拟机的设备管理器窗口中，在【以太网控制器】图标上单击鼠标右键，在弹出的菜单中选择【更新驱动程序软件】命令，如图 5-12 所示。

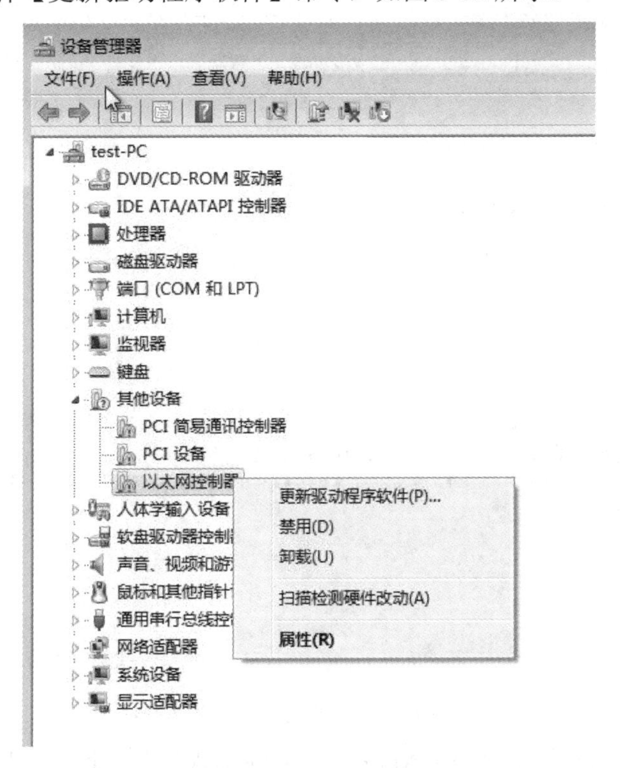

图 5-12　给新增设备安装 Virtio 驱动

(11) 在弹出的驱动程序更新向导对话框中选择【浏览计算机并查找驱动程序软件】选项，如图 5-13 所示。

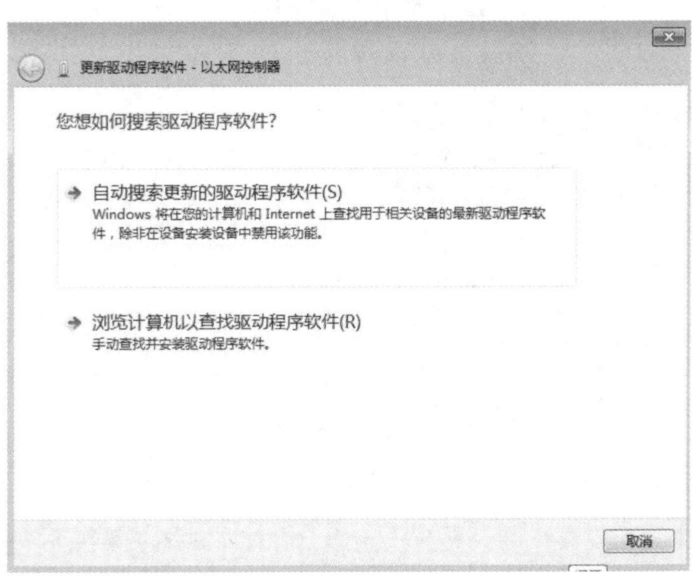

图 5-13　设置驱动程序安装方式

(12) 在出现的【浏览计算机上的驱动程序软件】对话框中单击【浏览】按钮，选择驱动程序，如图 5-14 所示。

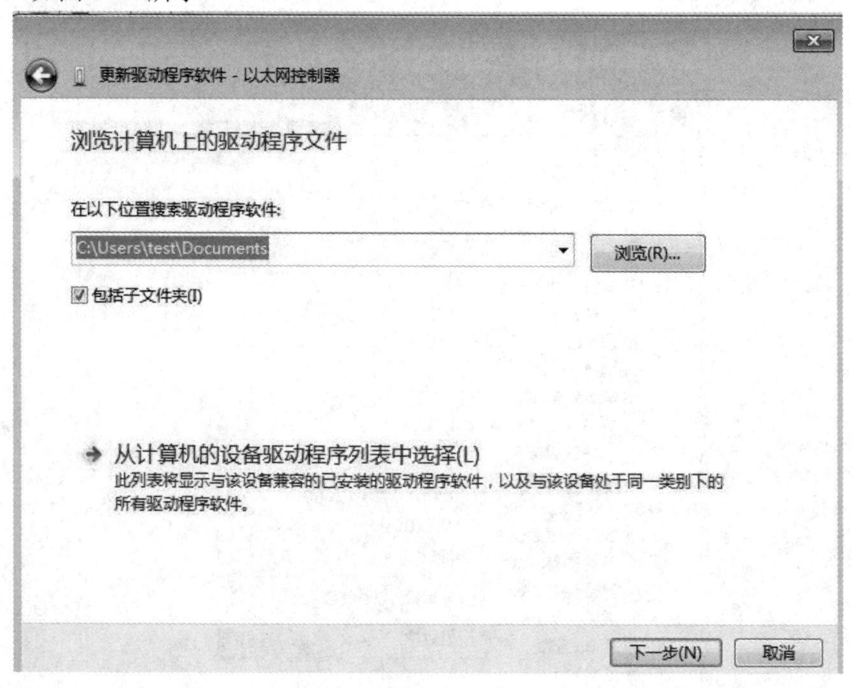

图 5-14　选择驱动程序安装文件

(13) 在弹出的【浏览文件夹】对话框中找到光驱文件夹下的“WIN7/AMD64”文件夹，如图 5-15 所示。

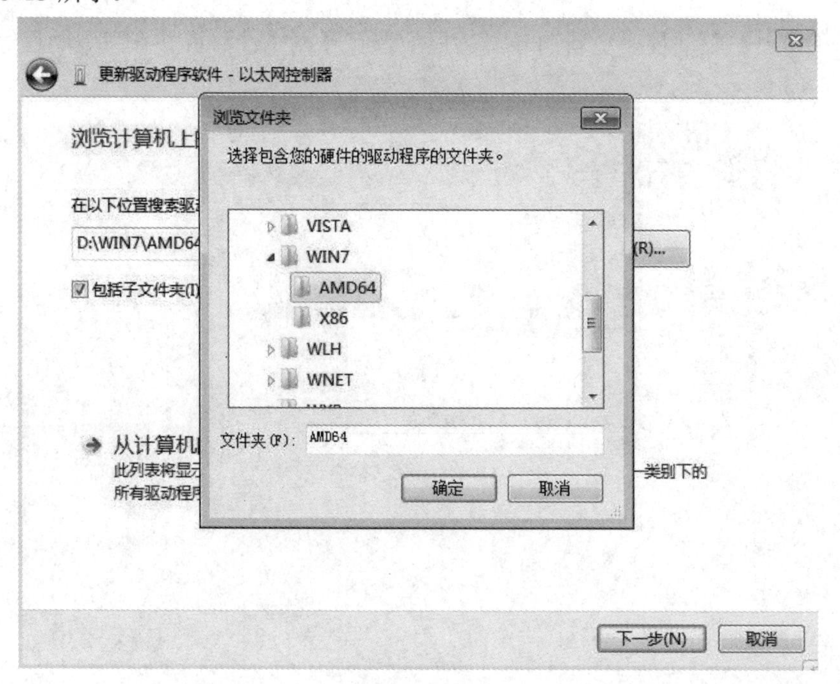

图 5-15　查找 Virtio 驱动程序所在路径

(14) 在弹出的 Windows 安全提示对话框中单击【安装】按钮，如图 5-16 所示。

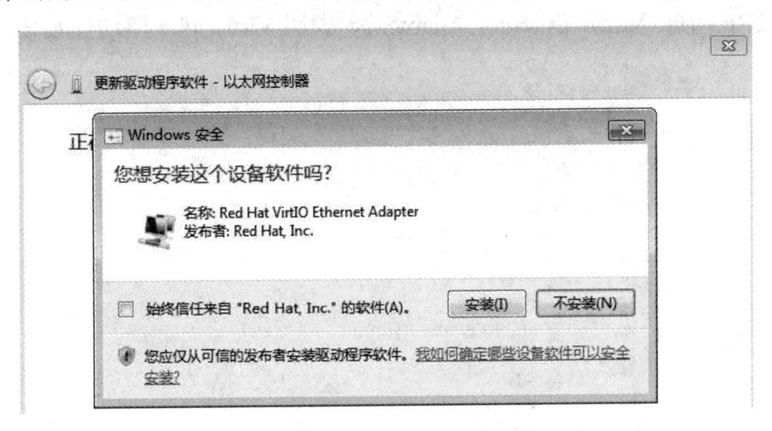

图 5-16　确认安全提示

(15) 进入【正在安装驱动程序】对话框进行安装，如图 5-17 所示。

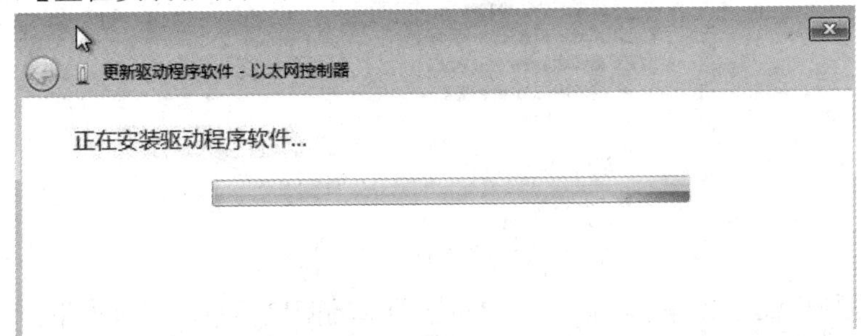

图 5-17　安装 Virtio 驱动

(16) 安装完成后，单击【关闭】按钮，关闭驱动程序安装向导，如图 5-18 所示。

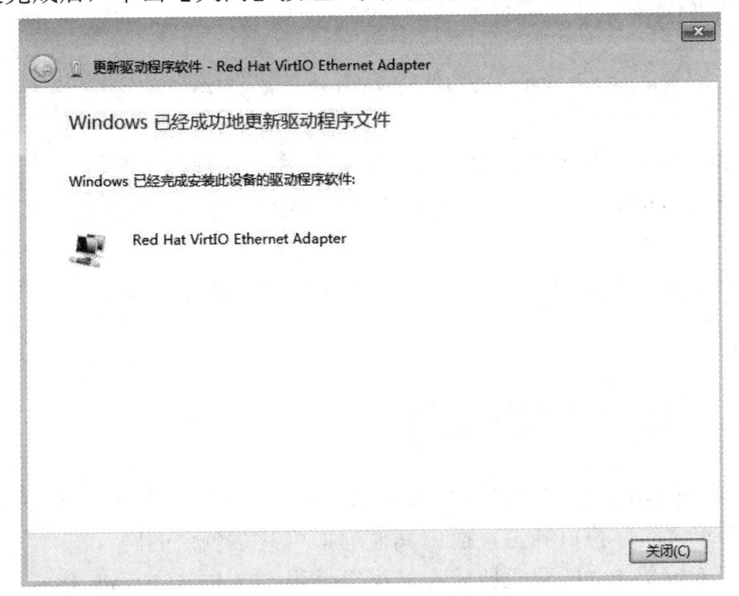

图 5-18　Virtio 驱动安装完成

(17) 回到虚拟机系统的【设备管理器】窗口，可以看到【网络适配器】目录下新增了一个设备【Red Hat Virtio Ethernet Adapter】，表明 Virtio 网卡驱动安装成功，如图 5-19 所示。

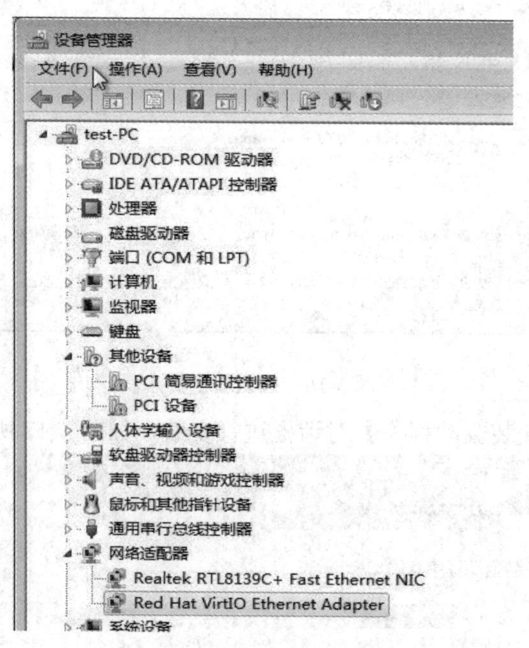

图 5-19　虚拟机 Virtio 网卡安装成功

(18) 在虚拟机配置文件中，可以查看新增网卡的配置信息，示例如下：

```
<interface type='bridge'>
    <mac address='52:54:00:57:21:bd'/>
    <source bridge='br0'/>
    <model type='virtio'/>
    <address type='pci' domain='0x0000' bus='0x00' slot='0x03' function='0x0'/>
</interface>
```

安装好网卡的 Virtio 驱动后，然后重启虚拟机系统，使网卡配置生效。如有必要，可以将其他未配置为 Virtio 模式的虚拟网卡配置为 Virtio 模式，重新安装其他网卡的 Virtio 驱动即可。

注意，Linux 系统的虚拟机也可以参考上面的虚拟机配置文件，对网卡的配置进行修改。

5.2　PCI Passthrough 功能

PCI Passthrough 功能可以让虚拟机独占物理网卡，允许将多网卡宿主机的几块网卡分配给网络 I/O 需求大的虚拟机独占，而由其他虚拟机共享剩余的网卡。

如果虚拟机对网络 I/O 的要求比较高，可以使用 PCI Passthrough 功能，将物理网卡直接分配给虚拟机单独使用，实现接近直接使用物理机的性能，如图 5-20 所示。

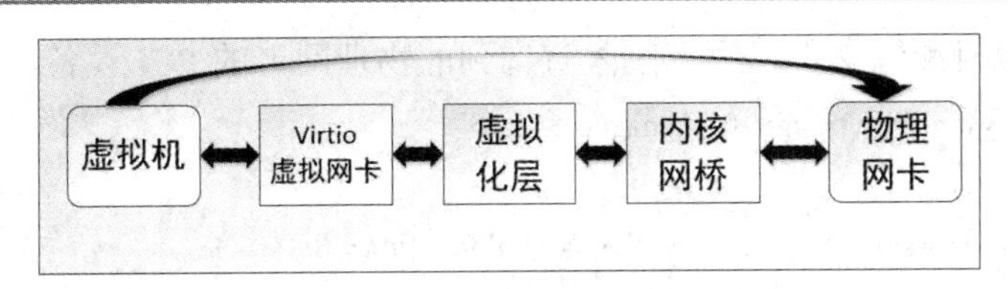

图 5-20　PCI Passthrough 技术模型

配置 PCI Passthrough 功能的基本步骤如下：

(1) 在宿主机终端执行 lspci 命令，查看物理网卡的设备名称：

```
# lspci | grep Ethernet
```

查询结果如图 5-21 所示，本例中，该网卡的设备名称为“RTL8111/8168/8411”。

```
[root@localhost Desktop]# lspci|grep Ethernet
02:00.0 Ethernet controller: Realtek Semiconductor Co., Ltd. RTL8111/8168/8411 P
CI Express Gigabit Ethernet Controller (rev 06)
```

图 5-21　查看物理网卡设备名称

记住该名称，将物理网卡使用 Passthrough 技术分配给虚拟机以后，如果能查询到相同的虚拟网卡名称，则说明分配成功。

(2) 执行 virshnodedev-list --tree 命令，查看物理网卡的参数信息：

```
# virsh nodedev-list   --tree
```

查询结果如图 5-22 所示，这部分信息用于写入虚拟机的配置文件。

```
+- pci_0000_00_1c_4
|    |
|    +- pci_0000_02_00_0
|         |
|         +- net_enp2s0_00_0b_2f_77_44_6e
|
```

图 5-22　查看物理网卡参数信息

(3) 执行 virsh nodedev-dumpxml pci_0000_02_00_0 命令，查看物理网卡 pci_0000_02_00_0 的配置文件：

```
# virsh nodedev-dumpxml pci_0000_02_00_0
```

查询结果如图 5-23 所示。

```
[root@localhost Desktop]# virsh nodedev-dumpxml pci_0000_02_00_0
<device>
  <name>pci_0000_02_00_0</name>
  <path>/sys/devices/pci0000:00/0000:00:1c.4/0000:02:00.0</path>
  <parent>pci_0000_00_1c_4</parent>
  <driver>
    <name>r8169</name>
  </driver>
  <capability type='pci'>
    <domain>0</domain>
    <bus>2</bus>
    <slot>0</slot>
    <function>0</function>
    <product id='0x8168'>RTL8111/8168/8411 PCI Express Gigabit Ethernet Controll
er</product>
    <vendor id='0x10ec'>Realtek Semiconductor Co., Ltd.</vendor>
    <pci-express>
      <link validity='cap' port='0' speed='2.5' width='1'/>
      <link validity='sta' speed='2.5' width='1'/>
    </pci-express>
  </capability>
</device>
```

图 5-23　查看物理网卡配置文件

(4) 编辑虚拟机配置文件，写入刚才查询到的物理网卡的PCI设备信息，代码如下：

```
<hostdev mode='subsystem'  type='pci'  managed='yes'>
    <source>
    <address domain='0x0000'  bus='0x02'  slot='0x00' function='0x0'/>
    </source>
</hostdev>
```

(5) 编辑完成后，执行 virsh define 命令，更新虚拟机的网卡配置，然后启动虚拟机即可：

```
# virsh define /etc/libvirt/qemu/centos7.0.xml
```

注意 因为添加到虚拟机的是物理设备，所以要在虚拟机的操作系统上安装物理网卡的驱动程序，才能正常使用 PCI Passthrough 功能。

5.3 Open vSwitch 的安装与配置

虚拟化交换机(Open vSwitch)是一种可以实现交换机功能的软件，目的是通过软件实现大型网络的自动化管理。

KVM 虚拟机可以通过 Open vSwirch 接入网络，相比传统的桥接方式，Open vSwitch 功能非常强大，不仅可以对虚拟机的网络进行灵活配置，还能实现在线更改虚拟机 VLAN 的功能。

Open vSwitch 体系比较复杂，涉及许多网络方面的内容，但由于本书的重点在虚拟化方面，因此只着重介绍它作为虚拟化交换机的安装与配置操作。

5.3.1 Open vSwitch 基本概念

下面为 Open vSwitch 的一些基本概念：

✧ Bridge：相当于一个虚拟的以太网交换机，在一台主机中可以创建一个或多个 Bridge。

✧ Port：即端口，相当于物理交换机的端口，每个 Port 归属于一个 Bridge。

✧ Interface：连接到 Port 的设备。原则上 Port 与 Interface 是一一对应的关系，但如果将 Port 配置为 bond 模式，则一个 Port 可以对应多个 Interface。

✧ Controller：OpenFlow 控制器。虚拟化交换机可以同时接受一个或多个 OpenFlow 控制器的管理。

✧ datapath：负责数据交换，把从接收端口收到的数据包在流表中进行匹配。

✧ Flow table：每个 datapath 都和一个 Flow table 相关联，当 datapath 收到数据包之后，虚拟化交换机会在 Flow table 中查找可以匹配的 Flow，并执行相应的操作，比如转发数据到另一个端口。

5.3.2　安装 Open vSwitch

在宿主机终端执行以下命令，添加软件源，即软件下载路径，本例使用 Fedora 的 openstack-juno 源，也可添加其他可用的源：

```
# vi /etc/yum.repos.d/xxxx.repo
```

其中，“xxxx”是用户自己指定的文件名。

使用 VI 编辑器，在上面的文件中写入以下内容：

```
[openstack-juno]
name=OpenStack Juno Repository
baseurl=https://repos.fedorapeople.org/openstack/EOL/openstack-juno/epel-7/
skip_if_unavailable=1
gpgcheck=0
gpgkey=file://etc/pkiprpm-gpg/RPM-GPG-KEY-RDO-Juno
priority=98
```

然后执行以下命令，进行 Open vSwitch 安装：

```
# yum install -y openvswitch
```

安装完成后，执行以下命令，可以启动 Open vSwitch：

```
# systemctl start openvswitch
```

也可执行以下命令，保证系统重启后 Open vSwitch 可以自动启动：

```
# systemctl enable openvswitch
```

5.3.3　配置 Open vSwitch

在实验环境的宿主机上配置双网卡 enp2s0 和 enp3s0，使用网卡 enp3s0 作为宿主机的管理端口，网卡 enp2s0 作为对外连接交换机的端口，供虚拟机对外连接使用。

1．配置虚拟交换机网络

在宿主机终端执行以下命令，创建网桥 ovsbr0：

```
# ovs-vsctl   add-br   ovsbr0
```

然后执行以下命令，把网卡 enp2s0 分配给 ovsbr0，enp2s0 是物理网口的名称：

```
# ovs-vsctl   add-port   ovsbr0   enp2s0
```

使用 VI 编辑器，修改虚拟机配置文件，把新创建的网桥 ovsbr0 分配给虚拟机，代码如下：

```
<interface type='bridge'>
  <mac address='52:54:00:bb:84:f0'/>
  <source bridge='ovsbr0'/>
  <virtualport type='openvswitch'>
    <parameters interfaceid='537e5544-20d9-4379-9471-a12e1f829669'/>
  </virtualport>
  <model type='virtio'/>
```

```
  <address type='pci' domain='0x0000' bus='0x00' slot='0x03' function='0x0'/>
</interface>
```

在宿主机终端执行 ovs-vsctl show 命令，查看 OVS 的配置信息，查看结果如下：

```
# ovs-vsctl show
537e5544-20d9-4379-9471-a12e1f829669
    Bridge "ovsbr0"
        Port "mgmt0"
            Interface "mgmt0"
type: internal
        Port "enp2s0"
            Interface "enp2s0"
        Port "vnet0"
            Interface "vnet0"
        Port "ovsbr0"
            Interface "ovsbr0"
type: internal
ovs_version: "2.3.1"
```

2. 配置 Open vSwitch bond

Linux bond 技术可以同时给两块网卡分配同一个 IP 地址，实现两块网卡的负载均衡或者互为备份，Open vSwitch 也支持这样的配置，即 Open vSwitch bond 功能。

Open vSwitch bond 常用的几种配置模式如下：

✧ active-backup：在该模式下，链路(数据传输路径)会分配给其中一块物理网卡，如果这块物理网卡损坏，链路会切换到另外一块物理网卡。

✧ balance-slb：在该模式下，网络负载会根据数据源的 MAC 地址和 Vlan ID 在物理网卡间均衡分配。

✧ balance-tcp：与 balance-slb 模式类似，该模式可以根据数据源的 IP 地址、TCP 端口等均衡分配网络负载，但需要上游交换机支持，如果不满足条件，则会自动切换回 balance-slb。

Open vSwitch bond 的具体配置步骤如下：

(1) 在宿主机终端执行以下命令，创建网桥 ovsbr0：

```
[root@CentOS7-host ~]# ovs-vsctl add-br ovsbr0
```

(2) 执行以下命令，将网卡 enp2s0 和 enp3s0 配置为一个名为 bond0 的 Linux bond，并加入 ovsbr0，然后将 lacp 的状态设置为 active：

```
[root@CentOS7-host ~]# ovs-vsctl add-bond ovsbr0 bond0 enp2s0 enp3s0 lacp=active
```

其中，参数 lacp 即链路汇聚控制协议(Link Aggregation Control Protocol，LACP)，用于端口的加入或退出，该参数的值有 3 个：active、passive 与 off。如果上游交换机不进行相关配置，则 lacp 的状态可以是其中任意一种；否则必须配置为 active。

(3) 执行以下命令，将 bond mode 设置为 balance-slb：

```
[root@CentOS7-host ~]# ovs-vsctl set port bond0 bond_mode=balance-slb
```

(4) 执行以下命令，查看设置的信息：

```
[root@CentOS7-host ~]# ovs-appctl bond/show bond0
```

输出结果如下，显示 Open vSwitch bond 功能已配置成功：

```
---- bond0 ----
bond_mode: balance-slb
bond may use recirculation: no, Recirc-ID : -1
bond-hash-basis: 0
updelay: 0 ms
downdelay: 0 ms
next rebalance: 4630 ms
lacp_status: configured
active slave mac: 00:00:00:00:00:00(none)
slave enp2s0: disabled
        may_enable: false
slave enp3s0: disabled
        may_enable: false
```

最新更新

本 章 小 结

通过本章的学习，读者应当了解：

✧ KVM 默认的网卡虚拟化方法是全虚拟化方法，即由 QEMU 在 Linux 系统的用户空间中模拟出网卡，然后分配给虚拟机使用，但该方法的网络 I/O 基于虚拟化引擎，效率偏低，因此促进了半虚拟化网卡技术的产生。

✧ 全虚拟化网卡是由虚拟化层完全模拟出来的，而半虚拟化网卡则通过驱动程序对操作系统进行了改造，效率较高。因此在生产环境中，半虚拟化网卡技术应用较多。

✧ KVM 的网络虚拟化可以分为软件和硬件两种方案：软件方案尽量让虚拟机接近网卡，甚至独占网卡，这种情况下应该尽量使用 Virtio 技术。

✧ 虚拟化交换机(Open vSwitch)是一种能够实现交换机功能的软件，目的是通过软件实现大型网络的自动化管理，该项技术已趋于成熟，功能也越来越完善，可以在生产环境中部署。

本 章 练 习

1. 简单描述网络虚拟化的几种方法。
2. 简要描述半虚拟化网卡和全虚拟化网卡的区别。
3. 在一台新创建的 Windows 虚拟机上，给网卡安装 Virtio 驱动。

4．在宿主机上安装并配置一个虚拟化交换机。

5．有关虚拟化交换机，下列描述错误的是______。

A. Bridge：即端口，相当于物理交换机的端口，在一台主机中可以创建一个或者多个 Bridge

B. Port：相当于一个虚拟的以太网交换机，每个 Port 归属于一个 Bridge

C. Interface：连接到 Port 的设备。原则上 Port 和 Interface 是一一对应关系，但如果将 Port 配置为 bond 模式，则一个 Port 可以对应多个 Interface

D. Controller：OpenFlow 控制器。虚拟化交换机可以同时接受一个或多个 OpenFlow 控制器的管理

E. datapath：负责数据交换，把从接收端口收到的数据包在流表中进行匹配

F. Flow table：每个 datapath 都与一个 Flow table 相关联，当 datapath 收到数据包之后，虚拟化交换机会在 Flow table 中查找可以匹配的 Flow，并执行相应的操作，比如转发数据到另一个端口

6．有关 Open vSwitch bond 几种常用的配置模式，下列描述错误的是______。

A. active-backup：将链路分配给其中一块物理网卡，如果这块物理网卡损坏，链路会切换到另外一块物理网卡

B. balance-slb：该模式会根据数据源的 MAC 地址和 Vlan ID 在物理网卡间均衡分配网络负载

C. balance-tcp：该模式与 balance-slb 类似，可以根据数据源的 IP 地址、TCP 端口等均衡分配网络负载，但需要上游交换机支持，如不满足条件，则会停止工作，并自动切换回 balance-slb

第 6 章　存储虚拟化

本章目标

- 了解存储虚拟化技术
- 了解可模拟的硬盘类型
- 了解主要的缓存模式
- 了解主要的镜像格式
- 掌握虚拟化镜像文件的配置方法
- 了解差量后备镜像
- 了解镜像管理命令的使用方法

在不同的虚拟机应用场景，可能需要使用不同的硬盘虚拟化技术，因此，需要对可以虚拟的硬盘类型、常用的硬盘镜像格式及缓存模式有一定的了解。

6.1 硬盘虚拟化的类型及缓存模式

实施硬盘虚拟化时，需要针对不同的应用场景选择不同的硬盘类型和缓存模式。硬盘类型指系统可模拟的硬盘类型；而缓存模式则是模拟硬盘的工作模式，与硬盘类型无关。

6.1.1 可模拟的硬盘类型

KVM 支持 IDE、SATA、Virtio、Virtio-SCSI 四种类型的硬盘，其中，IDE、SATA 是全虚拟化硬盘，Virtio、Virtio-SCSI 是半虚拟化硬盘。CentOS 6.x 系统只支持 IDE 和 Virtio 两种硬盘类型，CentOS 7.x 系统则增加了对 SATA 和 Virtio-SCSI 硬盘类型的支持。

IDE 虚拟硬盘的兼容性最好，在一些特定环境下，如必须使用低版本操作系统(比如 Windows 2000 之前的版本，CentOS 4.x、CentOS 5.3 之前的版本)时，只能选择 IDE 硬盘，但是 KVM 虚拟机最多只能支持 4 个 IDE 虚拟硬盘，因此对于较新版本的操作系统，建议使用 Virtio 驱动，系统性能会有较大提高，特别是 Windows 系统，要尽量使用最新版本的官方 Virtio 驱动。

6.1.2 缓存模式的类型

缓存是指数据交换的缓冲区，本章所讲的缓存是指硬盘的写入缓存，即系统要将数据写入硬盘时，会先将数据保存在内存空间，当满足可以写入的条件后，再将数据写入硬盘。

硬盘数据从虚拟机写入宿主机物理存储的过程如图 6-1 所示。虚拟硬盘的缓存模式，就是虚拟化层和宿主机文件系统或块设备打开或者关闭缓存的组合方式。

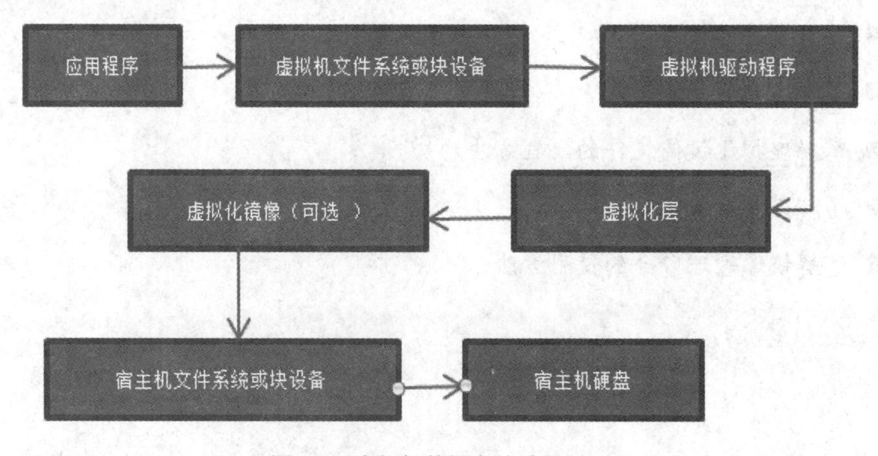

图 6-1 虚拟机数据存储过程

给 KVM 虚拟机配置硬盘的时候，可以指定多种缓存模式，但如果缓存模式使用不当，有可能会导致数据丢失，影响硬盘性能，另外，某些缓存模式与在线迁移功能也存在冲突。因此，要根据虚拟机的应用场景，选用最合适的缓存模式。

虚拟机硬盘接口可以配置的缓存模式主要有 writethrough、writeback、none、directsync、unsafe 等，如果没有指定，KVM 就会使用默认的缓存模式。

1．默认缓存模式

在低于 1.2 版本的 QEMU-KVM 中，如未指定缓存模式，则默认使用 writethrough 模式；1.2 版本之后，大量 writeback 模式与 writethrough 模式的接口的语义问题得到修复，从而可以将默认缓存模式切换为 writeback；如果使用的虚拟硬盘为 IDE、SCSI、Virtio 等类型，默认的缓存模式会被强制转换为 writethrough；另外，如果虚拟机安装 CentOS 操作系统，则默认的缓存模式为 none。

2．writethrough 模式

writethrough 模式下，虚拟机系统写入数据时会同时写入宿主机的缓存和硬盘，只有当宿主机接收到存储设备写入操作完成的通知后，宿主机才会通知虚拟机写入操作完成，即系统是同步的，虚拟机不会发出刷新指令。

3．writeback 模式

writeback 模式下，系统是异步的，它使用宿主机的缓存，当虚拟机将数据写入宿主机缓存后，会立刻收到写操作已完成的通知，但此时宿主机尚未将数据真正写入存储系统，而是留待之后合适的时机再写入。writeback 模式虽然速度快，但风险也比较大，因为如果宿主机突然停电关闭，就会丢失一部分虚拟机的数据。

4．none 模式

none 模式下，系统可以绕过宿主机的页面缓存，直接在虚拟机的用户空间缓存和宿主机的存储设备之间进行 I/O 操作。存储设备在数据被放进写入队列时就会通知虚拟机数据写入操作完成，虚拟机的存储控制器报告有回写缓存，因此虚拟机在需要保证数据一致性时会发出刷新指令，相当于直接访问主机硬盘，性能较高。

5．unsafe 模式

unsafe 模式下，虚拟机发出的所有刷新指令都会被忽略，所以丢失数据的风险很大，但会提高性能。

6．directsync 模式

directsync 模式下，只有数据被写入宿主机的存储设备，虚拟机系统才会接到写入操作完成的通知，绕过了宿主机的页面缓存，虚拟机无需发出刷新指令。

各主要缓存模式的比较如表 6-1 所示。

表 6-1　主要缓存模式比较

缓存模式	宿主机缓存	虚拟机缓存
writethrough	on	off
writeback	on	on
none	off	on
unsafe	on	ignore
directsync	off	off

*on：写入数据；off：不写入数据；ignore：忽略此操作。

综上所述，writethrough、none、directsync 三种模式相对安全，有利于保持数据的一致性。其中，writethrough 模式通常用于单机虚拟化场景，在宿主机突然断电或者宕机时不会造成数据丢失；none 模式通常用于需要进行虚拟机在线迁移的环境，主要是虚拟化集群；directsync 适用于对数据安全要求较高的数据库，使用这种模式会直接将数据写入存储设备，减少了中间过程丢失数据的风险。

此外，writeback 模式依靠虚拟机发起的刷新硬盘命令保持数据的一致性，提高虚拟机性能，但有丢失数据的风险，主要用于测试环境；unsafe 模式类似于 writeback，性能最好，但是会忽略虚拟机的刷新硬盘命令，风险最高，一般用于系统安装。

6.1.3 缓存模式对在线迁移的影响

Libvirt 会检查缓存模式是否兼容在线迁移功能，如果缓存模式不是 none，Libvirt 就将禁止在线迁移，可以在 virsh 命令中使用参数 unsafe，强制在线迁移，代码如下：

```
# virsh migrate --live --unsafe
```

如果虚拟机在共享的集群文件系统上，且共享存储被标记为只读模式，这种情况下不会对虚拟机进行写入操作，虚拟机的在线迁移无需考虑缓存模式。

6.2 虚拟机镜像管理

KVM 虚拟机镜像有两种存储方式：一种是存储在文件系统上，另一种是存储在裸设备上。存储在文件系统上的镜像支持多种格式，常用的如 raw 和 qcow2 等；存储在裸设备上的数据由系统直接读取，没有文件系统格式。一般情况下，用户使用 qemu-img 命令对镜像进行创建、查看、格式转换等操作。

6.2.1 常用镜像格式

目前，比较常用的虚拟机镜像格式有 raw、cloop、cow、qcow、qcow2 等，需要根据不同的应用场景，选用最适合的镜像格式。

1. raw

一种简单的二进制文件格式，会一次性占用完所分配的硬盘空间。raw 格式支持稀疏文件特性(文件系统会把分配的空字节文件记录在元数据里，而不会占用真实的硬盘空间)，Linux 的 EXT4、XFS 文件系统，Windows 的 NTFS 文件系统也都支持这一特性。

2. cloop

压缩的 loop 格式，主要用于可直接引导的 U 盘或者光盘。

3. cow

一种类似于 raw 的格式，创建时一次性占用完所分配的硬盘空间，但会用一个表来记录哪些扇区被使用，所以可以使用增量镜像，但不支持 Windows 虚拟机。

4．qcow

一种过渡格式，功能不及 qcow2，读写性能又不及 cow 和 raw 格式，但该格式在 cow 的基础上增加了动态调整文件大小的功能，且支持加密和压缩。

5．qcow2

一种功能较为全面的格式，支持内部快照、加密、压缩等功能，读写性能也比较好。

6.2.2　镜像的创建及查看

下面讲解镜像的创建及查看方法。创建镜像主要使用 qemu-img 命令的 create 功能，这里只介绍创建 raw 和 qcow2 这两种最常用镜像格式的方法。

1．创建镜像

在宿主机终端执行 qemu-img create 命令，创建镜像。可以在命令中使用参数-f 指定镜像格式，如果不指定则默认为 raw 格式。

例如，创建一个大小为 2 GB，格式为 raw，文件名为 test.raw 的镜像，命令如下：

```
# qemu-img create test.raw 2G
Formatting 'test.raw', fmt=raw size=2147483648
```

创建一个大小为 2 GB，格式为 qcow2，文件名为 test.qcow2 的镜像，命令如下：

```
# qemu-img create test.qcow2 -f qcow2 2G
Formatting 'test.qcow2', fmt=qcow2 size=2147483648 encryption=off cluster_size=65536 lazy_refcounts=off
```

2．查看镜像信息

执行 qemu-img info 命令，查看镜像文件 test.raw 和 test.qcow2 的信息，结果如下：

```
# qemu-img info test.raw
image: test.raw
file format: raw
virtual size: 2.0G (2147483648 bytes)
disk size: 0
# qemu-img info test.qcow2
image: test.qcow2
file format: qcow2
virtual size: 2.0G (2147483648 bytes)
disk size: 196K
cluster_size: 65536
Format specific information:
    compat: 1.1
    lazy refcounts: false
```

注意，使用 qemu-img info 命令查看 raw 格式的镜像文件，会显示其本来分配的大小与实际已占用的硬盘空间大小；而使用该命令查看 qcow2 格式的镜像文件，除显示其本来分配的大小与已占用硬盘空间的大小以外，如果文件有快照，还会显示其快照的信息。

执行 ls 和 du 命令，可以看到两种不同格式的镜像在硬盘空间使用方面的差别：

```
# ls -lh test*
-rw-r--r--. 1 root root 2.0G Dec   9 00:31 test.raw
-rw-r--r--. 1 root root 193K Dec   9 00:31 test.qcow2
# du -h test*
0         test.raw
196K    test.qcow2
```

其中，-l 表示以单列格式输出信息，-h 表示以 KB、MB、GB 为单位。由于两个镜像文件都创建于 EXT4 文件系统上，而 EXT4 支持稀疏特性，因此镜像 test.raw 用 ls 命令查看时是 2 GB，而用 du 命令查看时是 0 GB，但镜像 test.qcow2 使用的是 qcow2 格式，所以用两个命令查看时，显示的都是目前实际占用空间的大小。

6.2.3 镜像格式转换、压缩和加密

下面讲解镜像格式转换、压缩和加密的方法。镜像格式转换主要用于在不同虚拟机之间转换镜像，从而实现虚拟机的跨平台迁移；镜像的压缩和加密主要用于虚拟机迁移过程中，防止镜像在网上传输时被窃取。通常使用 qemu-img 命令的 convert 功能，对镜像进行格式转换、压缩和加密解密操作。

1. 转换镜像格式

在宿主机终端执行 qemu-img convert 命令，可以进行镜像格式的转换，示例如下：

```
# qemu-img convert -p -f raw -O qcow2 test.raw test1.qcow2
    (100.00/100%)
```

其中，参数-p 用于显示转换进度，参数-f 用于指定原镜像格式，参数-O 用于指定输出镜像格式，后面跟输入文件(test)和输出文件(test1.qcow2)，中间用空格隔开。

转换完毕，使用 ls 和 du 命令，查看转换前后的镜像文件大小对比，结果如下：

```
# ls -lh test*
-rw-r--r--. 1 root root 2.0G Dec   9 00:31 test.raw
-rw-r--r--. 1 root root196K Dec   9 00:55 test1.qcow2
-rw-r--r--. 1 root root196K Dec   9 00:31 test.qcow2
# du -h test*
0         test.raw
196K    test1.qcow2
196K    test.qcow2
```

可以看到，转换后的镜像 test1.qcow2 的占用空间比转换前的镜像 test.raw 小了非常多。

执行 qemu-img info 命令，查看转换后的 test1.qcow2 镜像文件信息，结果如下：

```
# qemu-img info test1.qcow2
```

```
image: test1.qcow2
file format: qcow2
virtual size: 2.0G (2147483648 bytes)
disk size: 196K
cluster_size: 65536
Format specific information:
    compat: 1.1
    lazy refcounts: false
```

可以看到，原来占用 2 GB 空间的 raw 格式文件 test.raw，已成功转换为 qcow2 格式文件 test1.qcow2，现在的占用空间仅为 196 KB。

2．压缩和加密镜像

当有大量镜像需要通过网络传输的时候，对镜像进行压缩的优势就体现出来了。执行以下命令，可以对镜像文件进行压缩：

```
# qemu-img convert -c -f qcow2 -O qcow2 test.qcow2 test-c.qcow2
```

其中，参数-c 用于对输出的镜像文件进行压缩，参数-f 用于指定原有的镜像格式，参数-O 用于指定输出的镜像格式，后面跟输入的镜像文件和输出的镜像文件。

注意，只有 qcow2 格式的镜像文件支持压缩，压缩时使用 zlib 算法，按块级别进行压缩，生成的压缩文件是只读属性，此时如果重写该文件，则该文件会变成非压缩文件。

使用 aes 算法，可以对 qcow2 格式的镜像文件进行加密，代码如下：

```
# qemu-img convert -f qcow2 -O qcow2 test.qcow2 test-aes.qcow2 -o encryption
```

注意，后一个参数-o 是小写，用来指定各种选项，如后端镜像、文件大小、是否加密等，本例中的选项值“encryption”表示进行加密。

命令执行完毕后，系统会提示输入密码：

```
Disk image 'test-aes.qcow2' is encrypted.
password:
```

然后执行 qemu-img info 命令，查看加密后的镜像文件信息，结果如下：

```
# qemu-img info test-aes.qcow2
image: test-aes.qcow2
file format: qcow2
virtual size: 20G (21474836480 bytes)
disk size: 4.1G
encrypted: yes
cluster_size: 65536
Format specific information:
compat: 1.1
lazy refcounts: false
```

可以看到，镜像文件 test-aes.qcow2 已经被加密。如果要解密该镜像文件，则需使用以下命令：

```
# qemu-img convert -f qcow2 test-aes.qcow2 -O qcow2 test-de.qcow2
Disk image 'test-aes.qcow2' is encrypted.
password:
```

按提示输入正确的密码后，即可输出解密后的镜像文件。加密过的镜像文件可以用于镜像的传输，满足保密的需要。

6.2.4 镜像快照

镜像快照可用于在紧急情况下恢复系统，但会对系统性能产生影响。如果是应用于生产环境的系统，建议根据需要创建一次快照即可。目前，只有使用 qcow2 格式的镜像文件支持快照，其他镜像文件格式暂不支持此功能。

使用 qemu-img snapshot 命令，可以创建并管理镜像快照，示例如下。

1. 创建快照

在宿主机终端执行以下命令，为镜像文件 test.qcow2 创建一个名为 snap1 的快照：

```
# qemu-img snapshot test.qcow2 -c snap1
```

其中，参数-c 用于指定创建一个快照。

2. 查看镜像快照

执行以下命令，可以查看镜像文件 test.qcow2 的快照：

```
#qemu-img snapshot test.qcow2 -l
Snapshot list:
ID      TAG        VM SIZE        DATE                  VM CLOCK
1       snap1        0      2016-12-20 10:50:11    00:00:00.000
2       snap2        0      2016-12-20 10:50:49    00:00:00.000
```

其中，参数-l 用于查看并列出镜像文件的所有快照，镜像文件的名称可以写在-l 的前面或后面。

3. 删除快照

执行以下命令，可以删除镜像文件 test.qcow2 的快照 snap2：

```
# qemu-img snapshot test.qcow2 -d snap2
```

其中，参数-d 用于指定删除的快照。

4. 还原快照

执行以下命令，可以还原镜像文件 test.qcow2 的快照 snap2：

```
# qemu-img snapshot test.qcow2 -a snap1
```

其中，参数-a 用于指定需还原的快照。

5. 提取快照镜像

执行以下命令，可以单独提取镜像文件 test.qcow2 的快照 snap1 的镜像文件 test-snap1.qcow2：

```
# qemu-img convert -f qcow2 -O qcow2 -s snap1 test.qcow2 test-snap1.qcow2
```

其中，参数-s 用于指定需提取镜像的快照。

6.2.5　后备镜像差量管理

后备镜像差量，是指多台虚拟机共用同一个后备镜像，进行写入操作时，会把数据写入自己所用的镜像，被写入数据的镜像称为差量镜像。后备镜像可以是 raw 格式或者 qcow2 格式，但是差量镜像只支持 qcow2 格式。

后备镜像差量的优点有二：

(1) 可以快速生成虚拟机的镜像。

(2) 可以节省硬盘空间。

下面介绍后备镜像差量管理的几种基本操作。

1. 指定后备镜像

在宿主机终端执行以下命令，创建差量镜像 test.bk.qcow2，并在命令中使用参数-b，指定其后备镜像 test.qcow2：

```
# qemu-img create -f qcow2 -b test.qcow2 test.bk.qcow2
Formatting 'test.bk.qcow2', fmt=qcow2 size=21474836480 backing_file='test.qcow2' encryption=off
cluster_size=65536 lazy_refcounts=off
```

执行 qemu-img info 命令，查看创建的差量镜像，结果如下：

```
# qemu-img info test.bk.qcow2
image: test.bk.qcow2
file format: qcow2
virtual size: 20G (21474836480 bytes)
disk size: 196K
cluster_size: 65536
backing file: test.qcow2
Format specific information:
    compat: 1.1
    lazy refcounts: false
```

可以在结果的【backing file】一项中，看到其后备镜像 test.qcow2 的信息。

2. 差量镜像转换为普通镜像

执行以下命令，将差量镜像 test.bk.qcow2 转换为普通镜像 test.bk.c.qcow2：

```
# qemu-img convert -f qcow2 -O qcow2 test.bk.qcow2 test.bk.c.qcow2
```

执行 qemu-img info 命令，查看普通镜像 test.bk.c.qcow2 的信息，结果如下：

```
# qemu-img info test.bk.c.qcow2
image: test.bk.c.qcow2
```

```
file format: qcow2
virtual size: 20G (21474836480 bytes)
disk size: 6.5G
cluster_size: 65536
Format specific information:
    compat: 1.1
    lazy refcounts: false
```

3. 更换差量镜像的后备镜像

使用 qemu-img rebase 命令，可以更换后备镜像。若该命令包含参数-u，表明为非安全模式，系统只会进行镜像的更换；若该命令不包含参数-u，系统会比对新、旧后备镜像的差异，并以新镜像为标准进行更换。

例如，qemu-img rebase 命令包含参数-u 时，更换后备镜像的代码如下：

```
# qemu-img rebase -u -b test.bk.c.qcow2 test.bk.qcow2
```

其中，test.bk.qcow2 为当前后备镜像，test.bk.c.qcow2 为待更换的后备镜像。

执行 qemu-img info 命令，查看更换后的镜像，结果如下：

```
# qemu-img info test.bk.qcow2
image: test.bk.qcow2
file format: qcow2
virtual size: 20G (21474836480 bytes)
disk size: 196K
cluster_size: 65536
backing file: test.bk.c.qcow2
Format specific information:
    compat: 1.1
    lazy refcounts: false
```

可以看到，后备镜像 test.bk.qcow2 已经更换为 test.bk.c.qcow2。

命令不包含参数-u 时，更换后备镜像的代码如下：

```
# qemu-img rebase -b test.bk.c.qcow2 test.bk.qcow2
```

执行 qemu-img info 命令，查看更换后的镜像，结果如下：

```
# qemu-img info test.bk.qcow2
image: test.bk.qcow2
file format: qcow2
virtual size: 20G (21474836480 bytes)
disk size: 196K
cluster_size: 65536
backing file: test.bk.c.qcow2
Format specific information:
    compat: 1.1
```

```
lazy refcounts: false
```

由于该命令不包含参数-u，因此系统会比对新旧后备镜像的差异(如果原后备镜像已经写入很多数据，执行时间会比较长)，然后以新镜像 test.bk.c.qcow2 为标准进行更换。

使用后备镜像差量方式可以快速生成大量虚拟机，节省硬盘空间。鉴于一般情况下后备镜像的压力主要集中在写入环节，读取环节的压力并不大，因此可以将后备镜像和差量镜像分散存放到不同的存储设备上，这样也有助于保护镜像的安全。但要注意的是，使用这种方式创建的大量虚拟机在第一次启动的时候，会给 I/O 造成非常大的压力。另外，还要注意经常备份，以保证镜像的安全。

6.2.6　修改镜像容量

在 qemu-img 命令中使用参数 resize，可以修改镜像的大小，但是不能修改镜像内的文件系统，基本操作如下。

1．增大镜像容量

在宿主机终端执行 qemu-img info 命令，查看镜像 test.qcow2 的信息，结果如下：

```
# qemu-img info test.qcow2
image: test.qcow2
file format: qcow2
virtual size: 20G (21474836480 bytes)
disk size: 3.5G
cluster_size: 65536
Format specific information:
    compat: 1.1
    lazy refcounts: false
```

可以看到，修改前，镜像 test.qcow2 的空间容量大小为 20 GB。

执行以下命令，为镜像 test.qcow2 增加 10 GB 的空间容量：

```
# qemu-img resize test.qcow2 +10G
Image resized.
```

执行 qemu-img info 命令，可以看到调整后的镜像 test.qcow2 的空间容量为 30 GB：

```
# qemu-img info test.qcow2
image: test.qcow2
file format: qcow2
virtual size: 30G (32212254720 bytes)
disk size: 3.5G
cluster_size: 65536
Format specific information:
    compat: 1.1
    lazy refcounts: false
```

也可以执行以下命令，直接指定修改后的镜像 test.qcow2 的空间容量：

```
# qemu-img resize test.qcow2 40G
Image resized.
```

执行 qemu-img info 命令，可以看到调整后的镜像 test.qcow2 的容量为指定的 40 GB：

```
# qemu-img info test.qcow2
image: test.qcow2
file format: qcow2
virtual size: 40G (42949672960 bytes)
disk size: 3.5G
cluster_size: 65536
Format specific information:
    compat: 1.1
    lazy refcounts: false
```

注意，已创建快照的 qcow2 格式镜像不允许修改空间容量，否则会报错，示例如下：

```
# qemu-img resize test.qcow2 +1G
qemu-img: Can't resize an image which has snapshots
qemu-img: This image does not support resize
```

对于这种情况，可先将快照删除，再修改镜像的空间容量大小。

2. 缩小镜像容量

qcow2 格式的镜像文件只能增大，不能缩小，否则会报错，示例如下：

```
# qemu-img resize test.qcow2 30G
qemu-img: qcow2 doesn't support shrinking images yet
qemu-img: This image does not support resize
```

但是，raw 格式的镜像文件可以缩小，具体操作步骤如下。

首先，执行 qemu-img info 命令，查看镜像 test.raw 的信息，结果如下：

```
# qemu-img info test.raw
image: test.raw
file format: raw
virtual size: 20G (21474836480 bytes)
disk size: 0
```

然后执行以下命令，将镜像 test.raw 的空间容量缩小到 10 GB：

```
# qemu-img resize test.raw 10G
Image resized.
```

执行 qemu-img info 命令，可以看到镜像 test.raw 的空间容量已缩小：

```
# qemu-img info test.raw
image: test.raw
```

```
file format: raw
virtual size: 10G (10737418240 bytes)
disk size: 0
```

注意，缩小镜像文件前，需要先在虚拟机内缩小文件系统和分区，以防丢失文件。

本 章 小 结

通过本章的学习，读者应当了解：

✧ KVM 支持 IDE、SATA、Virtio、Virtio-SCSI 四种硬盘类型，CentOS6.x 系统只支持 IDE 和 Virtio 硬盘，CentOS7.x 系统则增加了对 SATA 和 Virtio-SCSI 硬盘的支持。其中，IDE、SATA 是全虚拟化硬盘，Virtio、Virtio-SCSI 是半虚拟化硬盘。

✧ 虚拟机的硬盘接口可以配置的缓存模式主要有 writethrough、writeback、none、directsync 与 unsafe 等，如果没有指定，KVM 会使用默认的缓存模式。

✧ KVM 虚拟机镜像有两种存储方式：一种是存储在文件系统上，另一种是存储在裸设备上。存储在文件系统上的镜像支持多种格式，常用的如 raw、cloop、cow、qcow、qcow2 等；存储在裸设备上的数据由系统直接读取，没有文件系统格式。

✧ 使用后备镜像差量方式可以快速生成大量虚拟机，并节省硬盘空间。

✧ qemu-img 命令非常强大，可以用于创建镜像、转换镜像格式、创建镜像快照、加密镜像以及修改镜像大小等操作，需要牢记这条命令的使用方法。

本 章 练 习

1. 在 CentOS 6 和 CentOS 7 这两个版本的操作系统上，KVM 可以模拟哪几种类型的硬盘？各使用哪种虚拟化方式？

2. 有关缓存模式，下列说法错误的是_____。

   A. writethrough 模式下，系统是异步的，它使用宿主机的缓存，只有当宿主机接收到存储设备写入操作完成的通知后，宿主机才会通知虚拟机写入操作完成，即系统完成同步

   B. writeback 模式下，系统写入数据时并不使用宿主机的缓存，当虚拟机将数据写入宿主机缓存后，会立刻收到写入操作已完成的通知，但此时宿主机尚未将数据真正写入存储系统，而是要留待之后合适的时机再写入

   C. none 模式下，系统可以绕过宿主机的页面缓存，直接在虚拟机的用户空间缓存和宿主机的存储设备之间进行 I/O 操作

   D. unsafe 模式下，虚拟机发出的所有刷新指令都会被忽略，所以丢失数据的风险很大，但会带来性能的提高

3. 虚拟机硬盘的缓存模式有哪几种？各有什么特点？分别适用于哪些应用场景？
4. 哪种缓存模式支持在线迁移？除此之外的模式需要进行哪些操作才能支持在线迁移？
5. 常用的虚拟机镜像格式有哪些？各有什么特点？
6. 说出 qcow2 和 raw 两种镜像格式的不同点。
7. 创建 qcow2 格式和 raw 格式的镜像各一个，并分别输出详细信息。
8. 把一个 raw 格式的镜像转换为 qcow2 格式。
9. 给一个镜像文件创建快照，然后使用快照还原镜像。
10. 把一个 10 GB 的 qcow2 格式的镜像增大为 20 GB，能否再缩小为 10 GB？为什么？如果不能，什么样的镜像可以缩小？需要注意什么？

第7章　资源限制

本章目标

- 了解资源限制的特点和作用
- 了解子系统、层级等概念
- 掌握 Cgroups 的安装方法
- 掌握资源限制的相关命令
- 能使用限制资源的命令限制 CPU、内存、硬盘等资源

在虚拟化工作环境中，经常需要限制虚拟机使用的资源，从而避免资源的过度消耗，实现对计算资源的可控使用与合理分配。本章将介绍使用 Cgroups 限制虚拟机使用的 CPU、网络、硬盘资源的方法。

7.1 Cgroups 基础

Cgroups(Control Groups)是一种用来限制、记录、隔离进程组(Process Groups)所用物理资源(如：CPU、Memory、I/O 等)的机制，最初由 Google 的工程师提出，后来被整合进了 Linux 内核，目前是 Linux 系统的一种自带机制。

7.1.1 Cgroups 简介

在学习 Cgroups 之前，需要了解以下基础知识。

1．Cgroups 组成

Cgroups 由四部分组成：

(1) 任务(Task)：在 Cgroups 中，任务就是系统的一个进程。

(2) 控制组群(Control Group)：控制组群是一组按照某种标准划分的进程。在 Cgroups 中，资源控制都以控制组群为单位实现。一个进程可以加入到某个控制组群，也可以从一个进程组迁移到某个控制组群。一个进程组的进程可以使用 Cgroups 以控制组群为单位分配的资源，但同时也受到 Cgroups 以控制组群为单位设定的限制。

(3) 层级(Hierarchy)：控制组群可以组织为 Hierarchical 的形式，即控制组群树。控制组群树上的子节点控制组群被看做父节点控制组群的后代，会继承父节点控制组群的特定属性，如图 7-1 所示。

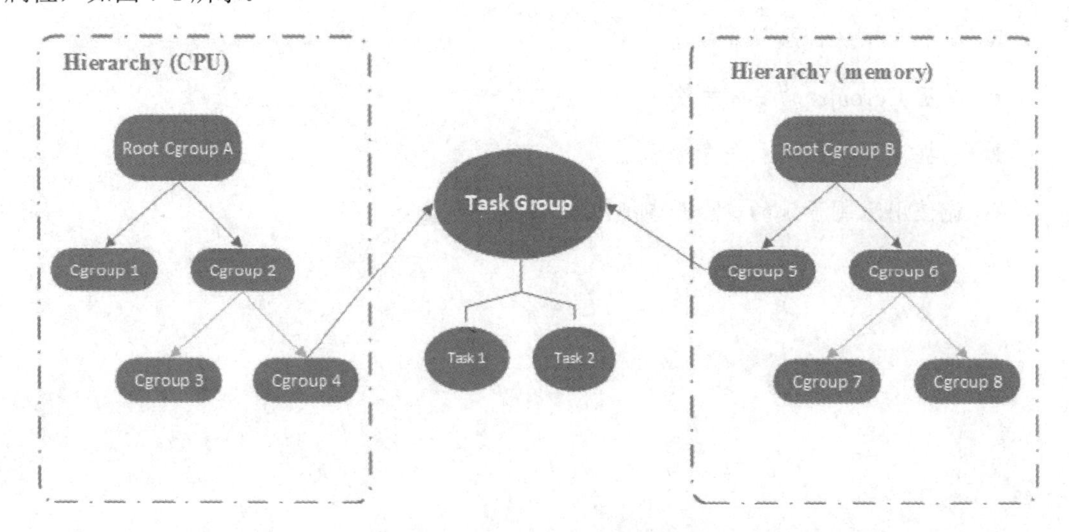

图 7-1　Cgroups 控制组群树

(4) 子系统(Subsystem)：子系统使用 Cgroups 的任务划分功能，将具备同一种指定属性的若干任务划分成一个组，用来实现对资源的控制，每个子系统都是一个资源控制器，可以控制特定的资源。子系统必须附加(attach)到一个层级上才能起作用，一个子系统附加到某个层级以后，这个层级上的所有控制组群都受到这个子系统的控制。

2．Cgroups 子系统

Cgroups 包含多个孤立的子系统，每个子系统独立控制一种资源，比如 CPU 子系统就是控制 CPU 时间资源分配的。目前，Linux 已默认支持 10 个 Cgroups 子系统，这些子系统各自的用途如下。

(1) blkio——块存储配额系统。这一子系统为每个块设备(如硬盘、固态硬盘、USB 等物理设备)设定输入/输出(I/O)限制，并提供了两种控制方式：基于权重和基于速度。

基于权重的方式就是为 Cgroups 的每个参数设置一个数值，然后根据该数值的不同来分配相应的 I/O。可通过参数 blkio.weight 或 blkio.weight_device 来控制 I/O 的速度，参数值的范围在 100～1000 之间，注意在同一个 Cgroups 中，上述参数只能存在一个。

基于速度的方式就是为每个 Cgroups 设置一个最大速度，然后限制该 Cgroups 中的进程 I/O 不能超过这个速度。

(2) cpu——CPU 时间分配限制系统。cpu 子系统的 Cgroups 目录下都有一个名为 cpu.shares 的文件，使用命令 cgset(下文会讲到这个命令)在其中写入 4 的整数倍数值，就可以控制该 Cgroups 获取的 CPU 使用时间。例如，在 Cgroups 中，两个都将 cpu.shares 设置为 256 的任务会获取相同长度的 CPU 使用时间；但如果其中一个任务将 cpu.shares 设置为 512，而另外一个任务将 cpu.shares 设置为 256，那么第一个任务可使用的 CPU 时间就将会是第二个任务的两倍。

(3) cpuacct——CPU 资源报告系统。该子系统会自动生成 Cgroups 中的任务(包括子组群中的任务)所消耗 CPU 资源的报告，其中的可用报告有三种，分别为：

✧ cpuacct.stat：报告 Cgroups 及其子组群中的任务消耗的 CPU 循环数。
✧ cpuacct.usage：报告 Cgroups 中的所有任务(包括层级中的低端任务)消耗的总 CPU 时间(单位：ns)。
✧ cpuacct.usage_percpu：报告 Cgroups 中的所有任务(包括层级中的低端任务)在每个 CPU 中消耗的 CPU 时间(单位：ns)。

(4) cpuset——CPU 绑定限制系统。该子系统为 Cgroups 中的任务分配独立的 CPU(多核系统)和内存节点。cpuset 有两个必选参数 cpuset.cpus 和 cpuset.mems，其中参数 cpuset.cpus 用于指定 Cgroups 可使用的 CPU，其值若为“0-2，5”，则代表编号分别为 0、1、2、5 的四个 CPU；参数 cpuset.mems 用于指定 Cgroups 可使用的内存节点，其值默认为空。

(5) devices——设备权限限制系统。该子系统可以允许或拒绝 Cgroups 中任务的设备访问请求。

(6) freezer——Cgroups 停止/恢复系统。该子系统用于停止或者恢复 Cgroups 中的任务，可能读出的值有三种，其中的两种为 frozen 和 thawed，分别代表任务已挂起和已恢复(正常运行)；另一种可能的值为 freezing，表示该 Cgroups 中有些任务目前不能被挂起，而当这些不能被挂起的任务从该 Cgroups 中消失的时候，freezing 就会变成挂起。

(7) memory——内存限制系统。该子系统可以设定 Cgroups 中任务的内存资源使用量，并自动生成任务的内存资源使用情况报告。memory 子系统是通过 Linux 的 Resource Counter 机制实现的，该机制是 Linux 内核为子系统提供的一种资源管理机制，可记录某类资源的当前使用量、最大使用量以及使用量上限等信息。其中，上限的设置使用参数 memory.limit_in_bytes 控制，若该参数值为−1，则表示不限制。

(8) perf_event——监测跟踪系统。该子系统可以监测属于某个特定 Cgroups 的所有线程。

(9) NameSpaces——命名空间子系统。该子系统是一个比较特殊的子系统，它没有自己的控制文件，也没有属于自己的状态信息，实际上，它提供的是一种对命名空间相同的进程进行聚类的机制，即将具有相同命名空间的进程放入相同的 Cgroups 中。

每一个子系统都需要与内核的其他模块配合，以完成对资源的限制。例如，对 CPU 资源的限制是进程调用模块根据 cpu 子系统的配置完成的；对内存资源的限制则是内存模块根据 memory 子系统的配置完成的；而对网络数据包的配置则需要 Traffic Control 子系统来配合完成，如图 7-2 所示。

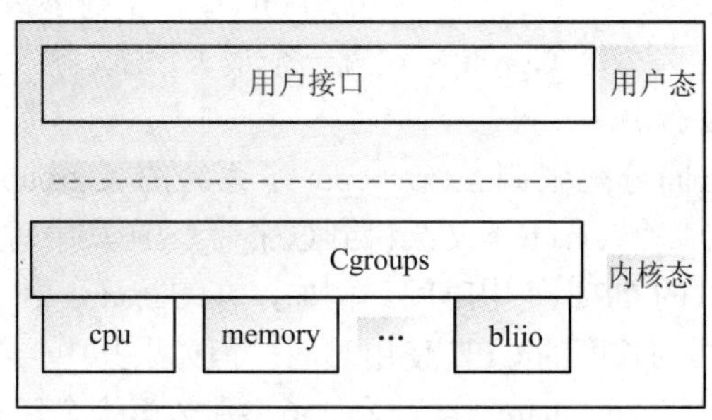

图 7-2　Cgroups 子系统层级示意

3. Cgroups 子系统、层级、控制组群和任务的关系

Cgroups 使用一些简单的规则来管理子系统、层级以及任务之间的关系，具体如下：

(1) 在系统中创建新层级时，该系统中的所有任务都是所在层级的默认 Cgroups(被称为 Root Cgroups，此 Cgroups 在创建层级时自动创建，之后在该层级中创建的所有 Cgroups 都是这个 Cgroups 的后代)的初始成员。

(2) 一个子系统最多只能附加到一个层级上，如图 7-3 所示。

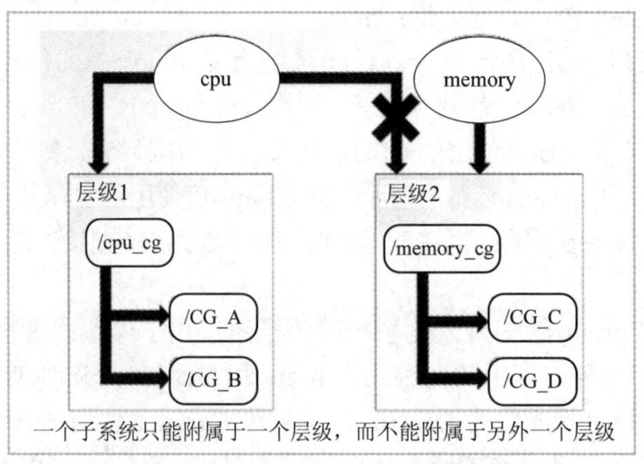

图 7-3　Cgroups 子系统与层级的关系

(3) 一个层级可以附加多个子系统，如图 7-4 所示。

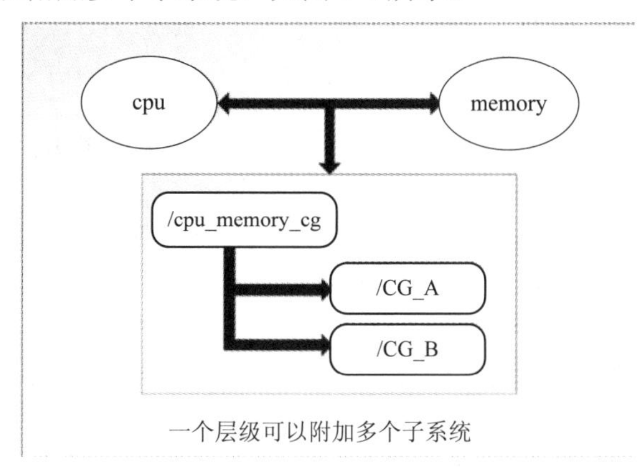

图 7-4　Cgroups 层级与子系统的关系

(4) 一个任务可以是多个 Cgroups 的成员，但这些 Cgroups 必须位于不同的层级，如图 7-5 所示。

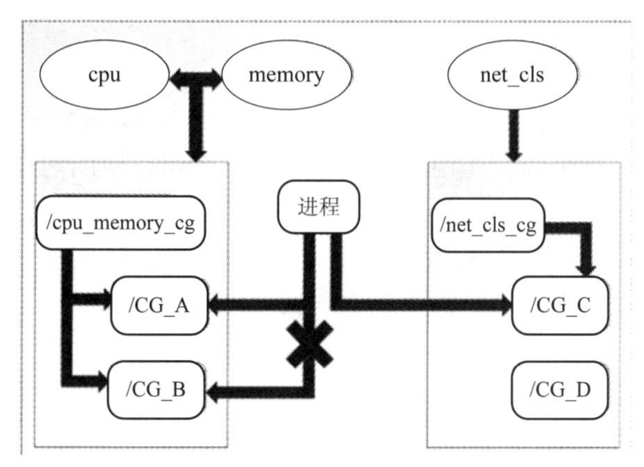

图 7-5　任务、Cgroups 与层级的关系

(5) 系统中的进程(任务)创建子进程(任务)时，该子任务自动成为其父进程所在 Cgroups 的成员，之后也可以根据需要将它移动到不同的 Cgroups 中，如图 7-6 所示。

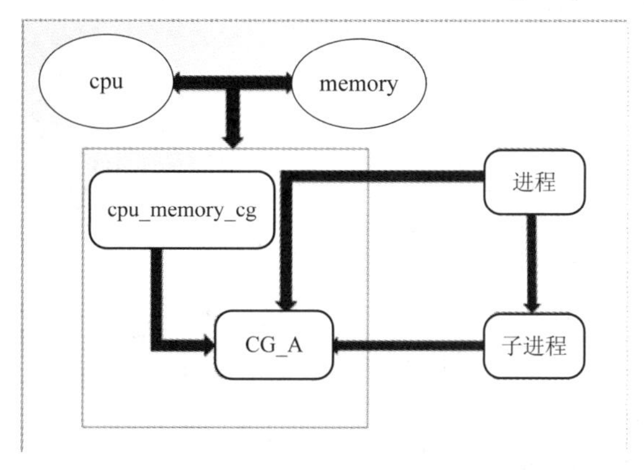

图 7-6　任务与 Cgroups 的关系

7.1.2 Cgroups 的特点

Cgroups 作为 Linux 内核提供的一种机制，具有以下特点：

(1) Cgroups 的 API 是以一个伪文件系统的方式实现的，即用户可以通过文件操作来实现 Cgroups 的资源管理功能。

(2) Cgroups 的组织管理操作单元可以细化到线程级别，用户也可以针对系统分配的资源自行创建和销毁 Cgroups，从而实现资源的再分配和管理。

(3) Cgroups 所有的资源管理功能都以“子系统”的方式实现。

(4) Cgroups 的子进程在创建之初与其父进程处于同一个 Cgroups 组群中。

7.1.3 Cgroups 的作用

Cgroups 最初的目标是为资源管理提供一个统一的框架，既对现有的子系统进行整合，也为未来的新子系统开发提供接口。

Cgroups 适用于多种场景，可以实现从单个进程到操作系统级虚拟化(OS Level Virtualization)的资源控制，主要作用如下：

(1) 限制某个进程组可以使用的资源数量(Resource Limiting)。例如，子系统 memory 可以为某个进程组设定一个内存使用上限，一旦该进程组使用的内存达到此上限，再申请内存时就会触发 OOM(Out Of Memory，即内存用尽)。

(2) 进程组的优先级控制(Prioritization)。通过分配的 CPU 时间片数量和硬盘的 I/O 带宽大小来控制进程运行的优先级。例如，子系统 CPU 可以为某个进程组分配特定的 CPU 资源使用比例。

(3) 记录进程组使用的资源数量(Accounting)。例如，可以使用子系统 cpuacct 记录某个进程组使用的 CPU 时间片数量。

(4) 进程组隔离(Isolation)。确保不同的进程组拥有各自的进程、网络、文件系统挂载空间。例如，使用子系统 ns 可以让不同的进程组使用不同的 namespace，以达到隔离的目的。

(5) 进程组控制(Control)。例如，使用子系统 freezer 可以将进程组挂起和恢复。

7.1.4 安装 Cgroups

在宿主机终端执行以下命令，检查系统是否已经安装 Cgroups：

```
# rpm -aq |grep libcgroup
```

若能输出以下内容，说明 Cgroups 已安装：

```
libcgroup-0.41-11.el7.x86_64
```

而如果未输出任何内容，则说明系统没有安装 Cgroups，需要在宿主机终端执行以下命令，安装组件 libcgroup 和 libcgroup-tools：

```
# yum install -y libcgroup libcgroup-tools
```

注意：在 CentOS 6 系统中，上述组件的默认安装路径为/cgroup；而在 CentOS 7 中，默认安装路径已变为/sys/fs/cgroup。

安装完成后，需要运行 cgconfig 服务来监控 Cgroups 功能的运行。执行以下命令，启动 cgconfig 服务，并查看其运行状态：

```
# systemctl start cgconfig
# systemctl enable cgconfig
# systemctl status cgconfig
```

如果输出如图 7-7 所示的信息，则表示安装成功。

```
● cgconfig.service - Control Group configuration service
   Loaded: loaded (/usr/lib/systemd/system/cgconfig.service; enabled
; vendor preset: disabled)
   Active: active (exited) since Tue 2017-06-06 23:11:34 PDT; 1min 1
3s ago
  Process: 375 ExecStart=/usr/sbin/cgconfigparser -l /etc/cgconfig.c
onf -L /etc/cgconfig.d -s 1664 (code=exited, status=0/SUCCESS)
 Main PID: 375 (code=exited, status=0/SUCCESS)
   Memory: 0B
   CGroup: /system.slice/cgconfig.service
```

图 7-7　查看 cgconfig 服务的状态

7.1.5　使用 Cgroups

在使用 Cgroups 之前，需要先检查各子系统和挂载点是否正常。

1．检查子系统和挂载点

在宿主机终端执行以下命令，查看系统中已存在的 Cgroups 子系统及其挂载点：

```
# lssubsys -am
```

输出结果如图 7-8 所示，表明系统中已存在的子系统都已经挂载到相应的挂载点。

```
[root@CentOS7-vm ~]# lssubsys -am
cpuset /sys/fs/cgroup/cpuset
cpu,cpuacct /sys/fs/cgroup/cpu,cpuacct
memory /sys/fs/cgroup/memory
devices /sys/fs/cgroup/devices
freezer /sys/fs/cgroup/freezer
net_cls,net_prio /sys/fs/cgroup/net_cls,net_prio
blkio /sys/fs/cgroup/blkio
perf_event /sys/fs/cgroup/perf_event
hugetlb /sys/fs/cgroup/hugetlb
pids /sys/fs/cgroup/pids
```

图 7-8　查看现有的 Cgroups 子系统及其挂载点

2．管理控制组群

可以在宿主机上使用以下几类命令，对控制组群进行创建、删除、设置等管理操作。

(1) 创建组群。执行以下命令，可以创建一个名称为“mytest”，并包括 cpu、memory、cpuset 三个子系统的控制组群：

```
# cgcreate -g cpu,memory,cpuset:/mytest
```

创建完成后，在子系统 memory、cpu、cpuset 的挂载路径/sys/fs/cgroup/memory/、/sys/fs/cgroup/cpu/、/sys/fs/cgroup/cpuset/中会各生成一个新的目录 mytest，即新创建的子系统 memory、cpu、cpuset 的子控制组群。

(2) 删除组群。执行以下命令，可以删除控制组群 mytest：

```
# cgdelete -r cpu,memory,cpuset:/mytest
```

注 意 控制组群被删除后，其挂载路径下相应的目录也会被删除。

(3) 设置参数。在 Cgroups 中使用子系统 cpuset，必须同时设置 cpuset.cpus、cpuset.mems 两个参数，且二者必须相互兼容，否则就会出错。参数 cpuset.mems 默认为空，一般将值设置为 0 即可；cpuset.cpus 设置的值不超过 CPU 的数量范围即可。

例如，执行 cgset 命令，可以设置控制组群 mytest 中子系统 cpuset 的参数：

```
# cgset -r cpuset.cpus=0-1 mytest
# cgset -r cpuset.mems=0 mytest
```

上述第一条命令设置控制组群 mytest 只能使用 cpu0 和 cpu1，那么如果虚拟机运行在这个控制组群上，这台虚拟机就只能使用 cpu0 和 cpu1；第二条命令设置控制组群 mytest 只能使用内存 0，那么如果虚拟机运行在这个控制组群上，这台虚拟机就只能使用内存 0。

设置完毕，执行 cat 命令，输出 Cgroups 相关配置文件内容，可以看到，设置已经写入了相应的文件：

```
# cat /sys/fs/cgroup/cpuset/mytest/cpuset.cpus
0-1
# cat /sys/fs/cgroup/cpuset/mytest/cpuset.mems
0
```

注 意 cpuset.cpus 设置值的范围取决于 CPU 的数量，如果设置值超出 CPU 的数量范围，设置就会失败。CPU 用 ID 号表示，值之间使用“,”分隔，如 0,1，也可以使用“-”表示范围，如 0-1。

(4) 将进程放入控制组群。设置好控制组群的参数后，可以按照下述步骤，把正在运行的进程放入指定的控制组群里。注意，进程放入控制组群前不要设置该控制组群的参数。

首先，使用 ps 命令，查找要放入控制组群的进程号，结果如下：

```
# ps -eflgrepsshd
root        5035        1   0 10:25 ?          00:00:00 /usr/sbin/sshd -D
```

由上述查询结果，得知进程号为 5035。

然后使用 cgclassify 命令，将查询到的进程号写入控制组群的 tasks 文件，就可以将该进程放入指定的控制组群中：

```
# cgclassify -g cpuset:mytest 5035
```

使用 cat 命令，可以看到 5035 进程号已写入了 tasks 文件中：

```
# cat /sys/fs/cgroup/cpuset/mytest/tasks
5035
```

注意　执行 cgclassify 命令前，最好先将参数 cpuset.cpus 和 cpuset.mems 设置完毕，否则执行命令时可能会出现“Error changing group of pid 5035: No space left on device”的错误。

(5) 在控制组群中启动进程。设置好控制组群的参数后，可以使用 cgexec 命令，直接在组群中启动并执行进程，该操作常用于执行临时的任务，示例如下：

```
# cgexec -g cpuset:mytest /usr/sbin/sshd -D
```

7.2　CPU 资源限制

可以使用 Cgroups 限制虚拟机对 CPU 资源的使用，既可以限制虚拟机使用的 CPU 内核，也可以限制虚拟机使用的 CPU 内核资源占比。

7.2.1　绑定 CPU

绑定 CPU 可以让虚拟机 CPU 专门使用某个物理 CPU 的资源，提高虚拟机性能。进行绑定 CPU 的操作，首先需要获取虚拟机的进程号，然后使用 cgclassify 命令，将这些进程放入已经分配好 CPU 的控制组群。

1．查找进程号

启动虚拟机后，在宿主机终端执行以下命令，查找虚拟机线程：

```
# ps -eLo pid, lwp, psr, args|grep qemu-kvm|grep -v grep|awk '{print $1,$2}'
```

其中，参数-e 表示显示所有进程；参数-L 表示显示线程信息；-o 表示使用用户定义格式打印信息(本例中只打印第一个字段和第二个字段的信息)；pid 表示输出进程的进程号；lwp 表示输出进程的线程号；psr 表示当前被分配给进程的处理器；args 表示输出产生线程的命令及全部参数；awk 用于打印出指定列字段的内容，如“$n”就表示打印第 n 列的字段。

输出结果如图 7-9 所示，第一列是各虚拟机的进程号，目前启动了两台虚拟机，因此进程号分别为 11907 和 12345；第二列是各虚拟机进程产生的线程号，进程 11907 产生的线程号为 11930 和 11931，进程 12345 产生的线程号为 12354 和 12355。同时，各进程和线程后面并未显示对应的 CPU。

```
11907 11907
11907 11930
11907 11931
12345 12345
12345 12354
12345 12355
```

图 7-9　绑定 CPU 前的虚拟机进程号与线程号

2．绑定 CPU

确定了各虚拟机的进程号及其对应的线程号后，就可以在宿主机上执行 cgclassify 命令，将进程号和线程号写入各自的控制组群：

```
# cgclassify -g cpuset:mytest1 11907 11930 11931
# cgclassify -g cpuset:mytest   12345 12354 12355
```

写入完毕，执行以下命令，查看各进程和线程对应的 CPU：

```
# ps -eLo pid, lwp, psr, args|grep qemu-kvm|grep -v grep|awk '{print $1,$2,$3}'
```

输出结果如图 7-10 所示，可以看到不同的虚拟机进程已开始使用绑定的 CPU。

```
11907 11907 0
11907 11930 0
11907 11931 0
12345 12345 1
12345 12354 1
12345 12355 1
```

图 7-10　绑定 CPU 后的虚拟机进程查询结果

7.2.2　分配 CPU 时间

可以给虚拟机分配所用的 CPU 时间比例，合理使用 CPU 资源。

首先，在宿主机终端执行 cgset 命令，给两台虚拟机分配同一个 CPU：

```
# cgset -r cpuset.cpus=1 mytest1
```

然后查看分配结果，命令如下：

```
# ps -eLo pid, lwp, psr, args|grep qemu-kvm | grep -v grep|awk '{print $1,$2,$3}'
```

可以看到，两台虚拟机都在使用 CPU1，如图 7-11 所示。

```
11907 11907 1
11907 11930 1
11907 11931 1
12345 12345 1
12345 12354 1
12345 12355 1
```

图 7-11　验证分配的 CPU

使用 cgset 命令，设置分配 CPU 时间的参数 cpu.shares。注意，该参数并非是进程能使用的绝对 CPU 时间，而是各个控制组群的 CPU 时间配额，默认值为 1024。

```
# cgset -r cpu.shares=512 mytest
# cgset -r cpu.shares=256 mytest1
```

上述命令将控制组群 mytest 的 cpu.shares 值设置为 512；控制组群 mytest1 的 cpu.shares 值设置为 256。则按此配置，系统内核会按照 2∶1 的比例为这两个组群分配 CPU 资源。

使用 VI 编辑器，在两台虚拟机上各创建一个脚本，内容如下：

```
x=0
while  [ True ];do
    x=$x+1
done;
```

保存脚本，然后在两台虚拟机上分别使用 sh 命令，运行这个脚本文件：

```
# sh limitcpu.sh
```

注意 运行脚本时可能出现“Permisson denied”(提示权限不足)的信息，此时需要先使用 ll 命令，查看该脚本的信息，然后再使用 chmod 命令进行授权，授权完成后，再执行脚本。

在宿主机的终端上使用 top 命令，即可以看到放入控制组群 mytest 的进程，该进程占用的 CPU 时间是放入控制组群 mytest1 的进程的两倍左右。

7.3　内存资源限制

对虚拟机使用的内存资源进行限制，可以避免因虚拟机程序过度消耗系统内存而造成系统反应迟钝或宕机。

首先在宿主机上使用 VI 编辑器，创建一个不断消耗内存的脚本 mem.sh，在其中写入以下内容：

```
x="a"
while  [ True ];do
   x=$x$x
done;
```

然后在宿主机终端执行以下命令，创建一个名为 mytest 的控制组群：

```
# cgcreate -g memory:/mytest
```

接着执行以下命令，限制控制组群 mytest 可以使用的内存为 100 MB：

```
# cgset -r memory.limit_in_bytes=104857600 mytest
```

最后执行以下命令，在控制组群 mytest 内启动脚本 mem.sh：

```
# cgexec -g memory:mytest /root/mem.sh
```

注意，在运行脚本 mem.sh 前，可以单独启动一个终端，在终端使用 top 命令，观察控制组群 mytest 的内存使用情况。脚本 mem.sh 运行过程中，可随时调整 memory.limit_in_bytes 的数值，以调整控制组群 mytest 使用的内存容量。

7.4 硬盘资源限制

可以对虚拟机的硬盘 I/O 访问速度进行限制，以合理使用有限的系统存储资源。

在宿主机终端执行以下命令，创建一个用于限制宿主机硬盘 I/O 的控制组群 mytest：

```
# cgcreate -g blkio:/mytest
```

之后执行以下命令，运行一个不断读写硬盘的进程：

```
# dd if=/dev/sda of=/dev/null &
[1] 36358
```

可以看到，该进程的进程号为 36358。

执行 iotop 命令，查看硬盘的 I/O 速度，显示当前的 I/O 速度值为 710 MB/s 左右，结果如图 7-12 所示。

```
Total DISK READ :      710.08 M/s | Total DISK WRITE :        0.00 B/s
Actual DISK READ:      710.08 M/s | Actual DISK WRITE:      437.56 K/s
  TID  PRIO  USER     DISK READ  DISK WRITE  SWAPIN     IO>    COMMAND
36358 be/4 root      710.08 M/s    0.00 B/s  0.00 %  0.00 % dd if=/de~/dev/null
    1 be/4 root        0.00 B/s    0.00 B/s  0.00 %  0.00 % systemd --ialize 21
    2 be/4 root        0.00 B/s    0.00 B/s  0.00 %  0.00 % [kthreadd]
```

图 7-12　限速前的硬盘 I/O

注意，如果系统提示没有 iotop 命令，则需要使用以下命令安装：

```
# yum install -y iotop
```

然后执行以下命令，把限制速度的数据写入相关文件：

```
# echo  '8:0 10485760'  >/sys/fs/cgroup/blkio/mytest/blkio.throttle.read_bps_device
```

该命令中，blkio.throttle.read_bps_device 文件内容为限制设备读取速度的参数值。“8:0 10485760”表示指定设备每秒读取数据的最大速度为 10 MB/s，其中 8 表示主设备号，0 表示副设备号，对应测试用硬盘上的文件系统。

注意　需要解除这一速度限制的话，将'8:00'写入到 blkio.throttle.read_bps_device 即可。

执行以下命令，把进程 dd 的进程号 36358 放入控制组群 mytest 中：

```
# cgclassify -g blkio:mytest 36358
```

执行 iotop 命令，可以看到硬盘读取速度已经降到了限速 10 MB/s 以下，如图 7-13 所示。

```
Total DISK READ :        3.93 M/s | Total DISK WRITE :        0.00 B/s
Actual DISK READ:        3.93 M/s | Actual DISK WRITE:        0.00 B/s
  TID  PRIO  USER     DISK READ  DISK WRITE  SWAPIN     IO>    COMMAND
36358 be/4 root        3.81 M/s    0.00 B/s  0.00 % 97.94 % dd if=/de~/dev/null
  614 be/4 root      118.26 K/s    0.00 B/s  0.00 %  1.46 % NetworkMa~no-daemon
  227 be/4 root        0.00 B/s    0.00 B/s  0.00 %  0.03 % [kworker/0:3]
```

图 7-13　限速后的硬盘 I/O

最新更新

本 章 小 结

通过本章的学习，读者应当了解：

✧ Cgroups 是 Linux 内核提供的一种限制、记录、隔离进程组所用物理资源的机制。

✧ Cgroups 适用于多种场景，可以实现从单个进程到操作系统层次的虚拟化的资源控制。

✧ 使用 Cgroups，可以限制虚拟机使用的 CPU 资源，既可以限制虚拟机使用哪个 CPU 内核，也可以限制虚拟机使用的 CPU 内核资源占比。

✧ 使用内存限制技术，合理地动态分配系统内存，可以有效提高内存的利用率。

✧ 限制硬盘资源，可以在硬盘 I/O 资源有限的情况下，将更多的资源分配给 I/O 更频繁的虚拟机或者进程，从而提高系统的效率。

本 章 练 习

1. 简述 Cgroups 的特点和作用。

2. 有关 Cgroups 的特点，下列说法错误的是_____。

   A. Cgroups 的 API 是以一个伪文件系统的方式实现的，即用户可以通过文件操作来实现 Cgroups 的组织管理功能

   B. Cgroups 的组织管理操作单元可以细化到线程级别，用户也可以针对系统分配的资源自行创建和销毁 Cgroups，从而实现资源的再分配和管理

   C. Cgroups 所有的资源管理功能都以子系统的方式实现

   D. Cgroups 的子进程在创建之初与其父进程处于不同的 Cgroups 控制组群中

3. 有关 Cgroups 的作用，下列说法正确的是_____。

   A. 限制进程组可以使用的资源数量(Resource Limiting)

   B. 控制进程组的优先级(Prioritization)

   C. 记录进程组使用的资源数量(Accounting)

   D. 进程组隔离(Isolation)

   E. 进程组控制(Control)

4. 简述 Cgroups 中的子系统与层级的概念。

5. 有关 Cgroups 的概念，下列说法错误的是_____。

   A. 在 Cgroups 中，任务就是系统的一个进程

   B. 控制组群就是一组按照某种标准划分的进程

   C. 控制组群树上的子节点控制组群被看做父节点控制组群的后代，继承父节点控制组群的特定属性

   D. 每个子系统都是一个资源控制器，子系统不必附加到某一个层级上就能起作用

6．有关 cpuacct 子系统，下列说法错误的是______。

A. 该子系统是 CPU 资源报告系统，会自动生成 Cgroups 中任务(包括子控制组群中的任务)所消耗的 CPU 资源的报告

B. cpuacct.stat 报告 Cgroups 中的所有任务(包括层级中的低端任务)消耗的总 CPU 时间(单位：ns)

C. cpuacct.usage 报告 Cgroups 及其子控制组群中的任务消耗的 CPU 资源

D. cpuacct.usage_percpu 报告 Cgroups 中的所有任务(包括层级中的低端任务)在每个 CPU 中消耗的 CPU 时间(单位：ns)

7．在一台启动了两台虚拟机的宿主机上，将一半的 CPU 分配给第一台虚拟机，另外一半 CPU 分配给另外一台虚拟机，并输出分配结果。

8．在一台启动了两台虚拟机的宿主机上，限制一台虚拟机可以使用的 CPU 时间是另外一台虚拟机的两倍。

9．在虚拟机上运行一个不断消耗内存的脚本，然后将这台虚拟机可以使用的内存限制在某个特定值以下，如 1 GB、512 MB 等。

10．在虚拟机上不断将数据写入硬盘，并限制写入速度为某个特定的值，如 50 MB/s。

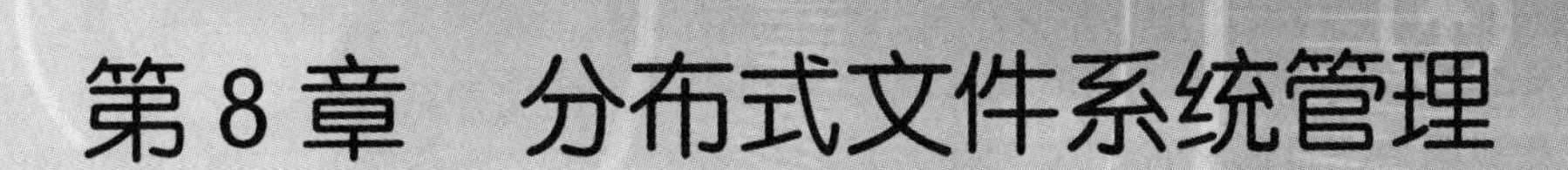

第 8 章　分布式文件系统管理

本章目标

■ 了解分布式文件系统

■ 了解 GlusterFS、MooseFS、Ceph 三种文件系统的特点

■ 了解 GlusterFS 各种卷的特点和配置方法

■ 了解三种文件系统的安装方法

■ 了解三种文件系统的部署方法

■ 了解三种文件系统的异同

分布式文件系统(Distributed File System)是指文件系统管理的物理存储资源不一定直接与本地节点相连，而是通过计算机网络连接到远程节点上。

本章将介绍目前常用的 GlusterFS、MooseFS、Ceph 三种分布式文件系统的使用方法。

8.1 GlusterFS 文件系统

GlusterFS(GNU Cluster File System，基于 GNU 协议的集群文件系统)是一款全对称的开源分布式文件系统，“全对称”的意思是没有中心节点，所有节点都是平等的。

8.1.1 GlusterFS 相关概念

使用 GlusterFS，首先需要了解以下概念：

- ✧ Brick：GlusterFS 的基本单元，展现为节点目录。
- ✧ 卷：多个 Brick 的逻辑组合。
- ✧ Metadata：元数据，用于描述文件、目录的信息。
- ✧ FUSE：全名 Filesystem in Userspace，用户空间内的文件系统。
- ✧ 服务器节点：存储数据的服务器。
- ✧ 客户端：使用存储服务的节点。客户端和服务器节点可以同时位于同一服务器上，也可以分布在多个服务器上。
- ✧ glusterd：GlusterFS 服务，需要在所有的存储节点上运行。

8.1.2 GlusterFS 的卷类型

GlusterFS 支持多种类型的卷，主要有以下几种。

1. 分布卷

分布卷也称为哈希卷，即将文件使用哈希算法随机存储在多个 Brick 上。哈希卷适合存储大量的小文件，读写性能好，但如果某个服务器或者某块硬盘发生故障，会导致存储在这台服务器或者这块硬盘上的数据丢失。

2. 复制卷

复制卷将文件的副本存储在多个 Brick 上，适合数据安全要求高的业务，但占用资源较多。

3. 条带卷

条带卷将文件划分为条带存储在多个 Brick 上，适合存储大文件，但会降低文件的安全性，如果某个 Brick 发生故障，就会造成存储在上面的数据丢失。

4. 分布式条带卷

分布式条带卷将文件存储在一个集群里，首先使用哈希算法将文件随机分布，然后再

将其划分为条带存储到多个 Brick 上。分布式条带卷读写性能高，适合高并发性的应用，但是没有冗余，数据安全性低。

5. 分布式复制卷

分布式复制卷将文件分布存储在多个节点上，并在多个 Brick 上保存文件副本，适合对数据可靠性要求高的应用，但会占用大量的存储空间，影响写入速度。

6. 分布式条带复制卷

分布式条带复制卷在分布式条带卷的基础上，将文件复制多份保存，提高了数据的安全性和读取性能，但写入数据的工作量较大。

7. 条带复制卷

条带复制卷将存储的文件划分为条带，并复制多份保存，适合超大文件的存储，可以提高文件的可靠性，但会占用较多的存储空间。

8. 分散卷

分散卷基于纠错码将文件分布到多个 Brick 上存储。分散卷适用于既要求高可靠性又对存储空间较为敏感的业务，但需要消耗部分资源进行验证，会降低部分性能。

在创建分散卷的时候，需要所有 Brick 的容量一致，否则，当容量最小的 Brick 写满后，整个卷都将不能写入数据。

因为有用作冗余空间的 Brick，因此分散卷的可用空间容量小于 Brick 容量的总和，计算方法如下：

分散卷可用空间容量=Brick 容量×(Brick 数量−冗余数量)

例如：如果一个分散卷有 5 个 Brick，其中一个 Brick 被用作冗余空间，则存储空间的容量是 4 个 Brick 的容量之和。

9. 分布分散卷

分布分散卷将文件分布存储在多个节点上，并设置冗余空间，适合对存储空间和冗余空间都敏感的项目，但要消耗较多的计算资源进行验证。

8.1.3 GlusterFS 安装环境配置

本实验在 CentOS 7.3 系统的虚拟机上安装 GlusterFS 软件，主要包括以下步骤：创建并配置虚拟机，安装相关组件，配置文件系统需要的 Brick，最后进行各种卷的创建。

1. 实验环境搭建

本实验使用两台宿主机，在每一台宿主机上各创建两台虚拟机，如表 8-1 所示。

表 8-1　GlusterFS 实验主机分配表

角色	主机名	IP 地址	角色	主机名	IP 地址
宿主机	CentOS60	192.168.1.60	虚拟机	vm1	192.168.1.240
				vm2	192.168.1.242
宿主机	CentOS243	192.168.1.243	虚拟机	vm3	192.168.1.246
				vm4	192.168.1.248

2. 配置网桥

在两台宿主机终端上分别执行以下命令，添加网桥：

```
# virsh iface-bridge eth0 br0
```

其中，“eth0”是宿主机的实体网卡名称，可以根据所用宿主机的实际网卡名称进行调整；“br0”是添加的网桥名称，也可以自行重命名。添加完毕，重启宿主机，使配置生效。

在宿主机上运行 virt-manager，进入虚拟机管理窗口，单击菜单栏中的【View】/【Detail】命令，然后在窗口左侧列表中选择 NIC 项目(即网卡)，再在右侧的【Network source】下拉菜单中选择刚才添加的网桥 br0，并将【Device model】项设置为“virtio”模式，然后单击【Apply】按钮，启动虚拟机，如图 8-1 所示。

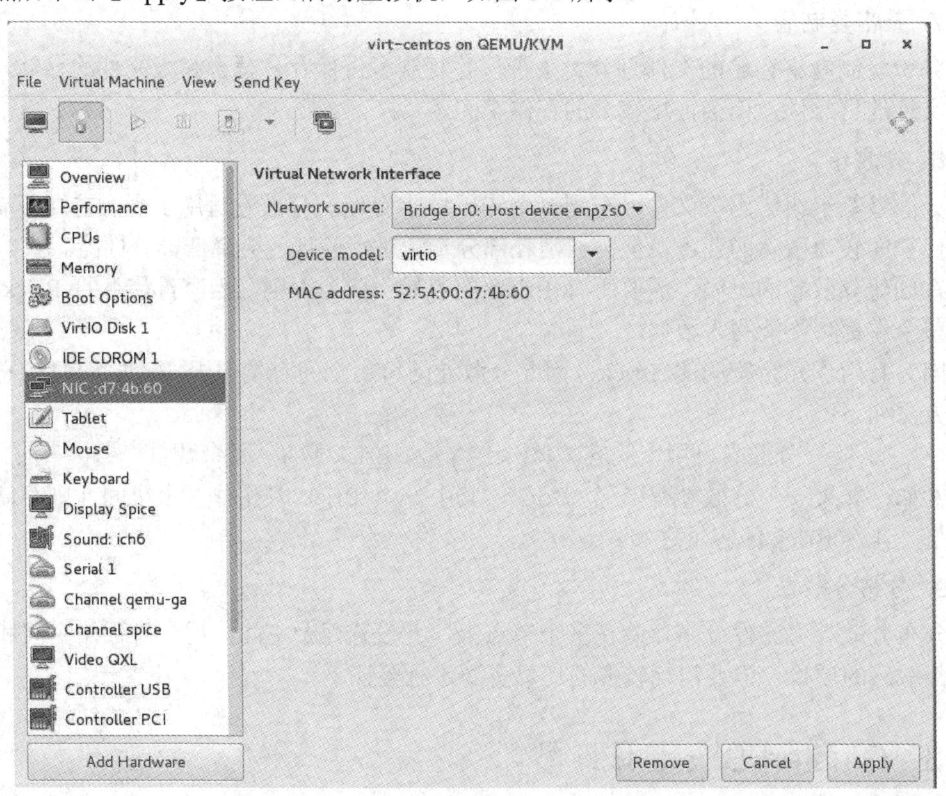

图 8-1　配置虚拟机网卡

进入虚拟机系统后，参考 2.1.4 节相关内容，给网卡配置相应的 IP 地址。

3. 配置虚拟机

使用 VI 编辑器，编辑每台虚拟机的/etc/hostname 文件，在其中写入本机的主机名。例如：虚拟机的主机名为 vm1，则在这个文件中写入“vm1”即可。然后编辑每台虚拟机的/etc/hosts 文件，在文件末尾写入以下内容：

```
192.168.1.240 vm1
192.168.1.242 vm2
192.168.1.246 vm3
192.168.1.248 vm4
```

上述信息添加完毕后，依次重启 4 台虚拟机，应用新配置，就可以直接使用主机名访问虚拟机，而无需再输入 IP 地址。

4. 关闭虚拟机防火墙

在每台虚拟机终端上使用以下命令，检查所有虚拟机的防火墙状态：

```
# systemctl status firewalld.service
```

如输出结果中含有“Active:active(running)”字样的信息，则表示防火墙为开启状态。

在每台虚拟机终端上执行以下命令，可以将防火墙关闭并禁止开机启动防火墙：

```
# systemctl stop firewalld.service
# systemctl disable firewalld.service
```

5. 安装 epel 源

在每台虚拟机终端上使用以下命令，安装 epel 源，用于后续 GlusterFS 软件的安装：

```
# yum install -y epel-release
```

安装成功后，会在路径/etc/yum.repos.d 下生成一个名为 epel.repo 的文件。

6. 安装 GlusterFS 组件

完成 epel 源的配置后，还需要再配置 GlusterFS 的安装源，然后安装 GlusterFS 所需的相关组件，操作步骤如下：

(1) 配置安装源。在每台虚拟机终端上执行以下命令，进入目录/etc/yum.repos.d：

```
# cd /etc/yum.repos.d
```

使用 VI 编辑器，在该目录下创建源文件 glusterfs.repo，并写入以下内容：

```
[glusterfs-epel]
name=GlusterFS is a clustered file-system capable of scaling to several petabytes.
baseurl=https://buildlogs.centos.org/centos/7/storage/x86_64/gluster-3.10/
enabled=1
skip_if_unavailable=1
gpgcheck=0
```

(2) 在每台虚拟机终端上执行以下命令，安装 glusterfs、glusterfs-fuse 与 glusterfs-server 组件：

```
# yum install -y glusterfs glusterfs-fuse glusterfs-server
```

(3) 安装完毕，在每台虚拟机终端上执行以下命令，启动 glusterd 服务：

```
# systemctl start glusterd
```

服务正常启动的界面如图 8-2 所示。

```
● glusterd.service - GlusterFS, a clustered file-system server
   Loaded: loaded (/usr/lib/systemd/system/glusterd.service; enabled; vendor prese
t: disabled)
   Active: active (running) since Wed 2017-08-16 10:21:05 CST; 2min 6s ago
  Process: 926 ExecStart=/usr/sbin/glusterd -p /var/run/glusterd.pid --log-level $
LOG_LEVEL $GLUSTERD_OPTIONS (code=exited, status=0/SUCCESS)
 Main PID: 960 (glusterd)
   CGroup: /system.slice/glusterd.service
           └─960 /usr/sbin/glusterd -p /var/run/glusterd.pid --log-level INFO...
```

图 8-2　glusterd 服务启动

注意，在虚拟机终端执行以下命令，可使 glusterd 服务在系统重新启动时自动执行：

```
# systemctl enable glusterd
```

7．管理节点

对节点的管理包括添加、删除等操作。

首先，执行 gluster peer probe 命令，给集群添加一个节点 vm2，该命令可以在任何一个节点上执行：

```
# gluster peer probe vm2
peer probe：success
```

如输出结果中出现代码“peer probe:success”，表明节点添加成功。

注 意 执行上述命令时，如提示“peer probe: failed: Probe returned with Transport endpoint is not connected.”信息，即表明添加节点失败，此时应进行以下处理：①检查两台虚拟机上的 glusterd 服务是否都处在运行状态；②使用 ping 方式查看两台虚拟机的网络是否连接；③检查两台虚拟机的防火墙是否关闭；④重新执行上述命令。

节点添加完毕后，可在任意虚拟机终端上执行以下命令，查看新添加节点的状态：

```
# gluster peer status
```

该命令可以显示除命令执行节点以外的所有节点，以在 vm1 节点终端上执行该命令为例，查看结果如图 8-3 所示。

```
[root@vm1 ~]# gluster peer status
Number of Peers: 3

Hostname: vm2
Uuid: 8afa0963-b51a-4d3b-b5e9-2dadf1e29d45
State: Peer in Cluster (Connected)

Hostname: vm3
Uuid: 8236d5b7-e6e8-485d-8b7b-218f1f4f5ccc
State: Peer in Cluster (Connected)

Hostname: vm4
Uuid: 24471923-a187-4cb8-8c83-bcb075578cf1
State: Peer in Cluster (Connected)
```

图 8-3　查看节点状态

在任意虚拟机终端上执行以下命令，可以删除已存在的节点：

```
# gluster peer detach vm4
peer detach:success
```

8.1.4　GlusterFS 文件系统管理

节点添加完毕后，接下来给虚拟机添加硬盘并创建文件系统。用户可以根据需要，选择最适合自己的 GlusterFS 卷类型。

1．给虚拟机添加硬盘

创建文件系统前，需要先给虚拟机添加虚拟硬盘，操作步骤如下：

(1) 在 virt-manager 的虚拟机管理窗口中，单击【Add Hardware】按钮，给每台虚拟机添加 3 个 2 GB 大小的硬盘，如图 8-4 所示。

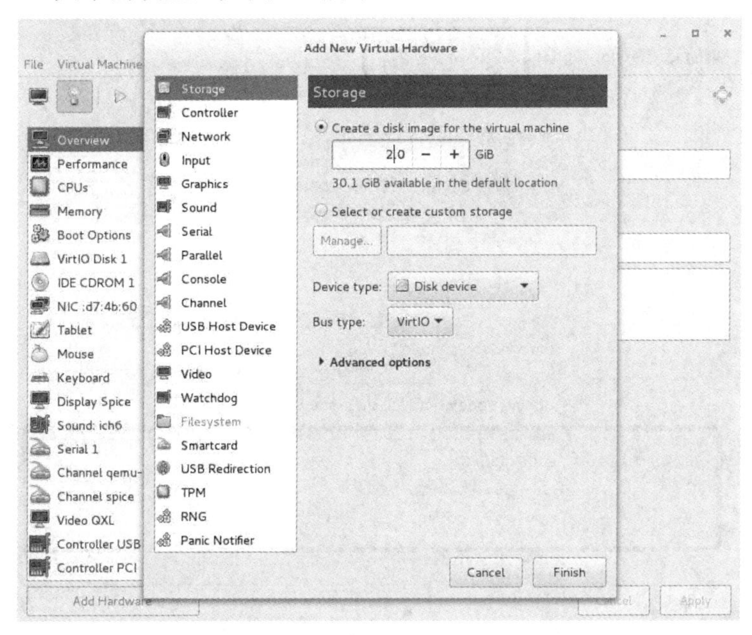

图 8-4　给虚拟机添加虚拟硬盘

添加完成后，可以在虚拟机的/dev 路径下看到 3 个新增的硬盘 vdb、vdc 与 vdd。

(2) 进入虚拟机 Linux 操作系统，单击桌面左上角的【Applications】/【Utilities】/【Disks】命令，在弹出窗口左侧的列表中选择新添加的硬盘，然后在窗口右侧出现的【Volumes】栏目中单击齿轮状图标，在弹出菜单中选择【Format】命令，格式化新添加的虚拟硬盘，如图 8-5 所示。

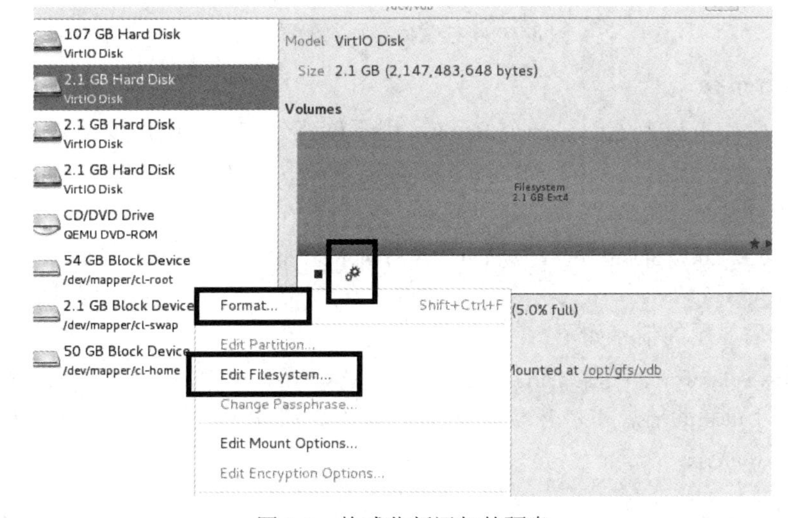

图 8-5　格式化新添加的硬盘

(3) 单击图 8-5 所示菜单中的【Edit Mount Options】(挂载选项)命令，在弹出的对话框【Mount Options】中，将【Automatic Mount Option】(自动挂载)设置为“OFF”。由于本次实验的挂载路径为/opt/gfs，因此如需挂载硬盘 vdb，则将【Mount Point】(挂载路径)设置为/opt/gfs/vdb，其他选项保持默认即可，如图 8-6 所示。

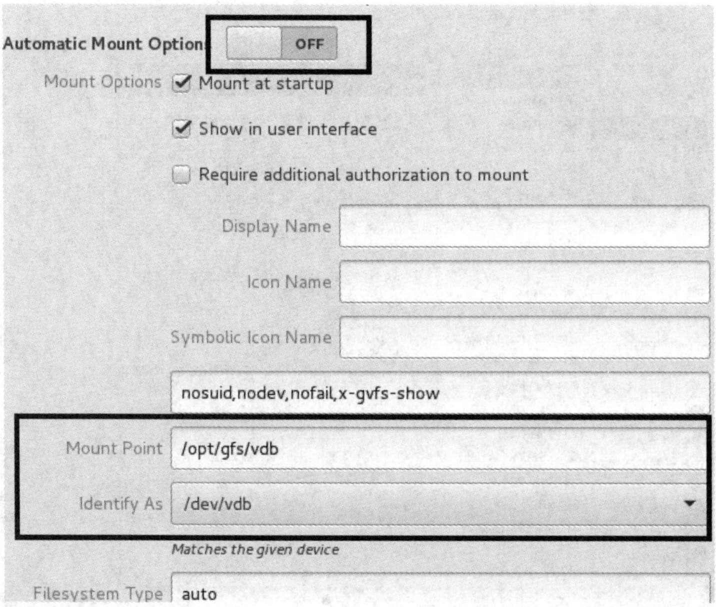

图 8-6　编辑挂载点

(4) 设置完毕后，将挂载信息写入虚拟机的挂载点配置文件/etc/fstab，确保虚拟机重新启动后会自动挂载这些虚拟硬盘上的文件系统，需要写入的信息如图 8-7 所示。

```
/dev/vdb /opt/gfs/vdb auto nosuid,nodev,nofail,x-gvfs-show 0 0
/dev/vdc /opt/gfs/vdc auto nosuid,nodev,nofail,x-gvfs-show 0 0
/dev/vdd /opt/gfs/vdd auto nosuid,nodev,nofail,x-gvfs-show 0 0
```

图 8-7　将挂载信息写入配置文件

2. 创建分布卷

下面在 4 台虚拟机上各创建一个 Brick，用于创建分布卷，操作步骤如下：

(1) 创建卷。在虚拟机 vm1 的终端上执行以下命令，创建卷，如果不指定新建卷的类型，则默认为创建分布卷：

```
# gluster volume create dis-vol vm1:/opt/gfs/vdb/dis vm2:/opt/gfs/vdb/dis vm3:/opt/gfs/vdb/dis
vm4:/opt/gfs/vdb/dis
```

创建成功后显示的信息如下：

```
volume create: dis-vol: success: please start the volume to access data
```

(2) 查看分布卷的信息和状态。在虚拟机 vm1 的终端上执行以下命令，可以查看现有分布卷的信息和状态：

```
# gluster volume info
# gluster volume status
```

输出信息如图 8-8 所示，显示分布卷 dis-vol 已经创建成功，但并没有启动。

```
[root@vm1 ~]# gluster volume info

Volume Name: dis-vol
Type: Distribute
Volume ID: 68dfff17-3f1b-491b-b036-8d355f9f935e
Status: Created
Snapshot Count: 0
Number of Bricks: 4
Transport-type: tcp
Bricks:
Brick1: vm1:/opt/gfs/vdb/dis
Brick2: vm2:/opt/gfs/vdb/dis
Brick3: vm3:/opt/gfs/vdb/dis
Brick4: vm4:/opt/gfs/vdb/dis
Options Reconfigured:
transport.address-family: inet
nfs.disable: on
[root@vm1 ~]# gluster volume status
Volume dis-vol is not started
```

图 8-8　查看分布卷的信息和状态

继续执行以下命令，可以启动已创建的分布卷 dis-vol：

```
# gluster volume start dis-vol
volume start: dis-vol: success
```

若出现提示信息"dis-vol: success"，表明该分布卷启动成功。

然后执行以下命令，可以查看该分布卷的运行状态：

```
# gluster volume status
```

输出信息如图 8-9 所示，若【Online】列信息为"Y"，则表明分布卷运行状态正常。

```
[root@vm1 ~]# gluster volume status
Status of volume: dis-vol
Gluster process                             TCP Port  RDMA Port  Online  Pid
------------------------------------------------------------------------------
Brick vm1:/opt/gfs/vdb/dis                  49152     0          Y       14758
Brick vm2:/opt/gfs/vdb/dis                  49152     0          Y       14728
Brick vm3:/opt/gfs/vdb/dis                  49152     0          Y       15925
Brick vm4:/opt/gfs/vdb/dis                  49152     0          Y       16313

Task Status of Volume dis-vol
------------------------------------------------------------------------------
There are no active volume tasks
```

图 8-9　查看分布卷运行状态

3. 挂载分布卷

在挂载分布卷之前，需要先创建挂载点。选择 4 台虚拟机中的任意一台作为客户端，在其根目录下创建挂载点。本例以虚拟机 vm1 为例，在其根目录下创建目录 gfs-dis 作为挂载点，然后在其终端上执行以下命令，挂载分布卷：

```
# mount -t glusterfs vm1:/dis-vol /gfs-dis
```

输出结果如图 8-10 所示，可见分布卷已被挂载到虚拟机 vm1 的/gfs-dis 路径下。

```
[root@vm1 /]# df -h
Filesystem            Size  Used Avail Use% Mounted on
/dev/mapper/cl-root    50G  4.4G   46G   9% /
devtmpfs              482M     0  482M   0% /dev
tmpfs                 497M  228K  497M   1% /dev/shm
tmpfs                 497M   14M  484M   3% /run
tmpfs                 497M     0  497M   0% /sys/fs/cgroup
/dev/vdd              2.0G  6.0M  1.8G   1% /opt/gfs/vdd
/dev/vdc              2.0G  6.0M  1.8G   1% /opt/gfs/vdc
/dev/vdb              2.0G  6.2M  1.8G   1% /opt/gfs/vdb
/dev/vda1            1014M  227M  788M  23% /boot
/dev/mapper/cl-home    47G   38M   47G   1% /home
tmpfs                 100M   16K  100M   1% /run/user/0
tmpfs                 100M   20K  100M   1% /run/user/42
vm1:/dis-vol          7.7G   25M  7.2G   1% /gfs-dis
```

图 8-10　分布卷挂载成功

如果需要永久挂载该分布卷，则要在虚拟机 vm1 的/etc/fstab 文件中写入以下信息：

```
vm1:/dis-vol   /gfs-dis     glusterfs          defaults, _netdev 0 0
```

这样每次重启系统时，分布卷 dis-vol 都会自动挂载，也可以将这一行信息写入每个节点上的/etc/fstab 文件中，每个节点就都可以使用这个分布卷。

4．删除分布卷

删除分布卷之前，需要先停止它的运行。

在虚拟机 vm1 的终端上执行以下命令，停止分布卷 dis-vol：

```
# gluster volume stop dis-vol
```

执行结果如图 8-11 所示，显示分布卷 dis-vol 已停止运行。

```
[root@vm1 /]# gluster volume stop dis-vol
Stopping volume will make its data inaccessible. Do you want to continue? (y/n)
y
volume stop: dis-vol: success
```

图 8-11　停止分布卷

然后执行以下命令，删除这个分布卷：

```
# gluster volume delete dis-vol
```

执行结果如图 8-12 所示，显示分布卷 dis-vol 已删除成功。

```
[root@vm1 /]# gluster volume delete dis-vol
Deleting volume will erase all information about the volume. Do you want to cont
inue? (y/n) y
volume delete: dis-vol: success
```

图 8-12　删除分布卷

GlusterFS 其他类型卷的挂载及删除方法与分布卷基本相同，同类操作后面不再赘述。

5．创建复制卷

在虚拟机 vm1 终端上执行以下命令，在 vm1、vm2 和 vm3 节点上各选取一个 Brick，创建复制卷：

```
# gluster volume create rep-vol replica 3 vm1:/opt/gfs/vdb/rep vm2:/opt/gfs/vdb/rep vm3:/opt/gfs/vdb/rep
volume create: rep-vol: success: please start the volume to access data
```

其中，参数 replica 用于指定复制卷复制文件的份数，该份数要与 Brick 的数量相等，因此本例中设置为 3。

创建成功后的信息如图 8-13 所示。

```
[root@vm1 ~]# gluster volume info

Volume Name: rep-vol
Type: Replicate
Volume ID: 3ee1d90b-39f5-48ed-8140-5a6c6032ccef
Status: Created
Snapshot Count: 0
Number of Bricks: 1 x 3 = 3
Transport-type: tcp
Bricks:
Brick1: vm1:/opt/gfs/vdb/rep
Brick2: vm2:/opt/gfs/vdb/rep
Brick3: vm3:/opt/gfs/vdb/rep
Options Reconfigured:
transport.address-family: inet
nfs.disable: on
```

图 8-13　复制卷信息

6. 创建条带卷

在虚拟机 vm1 的终端上执行以下命令，以 4 个节点的/gfs/vdb 目录下挂载的文件系统作为 Brick，创建条带卷：

```
# gluster volume create str-vol stripe 4 vm1:/opt/gfs/vdb/str vm2:/opt/gfs/vdb/str vm3:/opt/gfs/vdb/str
vm4:/opt/gfs/vdb/str
volume create: str-vol: success: please start the volume to access data
```

其中，参数 stripe 用来指定条带的数量，本例中为 4。

创建成功后的信息如图 8-14 所示。

```
[root@vm1 vdb]# gluster volume info

Volume Name: str-vol
Type: Stripe
Volume ID: b0639c91-eff9-4ce0-ab69-e2f3a14fed9d
Status: Created
Snapshot Count: 0
Number of Bricks: 1 x 4 = 4
Transport-type: tcp
Bricks:
Brick1: centos7.0-1:/opt/gfs/vdb/str
Brick2: centos7.0-2:/opt/gfs/vdb/str
Brick3: lzero-centos:/opt/gfs/vdb/str
Brick4: lzero-centos2:/opt/gfs/vdb/str
Options Reconfigured:
transport.address-family: inet
nfs.disable: on
```

图 8-14　条带卷信息

7. 创建分布条带卷

创建分布条带卷时，需要指定参数 stripe 与加入的 Brick 数量，Brick 数量需要是 stripe 参数值大于 1 的整数倍。本例中，参数 stripe 的值被指定为 3，因此 Brick 的数量就应设置为 3 的整数倍，如 6 或 9，命令示例如下：

```
# gluster volume create dis-str-vol stripe 3 vm1:/opt/gfs/vdb/dtr vm2:/opt/gfs/vdb/dtr vm3:/opt/gfs/vdb/dtr
vm1:/opt/gfs/vdc/dtr vm2:/opt/gfs/vdc/dtr vm3:/opt/gfs/vdc/dtr
volume create: dis-str-vol: success: please start the volume to access data
```

创建成功后的信息如图 8-15 所示。

```
[root@vm1 vdb]# gluster volume info

Volume Name: dis-str-vol
Type: Distributed-Stripe
Volume ID: 4f1071e6-6aa6-42c8-ab2b-f17b5f59fcb7
Status: Created
Snapshot Count: 0
Number of Bricks: 2 x 3 = 6
Transport-type: tcp
Bricks:
Brick1: vm1:/opt/gfs/vdb/dtr
Brick2: vm2:/opt/gfs/vdb/dtr
Brick3: vm3:/opt/gfs/vdb/dtr
Brick4: vm1:/opt/gfs/vdc/dtr
Brick5: vm2:/opt/gfs/vdc/dtr
Brick6: vm3:/opt/gfs/vdc/dtr
Options Reconfigured:
transport.address-family: inet
nfs.disable: on
```

图 8-15　分布条带卷信息

8．创建分布复制卷

创建分布复制卷时，需要指定参数 replica 的值，并将 Brick 的数量设置为 replica 参数值 2 倍以上的整数倍，命令示例如下：

```
# gluster volume create dis-rep-vol replica 4 vm1:/opt/gfs/vdb/rtr vm2:/opt/gfs/vdb/rtr vm3:/opt/gfs/vdb/rtr
vm4:/opt/gfs/vdb/rtr vm1:/opt/gfs/vdc/rtr vm2:/opt/gfs/vdc/rtr vm3:/opt/gfs/vdc/rtr vm4:/opt/gfs/vdc/rtr
vm1:/opt/gfs/vdd/rtr vm2:/opt/gfs/vdd/rtr vm3:/opt/gfs/vdd/rtr vm4:/opt/gfs/vdd/rtr
volume create: dis-rep-vol: success: please start the volume to access data
```

创建成功后的信息如图 8-16 所示。

```
[root@vm1 vdc]# gluster volume info

Volume Name: dis-rep-vol
Type: Distributed-Replicate
Volume ID: 8c187939-a579-4f85-bf1d-167ffd0fe529
Status: Created
Snapshot Count: 0
Number of Bricks: 3 x 4 = 12
Transport-type: tcp
Bricks:
Brick1: vm1:/opt/gfs/vdb/rtr
Brick2: vm2:/opt/gfs/vdb/rtr
Brick3: vm3:/opt/gfs/vdb/rtr
Brick4: vm4:/opt/gfs/vdb/rtr
Brick5: vm1:/opt/gfs/vdc/rtr
Brick6: vm2:/opt/gfs/vdc/rtr
Brick7: vm3:/opt/gfs/vdc/rtr
Brick8: vm4:/opt/gfs/vdc/rtr
Brick9: vm1:/opt/gfs/vdd/rtr
Brick10: vm2:/opt/gfs/vdd/rtr
Brick11: vm3:/opt/gfs/vdd/rtr
Brick12: vm4:/opt/gfs/vdd/rtr
Options Reconfigured:
transport.address-family: inet
nfs.disable: on
```

图 8-16　分布复制卷信息

9．创建条带复制卷

创建条带复制卷时，需要指定 stripe 和 replica 两个参数的值，并将 Brick 的数量设置为这两个参数值的乘积。本例中，stripe 和 replica 两个参数的值都被指定为 3，所以共需要 9 个 Brick，且使用 vm1、vm2、vm3 三个节点进行测试，因此命令示例如下：

```
# gluster volume create rep-str-vol replica 3 stripe 3 vm1:/opt/gfs/vdb/prt vm2:/opt/gfs/vdb/prt
vm3:/opt/gfs/vdb/prt vm1:/opt/gfs/vdc/prt vm2:/opt/gfs/vdc/prt vm3:/opt/gfs/vdc/prt vm1:/opt/gfs/vdd/prt
vm2:/opt/gfs/vdd/prt vm3:/opt/gfs/vdd/prt
volume create: rep-str-vol: success: please start the volume to access data
```

创建成功后的信息如图 8-17 所示。

```
[root@vm1 rep]# gluster volume info

Volume Name: rep-str-vol
Type: Striped-Replicate
Volume ID: adfda7b2-e8ac-45cb-9375-1390a4c2afce
Status: Created
Snapshot Count: 0
Number of Bricks: 1 x 3 x 3 = 9
Transport-type: tcp
Bricks:
Brick1: vm1:/opt/gfs/vdb/prt
Brick2: vm2:/opt/gfs/vdb/prt
Brick3: vm3:/opt/gfs/vdb/prt
Brick4: vm1:/opt/gfs/vdc/prt
Brick5: vm2:/opt/gfs/vdc/prt
Brick6: vm3:/opt/gfs/vdc/prt
Brick7: vm1:/opt/gfs/vdd/prt
Brick8: vm2:/opt/gfs/vdd/prt
Brick9: vm3:/opt/gfs/vdd/prt
Options Reconfigured:
transport.address-family: inet
nfs.disable: on
```

图 8-17　条带复制卷信息

10. 创建分布条带复制卷

分布条带复制卷在条带复制卷的基础上增加了分布功能，因此除需要指定参数 stripe 和 replica 的值以外，还要将 Brick 的数量设置为这两个参数乘积 2 倍以上的整数倍，命令示例如下：

```
# gluster volume create dis-rs-vol replica 3 stripe 2 vm1:/opt/gfs/vdb/vol vm2:/opt/gfs/vdb/vol
vm3:/opt/gfs/vdb/vol vm4:/opt/gfs/vdb/vol vm1:/opt/gfs/vdc/vol vm2:/opt/gfs/vdc/vol vm3:/opt/gfs/vdc/vol
vm4:/opt/gfs/vdc/vol vm1:/opt/gfs/vdd/vol vm2:/opt/gfs/vdd/vol vm3:/opt/gfs/vdd/vol vm4:/opt/gfs/vdd/vol
volume create: dis-rs-vol: success: please start the volume to access data
```

创建成功后的信息如图 8-18 所示。

```
[root@vm1 /]# gluster volume info

Volume Name: dis-rs-vol
Type: Distributed-Striped-Replicate
Volume ID: 741ebcb1-3f94-407c-bec9-0d0176e13f3a
Status: Created
Snapshot Count: 0
Number of Bricks: 2 x 2 x 3 = 12
Transport-type: tcp
Bricks:
Brick1: vm1:/opt/gfs/vdb/vol
Brick2: vm2:/opt/gfs/vdb/vol
Brick3: vm3:/opt/gfs/vdb/vol
Brick4: vm4:/opt/gfs/vdb/vol
Brick5: vm1:/opt/gfs/vdc/vol
Brick6: vm2:/opt/gfs/vdc/vol
Brick7: vm3:/opt/gfs/vdc/vol
Brick8: vm4:/opt/gfs/vdc/vol
Brick9: vm1:/opt/gfs/vdd/vol
Brick10: vm2:/opt/gfs/vdd/vol
Brick11: vm3:/opt/gfs/vdd/vol
Brick12: vm4:/opt/gfs/vdd/vol
Options Reconfigured:
transport.address-family: inet
nfs.disable: on
```

图 8-18　分布条带复制卷信息

11．创建分散卷

分散卷使用 disperse 参数指定分散数，如果分散数设置为 n，则其中一个 Brick 用于校验，其余 n−1 个 Brick 用于存储数据(这 n 个 Brick 最好分布在 n 个不同的节点上)，命令示例如下：

```
# gluster volume create disperse-vol disperse 4 vm1:/opt/gfs/vdb/vol vm2:/opt/gfs/vdb/vol vm3:/opt/gfs/vdb/vol vm4:/opt/gfs/vdb/vol
There isn't an optimal redundancy value for this configuration. Do you want to create the volume with redundancy 1 ? (y/n) y
volume create: disperse-vol: success: please start the volume to access data
```

创建成功后的信息如图 8-19 所示。

```
[root@vm1 /]# gluster volume info

Volume Name: disperse-vol
Type: Disperse
Volume ID: 95ec17a5-6c89-486a-b6ee-e43bacdf63b1
Status: Created
Snapshot Count: 0
Number of Bricks: 1 x (3 + 1) = 4
Transport-type: tcp
Bricks:
Brick1: vm1:/opt/gfs/vdb/vol
Brick2: vm2:/opt/gfs/vdb/vol
Brick3: vm3:/opt/gfs/vdb/vol
Brick4: vm4:/opt/gfs/vdb/vol
Options Reconfigured:
transport.address-family: inet
nfs.disable: on
```

图 8-19　分散卷信息

12．创建分布分散卷

分布分散卷在分散卷的基础上增加了分布功能，因此使用的 Brick 数量需要设置为 disperse 参数值的 2 倍以上的整数倍，命令示例如下：

```
# gluster volume create disperse-vol disperse 4 vm1:/opt/gfs/vdb/vol vm2:/opt/gfs/vdb/vol vm3:/opt/gfs/vdb/vol vm4:/opt/gfs/vdb/vol vm1:/opt/gfs/vdc/vol vm2:/opt/gfs/vdc/vol vm3:/opt/gfs/vdc/vol vm4:/opt/gfs/vdc/vol
There isn't an optimal redundancy value for this configuration. Do you want to create the volume with redundancy 1 ? (y/n) y
volume create: disperse-vol: success: please start the volume to access data
```

创建成功后的信息如图 8-20 所示。

```
[root@vm1 ~]# gluster volume info

Volume Name: disperse-vol
Type: Distributed-Disperse
Volume ID: df9d4fb0-a8c9-4927-b1b1-ed2aaec7f4e2
Status: Created
Snapshot Count: 0
Number of Bricks: 2 x (3 + 1) = 8
Transport-type: tcp
Bricks:
Brick1: vm1:/opt/gfs/vdb/vol
Brick2: vm2:/opt/gfs/vdb/vol
Brick3: vm3:/opt/gfs/vdb/vol
Brick4: vm4:/opt/gfs/vdb/vol
Brick5: vm1:/opt/gfs/vdc/vol
Brick6: vm2:/opt/gfs/vdc/vol
Brick7: vm3:/opt/gfs/vdc/vol
Brick8: vm4:/opt/gfs/vdc/vol
Options Reconfigured:
transport.address-family: inet
nfs.disable: on
```

图 8-20　分布分散卷信息

8.2　MooseFS 文件系统

MooseFS(Moose File System)文件系统是一个具备容错功能的网络分布式文件系统，它将数据分布存储在网络中的不同服务器上，尤其适合存储镜像，是 OpenStack 指定的镜像存储方式之一。

8.2.1　MooseFS 简介

MooseFS 文件系统把数据分散存储在网络中的多台服务器上，不仅能确保一份数据有多个副本，同时还能对外提供统一的数据。

1. MooseFS 功能特性

MooseFS 在标准的文件操作方面与其他 UNIX 类文件系统基本一致，具备以下特性：

- ✧ 支持层次结构(目录树)。
- ✧ 兼容 POSIX 文件属性。
- ✧ 高可靠性(数据的多个副本存储在不同服务器上)。
- ✧ 容量动态扩展(可以添加新硬盘或服务器)。
- ✧ 可以回收在指定时间内删除的文件，类似回收站功能。

2. MooseFS 整体架构

MooseFS 架构中的四种主要节点如下：

- ✧ Master(元数据服务器)：负责各数据存储服务器管理、文件读写调度、文件空间回收与恢复、多节点拷贝等工作。
- ✧ Metalogger(元数据日志服务器)：负责备份 Master，以便在 Master 出问题时恢复其工作。
- ✧ Chunk(数据存储服务器)：负责连接 Master、服从 Master 调度、提供存储空间，并为客户端提供数据传输。
- ✧ Client(客户端)：通过 FUSE 内核接口，挂载远程管理服务器(Master)所管理的数据存储服务器，使用时的操作与本地文件系统相同。

8.2.2　MooseFS 安装环境配置

MooseFS 2.0 之前的版本只能使用一个管理节点，之后的版本分为社区版和专业版，社区版只能使用一个管理节点，专业版则可以使用多个管理节点，但需要收费。

一个 MooseFS 文件系统的运行最少需要 1 个 Metalogger 节点、3 个 Chunk 节点和 1 个 Client 节点。

1. 分配主机角色

本实验使用 3 台宿主机，前两台宿主机各安装 3 台虚拟机，第三台宿主机安装 1 台虚拟机，各宿主机与虚拟机的基本信息及对应的角色如表 8-2 所示。

表 8-2 MooseFS 实验主机角色分配表

类　型	主机名	IP 地址	角　色
主机 1	CentOS243	192.168.1.243	宿主机 1
虚拟机	mfs1	192.168.1.240	Chunk 节点
虚拟机	mfs2	192.168.1.244	Chunk 节点
虚拟机	master	192.168.1.237	Master 节点
主机 2	CentOS60	192.168.1.60	宿主机 2
虚拟机	mfs3	192.168.1.246	Chunk 节点
虚拟机	mfs4	192.168.1.248	Chunk 节点
虚拟机	meta-log	192.168.1.233	Metalogger 节点
主机 3	CentOS245	192.168.1.245	宿主机 3
虚拟机	client	192.168.1.242	客户端

使用 VI 编辑器，编辑每台虚拟机的/etc/hostname 文件，在其中写入本机的主机名。然后编辑每台虚拟机的/etc/hosts 文件，在文件末尾写入以下内容：

```
192.168.1.240 mfs1
192.168.1.244 mfs2
192.168.1.246 mfs3
192.168.1.248 mfs4
192.168.1.237 master
192.168.1.233 meta-log
192.168.1.242 client
```

配置完毕，依次重启虚拟机，使上述对主机名和 IP 的配置生效。

注意，安装 MooseFS 前，需要在每个 Chunk 节点上添加一块虚拟硬盘，创建文件系统后挂载到/mfs 路径，详细步骤参考 8.1 节有关内容，这里不再赘述。

2. 安装软件源

安装软件源之前，要先检查是否安装了 curl 软件，该软件用于下载 MooseFS 的软件源。若没有安装 curl，需先在所有虚拟机节点终端上执行以下命令进行安装：

```
# yum install -y curl
```

然后在所有虚拟机节点终端上执行以下命令，安装 MooseFS 的软件源：

```
# curl "http://ppa.moosefs.com/RPM-GPG-KEY-MooseFS" > /etc/pki/rpm-gpg/RPM-GPG-KEY-MooseFS
# curl "http://ppa.moosefs.com/MooseFS-3-el7.repo" > /etc/yum.repos.d/MooseFS.repo
```

接着在所有虚拟机节点终端上执行以下命令，检查防火墙状态：

```
# systemctl status firewalld.service
```

如输出结果中包含信息“Active:active(running)”，表示虚拟机防火墙处于开启状态，需要在所有虚拟机节点终端上执行以下命令，关闭防火墙并禁止其开机启动：

```
# systemctl stop firewalld.service
# systemctl disable firewalld.service
```

8.2.3　MooseFS 的安装与管理

下面开始安装并配置 MooseFS 文件系统。

1．安装并配置 Master 节点

首先进行 MooseFS Master 节点的安装和配置，操作步骤如下。

(1) 安装管理节点。在 Master 节点的终端上执行以下命令，安装 Master 节点相关模块：

```
# yum install -y moosefs-master moosefs-cli moosefs-cgi moosefs-cgiserv
```

注意，模块 moosefs-cgiserver 用来安装基于 Web 界面的监控程序，以监控集群的状态和性能。目前的安装方式将 Cgi 服务器和 Master 服务器放在同一个节点上，但也可以将 Cgi 服务器单独安装在一个节点上。

(2) 配置管理节点。Master 节点安装完成后，需要修改 Master 节点的配置文件，在其中写入允许访问的客户端 IP 地址，该配置文件的路径为/etc/mfs/mfsexports.cfg。本例中，客户端 IP 地址为 192.168.1.242，因此需要写入的代码如下：

```
192.168.1.242/24    /    rw,alldirs,maproot=0
```

上述代码分为三部分：客户端 IP 地址、被挂载的目录和客户端拥有的权限。本例中，192.168.1.242/24 为指定客户端的 IP 地址和掩码；“/”指挂载在 MooseFS 的根目录下；“rw,alldirs,maproot=0”中，rw 表示支持读写模式，若支持只读模式，可用 ro 表示，alldirs 表示允许挂载任何指定的子目录，maproot 表示映射到指定的 root 用户。

(3) 检查元数据文件。元数据用来描述文件及目录的信息。通常而言，元数据由两部分组成：

✧ 主要元数据文件 metadata.mfs，MooseFS 服务运行时这个文件会被命名为 metadata.mfs.back。
✧ 元数据改变日志 changelog.*.mfs，存储了过去 N 小时的文件改变(N 的数值由 BACK_LOGS 参数设置)。

主要元数据文件需要定期备份，备份频率取决于存储了多少小时的 changelogs 文件。

元数据文件存放在 Master 节点的/var/lib/mfs 路径下，可使用以下命令查看：

```
# cd /var/lib/mfs
# ls
metadata.mfs   metadata.mfs.empty
```

注意，如果 metadata.mfs 文件不存在，就需要执行以下命令，自行创建一个：

```
# cp metadata.mfs.empty metadata.mfs
```

(4) 启动节点服务。在 Master 节点的终端上执行以下命令，启动 moosefs-master 服务：

```
# systemctl start moosefs-master.service
# systemctl enable moosefs-master.service
```

接着执行以下命令，启动 Cgi 服务：

```
# systemctl start moosefs-cgiserv
# systemctl enable moosefs-cgiserv
```

由于 Cgi 服务使用 9425 端口对外连接，所以启动后要先检查 9425 端口是否已在监听状态，如果该端口已在监听状态，说明 Cgi 服务器已正常运行，可以访问。

在 Master 节点的终端上使用以下命令，可以查看端口状态，如果状态为“LISTEN”，则说明端口已经处于监听状态：

```
# netstat -anlgrep 9425
tcp        0      0 0.0.0.0:9425            0.0.0.0:*               LISTEN
```

使用浏览器访问 http://192.168.1.237:9425，进入 MooseFS 服务器登录页面，在页面的【Input your DNS master name】后输入 Master 节点的 IP 地址或者主机名(本例为 mfsmaster)，如图 8-21 所示。

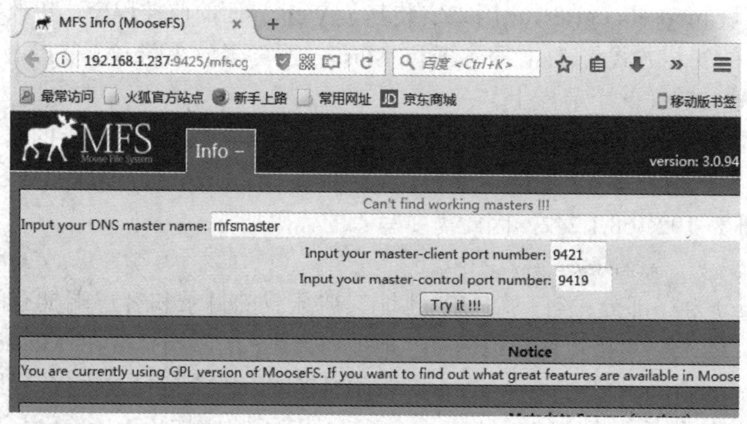

图 8-21　登录 MooseFS 的 Master 节点

输入完毕，单击【Try it!!!】按钮，即可进入如图 8-22 所示的页面，在其中可以看到 MooseFS 文件系统的信息。注意，因为目前还没有 Chunk 节点加入，所以图中【total space】对应的容量为 0。

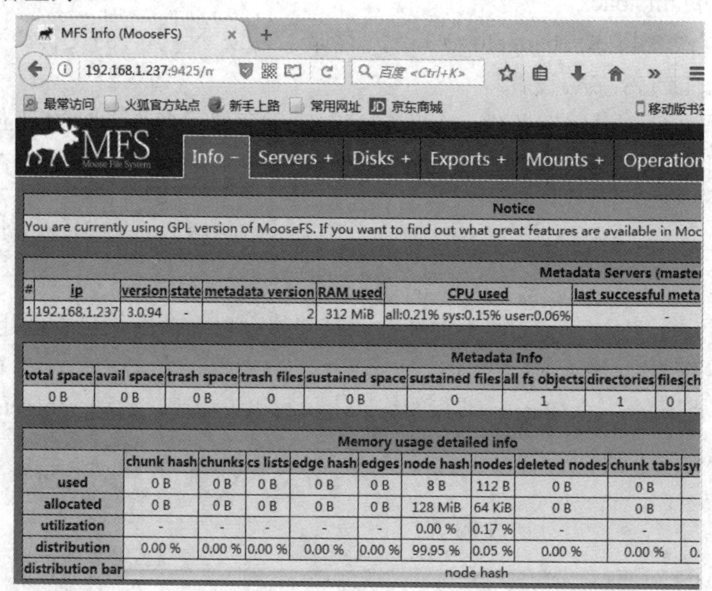

#	ip	version	state	metadata version	RAM used	CPU used	last successful meta
1	192.168.1.237	3.0.94	-	2	312 MiB	all:0.21% sys:0.15% user:0.06%	-

total space	avail space	trash space	trash files	sustained space	sustained files	all fs objects	directories	files	ch
0 B	0 B	0 B	0	0 B	0	1	1	0	

	chunk hash	chunks	cs lists	edge hash	edges	node hash	nodes	deleted nodes	chunk tabs	sy
used	0 B	0 B	0 B	0 B	0 B	8 B	112 B	0 B	0 B	
allocated	0 B	0 B	0 B	0 B	0 B	128 MiB	64 KiB	0 B	0 B	
utilization	-	-	-	-	-	0.00 %	0.17 %	-	-	
distribution	0.00 %	0.00 %	0.00 %	0.00 %	0.00 %	99.95 %	0.05 %	0.00 %	0.00 %	0.
distribution bar						node hash				

图 8-22　Master 节点的 Web 页面

2. 安装并配置 Metalogger 服务器

Metalogger 服务器用来存放 MooseFS 的数据日志(Metadata)，其安装和配置的步骤如下：

(1) 安装服务器。在 Metalogger 节点的终端上执行以下命令，安装 moosefs-metalogger 服务：

```
# yum install -y moosefs-metalogger
```

注意，moosefs-metalogger 服务不会在启动时下载 Metadata，而是会等到第一个下载周期的下载时间点时再去下载，下载 Metadata 的时间间隔是 1 小时的整数倍。因此，为确保 Metalogger 节点的数据正确，在启动后至少一小时内，Master 节点和 Metalogger 节点都需要保持良好的状态。

(2) 配置服务器。moosefs-metalogger 安装后，编辑 Metalogger 节点上的/etc/mfs/mfsmetalogger.cfg 文件，在其中添加 Master 节点的主机名或者 IP 地址，代码如下：

```
MASTER_HOST = master
```

(3) 启动 Metalogger 服务。配置完成后，在 Metalogger 节点的终端上执行以下命令，可以启动 moosefs-metalogger 服务：

```
# systemctl start moosefs-metalogger
```

3. 安装并配置存储节点

存储节点提供组成文件系统的 Chunk，以下操作均需要在作为存储节点的虚拟机上进行：

(1) 安装 moosefs-chunkserver 服务。在各 Chunk 节点的终端上执行以下命令，安装 moosefs-chunkserver 服务：

```
# yum install -y moosefs-chunkserver
```

(2) 编辑配置文件。编辑各 Chunk 节点上的/etc/mfs/mfschunkserver.cfg 文件，在其中添加以下信息，用于连接 Master 节点：

```
MASTER_HOST = master
```

(3) 编辑存储介质配置文件。编辑各 Chunk 节点上的/etc/mfs/mfshdd.cfg 文件，在其中添加以下存储路径：

```
/mfs
```

在各 Chunk 节点的终端上执行以下命令，修改/mfs 的属主：

```
# chown mfs:mfs /mfs
```

(4) 启动 moosefs-chunkserver 服务。在各 Chunk 节点的终端上执行以下命令，启动 moosefs-chunkserver 服务：

```
# systemctl start moosefs-chunkserver
# systemctl enable moosefs-chunkserver
```

(5) 查看配置结果。配置完毕，登录 Web 服务器，可以看到 MooseFS 文件系统可提供的存储容量，其中【total space】(总容量)为 7.2 GB，【avail space】(可用空间)为 6.1 GB，如图 8-23 所示。

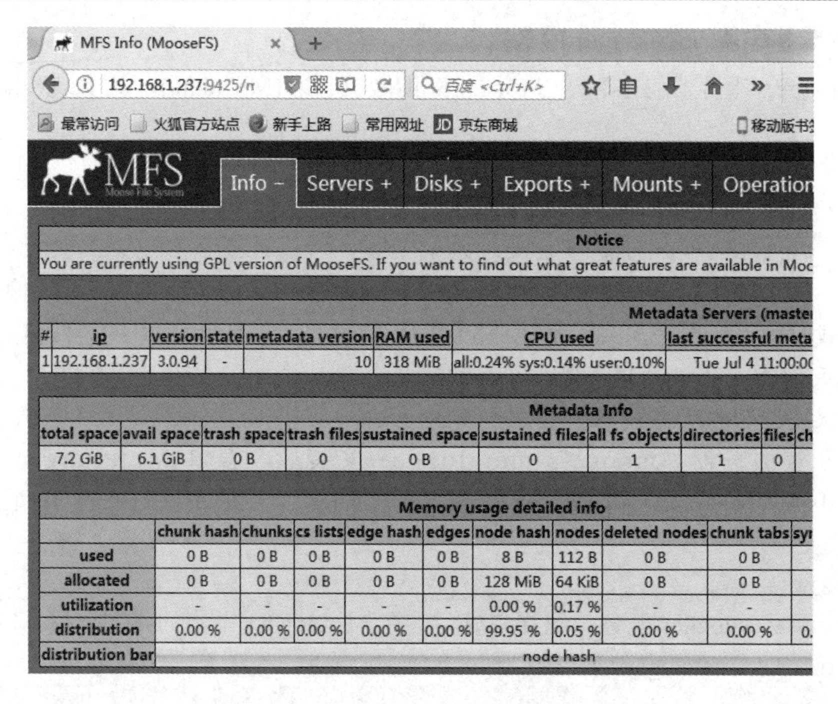

图 8-23　查看 MooseFS 提供的存储容量

单击【Servers+】标签，可以看到各 Chunk 节点的信息，包括 4 个 Chunk 节点 mfs1-4 以及各自可用的存储空间容量，如图 8-24 所示。

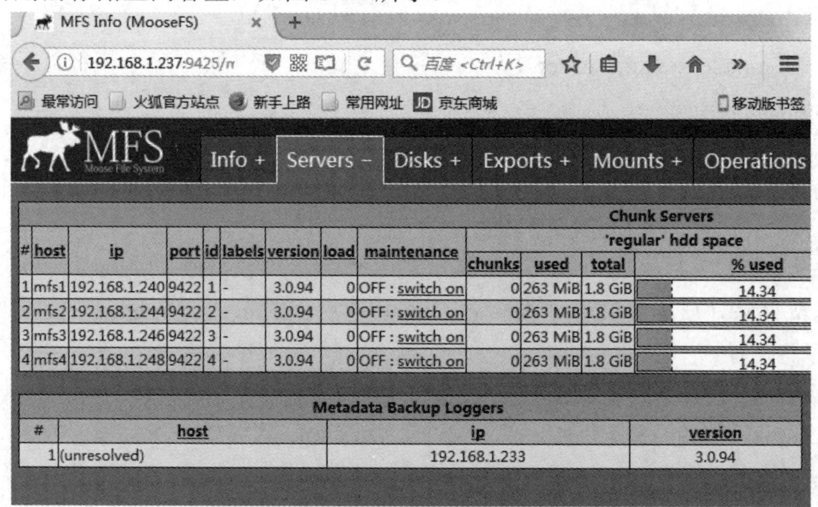

图 8-24　查看 Chunk 节点信息

4．安装并配置客户端

在客户端节点的终端上执行以下命令，安装客户端组件：

```
# yum install -y moosefs-client
```

然后执行以下命令，创建挂载点 mfs：

```
# mkdir /mfs
```

接着执行以下命令，将 MooseFS 文件系统挂载到/mfs：

```
# mfsmount /mfs -H 192.168.1.237
```

其中，参数-H 用来指定 Master 节点的地址，本例为 192.168.1.237。

如果输出如下信息，说明挂载成功：

```
mfsmaster accepted connection with parameters: read-write,restricted_ip,admin ; root mapped to root:root
```

挂载成功后，该客户端就可以使用了。

8.2.4　MooseFS 的日常维护

本小节介绍 MooseFS 文件系统的日常维护通常会用到的启动、停止、容灾恢复等操作。掌握这些操作，可以维持文件系统的日常运行，并在文件系统出问题的情况下，使用备份数据恢复文件系统。

1．调整文件备份数量

在客户端节点的终端上执行 mfsgetgoal 命令，可以查看文件保存有多少个备份：

```
# mfsgetgoal /mfs
/mfs: 2
```

由输出结果可知，目前的设置为每个文件保存 2 份。

在客户端节点的终端上使用 mfssetgoal 命令，通过设置参数 -r 的值，可以修改文件保存的份数：

```
# mfssetgoal -r 3 /mfs
/mfs:
inodes with goal changed:                1
inodes with goal not changed:            0
inodes with permission denied:           0
```

修改完毕，再次执行 mfsgetgoal 命令，结果显示每个文件保存的份数变为 3：

```
# mfsgetgoal /mfs
/mfs: 3
```

2．调整存储空间回收时间

在客户端节点的终端上执行 mfsgettrashtime 命令，可以查看存储空间的回收时间，即被删除的文件在硬盘上保存的时间：

```
# mfsgettrashtime /mfs
/mfs: 86400
```

注意，时间的单位是秒，1 小时是 3600 s，24 小时是 86 400 s，1 周即 604 800 s。数字 0 则意味着一个文件被删除后，将立即被彻底清除出硬盘。

如果没有在 MooseFS 安装完成后另行调整，默认的已删除文件保存时间是 86 400 秒，即 24 小时后，被删除的文件将被从硬盘上彻底清除。

就像文件的存储备份数一样，为一个目录设定的保存时间会被其中新创建的文件和目录所继承。

在客户端节点的终端上执行 mfsgettrashtime 命令，通过设置参数 -r 的值，可以调整存储空间的回收时间：

```
# mfssettrashtime -r 3600 /mfs
/mfs:
inodes with trashtime changed:              1
inodes with trashtime not changed:          0
inodes with permission denied:              0
```

修改完毕，再次执行 mfsgettrashtime 命令，结果显示目前存储空间的回收时间已被调整到了 3600 s，即文件在被删除 1 小时后清除：

```
# mfsgettrashtime /mfs
/mfs: 3600
```

注 意 默认时间值除设置为 0 以外，设置为其他任何小于 3600 的值都会被自动调整为 3600，即 1 小时；即使设置为 0，文件在客户端被删除后，其所占空间实际上也不会立即自动释放，而是需要经过 Master 端的扫描，确认该文件已被删除并已超过设置的保存时间后，才会被彻底清除出硬盘。

3. 启动文件系统

安全启动 MooseFS 文件系统(避免出现任何读写错误或其他类似问题)需依次进行以下操作：

(1) 在 Master 节点的终端上执行以下命令，启动 moosefs-master 服务：

```
# systemctl start moosefs-master
```

(2) 在 Chunk 节点的终端上执行以下命令，启动所有的 moosefs-chunkserver 服务：

```
# systemctl start moosefs-chunkserver
```

(3) 在 Metalogger 节点的终端上执行以下命令，启动 moosefs-metalogger 服务：

```
# systemctl start moosefs-metalogger
```

(4) 当所有 Chunk 节点都连接到 Master 节点后，任何数目的客户端节点都可以使用 mfsmount 命令挂载文件系统(可以检查 Master 节点的日志或 CGI 监视器，来查看是否所有的 Chunk 节点都已经被连接)。

4. 停止集群

安全停止 MooseFS 集群需依次进行以下操作：

(1) 在所有客户端节点终端上执行 umount 命令或其他等效的命令，卸载 MooseFS 文件系统：

```
# umount /mfs
```

(2) 在所有 Chunk 节点的终端上执行以下命令，停止 moosefs-chunkserver 服务：

```
# systemctl stop moosefs-chunkserver
```

(3) 在所有 Metalogger 节点的终端上执行以下命令，停止 moosefs-metalogger 服务：

```
# systemctl stop moosefs-metalogger
```

(4) 最后，在 Master 节点的终端上执行以下命令，停止 moosefs-master 服务：

```
# systemctl stop moosefs-master
```

注意 一定要严格按照上述的步骤顺序来启动和停止 MooseFS 集群，否则可能会造成数据丢失或者集群启动失败。

5. 容灾恢复

由于免费的社区版本 MooseFS 只能使用一个 Master 节点，如果这个节点发生故障，则整个服务都将停止运行，这种情况下就需要使用基于备份数据的恢复服务，即容灾恢复服务。如果 Metalogger 节点的备份数据可用，则优先使用 Metalogger 节点备份的数据；如果 Metalogger 节点的数据不可用，就需要从已备份到其他介质的数据恢复。但是，已备份的数据有可能早于 Metalogger 节点的数据，因此可能会造成 Chunk 节点的数据丢失。

容灾恢复操作的具体过程如下：

(1) 重新部署 Master 节点，安装配置过程参考上文内容。

(2) 把 Metalogger 节点/var/lib/mfs 路径下的数据或备份的数据复制到 Master 节点的/var/lib/mfs 路径下。

(3) 在新的 Master 节点上执行以下命令，以恢复数据：

```
# mfsmaster -a
```

(4) 命令执行完毕后，再次启动 Master 节点的服务。

总体而言，MooseFS 是一种简单易用的文件系统，只需在主机上安装客户端，并将其挂载到客户端上就可以使用，尤其适合存储镜像文件。但免费版本的 MooseFS 只能使用单个 Master 节点，一旦出现故障容易造成整个文件系统瘫痪，因此要先对其风险进行评估，然后再决定是否使用。

8.3 Ceph 文件系统

Ceph 在最初设计时被定义为存储平台软件，即在一个分布式的集群上同时提供对象存储、块存储和文件存储三种服务。

Ceph 文件系统具有以下特点：

✧ 统一存储。
✧ 无单点故障。
✧ 数据有多份冗余。
✧ 存储容量可以扩展。
✧ 具有自动容错及故障自愈能力。

8.3.1 Ceph 的角色组件

在 Ceph 集群中，包含 3 个角色组件，表现为 3 个守护进程，分别为 OSD、Monitor、MDS。

1．OSD

OSD 的功能是存储数据，处理数据的复制、恢复、回填与再均衡任务，并通过检查其他 OSD 守护进程的心跳来向 Monitor 提供监控信息。当 Ceph 集群有 3 个 OSD 副本时，则至少需要 3 个 OSD 守护进程，才能让集群维持正常状态(Ceph 默认有 3 个副本)。

2．Monitor

Monitor 的功能是维护描述集群状态的各种图表，包括监视器图、OSD 图、归置组(PG)图和 CRUSH 图。Ceph 会保存发生在 Monitor、OSD 和 PG 上的每一次状态变更的历史信息。

3．MDS

MDS 专门存储 Ceph 文件系统的元数据(Metadata)。也就是说，Ceph 存储并不使用 MDS，这使得 POSIX 文件系统的用户可以在不给 Ceph 存储集群造成负担的情况下执行 Linux 的基本命令。

8.3.2 Ceph 安装环境配置

安装 Ceph 前的准备工作如下。

1．分配主机角色

本实验使用 3 台宿主机，共创建 6 个虚拟机节点，给每个节点分配 1 个 CPU，每个 Admin 节点和 Client 节点分配 1 GB 内存，每个 OSD 节点分配最少 2 GB 内存，节点使用的系统为 CentOS 7.3。各主机的角色分配如表 8-3 所示。

表 8-3　Ceph 实验主机角色分配表

类　型	主机名	IP 地址	角　色
宿主机 1	CensOS60	192.168.1.60	主机 1
虚拟机	ceph1	192.168.1.240	OSD 节点
虚拟机	ceph2	192.168.1.244	OSD 节点
虚拟机	admin1	192.168.1.233	安装 ceph-deploy，用于安装部署其他各节点，同时用作 Monitor 节点和 Metadata 节点，Metadata 节点即 MDS 节点
宿主机 2	CentOS243	192.168.1.243	主机 2
虚拟机	ceph3	192.168.1.246	OSD 节点
虚拟机	admin2	192.168.1.237	用作 monitor 节点和 Metadata 节点，Metadata 节点即 MDS 节点
宿主机 3	CentOS245	192.168.1.245	主机 3
虚拟机	client	192.168.1.242	客户端，用于挂载测试创建好的文件系统

2．设置防火墙

在所有虚拟机的终端上执行以下命令，检查防火墙状态：

```
# systemctl status firewalld.service
```

若输出结果中包含“Active:active(running)”信息，则表示防火墙为开启状态，需要执行以下命令，将虚拟机的防火墙关闭并禁止其开机启动：

```
# systemctl stop firewalld.service
# systemctl disable firewalld.service
```

3. 添加硬盘

创建虚拟机后，需要在每一台作为 OSD 节点的虚拟机上添加两块 20 GB 的硬盘，添加方法与 8.1.4 小节中的添加硬盘操作基本相同，但请注意，Ceph 使用的是 xfs 格式的文件系统，因此硬盘的挂载方法不同于 GlusterFS 文件系统，以 ceph1 节点为例，参考步骤如下：

(1) 查看硬盘是否被识别。在节点 ceph1 的终端上执行以下命令，可以查看系统是否已识别添加的两块硬盘：

```
# ls /dev/vd*
```

如果系统已经识别出这两块硬盘，则可以看到/dev/目录下出现了/dev/vdb 和/dev/vdc 两个设备，如图 8-25 所示。

```
[root@ceph1 ~]# ls /dev/vd*
/dev/vda  /dev/vda1  /dev/vda2  /dev/vdb  /dev/vdc
```

图 8-25　查看新添加的硬盘

创建虚拟机的时候，只给虚拟机分配了第一块硬盘，系统将其识别为 vda，图中的 vda1 和 vda2 是在硬盘 vda 上的分区，而新添加的两块硬盘则被按顺序识别为 vdb 和 vdc，其中并未创建分区和文件系统。因此，如果出现了设备 vdb 和 vdc，则说明新硬盘已经添加成功且能被系统正常识别。

(2) 使用 fdisk 给硬盘分区。

第一步，在节点 ceph1 的终端上执行以下命令，启动 fdisk 分区程序并指定待分区硬盘，如硬盘 vdb：

```
# fdisk /dev/vdb
```

执行结果如图 8-26 所示。

```
[root@ceph1 ~]# fdisk /dev/vdb
Welcome to fdisk (util-linux 2.23.2).

Changes will remain in memory only, until you decide to write them.
Be careful before using the write command.

Device does not contain a recognized partition table
Building a new DOS disklabel with disk identifier 0x942ae081.

Command (m for help):
```

图 8-26　选择待分区的硬盘

第二步，输入小写字母 n，创建新硬盘分区，如图 8-27 所示。

```
Device does not contain a recognized partition table
Building a new DOS disklabel with disk identifier 0x24f07d44.

Command (m for help): n
Partition type:
   p   primary (0 primary, 0 extended, 4 free)
   e   extended
Select (default p):
```

图 8-27　选择创建新分区

第三步，输入小写字母 p，确认创建硬盘主分区，如图 8-28 所示。

```
Command (m for help): n
Partition type:
   p   primary (0 primary, 0 extended, 4 free)
   e   extended
Select (default p): p
```

图 8-28　确认创建主分区

第四步，输入数字 1，确认硬盘分区号，如图 8-29 所示。

```
Select (default p): p
Partition number (1-4, default 1): 1
First sector (2048-41943039, default 2048):
```

图 8-29　确认分区号

第五步，确认硬盘分区容量，开始部分【First sector】一行的值使用默认的 2048，直接按【Enter】键确认即可；由于需要预留一部分硬盘空间作为日志空间，因此要在结束部分【Last sector】一行输入“30000000”，将第一个分区大小设置为 14.3 GB，余下的部分给第二个分区，用作保存文件系统日志的空间，如图 8-30 所示。

```
First sector (2048-41943039, default 2048):
Using default value 2048
Last sector, +sectors or +size{K,M,G} (2048-41943039, default 41943039): 30000000
Partition 1 of type Linux and of size 14.3 GiB is set

Command (m for help):
```

图 8-30　确认分区容量

第六步，继续输入小写字母 n，创建下一个分区，一直按【Enter】键使用默认设置即可，如图 8-31 所示。

```
Last sector, +sectors or +size{K,M,G} (2048-41943039, default 41943039): 30000000
Partition 1 of type Linux and of size 14.3 GiB is set

Command (m for help): n
Partition type:
   p   primary (1 primary, 0 extended, 3 free)
   e   extended
Select (default p):
Using default response p
Partition number (2-4, default 2):
First sector (30000001-41943039, default 30001152):
Using default value 30001152
Last sector, +sectors or +size{K,M,G} (30001152-41943039, default 41943039):
Using default value 41943039
Partition 2 of type Linux and of size 5.7 GiB is set

Command (m for help):
```

图 8-31　创建下一分区

第七步，输入小写字母 w，将分区信息写入硬盘，完成分区，然后自动退出 fdisk 程序，如图 8-32 所示。

```
Partition 2 of type Linux and of size 5.7 GiB is set

Command (m for help): w
The partition table has been altered!

Calling ioctl() to re-read partition table.
Syncing disks.
[root@ceph1 ~]#
```

图 8-32　分区完成

接下来，使用相同的方法完成另一块硬盘的分区，在其他添加了硬盘的虚拟机也进行相同的分区操作，之后进入创建文件系统的阶段。

(3) 使用 mkfs.xfs 命令创建文件系统。分区完成后，查看节点 ceph1 的/dev/路径下新增的分区，可以看到出现了 vdb1 和 vdb2 两个设备，即新增的两个分区，如图 8-33 所示。

```
[root@ceph1 ~]# ls /dev/vdb*
/dev/vdb  /dev/vdb1  /dev/vdb2
[root@ceph1 ~]#
```

图 8-33　查看新增分区

然后在节点 ceph1 的终端上执行 mkfs.xfs 命令，给分区 vdb1 创建文件系统：

```
# mkfs.xfs  /dev/vdb1
```

创建成功的界面如图 8-34 所示。

```
[root@ceph1 ~]# mkfs.xfs /dev/vdb1
meta-data=/dev/vdb1              isize=512    agcount=4, agsize=937436 blks
         =                       sectsz=512   attr=2, projid32bit=1
         =                       crc=1        finobt=0, sparse=0
data     =                       bsize=4096   blocks=3749744, imaxpct=25
         =                       sunit=0      swidth=0 blks
naming   =version 2              bsize=4096   ascii-ci=0 ftype=1
log      =internal log           bsize=4096   blocks=2560, version=2
         =                       sectsz=512   sunit=0 blks, lazy-count=1
realtime =none                   extsz=4096   blocks=0, rtextents=0
```

图 8-34　创建文件系统

接着使用同样的命令，给硬盘 vdc1 创建文件系统，基本步骤相同，不再赘述。

(4) 挂载文件系统。首先在节点 ceph1 的终端上执行以下命令，在其操作系统根目录下创建目录/osdb：

```
# mkdir  /osdb
```

然后编辑节点 ceph1 上的/etc/fstab 文件，在文件末尾写入以下内容：

```
/dev/vdb1  /osdb  xfs  inode64,noatime  0  0
```

写入的各项内容从左至右含义如下：

✧ 第一项是需要挂载的分区或存储设备，本例中为/dev/vdb1。

✧ 第二项是分区的挂载位置，本例中为/osdb 目录下。

✧ 第三项是分区的文件系统类型，本例中为 xfs 类型。

✧ 第四项是挂载时使用的参数，本例中，挂载时设置的参数为“inode64，noatime”，其中，“inode64”表示创建 inode 节点的位置不受限制，“noatime”表示不更新文件系统上 inode 的访问记录。

✧ 第五项指定是否对文件系统备份，可以设置为 0 或 1，0 表示忽略，1 表示备份，对于大部分没安装 dump 的系统，该值设置为 0。

✧ 第六项指定文件系统的检查顺序，可以设置为 0、1 或 2，0 表示不会被检查，1 表示最高优先权，一般根目录设置为 1，其他所有需要被检查的设备则设置为 2。

重复上述操作，将 vdc1 的文件系统挂载到/osdc 目录下。

然后在节点 ceph1 的终端上执行以下命令，将新建的分区挂载到指定目录下：

```
# mount -a
```

使用 df -h 命令查看磁盘空间占用情况，可以看到所有的新建文件系统都已经成功挂载到节点 ceph1 的指定目录下，如图 8-35 所示。

```
[root@ceph1 ~]# df -h
Filesystem            Size  Used Avail Use% Mounted on
/dev/mapper/cl-root    50G  3.7G   47G   8% /
devtmpfs              482M     0  482M   0% /dev
tmpfs                 497M  172K  497M   1% /dev/shm
tmpfs                 497M  7.1M  490M   2% /run
tmpfs                 497M     0  497M   0% /sys/fs/cgroup
/dev/vdc1              15G   33M   15G   1% /osdc
/dev/vdb1              15G   33M   15G   1% /osdb
/dev/vda1            1014M  227M  788M  23% /boot
/dev/mapper/cl-home    47G   36M   47G   1% /home
tmpfs                 100M   16K  100M   1% /run/user/0
tmpfs                 100M   20K  100M   1% /run/user/42
```

图 8-35　文件系统挂载成功

在其他的 OSD 节点上执行相同的操作，挂载文件系统，此处不再赘述。

4．配置主机环境

在软件安装过程中，安装程序需要无障碍登录到其他主机进行安装，因此需要对主机进行一定的配置，实现主机的免密登录，以保证安装程序能顺利运行，主要步骤如下：

(1) 配置主机名。使用 VI 编辑器，编辑每台虚拟机节点的/etc/hostname 文件，在其中写入对应的主机名。然后编辑每台虚拟机的/etc/hosts 文件，在文件末尾写入以下内容：

```
192.168.1.240 ceph1
192.168.1.244 ceph2
192.168.1.233 admin1
192.168.1.246 ceph3
192.168.1.237 admin2
192.168.1.242 client
```

配置完毕，重新启动各台虚拟机，使主机环境配置生效。

(2) 创建密钥。该操作可以创建一个密钥，通过将密钥复制到其他主机，可以免密登

录主机。

在所有节点 1 的/root 目录下执行 ssh-keygen 命令，可以创建该节点的 root 用户密钥：

```
# ssh-keygen
```

密钥创建完成的界面如图 8-36 所示。

```
[root@ceph1 ~]# ssh-keygen
Generating public/private rsa key pair.
Enter file in which to save the key (/root/.ssh/id_rsa):
Created directory '/root/.ssh'.
Enter passphrase (empty for no passphrase):
Enter same passphrase again:
Your identification has been saved in /root/.ssh/id_rsa.
Your public key has been saved in /root/.ssh/id_rsa.pub.
The key fingerprint is:
11:46:cb:b5:ff:9f:38:de:d3:16:f8:47:43:bd:5c:28 root@ceph1
The key's randomart image is:
+--[ RSA 2048]----+
|       .+ .      |
|      o + .      |
|       + .     ..|
|        . .E ..o|
|       S    ..+ o|
|           o =.|
|            o.+|
|           .o+=|
|          .o.++|
+-----------------+
```

图 8-36　创建密钥

(3) 复制密钥到其他主机。在所有节点上执行 ssh-copy-id 命令，可以将创建的密钥复制到所有虚拟机节点，包括执行命令的节点本身：

```
# ssh-copy-id ceph2
```

命令执行完毕，按提示输入登录密码即可。密钥复制成功的界面如图 8-37 所示。

```
[root@ceph1 ~]# ssh-copy-id ceph2
The authenticity of host 'ceph2 (192.168.1.244)' can't be established.
ECDSA key fingerprint is 40:62:50:59:38:4c:09:1a:d9:ad:da:8c:56:7c:d6:ec.
Are you sure you want to continue connecting (yes/no)? yes
/bin/ssh-copy-id: INFO: attempting to log in with the new key(s), to filter
 out any that are already installed
/bin/ssh-copy-id: INFO: 1 key(s) remain to be installed -- if you are promp
ted now it is to install the new keys
root@ceph2's password:

Number of key(s) added: 1

Now try logging into the machine, with:   "ssh 'ceph2'"
and check to make sure that only the key(s) you wanted were added.
```

图 8-37　复制密钥

(4) 测试免密登录。分别在 admin1 和 admin2 节点上使用 ssh 命令登录节点，包括执行登录命令的节点本身，如果不使用密码即可登录，则说明操作成功。

8.3.3 Ceph 的安装与管理

安装 Ceph 文件系统，首先需要安装 ceph-deploy。ceph-deploy 不需要专门的服务器，而是通过 SSH 方式与各服务器连接来完成对 Ceph 集群的配置和部署。

1．安装 Ceph 程序

首先在 admin1 节点上安装 ceph-deploy 程序，并初始化 Monitor，然后使用 ceph-deploy 在 admin1 节点上安装 Ceph 程序，操作步骤如下：

(1) 安装 ceph-deploy。在 admin1 节点的终端上执行以下命令，创建 ceph-deploy 安装源：

```
rpm -ivh http://download.ceph.com/rpm-hammer/el7/noarch/ceph-release-1-1.el7.noarch.rpm
```

安装源的创建过程如图 8-38 所示。

```
[root@admin1 ceph-conf]# rpm -ivh http://download.ceph.com/rpm-hammer/el7/noar
/ceph-release-1-1.el7.noarch.rpm
Retrieving http://download.ceph.com/rpm-hammer/el7/noarch/ceph-release-1-1.el7
oarch.rpm
warning: /var/tmp/rpm-tmp.9WLawh: Header V4 RSA/SHA256 Signature, key ID 460f3
4: NOKEY
Preparing...                          ################################# [100%]
Updating / installing...
   1:ceph-release-1-1.el7             ################################# [100%]
```

图 8-38　创建 ceph-deploy 安装源

安装完成后，会在 admin1 节点的/etc/yum.repos.d 目录下生成一个文件 ceph.repo，即 ceph 的安装源。

然后在 admin1 节点上执行以下命令，安装 ceph-deploy：

```
# yum install -y ceph-deploy
```

安装成功后的提示信息如图 8-39 所示。

```
Running transaction check
Running transaction test
Transaction test succeeded
Running transaction
Warning: RPMDB altered outside of yum.
  Installing : ceph-deploy-1.5.37-0.noarch                          1/1
  Verifying  : ceph-deploy-1.5.37-0.noarch                          1/1

Installed:
  ceph-deploy.noarch 0:1.5.37-0

Complete!
```

图 8-39　安装成功提示

最后在该节点上执行以下命令，查看所安装的 ceph-deploy 程序版本：

```
# ceph-deploy --version
```

输出结果显示当前的 ceph-deploy 程序版本为 1.5.37，如图 8-40 所示。

```
[root@admin1 ~]# ceph-deploy --version
1.5.37
```

图 8-40　输出 ceph-deploy 版本信息

(2) 初始化 Monitor 安装环境。初始化 Monitor 安装环境之前，需要先在 admin1 节点的终端上执行以下命令，创建一个新的目录，用于存放初始化过程中产生的配置文件：

```
# mkdir  / ceph-conf
```

然后执行以下命令，进入新建的目录：

```
# cd /ceph-conf
```

本实验使用 admin1 和 admin2 两个节点作为 Monitor 节点，因此要在目录中执行以下命令，初始化 Monitor 安装环境：

```
# ceph-deploy new admin1 admin2
```

初始化成功后，会在当前目录下生成 3 个文件 ceph.conf、ceph-deploy-ceph.log 和 ceph.mon.keyring，如图 8-41 所示。

```
[root@admin1 ceph-conf]# ls
ceph.conf  ceph-deploy-ceph.log  ceph.mon.keyring
```

图 8-41　初始化 Monitor 生成的 3 个文件

其中，ceph.conf 是 Ceph 存储集群的配置文件；ceph-deploy-ceph.log 是本次命令执行的记录；ceph.mon.keyring 则是 ceph mon 角色的 key，用于将 Monitor 加入集群。

(3) 安装 Ceph 程序。Ceph 程序的主要安装步骤如下：

安装之前，要先在 admin1 节点的终端上执行以下命令，删除已经创建的软件源，否则可能会出现冲突而导致安装失败：

```
# rpm -e ceph-release-1-1.el7.noarch
```

注意，在安装过程中，其他节点上也可能会出现因安装源冲突而导致安装失败的问题，规避此问题的办法是先在各节点上安装 ceph-deploy 的软件源，再删除它。

首先在 admin1 节点终端执行以下命令，在各节点上安装 ceph-deploy 软件源：

```
# rpm -ivh http://download.ceph.com/rpm-hammer/el7/noarch/ceph-release-1-1.el7.noarch.rpm
```

成功安装后，再执行以下命令，删除该软件源：

```
# rpm -e ceph-release-1-1.el7.noarch
```

在 admin1 节点的/ceph-conf 目录中执行以下命令，在除客户端以外的所有节点上安装 Ceph 程序：

```
# ceph-deploy install admin1 admin2 ceph1 ceph2 ceph3
```

注意，安装过程如果意外中断，则需要在发生中断的节点终端上执行以下命令，查找被中断的安装程序的进程号：

```
# ps -ef | grep yum
```

使用 kill -9 命令杀死该进程，再重新安装 Ceph。如有必要，可重启发生中断的节点。

Ceph 安装完毕后，会出现如图 8-42 所示的提示。

```
[ceph3][DEBUG ]   userspace-rcu.x86_64 0:0.7.16-1.el7

[ceph3][DEBUG ]
[ceph3][DEBUG ] Dependency Updated:
[ceph3][DEBUG ]   librados2.x86_64 1:10.2.9-0.el7

[ceph3][DEBUG ]   librbd1.x86_64 1:10.2.9-0.el7

[ceph3][DEBUG ]   selinux-policy.noarch 0:3.13.1-102.el7_3.16

[ceph3][DEBUG ]   selinux-policy-targeted.noarch 0:3.13.1-102.el7_3.16

[ceph3][DEBUG ]
[ceph3][DEBUG ] Complete!
[ceph3][INFO  ] Running command: ceph --version
[ceph3][DEBUG ] ceph version 10.2.9 (2ee413f77150c0f375ff6f10edd6c8f9c7d060d0)
```

图 8-42　安装完成提示

可以在每个节点上执行以下命令，查看 Ceph 的版本：

```
# ceph --version
```

如果安装成功，则会显示所安装的 Ceph 版本信息，如图 8-43 所示。

```
[root@ceph2 etc]# ceph --version
ceph version 10.2.9 (2ee413f77150c0f375ff6f10edd6c8f9c7d060d0)
```

图 8-43　Ceph 版本信息

导致安装失败的常见错误有以下几种。

报错一：因为 admin1 节点在安装 ceph-deploy 时配置了一个软件源，如果没有删除这个软件源，可能会导致安装失败，这时即使重新安装正确的安装源，也会因软件源冲突而报错，如图 8-44 所示。

```
[ceph1][INFO  ] Running command: rpm -Uvh --replacepkgs https://download.ceph.co
m/rpm-jewel/el7/noarch/ceph-release-1-0.el7.noarch.rpm
[ceph1][DEBUG ] Retrieving https://download.ceph.com/rpm-jewel/el7/noarch/ceph-r
elease-1-0.el7.noarch.rpm
[ceph1][DEBUG ] Preparing...                          ############################
###############
[ceph1][ERROR ] RuntimeError: command returned non-zero exit status: 1
[ceph_deploy][ERROR ] RuntimeError: Failed to execute command: rpm -Uvh --replac
epkgs https://download.ceph.com/rpm-jewel/el7/noarch/ceph-release-1-0.el7.noarch
.rpm
```

图 8-44　因软件源冲突报错

如果出现这种错误，需要执行以下命令，删除造成冲突的软件源，然后重新执行安装程序即可：

```
# rpm -e ceph-release-1-1.el7.noarch
```

报错二：如果强制手动安装不正确或者有错误的软件源，也会出现与软件源冲突相同的报错，如图 8-45 所示。

```
[root@ceph1 ceph_depoly_conf]# rpm -Uvh --replacepkgs https://download.ceph.com/
rpm-jewel/el7/noarch/ceph-release-1-0.el7.noarch.rpm
Retrieving https://download.ceph.com/rpm-jewel/el7/noarch/ceph-release-1-0.el7.n
oarch.rpm
Preparing...                          ################################# [100%]
        file /etc/yum.repos.d/ceph.repo from install of ceph-release-1-1.el7.noa
rch conflicts with file from package ceph-release-1-1.el7.noarch
```

图 8-45　因强制安装错误软件源报错

如果要继续安装，就要删除冲突的软件源，如图 8-46 所示。

```
[root@ceph1 ceph_depoly_conf]# rpm -e ceph-release-1-1.el7.noarch
[root@ceph1 ceph_depoly_conf]# ceph-deploy install ceph1 ceph2 ceph3
[ceph_deploy.conf][DEBUG ] found configuration file at: /root/.cephdeploy.conf
[ceph_deploy.cli][INFO  ] Invoked (1.5.37): /usr/bin/ceph-deploy install ceph1 c
eph2 ceph3
[ceph_deploy.cli][INFO  ] ceph-deploy options:
[ceph_deploy.cli][INFO  ]  verbose                       : False
```

图 8-46　删除冲突的软件源

报错三：因安装超时而自动退出，如图 8-47 所示。

```
ceph1][DEBUG ] Install  2 Packages (+28 Dependent packages)
ceph1][DEBUG ] Upgrade             (  4 Dependent packages)
ceph1][DEBUG ]
ceph1][DEBUG ] Total download size: 58 M
ceph1][DEBUG ] Downloading packages:
ceph1][DEBUG ] No Presto metadata available for Ceph
ceph1][WARNIN] No data was received after 300 seconds, disconnecting...
ceph1][INFO  ] Running command: ceph --version
ceph1][ERROR ] Traceback (most recent call last):
ceph1][ERROR ]   File "/usr/lib/python2.7/site-packages/ceph_deploy/lib/vendor/remoto/proce
ss.py", line 119, in run
ceph1][ERROR ]     reporting(conn, result, timeout)
ceph1][ERROR ]   File "/usr/lib/python2.7/site-packages/ceph_deploy/lib/vendor/remoto/log.p
y", line 13, in reporting
ceph1][ERROR ]     received = result.receive(timeout)
ceph1][ERROR ]   File "/usr/lib/python2.7/site-packages/ceph_deploy/lib/vendor/remoto/lib/v
endor/execnet/gateway_base.py", line 704, in receive
ceph1][ERROR ]     raise self._getremoteerror() or EOFError()
ceph1][ERROR ] RemoteError: Traceback (most recent call last):
ceph1][ERROR ]   File "/usr/lib/python2.7/site-packages/ceph_deploy/lib/vendor/remoto/lib/v
endor/execnet/gateway_base.py", line 1036, in executetask
ceph1][ERROR ]     function(channel, **kwargs)
ceph1][ERROR ]   File "<remote exec>", line 12, in _remote_run
ceph1][ERROR ]   File "/usr/lib64/python2.7/subprocess.py", line 711, in __init__
ceph1][ERROR ]     errread, errwrite)
ceph1][ERROR ]   File "/usr/lib64/python2.7/subprocess.py", line 1327, in _execute_child
ceph1][ERROR ]     raise child_exception
ceph1][ERROR ] OSError: [Errno 2] No such file or directory
ceph1][ERROR ]
ceph1][ERROR ]
ceph_deploy][ERROR ] RuntimeError: Failed to execute command: ceph --version
```

图 8-47　安装超时退出

如遇超时退出情况，重新安装即可。

2. 配置 Ceph 文件系统

安装完成后，需要配置 Monitor、OSD 和 MDS，操作步骤如下：

(1) 创建 Ceph Monitor。Ceph 安装成功后，可以在 admin1 节点的终端上执行以下命令，创建在 admin1 和 admin2 两个节点上的 Monitror：

```
# ceph-deploy mon create admin1 admin2
```

创建成功后，会显示如图 8-48 所示的信息。

```
[admin2][DEBUG ]   "name": "admin2",
[admin2][DEBUG ]   "outside_quorum": [],
[admin2][DEBUG ]   "quorum": [
[admin2][DEBUG ]     0,
[admin2][DEBUG ]     1
[admin2][DEBUG ]   ],
[admin2][DEBUG ]   "rank": 1,
[admin2][DEBUG ]   "state": "peon",
[admin2][DEBUG ]   "sync_provider": []
[admin2][DEBUG ] }
[admin2][DEBUG ] ********************************************************************
*****************
[admin2][INFO  ] monitor: mon.admin2 is running
[admin2][INFO  ] Running command: ceph --cluster=ceph --admin-daemon /var/run/ce
ph/ceph-mon.admin2.asok mon_status
```

图 8-48　Monitror 创建成功

(2) 收集 Monitor 的 key。创建 Monitor 后，要收集 Monitor 的 key，用于软件配置，步骤如下。

收集前，要先在 admin1 节点的终端上执行以下命令，停止 admin1 和 admin2 节点的防火墙：

```
# systemctl stop firewalld
# systemctl disable firewalld
```

然后执行以下命令，收集 admin1 和 admin2 节点上 Monitor 的 key：

```
# ceph-deploy gatherkeys admin1 admin2
```

收集完成后的报告如图 8-49 所示。

```
[admin1][INFO  ] Running command: /usr/bin/ceph --connect-timeout=25 --cluster=c
eph --name mon. --keyring=/var/lib/ceph/mon/ceph-admin1/keyring auth get client.
bootstrap-mds
[admin1][INFO  ] Running command: /usr/bin/ceph --connect-timeout=25 --cluster=c
eph --name mon. --keyring=/var/lib/ceph/mon/ceph-admin1/keyring auth get client.
bootstrap-osd
[admin1][INFO  ] Running command: /usr/bin/ceph --connect-timeout=25 --cluster=c
eph --name mon. --keyring=/var/lib/ceph/mon/ceph-admin1/keyring auth get client.
bootstrap-rgw
[ceph_deploy.gatherkeys][INFO  ] Storing ceph.client.admin.keyring
[ceph_deploy.gatherkeys][INFO  ] Storing ceph.bootstrap-mds.keyring
[ceph_deploy.gatherkeys][INFO  ] keyring 'ceph.mon.keyring' already exists
[ceph_deploy.gatherkeys][INFO  ] Storing ceph.bootstrap-osd.keyring
[ceph_deploy.gatherkeys][INFO  ] Storing ceph.bootstrap-rgw.keyring
[ceph_deploy.gatherkeys][INFO  ] Destroy temp directory /tmp/tmpgR9QtD
```

图 8-49　key 收集完成报告

key 收集完成后，在 admin1 节点上执行以下命令，可以查看 Ceph 集群的状态：

```
# ceph -s
```

输出结果如图 8-50 所示，可以看到，出现了“HEALTH_ERR”的报错，这是因为没有创建 OSD(注意输出信息“no osds”)，所以需要继续进行配置。

```
[root@admin1 ceph-conf]# ceph -s
    cluster f95fbcfc-ade5-4f2c-8191-1174a70d0157
     health HEALTH_ERR
            64 pgs are stuck inactive for more than 300 seconds
            64 pgs stuck inactive
            64 pgs stuck unclean
            no osds
     monmap e1: 2 mons at {admin1=192.168.1.233:6789/0,admin2=192.168.1.237:6789
/0}
            election epoch 4, quorum 0,1 admin1,admin2
     osdmap e1: 0 osds: 0 up, 0 in
            flags sortbitwise,require_jewel_osds
      pgmap v2: 64 pgs, 1 pools, 0 bytes data, 0 objects
            0 kB used, 0 kB / 0 kB avail
                  64 creating
```

图 8-50　key 收集完毕时的集群状态

(3) 创建 OSD。创建 Ceph OSD 的具体步骤如下：

创建之前，需要修改用于挂载硬盘的目录与硬盘设备的属主和组属性，分别在 ceph1、ceph2、ceph3 三个 OSD 节点上执行以下命令，将用来创建 OSD 的硬盘目录的属主和组属性都改为 ceph：

```
# chown ceph:ceph /dev/vdb* /dev/vdc*
# chown ceph:ceph /osdb /osdc
```

然后在 admin1 节点的终端上执行 prepare 命令，准备创建 OSD：

```
# ceph-deploy --overwrite-conf osd prepare ceph1:/osdb:/dev/vdb2
```

其中，参数--overwrite-conf 表示覆盖已存在的配置文件；“ceph1:/osdb:/dev/vdb2”中，“ceph1”表示待创建 OSD 的目标节点，“/osdb”表示 OSD 的数据盘，“/dev/vdb2”表示日志盘，既可以是一个单独的磁盘，也可以是 OSD 数据盘上的一个分区或 SSD 磁盘上的一个分区。综上所述，上述命令准备在 ceph1 上使用 osdb 数据盘与/dev/vdb1 日志分区来创建一个 OSD。

命令执行成功后的输出信息如图 8-51 所示。

```
[ceph1][WARNIN] command: Running command: /usr/bin/chown -R ceph:ceph /osdb/magi
c.15825.tmp
[ceph1][WARNIN] command: Running command: /usr/sbin/restorecon -R /osdb/journal_
uuid.15825.tmp
[ceph1][WARNIN] command: Running command: /usr/bin/chown -R ceph:ceph /osdb/jour
nal_uuid.15825.tmp
[ceph1][WARNIN] adjust_symlink: Creating symlink /osdb/journal -> /dev/vdb1
[ceph1][INFO  ] checking OSD status...
[ceph1][DEBUG ] find the location of an executable
[ceph1][INFO  ] Running command: /bin/ceph --cluster=ceph osd stat --format=json
[ceph_deploy.osd][DEBUG ] Host ceph1 is now ready for osd use.
```

图 8-51　OSD 创建工作准备完成

在 admin1 节点的终端上执行 activate 命令，激活创建的 OSD：

```
# ceph-deploy --overwrite-conf osd activate ceph1:/osdb:/dev/vdb2
```

激活成功后，会显示如图 8-52 所示的信息。

```
[ceph1][WARNIN] command_check_call: Running command: /usr/bin/systemctl disable
ceph-osd@0 --runtime
[ceph1][WARNIN] command_check_call: Running command: /usr/bin/systemctl enable c
eph-osd@0
[ceph1][WARNIN] Created symlink from /etc/systemd/system/ceph-osd.target.wants/c
eph-osd@0.service to /usr/lib/systemd/system/ceph-osd@.service.
[ceph1][WARNIN] command_check_call: Running command: /usr/bin/systemctl start ce
ph-osd@0
[ceph1][INFO  ] checking OSD status...
[ceph1][DEBUG ] find the location of an executable
[ceph1][INFO  ] Running command: /bin/ceph --cluster=ceph osd stat --format=json
[ceph1][INFO  ] Running command: systemctl enable ceph.target
```

图 8-52　激活 OSD

但如果没有正确配置创建 OSD 的硬盘目录的权限，则执行激活命令时会出现如图 8-53 的报错。

```
[ceph2][WARNIN]     raise Error('%s failed : %s' % (str(arguments), error))
[ceph2][WARNIN] ceph_disk.main.Error: Error: ['ceph-osd', '--cluster', 'ceph', '
--mkfs', '--mkkey', '-i', u'1', '--monmap', '/osdb/activate.monmap', '--osd-data
', '/osdb', '--osd-journal', '/osdb/journal', '--osd-uuid', u'9dba22da-e6f3-4e1d
-8f95-cec80516c419', '--keyring', '/osdb/keyring', '--setuser', 'ceph', '--setgr
oup', 'ceph'] failed : 2017-07-14 17:01:38.463979 7f99e0422800 -1 filestore(/osd
b) mkfs: write_version_stamp() failed: (13) Permission denied
[ceph2][WARNIN] 2017-07-14 17:01:38.464000 7f99e0422800 -1 OSD::mkfs: ObjectStor
e::mkfs failed with error -13
[ceph2][WARNIN] 2017-07-14 17:01:38.464051 7f99e0422800 -1  ** ERROR: error crea
ting empty object store in /osdb: (13) Permission denied
[ceph2][WARNIN]
[ceph2][ERROR ] RuntimeError: command returned non-zero exit status: 1
[ceph_deploy][ERROR ] RuntimeError: Failed to execute command: /usr/sbin/ceph-di
sk -v activate --mark-init systemd --mount /osdb
```

图 8-53　因权限不对而报错

而如果没有执行 prepare 命令就执行 activate 命令，则会出现如图 8-54 的报错。

```
[ceph3][WARNIN]   File "/usr/lib/python2.7/site-packages/ceph_disk/main.py", lin
e 3227, in activate_dir
[ceph3][WARNIN]     (osd_id, cluster) = activate(path, activate_key_template, in
it)
[ceph3][WARNIN]   File "/usr/lib/python2.7/site-packages/ceph_disk/main.py", lin
e 3293, in activate
[ceph3][WARNIN]     check_osd_magic(path)
[ceph3][WARNIN]   File "/usr/lib/python2.7/site-packages/ceph_disk/main.py", lin
e 936, in check_osd_magic
[ceph3][WARNIN]     raise BadMagicError(path)
[ceph3][WARNIN] ceph_disk.main.BadMagicError: Does not look like a Ceph OSD, or
incompatible version: /osdb
[ceph3][ERROR ] RuntimeError: command returned non-zero exit status: 1
[ceph_deploy][ERROR ] RuntimeError: Failed to execute command: /usr/sbin/ceph-di
sk -v activate --mark-init systemd --mount /osdb
```

图 8-54　未先执行 prepare 命令的报错

OSD 激活成功后，可以在 admin1 节点的终端上执行以下命令，再次查看 Ceph 集群的状态：

```
# ceph -s
```

按照同样的方法，依次添加三个 OSD 并激活，Ceph 集群的【health】项就会显示信息“HEALTH_OK”，表明 Ceph 集群状态已正常，如图 8-55 所示。

```
[root@admin1 ~]# ceph -s
    cluster f95fbcfc-ade5-4f2c-8191-1174a70d0157
     health HEALTH_OK
     monmap e1: 2 mons at {admin1=192.168.1.233:6789/0,admin2=192.168.1.237:6789
/0}
            election epoch 4, quorum 0,1 admin1,admin2
     osdmap e18: 3 osds: 3 up, 3 in
            flags sortbitwise,require_jewel_osds
      pgmap v31: 64 pgs, 1 pools, 0 bytes data, 0 objects
            101808 kB used, 4262 MB / 4361 MB avail
                  64 active+clean
```

图 8-55　添加足够 OSD 后的 Ceph 集群

然后可以在 admin1 节点的终端上执行以下命令，查看 OSD 树：

```
# ceph osd tree
```

输出结果如图 8-56 所示，可以看到各 OSD 设备的【UP/DOWN】项的信息都为“up”，表示状态正常。

```
[root@admin1 ceph-conf]# ceph osd tree
ID WEIGHT  TYPE NAME      UP/DOWN REWEIGHT PRIMARY-AFFINITY
-1 0.00417 root default
-2 0.00139     host ceph1
 0 0.00139         osd.0       up  1.00000          1.00000
-3 0.00139     host ceph2
 1 0.00139         osd.1       up  1.00000          1.00000
-4 0.00139     host ceph3
 2 0.00139         osd.2       up  1.00000          1.00000
```

图 8-56　查看 OSD 树

(4) 创建 MDS。OSD 创建成功后，还需要创建 MDS，用于管理元数据等信息，步骤如下：

在 admin1 节点的终端上执行以下命令，创建 MDS：

```
# ceph-deploy mds create admin1 admin2
```

创建成功后的输出信息如图 8-57 所示。

```
[ceph_deploy.mds][INFO  ] Distro info: CentOS Linux 7.3.1611 Core
[ceph_deploy.mds][DEBUG ] remote host will use systemd
[ceph_deploy.mds][DEBUG ] deploying mds bootstrap to admin2
[admin2][DEBUG ] write cluster configuration to /etc/ceph/{cluster}.conf
[admin2][DEBUG ] create path if it doesn't exist
[admin2][INFO  ] Running command: ceph --cluster ceph --name client.bootstrap-md
s --keyring /var/lib/ceph/bootstrap-mds/ceph.keyring auth get-or-create mds.admi
n2 osd allow rwx mds allow mon allow profile mds -o /var/lib/ceph/mds/ceph-admin
2/keyring
[admin2][INFO  ] Running command: systemctl enable ceph-mds@admin2
[admin2][WARNIN] Created symlink from /etc/systemd/system/ceph-mds.target.wants/
ceph-mds@admin2.service to /usr/lib/systemd/system/ceph-mds@.service.
[admin2][INFO  ] Running command: systemctl start ceph-mds@admin2
[admin2][INFO  ] Running command: systemctl enable ceph.target
```

图 8-57　MDS 创建成功

在 admin1 节点的终端上执行以下命令，创建 data 和 metadata 两个 pool，用来存放元数据：

```
# ceph osd pool create data 192 192
# ceph osd pool create metadata 192 192
```

其中，“192 192”分别指 pg_num(PG)和 pgp_num(PGP)。PG 是 Placement Group 的简称，即归置组，是 Ceph 的逻辑存储单元，用于将某些东西进行逻辑归组，达到统一管理的作用；PGP 则是对 PG 进行的归置。PGP 与 PG 的数量应该保持一致，后者增加的同时，前者也要增加，才能保证 Ceph 的正常均衡。

创建成功后的输出信息如图 8-58 所示。

```
[root@admin1 ceph-conf]# ceph osd pool create data 192 192
pool 'data' created
[root@admin1 ceph-conf]# ceph osd pool create metadata 192 192
pool 'metadata' created
```

图 8-58　成功创建 data pool 和 metadata pool

接着执行以下命令，让新建的 pool 生效并查看 MDS 的状态：

```
# ceph fs new cephfs metadata data
# ceph mds stat
```

输出结果如图 8-59 所示，显示 pool 已经生效，且运行正常。

```
[root@admin1 ceph-conf]# ceph fs new cephfs metadata data
new fs with metadata pool 2 and data pool 1
[root@admin1 ceph-conf]# ceph mds stat
e6: 1/1/1 up {0=admin2=up:active}, 1 up:standby
```

图 8-59　使 pool 生效并查看状态

最后执行以下命令，查看 Ceph 的状态：

```
# ceph -s
```

如图 8-60 所示，Ceph 状态的输出信息中多了一行【fsmap】，且信息为“active”，但【health】的信息为“HEALTH_WARN”，该报错是由于每个 OSD 的 PG 太多(too many PGs per OSD)而产生的，需要对 PG 进行调整。

```
[root@admin1 ceph-conf]# ceph mds stat
e6: 1/1/1 up {0=admin2=up:active}, 1 up:standby
[root@admin1 ceph-conf]# ceph -s
    cluster f95fbcfc-ade5-4f2c-8191-1174a70d0157
     health HEALTH_WARN
            too many PGs per OSD (448 > max 300)
     monmap e1: 2 mons at {admin1=192.168.1.233:6789/0,admin2=192.168.1.237:6789
/0}
            election epoch 4, quorum 0,1 admin1,admin2
      fsmap e6: 1/1/1 up {0=admin2=up:active}, 1 up:standby
     osdmap e23: 3 osds: 3 up, 3 in
            flags sortbitwise,require_jewel_osds
      pgmap v52: 448 pgs, 3 pools, 2068 bytes data, 20 objects
            106 MB used, 4254 MB / 4361 MB avail
                 448 active+clean
```

图 8-60　fsmap 行的状态

调整 PG 的值，编辑 admin1 节点的/etc/ceph 目录下的 ceph.conf 文件，在末尾加入以下代码，修改 PG 的最大值，该值可设置得尽量大，如 1000 或者更大：

```
mon_pg_warn_max_per_osd = 1000
```

设置完毕，在 admin1 节点终端上执行以下命令，重新启动 ceph-mon@admin1 服务：

```
# systemctl restart ceph-mon@admin1
```

最后执行以下命令，查看 Ceph 状态：

```
# ceph -s
```

输出结果如图 8-61 所示，可以看到 health 的状态已变为正常的“HEALTH_OK”。

```
[root@admin1 ceph-conf]# ceph -s
    cluster f95fbcfc-ade5-4f2c-8191-1174a70d0157
     health HEALTH_OK
     monmap e1: 2 mons at {admin1=192.168.1.233:6789/0,admin2=192.168.1.237:6789
/0}
            election epoch 8, quorum 0,1 admin1,admin2
      fsmap e6: 1/1/1 up {0=admin2=up:active}, 1 up:standby
     osdmap e23: 3 osds: 3 up, 3 in
            flags sortbitwise,require_jewel_osds
      pgmap v52: 448 pgs, 3 pools, 2068 bytes data, 20 objects
            106 MB used, 4254 MB / 4361 MB avail
                 448 active+clean
```

图 8-61　Ceph 恢复正常

3. 挂载 Ceph

需要在客户端节点安装 Ceph 客户端软件 ceph-fuse，用于挂载 Ceph 文件系统，操作

步骤如下：

(1) 在客户端节点的终端上执行以下命令，在客户端上安装 Ceph 软件源：

```
# rpm -ivh http://download.ceph.com/rpm-harmmer/el7/noarch/ceph-release-1-1.el7.noarch.rpm
```

(2) 在客户端节点的终端上执行以下命令，安装 ceph-fuse：

```
# yum install -y ceph-fuse
```

如果安装失败，多数情况下是因为缺少一系列的 Ceph 安装包，此时可以重新安装 Ceph 程序，再安装 ceph-fuse。

(3) 在客户端节点的终端上执行以下命令，创建 Ceph 挂载点：

```
# mkdir /ceph
```

(4) 进入/etc/目录下，查看/etc/目录下是否存在 ceph 目录。若不存在，先创建 ceph 目录，然后在客户端节点的终端上执行以下命令，将 Ceph 的配置文件复制到客户端节点的/etc/ceph 目录下：

```
# scp admin1:/etc/ceph/ceph.client.admin.keyring /etc/ceph
# scp admin1:/etc/ceph/ceph.conf /etc/ceph
```

(5) 在客户端节点的终端上执行以下命令，使用 ceph-fuse 挂载文件系统：

```
# ceph-fuse /ceph
```

如果挂载成功，会输出如图 8-62 所示的信息。

```
[root@client ceph]# ceph-fuse /ceph
ceph-fuse[3342]: starting ceph client
2017-07-15 22:24:09.525438 7f78958ebec0 -1 init, newargv = 0x7f78a1862780 newarg
c=11
ceph-fuse[3342]: starting fuse
Aborted (core dumped)
[root@client ceph]# df -h
Filesystem      Size  Used Avail Use% Mounted on
/dev/sda3        78G  4.1G   74G   6% /
devtmpfs        474M     0  474M   0% /dev
tmpfs           489M   88K  489M   1% /dev/shm
tmpfs           489M  7.1M  482M   2% /run
tmpfs           489M     0  489M   0% /sys/fs/cgroup
/dev/sda1       297M  152M  146M  51% /boot
tmpfs            98M   12K   98M   1% /run/user/0
ceph-fuse       4.3G  108M  4.2G   3% /ceph
```

图 8-62　成功挂载 Ceph

8.3.4　Ceph 的维护

本小节介绍 Ceph 文件系统的常用管理和维护命令，用于 Ceph 的日常监控和故障处理，以保障 Ceph 的正常运行。

1. 查看 Ceph 状态

查看 Ceph 状态的命令主要有以下几种：

(1) 查看 Ceph 的实时运行状态。在 Monitor 节点的终端上执行 ceph -w 命令，可以查看 Ceph 的实时运行状态：

```
# ceph -w
```

输出结果如图 8-63 所示。

```
[root@client ~]# ceph -w
    cluster 83a64708-8c3e-4a56-9f50-f9d9566005a3
     health HEALTH_OK
     monmap e1: 2 mons at {admin1=192.168.1.233:6789/0,admin2=192.168.1.237:6789
/0}
            election epoch 12, quorum 0,1 admin1,admin2
     osdmap e14: 3 osds: 3 up, 3 in
            flags sortbitwise,require_jewel_osds
      pgmap v29: 64 pgs, 1 pools, 0 bytes data, 0 objects
            101616 kB used, 4262 MB / 4361 MB avail
                  64 active+clean

2017-07-16 03:14:40.968504 mon.0 [INF] fsmap e6:, 2 up:standby
```

图 8-63　查看 Ceph 实时运行状态

注意，ceph -w 命令会一直在屏幕输出 Ceph 的实时运行状态。例如，删除一个文件时，输出的 Ceph 实时运行状态记录如图 8-64 所示。

```
     osdmap e58: 6 osds: 6 up, 6 in
            flags sortbitwise,require_jewel_osds
      pgmap v571: 448 pgs, 3 pools, 1534 MB data, 404 objects
            35551 MB used, 52273 MB / 87824 MB avail
                 448 active+clean

2017-07-16 18:22:41.219726 mon.0 [INF] pgmap v571: 448 pgs: 448 active+clean; 1534 MB data, 35551 MB used
, 52273 MB / 87824 MB avail
2017-07-16 18:54:42.849294 mon.0 [INF] pgmap v572: 448 pgs: 448 active+clean; 1534 MB data, 35551 MB used
, 52273 MB / 87824 MB avail
2017-07-16 18:54:44.466339 mon.0 [INF] pgmap v573: 448 pgs: 448 active+clean; 1534 MB data, 35551 MB used
, 52273 MB / 87824 MB avail; 2 B/s wr, 0 op/s
2017-07-16 18:54:46.094630 mon.0 [INF] pgmap v574: 448 pgs: 448 active+clean; 1458 MB data, 35403 MB used
, 52421 MB / 87824 MB avail; 1791 B/s wr, 7 op/s
2017-07-16 18:54:48.206879 mon.0 [INF] pgmap v575: 448 pgs: 448 active+clean; 846 MB data, 35223 MB used,
 52601 MB / 87824 MB avail; 0 B/s wr, 40 op/s
2017-07-16 18:54:49.249461 mon.0 [INF] pgmap v576: 448 pgs: 448 active+clean; 396 MB data, 34474 MB used,
 53349 MB / 87824 MB avail; 0 B/s wr, 74 op/s
2017-07-16 18:54:50.274568 mon.0 [INF] pgmap v577: 448 pgs: 448 active+clean; 120 MB data, 33721 MB used,
 54102 MB / 87824 MB avail; 0 B/s wr, 87 op/s
2017-07-16 18:54:52.812600 mon.0 [INF] pgmap v578: 448 pgs: 448 active+clean; 73777 kB data, 32997 MB use
d, 54827 MB / 87824 MB avail; 0 B/s wr, 22 op/s
2017-07-16 18:54:53.823626 mon.0 [INF] pgmap v579: 448 pgs: 448 active+clean; 50947 bytes data, 31064 MB
used, 56760 MB / 87824 MB avail; 287 B/s wr, 8 op/s
2017-07-16 18:54:55.890917 mon.0 [INF] pgmap v580: 448 pgs: 448 active+clean; 50947 bytes data, 31064 MB
used, 56760 MB / 87824 MB avail; 334 B/s wr, 6 op/s
2017-07-16 18:54:57.922754 mon.0 [INF] pgmap v581: 448 pgs: 448 active+clean; 50947 bytes data, 31064 MB
used, 56760 MB / 87824 MB avail
2017-07-16 18:54:58.947136 mon.0 [INF] pgmap v582: 448 pgs: 448 active+clean; 50947 bytes data, 30944 MB
used, 56880 MB / 87824 MB avail
```

图 8-64　删除文件时的 Ceph 实时运行状态记录流

怀疑 Ceph 系统有问题时，可以使用该命令监视系统的活动情况。

(2) 查看 Ceph 详细状态。在 Monitor 节点的终端上执行 ceph -s 命令，可以查看 Ceph 的详细状态：

```
# ceph -s
```

如果一切正常，【health】的状态应为“HEALTH_OK”，如图 8-65 所示。

```
[root@admin1 ceph-conf]# ceph -s
    cluster 83a64708-8c3e-4a56-9f50-f9d9566005a3
     health HEALTH_OK
     monmap e1: 2 mons at {admin1=192.168.1.233:6789/0,admin2=192.168.1.237:6789
/0}
            election epoch 12, quorum 0,1 admin1,admin2
      fsmap e9: 1/1/1 up {0=admin2=up:active}, 1 up:standby
     osdmap e19: 3 osds: 3 up, 3 in
            flags sortbitwise,require_jewel_osds
      pgmap v52: 448 pgs, 3 pools, 2506 bytes data, 20 objects
            106 MB used, 4255 MB / 4361 MB avail
                 448 active+clean
```

图 8-65　查看 Ceph 详细状态

如果图 8-65 中【health】的状态是“HEALTH_WARN”或者“HEALTH_ERR”，则说明系统有问题，需要维护。

(3) 查看 Ceph 存储空间。在 Monitor 节点的终端上执行 ceph df 命令，可以查看 Ceph 的存储空间：

```
# ceph df
```

输出信息如图 8-66 所示。

```
[root@admin1 ceph-conf]# ceph df
GLOBAL:
    SIZE      AVAIL     RAW USED     %RAW USED
    4361M     4255M         106M          2.44
POOLS:
    NAME         ID     USED      %USED     MAX AVAIL     OBJECTS
    rbd          0          0         0         1418M           0
    data         1          0         0         1418M           0
    metadata     2       2506         0         1418M          20
```

图 8-66　查看 Ceph 的存储空间

其中，输出的【GLOBAL】段展示了 Ceph 集群存储空间的概要信息，各条目含义如下：

✧ SIZE：集群的总容量。

✧ AVAIL：集群的空闲空间总量。

✧ RAW USED：集群已用的存储空间总量。

✧ % RAW USED：集群已用的存储空间比率，用此值可监控集群空间的使用情况。

输出的【POOLS】段则展示了存储池列表与各存储池的使用率，各条目含义如下：

✧ NAME：存储池名称。

✧ ID：存储池唯一标识符。

✧ USED：大概数据量，单位为 KB、MB 或 GB。

✧ %USED：各存储池的大概使用率。

✧ Objects：各存储池内的大概对象数。

注意，【POOLS】段展示的使用率并不包括文件副本、克隆和快照的空间占用情况。例如，若将 1 MB 的数据存储为对象，理论上占用的存储空间是 1 MB，但考虑到该数据的副本数、克隆数和快照数，实际占用的存储空间可能是 2 MB 或更多。

(4) 查看 Ceph 集群健康状态细节。在 Monitor 节点的终端上执行 ceph health detail 命令，可以查看 Ceph 集群的健康状态细节：

```
# ceph health detail
```

如果一切正常，该命令会输出“HEALTH_OK”；如果不正常，该命令则会列出集群存在的问题信息，如图 8-67 所示，可以根据这些信息来定位错误。

```
pg 0.2b is stuck stale for 237540.408727, current state stale+undersized+degraded+peered, last acting [4
]
pg 0.3 is stuck stale for 237591.096578, current state stale+undersized+degraded+peered, last acting [2]
pg 0.32 is stuck stale for 237540.408742, current state stale+undersized+degraded+peered, last acting [4
]
pg 0.35 is stuck stale for 57227.152604, current state stale+active+clean, last acting [6,5,7]
pg 0.36 is stuck stale for 57227.152605, current state stale+active+clean, last acting [6,5,7]
pg 0.37 is stuck stale for 57227.152606, current state stale+active+clean, last acting [6,7,5]
pg 0.38 is stuck stale for 57227.152606, current state stale+active+clean, last acting [6,5,7]
pg 0.39 is stuck stale for 57227.152607, current state stale+active+clean, last acting [6,7,5]
pg 0.34 is down+remapped+peering, acting [5]
pg 0.33 is down+remapped+peering, acting [5]
pg 0.2d is down+remapped+peering, acting [5]
pg 0.2a is down+remapped+peering, acting [5]
pg 0.31 is down+remapped+peering, acting [5]
too many PGs per OSD (465 > max 300)
```

图 8-67 Ceph 集群的错误信息

(5) 查看 Monitor 的信息。在 Monitor 节点的终端上执行 ceph mon stat 命令，可以查看 Monitor 的信息：

```
# ceph mon stat
```

输出结果如图 8-68 所示。

```
[root@admin1 ~]# ceph mon stat
e1: 2 mons at {admin1=192.168.1.233:6789/0,admin2=192.168.1.237:6789/0}, election
 epoch 10, quorum 0,1 admin1,admin2
```

图 8-68 Monitor 的信息

(6) 查看 Monitor 的选举状态。在 Monitor 节点的终端上执行 ceph quorum_status 命令，可查看 Monitor 的选举状态：

```
# ceph quorum_status
```

查看输出结果，可以确定哪个 Monitor 节点是 Leader 节点，即主节点，如图 8-69 所示。

```
[root@admin1 ~]# ceph quorum_status
{"election_epoch":10,"quorum":[0,1],"quorum_names":["admin1","admin2"],"quorum_leader_name":
"admin1","monmap":{"epoch":1,"fsid":"ed267161-4fd6-4946-9cbe-906cfa27e8e5","modified":"2017-
07-14 16:47:31.071841","created":"2017-07-14 16:47:31.071841","mons":[{"rank":0,"name":"admi
n1","addr":"192.168.1.233:6789\/0"},{"rank":1,"name":"admin2","addr":"192.168.1.237:6789\/0"
}]}}
```

图 8-69 Monitor 的选举状态

(7) 查看 Monitor 的详细状态。在 Monitor 节点的终端上执行 ceph daemo 命令，可以查看 Monitor 的详细状态：

```
# ceph daemon mon.[hostname]   mon_status
```

上述命令中的“[hostname]”是 Monitor 所在节点的主机名。

输出结果如下：

```
# ceph daemon mon.admin2   mon_status
{
    "name": "admin2",
    "rank": 0,
    "state": "leader",
    "election_epoch": 14,
    "quorum": [
        0,
        1,
        2
    ],
    "outside_quorum": [],
    "extra_probe_peers": [],
    "sync_provider": [],
    "monmap": {
        "epoch": 1,
        "fsid": "a249b3ce-54ea-40ac-9f63-8d4a228f8ad3",
        "modified": "2017-07-13 20:33:21.683766",
        "created": "2017-07-13 20:33:21.683766",
        "mons": [
            {
                "rank": 0,
                "name": "admin1",
                "addr": "192.168.1.233:6789V0"
            },
            {
                "rank": 1,
                "name": "admin2",
                "addr": "192.168.1.237:6789V0"
            }

        ]
    }
}
[root@admin2 ~]# ceph daemon mon.admin2   mon_status
{
    "name": "admin2",
    "rank": 1,
```

```
    "state": "peon",
    "election_epoch": 10,
    "quorum": [
        0,
        1
    ],
    "outside_quorum": [],
    "extra_probe_peers": [
        "192.168.1.233:6789\/0"
    ],
    "sync_provider": [],
    "monmap": {
        "epoch": 1,
        "fsid": "ed267161-4fd6-4946-9cbe-906cfa27e8e5",
        "modified": "2017-07-14 16:47:31.071841",
        "created": "2017-07-14 16:47:31.071841",
        "mons": [
            {
                "rank": 0,
                "name": "admin1",
                "addr": "192.168.1.233:6789\/0"
            },
            {
                "rank": 1,
                "name": "admin2",
                "addr": "192.168.1.237:6789\/0"
            }
        ]
    }
}
```

从上述代码中可以看到，Monitor 节点的等级从 0 开始排列，数字越小级别越高，而 0 级的节点就会成为 Leader 节点，即主节点。

(8) 查看 OSD 目录树。在 Monitor 节点的终端上使用 ceph osd tree 命令，可以查看 OSD 目录树：

```
# ceph osd tree
```

输出结果如图 8-70 所示，所有 OSD 设备的【UP/DOWN】项的信息都是“up”，表示目前 OSD 状态正常。

```
[root@ceph1 ~]# ceph osd tree
ID WEIGHT  TYPE NAME      UP/DOWN REWEIGHT PRIMARY-AFFINITY
-1 0.08395 root default
-2 0.02798     host ceph3
 0 0.01399         osd.0       up  1.00000          1.00000
 5 0.01399         osd.5       up  1.00000          1.00000
-3 0.02798     host ceph2
 1 0.01399         osd.1       up  1.00000          1.00000
 4 0.01399         osd.4       up  1.00000          1.00000
-4 0.02798     host ceph1
 2 0.01399         osd.2       up  1.00000          1.00000
 3 0.01399         osd.3       up  1.00000          1.00000
```

图 8-70　OSD 目录树状态

(9) 查看最大的 OSD 个数。在 Monitor 节点的终端上执行 ceph osd getmaxosd 命令，可以查看最大的 OSD 个数：

```
# ceph osd getmaxosd
max_osd = 8 in epoch 69
```

由输出结果可知，OSD 的最大个数目前设置为 8。

(10) 查看 PG 状态。在 Monitor 节点的终端上使用 ceph pg stat 命令，可以查看 PG 的状态：

```
# ceph pg stat
```

PG 有以下几种状态：Creating(创建中)、Peering(互联中)、Active(活跃)、Clean(整洁)、Degraded(降级)、Recovering(恢复中)、Backfilling(回填)、Remapped(重映射)、Stale(陈旧)。

图 8-71 为 Ceph 集群正常时的输出结果，从中能得知以下信息：PG 的版本为 v596；PG 的数量为 448，状态为 active+clean，即健康状态下的数量是 448；PG 的数据量为 50 947 字节，已用空间 30 944 MB，可用空间 56 880 MB。

```
[root@ceph1 ~]# ceph pg stat
v596: 448 pgs: 448 active+clean; 50947 bytes data, 30944 MB used, 56880 MB / 878
24 MB avail
```

图 8-71　集群正常时的 PG 状态

图 8-72 为 Ceph 集群不正常时的输出结果，从中能得知以下信息：PG 版本为 v420；PG 的数量为 448，在 stale+active+undersized+degraded+remapped 状态下的数量是 1，在 creating 状态下的数量是 384，在 down+remapped+peering 状态下的数量是 5，在 stale+undersized+degraded+remapped 状态下的数量是 1，在 stale+active+clean 状态下的数量是 15，在 active+clean(健康状态)下的数量是 27；PG 的数据量为 0，已用空间 68 976 MB，可用空间 29 207 MB。

```
[root@admin1 ~]# ceph pg stat
v420: 448 pgs: 1 stale+active+undersized+degraded+remapped, 384 creating, 5 down+remapped+pe
ering, 1 stale+undersized+degraded+remapped+peered, 6 stale+active+undersized+degraded, 9 st
ale+undersized+degraded+peered, 15 stale+active+clean, 27 active+clean; 0 bytes data, 68976
kB used, 29207 MB / 29274 MB avail
```

图 8-72　集群不正常时的 PG 状态

2. 管理 Ceph

Ceph 的管理命令主要有以下几种。

(1) 删除一个 Monitor。在 Monitor 节点的终端上执行 ceph mon remove 命令，可以删除一个 Monitor：

```
# ceph mon remove admin1
removed mon.os-node1 at 192.168.1.233:6789/0, there are now 1monitors
```

其中，admin1 是本例中删除的 Monitor 的主机名。

(2) 停止集群中的 OSD。在 Monitor 节点的终端上执行 ceph osd down 命令，可以停止一个 OSD：

```
# ceph osd down 0
```

其中，0 为待停止的 OSD 节点号。

输出结果如图 8-73 所示，显示 osd.0 已经被停止。

```
[root@ceph2 ceph-conf]# ceph osd tree
ID WEIGHT  TYPE NAME        UP/DOWN REWEIGHT PRIMARY-AFFINITY
-1 0.05597 root default
-2 0.02798     host ceph1
 0 0.01399         osd.0       down        0          1.00000
 1 0.01399         osd.1         up  1.00000          1.00000
-3 0.02798     host ceph2
 2 0.01399         osd.2         up  1.00000          1.00000
 3 0.01399         osd.3         up  1.00000          1.00000
```

图 8-73　停止 osd.0 后的 OSD 状态

(3) 设置最大的 OSD 个数。在 Monitor 节点的终端上执行 ceph osd setmaxosd 命令，可以设置最大的 OSD 个数，本例将 OSD 个数扩大为 10 个：

```
# ceph osd setmaxosd 10
```

(4) 将一个 OSD 逐出集群。在 Monitor 节点的终端上执行 ceph osd out 命令，可以将一个 OSD 逐出集群，本例为 osd.1：

```
# ceph osd out osd.1
```

该 OSD 被逐出后的状态如图 8-74 所示。

```
[root@ceph2 ceph-conf]# ceph osd tree
ID WEIGHT  TYPE NAME        UP/DOWN REWEIGHT PRIMARY-AFFINITY
-1 0.04198 root default
-2 0.01399     host ceph1
 1 0.01399         osd.1         up        0          1.00000
-3 0.02798     host ceph2
 2 0.01399         osd.2         up  1.00000          1.00000
 3 0.01399         osd.3_        up  1.00000          1.00000
```

图 8-74　osd.1 被逐出集群后的 OSD 系统状态

(5) 将逐出的 OSD 重新加入集群。在 Monitor 节点的终端上执行 ceph osd in 命令，可以将某个逐出的 OSD 重新加入集群，本例为 osd.1：

```
# ceph osd in osd.1
```

该 OSD 重新加入集群的状态如图 8-75 所示。

```
[root@ceph2 ceph-conf]# ceph osd in 1
marked in osd.1.
[root@ceph2 ceph-conf]# ceph osd tree
ID WEIGHT  TYPE NAME       UP/DOWN REWEIGHT PRIMARY-AFFINITY
-1 0.04198 root default
-2 0.01399     host ceph1
 1 0.01399         osd.1        up  1.00000          1.00000
-3 0.02798     host ceph2
 2 0.01399         osd.2        up  1.00000          1.00000
 3 0.01399         osd.3        up  1.00000          1.00000
```

图 8-75　osd.1 重新加入集群后的 OSD 状态

3. OSD 故障处理

在 Ceph 的运行过程中，有时会遇到某个 OSD 硬盘的状态变为“down”，不能正常工作的情况，这时就需要把该 OSD 从集群中删除。下面是删除 OSD 的具体操作过程，需要注意操作顺序。

(1) 查看 OSD 树的状态。在 Monitor 节点的终端上执行 ceph osd tree 命令，可以查看 OSD 树的状态：

```
# ceph osd tree
```

输出结果如图 8-76 所示，可以看到有 5 个 OSD 设备的【UP/DOWN】状态为 down，分别为 osd.1、osd.6、osd.2、osd.3 与 osd.4。

```
[root@admin1 ~]# ceph osd tree
ID WEIGHT  TYPE NAME       UP/DOWN REWEIGHT PRIMARY-AFFINITY
-1 0.09795 root default
-2 0.01399     host ceph1
 7 0.01399         osd.7        up  1.00000          1.00000
-3 0.02798     host ceph2
 1 0.01399         osd.1      down        0          1.00000
 6 0.01399         osd.6      down        0          1.00000
-4 0.02798     host ceph3
 2 0.01399         osd.2      down        0          1.00000
 5 0.01399         osd.5        up  1.00000          1.00000
-5 0.02798     host ceph4
 3 0.01399         osd.3      down        0          1.00000
 4 0.01399         osd.4      down        0          1.00000
```

图 8-76　查看 OSD 树状态

(2) 将故障 OSD 移出集群。从 osd.1 开始，使用 ceph osd out 命令，将状态为 down 的故障 OSD 设备移出集群，如图 8-77 所示。

```
[root@admin1 ~]# ceph osd out 1
osd.1 is already out.
```

图 8-77　将 osd.1 移出集群

(3) 删除集群中 OSD 的 crush map。将 osd.1 从集群中移出后，就可以在 Monitor 节点的终端上执行以下命令，将其从集群中删除：

```
# ceph osd crush rm osd.1
```

再查看 OSD 树，可以看到 osd.1 已不在集群中了，如图 8-78 所示。

```
[root@admin1 ~]# ceph osd crush rm osd.1
removed item id 1 name 'osd.1' from crush map
[root@admin1 ~]# ceph osd tree
ID WEIGHT  TYPE NAME       UP/DOWN REWEIGHT PRIMARY-AFFINITY
-1 0.08395 root default
-2 0.01399     host ceph1
 7 0.01399         osd.7        up  1.00000          1.00000
-3 0.01399     host ceph2
 6 0.01399         osd.6      down        0          1.00000
-4 0.02798     host ceph3
 2 0.01399         osd.2      down        0          1.00000
 5 0.01399         osd.5        up  1.00000          1.00000
-5 0.02798     host ceph4
 3 0.01399         osd.3      down        0          1.00000
 4 0.01399         osd.4      down        0          1.00000
 1       0 osd.1              down        0          1.00000
```

图 8-78　删除 osd.1 后的集群

(4) 删除故障 OSD 对应的集群认证用户。在集群中，每个 OSD 设备都被视为一个认证用户，因此，从集群中删除某个 OSD 设备之后，还需要使用 ceph auth del 命令，删除其对应的集群认证用户：

```
# ceph auth del osd.1
```

成功删除设备 osd.1 对应认证用户后的输出结果如图 8-79 所示。

```
[root@admin1 ~]# ceph auth del osd.1
updated
```

图 8-79　集群认证用户删除成功

(5) 删除故障 OSD 用户信息。成功删除认证用户后，就可以在 Monitor 节点的终端上执行 ceph osd rm 命令，从集群中永久删除故障的 OSD 设备 osd.1：

```
# ceph osd rm 1
```

删除后的集群状态如图 8-80 所示，可以看到设备 osd.1 已从集群中消失，且输出的 OSD 目录树信息中也已经看不到该设备，表明该设备的用户信息已被永久删除。

```
[root@admin1 ~]# ceph osd rm 1
removed osd.1
[root@admin1 ~]# ceph osd tree
ID WEIGHT  TYPE NAME       UP/DOWN REWEIGHT PRIMARY-AFFINITY
-1 0.08395 root default
-2 0.01399     host ceph1
 7 0.01399         osd.7        up  1.00000          1.00000
-3 0.01399     host ceph2
 6 0.01399         osd.6      down        0          1.00000
-4 0.02798     host ceph3
 2 0.01399         osd.2      down        0          1.00000
 5 0.01399         osd.5      down  1.00000          1.00000
-5 0.02798     host ceph4
 3 0.01399         osd.3      down        0          1.00000
 4 0.01399         osd.4      down        0          1.00000
```

图 8-80　永久删除 OSD 设备的用户信息

(6) 删除 OSD 节点。删除全部故障的 OSD 设备后，还需要在 Monitor 节点的终端上执行 ceph osd crush rm 命令，删除有故障设备的 OSD 节点，如节点 ceph1：

```
# ceph osd crush rm ceph1
```

删除后，该节点从 OSD 树上消失，如图 8-81 所示。

```
[root@admin1 ~]# ceph osd crush rm ceph1
removed item id -2 name 'ceph1' from crush map
[root@admin1 ~]# ceph osd tree
ID WEIGHT TYPE NAME      UP/DOWN REWEIGHT PRIMARY-AFFINITY
-1      0 root default
-3      0     host ceph2
-4      0     host ceph3
-5      0     host ceph4
```

图 8-81　删除故障 OSD 节点

(7) 擦除被删除的 OSD 设备信息。从集群中删除有故障的 OSD 节点后，登录这个 OSD 节点，执行 ceph-disk zap 命令，擦除故障设备的信息：

```
# ceph-disk zap /dev/vdb
```

擦除过程如图 8-82 所示。

```
[root@ceph1 ~]# ceph-disk zap /dev/vdb

****************************************************************
Found invalid GPT and valid MBR; converting MBR to GPT format.
****************************************************************

Warning! Secondary partition table overlaps the last partition by
33 blocks!
You will need to delete this partition or resize it in another utility.
Warning: The kernel is still using the old partition table.
The new table will be used at the next reboot.
GPT data structures destroyed! You may now partition the disk using fdisk or
other utilities.
Creating new GPT entries.
Warning: The kernel is still using the old partition table.
The new table will be used at the next reboot.
The operation has completed successfully.
```

图 8-82　擦除故障 OSD 设备信息

把所有的设备信息擦除后，如果设备是物理硬盘，需要重新给其分区并重建文件系统；如果设备是虚拟硬盘，可以删除后将新的物理硬盘分配给虚拟机，然后再按照 8.3.3 节描述的方法重建硬盘的文件系统。注意，务必先将/etc/fstab 文件中的相关配置信息删除并重启主机，然后再重建 Ceph 文件系统。

8.4　几种文件系统的对比

三种常用文件系统的主要特点对比如表 8-4 所示，用户应根据实际需要，选用最适合自己的文件系统。

表 8-4 几种常用文件系统的对比

对比项	MooseFS	Ceph	GlusterFS
Metadata server	单个 MDS，存在单点故障和瓶颈	多个 MDS，且 MDS 可扩展，不存在单点故障和瓶颈	依靠运行在各个节点上的动态算法来代替 MDS，不存在单点故障，不需同步元数据，无硬盘 I/O 瓶颈
FUSE	支持	支持	支持
访问接口	POSIX	POSIX	POSIX
文件分布/数据分布	文件被分片，数据块保存在不同的存储服务器上	文件被分片，每个数据块是一个对象，保存在不同的存储服务器上	ClusterTranslators(GlusterFS 集群存储的核心)包括 AFR、DHT 和 Stripe 三种类型。 AFR 相当于 RAID1，每个文件都被复制到多个存储节点上；Stripe 相当于 RAID0，文件被分片，数据被条带化存储到各个存储节点上。 Translators 可进行组合，即 AFR 和 Stripe 可以组成 RAID10，兼顾高性能和高可用性
冗余保护/副本	多副本	多副本	镜像
数据可靠性	由数据的多个副本提供可靠性	由数据的多个副本提供可靠性	由镜像提供可靠性
故障恢复	手动恢复	当节点失效时，自动迁移数据、重新复制副本	当节点、硬件、磁盘、网络发生故障时，系统会自动处理这些故障，管理员不需介入
扩展性	增加存储服务器可以提高容量和文件操作性能，但由于不能增加 MDS，因此元数据操作性能无法提高，是整个系统的瓶颈	可以增加元数据服务器和存储节点，容量可扩展，文件操作性能可扩展，元数据操作性能可扩展	容量可扩展
适合场景	大量小文件的读写	小文件读写	适合大文件读写，对于小文件的读写，GlusterFS 并没有在 I/O 方面作出优化，在存储服务器的底层文件系统上仍然是大量小文件，存在本地文件系统的元数据访问瓶颈

本 章 小 结

最新更新

通过本章的学习，读者应当了解：

✧ 本章主要介绍了三种分布式文件系统：GlusterFS 文件系统、MooseFS 文件系统和 Ceph 文件系统。

✧ GlusterFS 文件系统是一款全对称的开源分布式文件系统，采用弹性哈希算法，没有中心节点，所有节点全部平等。

✧ GlusterFS 文件系统拥有安装简单、部署方便且稳定性好的优势。

✧ Brick 是 GlusterFS 文件系统的基本单元，多个 Brick 可以逻辑组合成卷。目前 GlusterFS 可以支持分布卷、复制卷、条带卷、分布复制卷、分布条带卷、分布复制条带卷、条带复制卷、分散卷、分布分散卷等多种逻辑卷类型。

✧ GlusterFS 文件系统支持弹性伸缩，便于扩展和维护。

✧ MooseFS 文件系统支持数据的多备份存储，可用性比较高。

✧ MooseFS 文件系统可以在线添加主机和硬盘，支持动态扩展。

✧ 使用 MooseFS 文件系统(特别是免费版)时，由于只能使用单一的管理节点，在该管理节点出现故障时易造成业务瘫痪，因此更适合用于进行镜像存储或者备份服务。

✧ Ceph 文件系统的架构均衡，可以将多个节点用作管理节点，不存在单点故障问题，适合用于云计算。

✧ Ceph 文件系统的存储集群由 Monitor、OSD、MDS 三类角色的组件构成。

✧ Ceph 文件系统的存储容量可扩展，存储数据有多份冗余，可以自动容错，且有故障自愈机能。

本 章 练 习

1．简要描述 GlusterFS 文件系统各类卷的特点。

2．使用两到三台主机创建虚拟机后，安装并创建出文中列出的所有 GlusterFS 卷，可以分小组完成。

3．有关几种 GlusterFS 卷类型的描述，下列说法错误的是______。

A. 分布卷也称为哈希卷，即将多个文件使用哈希算法随机存储在多个 Brick 上，适合存储大量的小文件，读写性能好，即使某台服务器或者某块硬盘发生故障，也不会导致存储在其上的数据丢失

B. 复制卷将多个文件复制后的副本存储在多个 Brick 上，适合对数据安全要求比较高的业务，但占用资源也较多

C. 条带卷将文件划分为条带存储在多个 Brick 上，适合存储大文件，且不会降低文件的安全性

D. 分布式条带卷将文件存储在一个集群里，首先使用哈希算法将其随机分布，然后再条带化存储到多个 Brick 上，读写性能高，适合高并发的应用，但没有冗余，数据安全性较低

E. 分布式复制卷将文件分布存储在多个节点上，并在多个 Brick 上存储文件副本，适合对数据可靠性要求高的应用，但是会占用大量的存储空间，影响写入速度

4．MooseFS 文件系统中有哪几种角色？各负责什么功能？

5．有关 MooseFS 整体架构中的四种角色，下列说法错误的是_____。

A. Master 负责数据存储服务器管理、文件读写调度、文件空间回收与恢复以及

多节点拷贝等工作

B. Metalogger 负责备份 Master，以便在 Master 出问题时能迅速恢复其工作

C. Chunk 负责连接 Master，听从 Master 的调度，提供存储空间，并为客户端提供数据传输

D. Client 通过 FUSE 内核接口挂载 Chunk(数据存储服务器)的数据卷，使用时的操作与本地文件系统相同

6．使用三到四台主机，创建 MooseFS 文件系统并成功写入文件，可以分小组完成。

7．假如 MooseFS 文件系统的 Master 服务器崩溃，有没有办法恢复业务？

8．修改 MooseFS 文件系统中设置的文件彻底删除时间，比如改为 2 小时、4 小时或者 1 天。

9．Ceph 文件系统有哪几种角色的组件？

10．有关 Ceph 文件系统的角色组件，下列说法错误的是_____。

A. Ceph OSD 的功能是存储数据，以及处理数据的复制、恢复、回填和再均衡任务

B. Ceph MDS 的功能是维护描述集群状态的各种图表，包括监视器图、OSD 图、归置组(PG)图和 CRUSH 图。Ceph 会保存发生在 Monitor、OSD 和 PG 上的每一次状态变更的历史信息

C. Ceph Monitor 的功能是为 Ceph 文件系统存储元数据

11．使用三到四台主机创建虚拟机并安装 Ceph 文件系统，最后成功写入文件。

12．Ceph 文件系统中有 OSD 的【UP/DOWN】状态为 down，用什么办法可以重建？

第 9 章　管理虚拟机

本章目标

- 了解虚拟机静态迁移和动态迁移的概念
- 掌握虚拟机静态迁移和动态迁移的方法
- 学会制作物理机到虚拟机迁移的工具
- 掌握物理机到虚拟机迁移的方法
- 了解制作虚拟机镜像的意义
- 掌握制作虚拟机镜像的方法

本章将介绍虚拟机的迁移以及虚拟机镜像制作的相关内容。

9.1 虚拟机的迁移

系统的迁移(migration)是将某主机中所有软件(包括操作系统)完全复制到另一台主机上。

虚拟化环境中的迁移，可分为静态迁移(static migration，又称冷迁移 cold migration 或者离线迁移 offline migration)和动态迁移(live migration，又称热迁移 hot migration 或者在线迁移 online migration)。二者最大的区别在于：静态迁移有一段明显的虚拟机服务不可用时间，而动态迁移则没有明显的服务暂停时间。另有一类迁移，是物理机到虚拟机的迁移，多用于替换老旧的设备，或者在新虚拟机系统初建时把物理机的系统迁移到虚拟机上，以便在迁移后能保持与物理机相同的文件系统和软件配置。

虚拟机迁移技术的优势主要可以概括为四个方面：简化系统运维管理，提高系统负载均衡，增强系统错误容忍度，优化系统电源管理。

虚拟机迁移技术为服务器虚拟化提供了十分便捷的方法：首先，迁移技术可以为用户节省管理资金、维护费用和升级费用，使一台服务器能够同时替代以前的多台服务器，节省了大量的机房空间；而且，虚拟服务器有着统一的虚拟硬件资源，迁移后的虚拟服务器不仅可在统一的界面中进行管理，而且在故障停机时，还可通过虚拟机软件将其中的任务自动切换到网络中的其他虚拟服务器中，实现不中断业务的目的。

9.1.1 虚拟机的静态迁移

虚拟化环境中的静态迁移可分为两种：一种是关闭虚拟机后，将其硬盘镜像复制到另一台宿主机上，然后恢复启动，这种迁移不能保留虚拟机中运行的工作负载信息；另一种是两台宿主机共享一个存储系统，这种迁移可以保留虚拟机迁移前的内存状态和运行中的工作负载信息。下面分别介绍在本地存储和共享存储上进行虚拟机静态迁移的详细步骤。

1．硬件环境

本例中使用的硬件环境如表 9-1 所示。

表 9-1　虚拟机静态迁移的硬件环境

角　色	主机名	IP 地址	用　途
宿主机 1	CentOS60	192.168.1.60	在本地存储上创建虚拟机，并静态迁移到宿主机 CentOS243 上
宿主机 2	CentOS243	192.168.1.243	本地存储静态迁移的目标宿主机
宿主机 3	CentOS245	192.168.1.245	在该宿主机上创建 NFS 共享存储，然后使用宿主机 CentOS60 在共享存储上创建虚拟机，并静态迁移到宿主机 CentOS243 上

2．本地存储上虚拟机的静态迁移

本例在宿主机 CentOS60 上创建虚拟机，并将其静态迁移到宿主机 CentOS243 上，基本步骤如下：

(1) 在本地存储上创建虚拟机。参考第 2 章的 2.3 节和 2.4 节，使用新建或者克隆的方法，在宿主机 CentOS60 的本地存储介质(硬盘)上创建虚拟机 centos-for-migration，如图 9-1 所示。

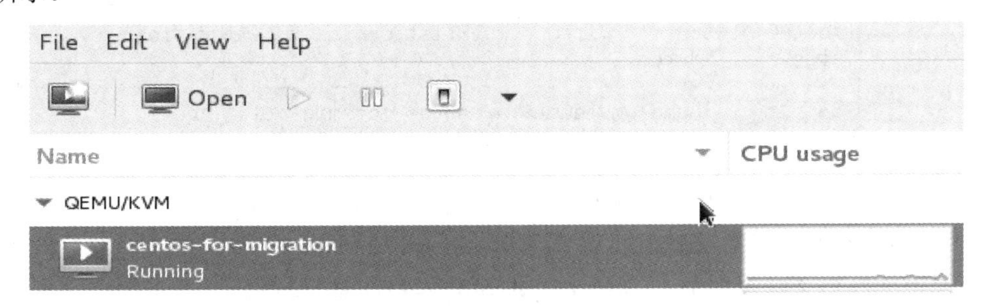

图 9-1　新建待迁移虚拟机 centos-for-migration

创建完毕，启动新建虚拟机，确认可以正常启动后，关闭该虚拟机，准备进行迁移。

(2) 检查待迁移虚拟机状态。查看图 9-1 所示的虚拟机图形管理界面，如果待迁移虚拟机名称下方的状态为“running”，表示该虚拟机正在运行；如下方的状态变为“shut off”，则说明该虚拟机已经关闭。

或者在宿主机 CentOS60 的终端上执行以下命令，也可以查看待迁移虚拟机的运行状态：

```
# virsh list --all
```

输出结果如图 9-2 所示，【State】项的信息为“shut off”，表明虚拟机为关闭状态。

```
[root@CentOS60 qemu]# virsh list --all
 Id    Name                           State
----------------------------------------------------
 13    gluster1                       running
 -     centos-for-migration           shut off
 -     centos-template                shut off
 -     ubuntu-template                shut off
```

图 9-2　查看待迁移虚拟机运行状态

双击图 9-1 中待迁移虚拟机的图标，进入该虚拟机的管理窗口，确认虚拟机硬盘文件的数量和存储位置：单击窗口菜单栏中的【View】/【Detail】命令，或直接单击上方工具栏中的小灯泡图标，然后单击窗口左侧列表的【VirtIO Disk n】项目(如果有多个硬盘，VirtIO Disk 会有多个，n 的值从 1 开始依次递增)，窗口右侧会显示该虚拟机硬盘的详细设备配置，在【Source path】一项中可以看到该硬盘文件的地址，如图 9-3 所示。

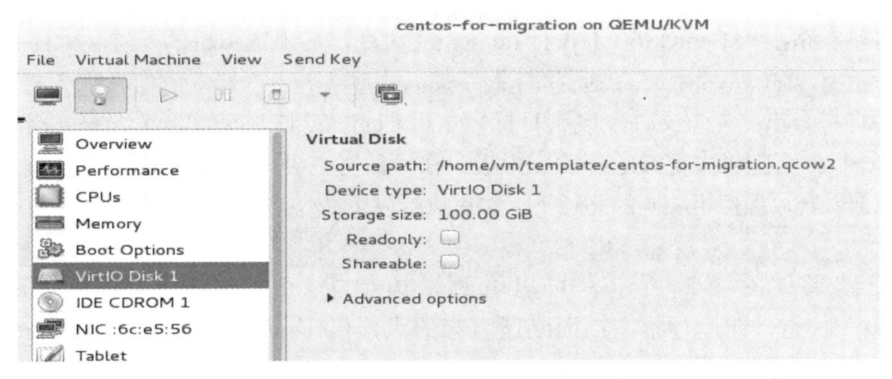

图 9-3　查看待迁移虚拟机硬盘文件

也可以在宿主机 CentOS60 的终端上使用以下命令，查看虚拟机硬盘文件信息：

```
# virsh domblklist centos-for-migration
```

输出结果如图 9-4 所示，与在图形界面中看到的信息相同。

```
[root@CentOS60 ~]# virsh domblklist centos-for-migration
Target     Source
------------------------------------------------
vda        /home/vm/template/centos-for-migration.qcow2
hda        -
```

图 9-4　使用命令行查看待迁移虚拟机硬盘文件

(3) 复制虚拟机的硬盘文件到目标宿主机。在宿主机 CentOS60 上执行 scp 命令，可以将虚拟机的硬盘文件复制到目标宿主机 CentOS243 的指定路径下。本例中要求将宿主机 CentOS60 上的虚拟机硬盘文件复制到宿主机 CentOS243 的/home/vm/template 路径下：

```
# scp /home/vm/template/centos-for-migration.qcow2 CentOS243:/home/vm/template
```

其中，第一个参数是待迁移的虚拟机硬盘文件源路径；第二个参数为目标宿主机的主机名 CentOS243，也可用目标宿主机的 IP 地址代替；第三个参数为硬盘文件迁移的目标路径，注意迁移前后的硬盘文件保存路径要一致。

命令执行后，输入目标宿主机的密码，开始复制虚拟机硬盘文件，如图 9-5 所示。

```
[root@CentOS60 template]# scp /home/vm/template/centos-for-migration.qcow2 CentO
S243:/home/vm/template
root@centos243's password:
centos-for-migration.qcow2                        1%   92MB  12.1MB/s   06:46 ETA
```

图 9-5　复制待迁移虚拟机硬盘文件

(4) 复制虚拟机的配置文件到目标宿主机。虚拟机的配置文件存放在/etc/libvirt/qemu 路径下，在宿主机 CentOS60 上执行 scp 命令，可以将该配置文件复制到目标宿主机 CentOS243 的同一路径下：

```
# scp /etc/libvirt/qemu/centos-for-migration.xml CentOS243:/etc/libvirt/qemu
```

命令执行后，输入目标宿主机的密码，开始复制虚拟机配置文件，如图 9-6 所示。

```
[root@CentOS60 qemu]# scp /etc/libvirt/qemu/centos-for-migration.xml CentOS243:/et
c/libvirt/qemu
root@centos243's password:
centos-for-migration.xml                        100% 4373     4.3KB/s   00:00
```

图 9-6　复制待迁移虚拟机配置文件

也可以在宿主机 CentOS60 上执行 dumpxml 命令，导出虚拟机的配置文件：

```
# virsh dumpxml centos-for-migration>centos-for-migration.xml
```

然后再将导出的配置文件复制到目标宿主机 CentOS243 的/etc/libvirt/qemu 路径下。

(5) 在目标宿主机上定义迁移的虚拟机。在目标宿主机 CentOS243 上确认虚拟机的硬盘文件已放入与原虚拟机相同的路径下，然后执行以下命令，查看本机上已存在的虚拟机：

```
# virsh list -all
```

输出结果如图 9-7 所示，可以看到，虚拟机 ubuntu-template 和 gluster2 为“running”状态，即运行状态；而刚迁移来的虚拟机 centos-template 为“shut off”状态，即关闭状态。

```
[root@CentOS243 test]# virsh list --all
 Id    Name                           State
----------------------------------------------------
 5     ubuntu-template                running
 7     gluster2                       running
 -     centos-template                shut off
```

图 9-7　查看目标宿主机上已存在的虚拟机

然后在目标宿主机 CentOS243 上执行以下命令，重新定义已迁移的虚拟机，如图 9-8 所示。

```
[root@CentOS243 ~]# virsh define /etc/libvirt/qemu/centos-for-migration.xml
Domain centos-for-migration defined from /etc/libvirt/qemu/centos-for-migration.
xml
```

图 9-8　重新定义已迁移的虚拟机

启动目标宿主机 CentOS243 的虚拟机图形管理界面，可以看到新迁移的虚拟机 centos-for-migration 已在其中，如图 9-9 所示。

图 9-9　查看已迁移的虚拟机

3. 共享存储上虚拟机的静态迁移

本例在宿主机 CentOS245 上创建 NFS 共享存储，并使用宿主机 CentOS60 在该共享存储上创建虚拟机，然后迁移到宿主机 CentOS243 上，基本步骤如下：

(1) 关闭宿主机防火墙。在每台宿主机上使用以下命令，关闭防火墙服务 firewalld：

```
# systemctl stop firewalld
# systemctl disable firewalld
```

然后再使用以下命令，在各台宿主机上临时关闭 SELinux 服务(Linux 的安全服务)：

```
# setenforce 0
```

但临时关闭操作只能在当前生效，重启系统即失效，如果要永久关闭，则需使用 VI 编辑器修改每台宿主机上的以下文件：

```
/etc/selinux/config
```

将上面文件中的“SELINUX=enforcing”改为“SELINUX=disabled”，然后重启系统，即可永久关闭 SELinux 服务。

注意，如果不关闭 firewalld 和 SELinux 服务，可能会导致文件系统挂载失败或者创建、迁移虚拟机时没有写入权限。

(2) 创建 NFS 文件系统。在各台宿主机上分别执行以下命令，安装 NFS 文件系统：

```
# yum install -y nfs-utils rpcbind
```

完成后执行以下命令，启动 NFS 服务：

```
# systemctl start nfs
# systemctl enable nfs
```

编辑宿主机 CentOS245 上的/etc/exports 文件，在其中写入以下信息，将宿主机 CentOS60 和 CentOS243 加入 NFS 共享列表，其中的 IP 地址也可替换成各宿主机的主机名：

```
/data 192.168.1.60(rw,sync,no_root_squash)
/data 192.168.1.243(rw,sync,no_root_squash)
```

/etc/exports 配置文件用于把宿主机 CentOS245 上的/data 路径共享到其他两台宿主机。

上述配置使 NFS 客户端挂载 NFS 文件系统之后拥有读、写等 root 权限，然后在宿主机 CentOS245 执行以下命令，使该配置生效：

```
# exportfs -r
```

再在宿主机 CentOS60 和 CentOS243 上执行以下命令，查看 NFS 共享状况：

```
# showmount -e CentOS245
```

如果输出如图 9-10 所示的内容，则说明 NFS 文件系统可以共享。

```
[root@CentOS60 template]# showmount -e CentOS245
Export list for CentOS245:
/data 192.168.1.243,192.168.1.60
```

图 9-10　查看宿主机 NFS 共享状况

(3) 挂载 NFS 文件系统。在宿主机 CentOS60 和 CentOS243 上分别执行以下命令，在两台宿主机的根目录下各建立一个 nfs 目录，用来挂载 NFS 文件系统：

```
# mkdir /nfs
```

注意，由于源宿主机和目标宿主机保存虚拟机镜像文件的路径必须一致，才能确保迁移成功，因此为挂载 NFS 文件系统而创建的/nfs 目录路径必须相同。

在宿主机 CentOS60 和 CentOS243 的终端上分别执行以下命令，可以临时挂载 NFS 文件系统：

```
# mount -t nfs 192.168.1.245:/data   /nfs
```

如果要永久挂载该 NFS 文件系统，则需在各自的/etc/fstab 文件中添加以下信息：

```
192.168.1.245:/data   /nfs   nfs   defaults, _netdev 0 0
```

然后在各自的终端上分别执行 mount -a 命令，进行挂载：

```
# mount -a
```

操作完成后，即可在系统每次重新启动后自动挂载 NFS 文件系统。

执行 df -h 命令，可以查看 NFS 的挂载结果。如图 9-11 所示，最后一行信息“192.168.1.245:/data 40G 9.9G 31G 25% /nfs”表明，在宿主机 CentOS245 上创建的 NFS 文件系统已挂载到本/nfs 目录当中。

```
[root@CentOS243 etc]# df -h
Filesystem            Size  Used Avail Use% Mounted on
/dev/mapper/cl-root    50G   13G   38G  25% /
devtmpfs              3.8G     0  3.8G   0% /dev
tmpfs                 3.8G  1.3M  3.8G   1% /dev/shm
tmpfs                 3.8G  114M  3.7G   3% /run
tmpfs                 3.8G     0  3.8G   0% /sys/fs/cgroup
/dev/sda2            1014M  223M  792M  22% /boot
/dev/sda1             200M  9.5M  191M   5% /boot/efi
/dev/mapper/cl-home   240G   62G  178G  26% /home
tmpfs                 772M   36K  772M   1% /run/user/0
tmpfs                 772M   16K  772M   1% /run/user/42
192.168.1.245:/data    40G  9.9G   31G  25% /nfs
```

图 9-11　查看宿主机 NFS 挂载结果

(4) 创建虚拟机。进入宿主机 CentOS60 的/nfs 目录，在其中执行以下命令，创建一个大小为 100 GB 的虚拟机硬盘镜像文件 CentOS-for-migration.qcow2：

```
# cd /nfs
# qemu-img create -f qcow2 CentOS-for-migration.qcow2 100G
```

参考第 2 章，使用该文件创建一台使用 CentOS 操作系统的虚拟机，将其命名为“CentOS-for-migration”，创建完成后，关闭该虚拟机。

(5) 复制配置文件。在宿主机 CentOS60 上执行以下命令，将新建虚拟机的配置文件复制到宿主机 CentOS243 的相同路径的目录下：

```
# scp /etc/libvirt/qemu/CentOS-for-migration.xml CentOS243:/etc/libvirt/qemu
```

(6) 定义迁移的虚拟机。在宿主机 CentOS243 上执行以下命令，定义迁移过来的虚拟机：

```
# virsh define /etc/libvirt/qemu/CentOS-for-migration.xml
```

定义完成后，在目标宿主机 CentOS243 的虚拟机图形管理界面中会看到迁移的虚拟机 CentOS-for-migration，如图 9-12 所示。

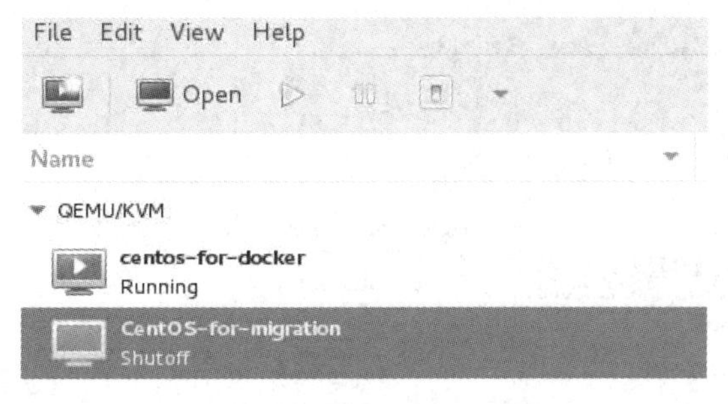

图 9-12　查看已迁移的虚拟机

在目标宿主机 CentOS243 上启动已迁移的虚拟机 CentOS-for-migration，完成虚拟机迁移，如图 9-13 所示。

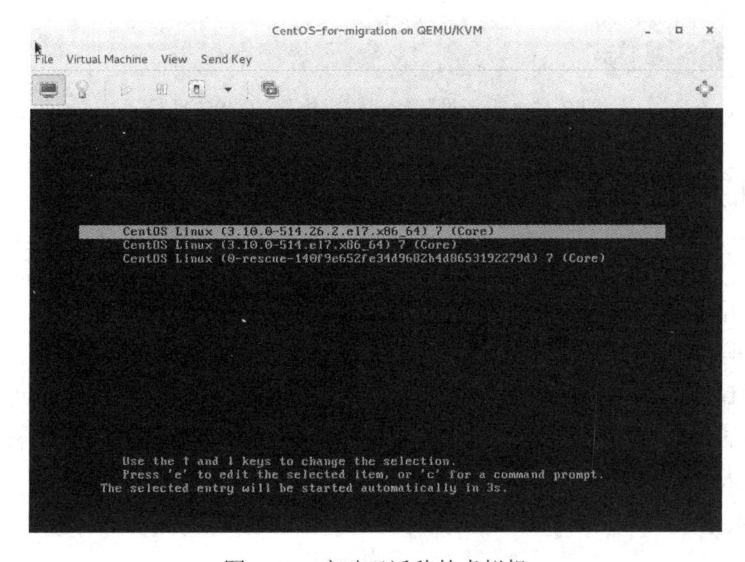

图 9-13　启动已迁移的虚拟机

(7) 迁移可能出现的问题。如果待迁移虚拟机的 CPU 型号与目标宿主机支持的 CPU 型号不一致，启动时有可能报错，如图 9-14 所示。

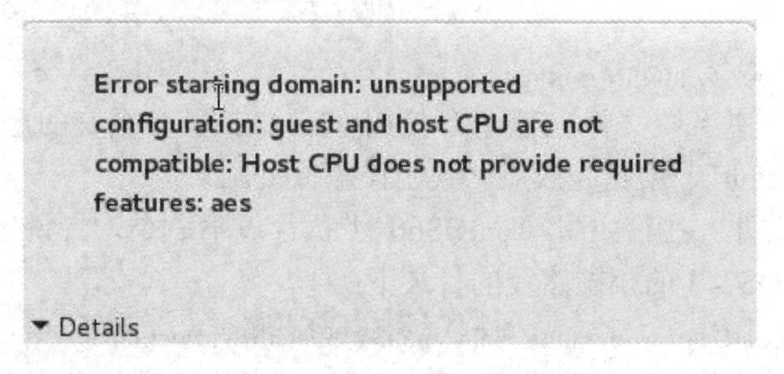

图 9-14　CPU 型号报错

遇到这种情况，可以打开该虚拟机的管理窗口，选择菜单栏中的【View】/【Detail】命令，然后在左侧窗口中单击【CPUs】项目，将右侧出现的【Model】项设置为一个可用的 CPU 型号，如 core2duo，即可正常启动该虚拟机的系统，如图 9-15 所示。

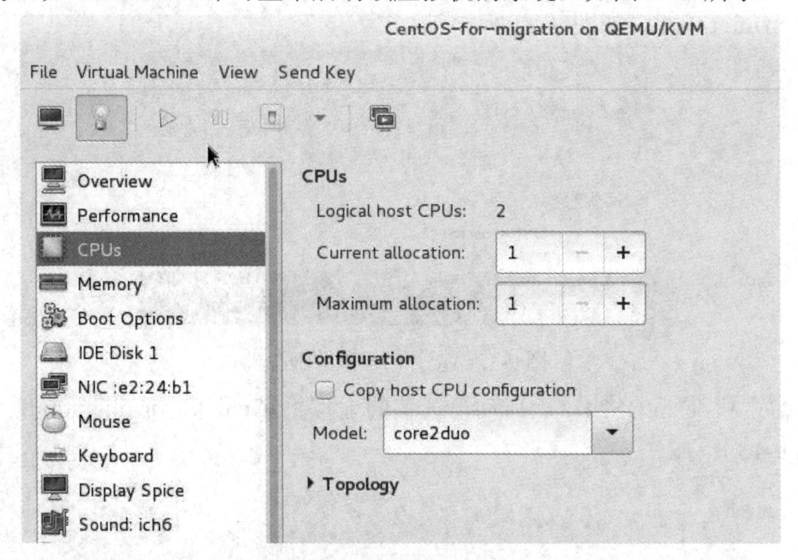

图 9-15　重新设置待迁移虚拟机的 CPU 型号

9.1.2　虚拟机的动态迁移

动态迁移，是指在保证虚拟机上的服务正常运行的同时，将该虚拟机迁移到不同的宿主机上，期间并不会断开虚拟机服务的客户端或者应用程序的访问连接。

动态迁移与静态迁移不同之处在于：动态迁移需要保证虚拟机的内存、硬盘存储和网络连接在迁移到目标宿主机后仍然保持不变，而且迁移过程的服务暂停时间非常短。

动态迁移的最大优点是能够保证业务不中断，但是影响迁移的因素比较多，迁移的失败风险也比较大。

1. 硬件环境

本例中使用的硬件环境如表 9-2 所示。

表 9-2　虚拟机动态迁移的硬件环境

角　色	主机名	IP 地址	用　途
宿主机 1	CentOS60	192.168.1.60	在宿主机根目录下创建/nfs 路径，用于挂载 NFS 文件系统
宿主机 2	CentOS243	192.168.1.243	在宿主机根目录下创建/nfs 路径，用于挂载 NFS 文件系统
宿主机 3	CentOS245	192.168.1.245	在宿主机根目录下创建/data 路径，用于创建 NFS 文件系统

2. 挂载 NFS

NFS 文件系统的创建和配置方法参考 9.1.1 节共享存储静态迁移部分，本例中使用图形界面方式挂载 NFS 文件系统，基本步骤如下：

(1) 启动宿主机 CentOS60 的虚拟机管理界面，双击虚拟机列表中的【QEMU/KVM】目录项，如图 9-16 所示。

图 9-16　进入 QEMU/KVM 配置

(2) 进入【QEMU/KVM Connection Details】配置窗口，选择菜单栏下方的【Storage】标签，然后单击左下角的【+】按钮，如图 9-17 所示。

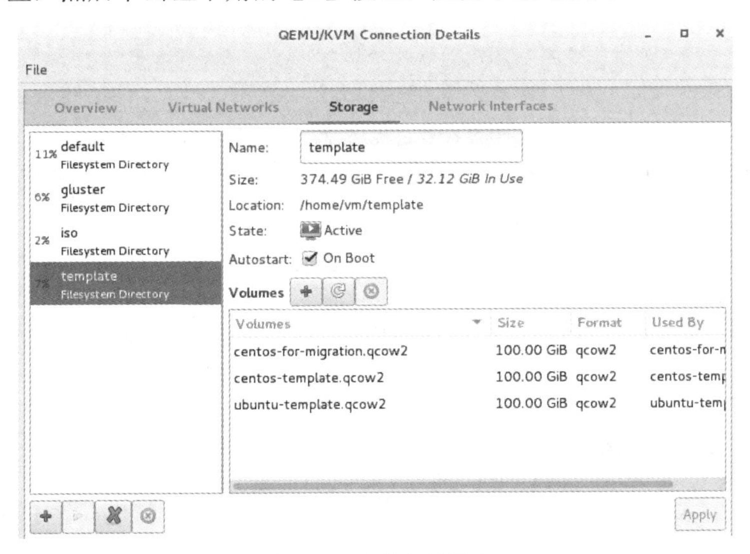

图 9-17　新增存储设备

(3) 在弹出的【Add a New Storage Pool】对话框中，在【Name】后的文本框内设置要挂载的 NFS 文件系统的名称，在【Type】下拉列表中设置该 NFS 文件系统类型为“netfs:Network Exported Directory”，然后单击【Forward】按钮，如图 9-18 所示。

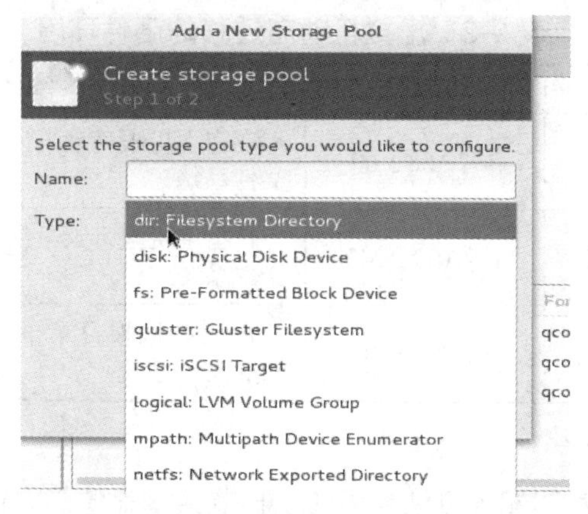

图 9-18　设置所挂载的存储设备名和类型

(4) 在接着出现的对话框中，设置需要挂载的 NFS 文件系统的目标路径、NFS 服务器的主机名和共享的源路径：在【Target Path】后输入需挂载的 NFS 文件系统的目标路径(本例为/nfs)，在【Host Name】后输入 NFS 服务器的主机名或者 IP 地址(本例为 192.168.1.245)，在【Source Path】后输入共享的源路径(本例为/data)，然后单击【Finish】按钮完成设置，如图 9-19 所示。

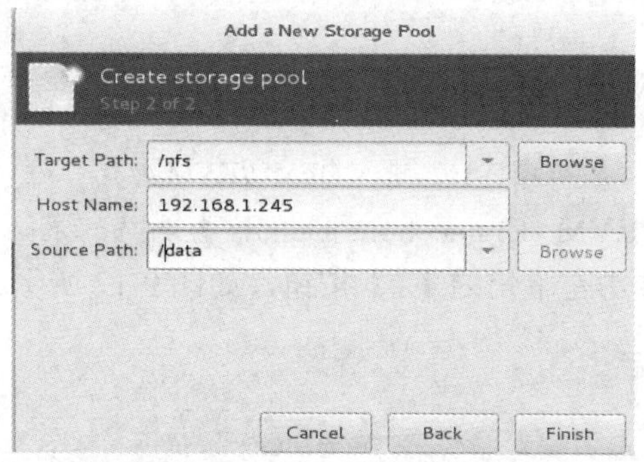

图 9-19　设置 NFS 挂载目标路径、NFS 服务器和源路径

(5) 挂载成功后，在【QEMU/KVM Connection Detail】窗口左侧的列表中可以看到已挂载的文件系统 nfs，如图 9-20 所示。

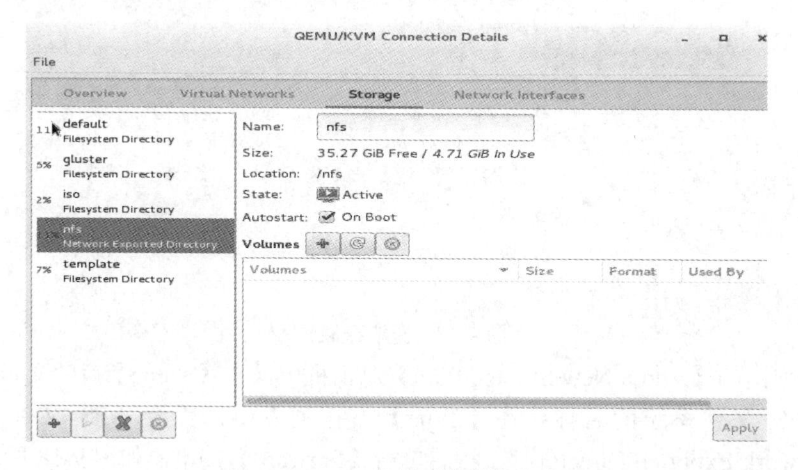

图 9-20　NFS 文件系统挂载成功

(6) 也可以在宿主机 CentOS60 上使用 df -h 命令，查看已挂载的文件系统，如图 9-21 所示。

```
[root@CentOS60 template]# df -h
Filesystem              Size  Used Avail Use% Mounted on
/dev/mapper/cl-root      50G  6.1G   44G  13% /
devtmpfs                3.8G     0  3.8G   0% /dev
tmpfs                   3.8G  748K  3.8G   1% /dev/shm
tmpfs                   3.8G  9.0M  3.8G   1% /run
tmpfs                   3.8G     0  3.8G   0% /sys/fs/cgroup
/dev/sda2              1014M  224M  791M  22% /boot
/dev/sda1               200M  9.5M  191M   5% /boot/efi
/dev/mapper/cl-home     407G   31G  377G   8% /home
tmpfs                   771M   40K  771M   1% /run/user/0
tmpfs                   771M   16K  771M   1% /run/user/42
192.168.1.245:/data      40G  4.8G   36G  12% /nfs
```

图 9-21　使用命令行查看已挂载的文件系统

(7) 按照以上步骤，在宿主机 CentOS243 上挂载 NFS 文件系统。

3. 在 NFS 上创建虚拟机

在【QEMU/KVM Connection Detail】窗口中，单击左侧列表中的已挂载文件系统 nfs，然后单击右侧出现的【Volumes】选项后的【+】按钮，弹出【Add a Storage Volume】对话框，如图 9-22 所示。

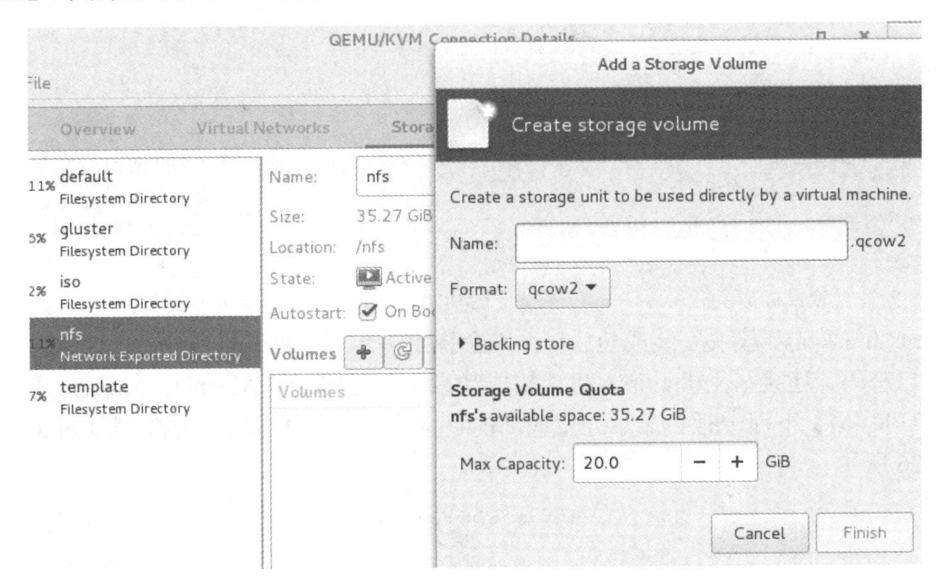

图 9-22　创建虚拟硬盘镜像文件

按照对话框中的提示，在该 NFS 文件系统上创建虚拟硬盘镜像文件 centos-for-nfs.qcow2，并在上面安装操作系统，具体操作参考本书 2.3 节，此处不再赘述。

4. 复制虚拟机配置文件

在宿主机 CentOS60 的终端上执行以下命令，导出其虚拟机配置文件，并将其复制到目标宿主机 CentOS243 的/etc/libvirt/qemu 路径下：

```
# virsh dumpxml centos-for-nfs>centos-for-nfs.xml
# scp centos-for-nfs.xml CentOS243:/etc/libvirt/qemu
```

5．连接目标宿主机

启动宿主机 CentOS60 的虚拟机图形管理界面，在【Virtual Machine Manager】窗口中选择【File】/【Add Connection】命令，如图 9-23 所示。

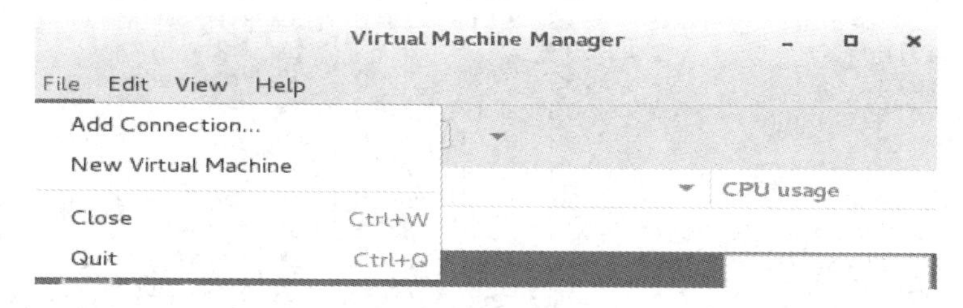

图 9-23　新建连接

在弹出的【Add Connection】对话框中选中【Connect to remote host】项，然后在【Username】后输入用户名“root”，在【Hostname】后输入目标宿主机的主机名或者 IP 地址(本例为 CentOS243)。设置完毕，单击【Connect】按钮，如图 9-24 所示。

如果 CentOS60 没有安装 openssh-askpass 模块，则会弹出提示对话框，此时要单击【Install】按钮进行安装，如图 9-25 所示。

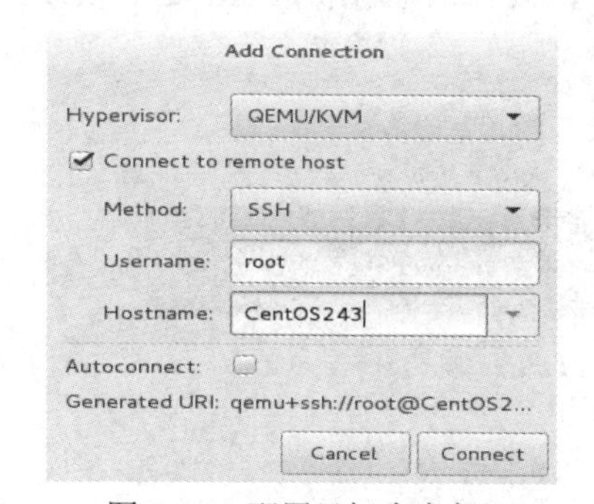

图 9-24　配置目标宿主机

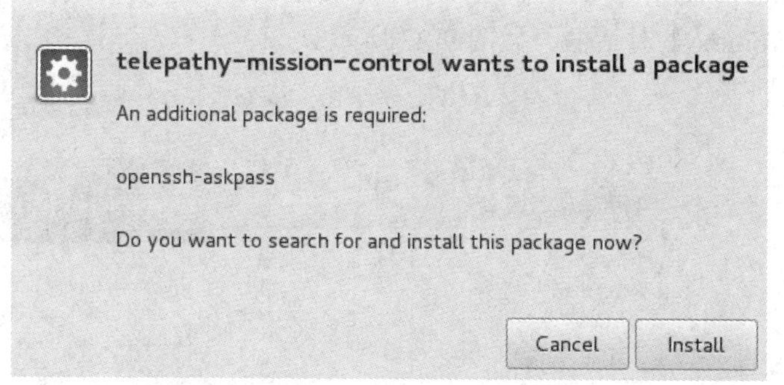

图 9-25　openssh-askpass 安装提示

openssh-askpass 模块安装成功后，系统会弹出提示对话框，在其中输入目标宿主机的 root 用户密码，连接宿主机。宿主机连接成功后，在【Virtual Machine Manager】窗口的【QEMU/KVM】下面一行会显示连接成功的目标宿主机，本例中为宿主机 CentOS243，如图 9-26 所示。

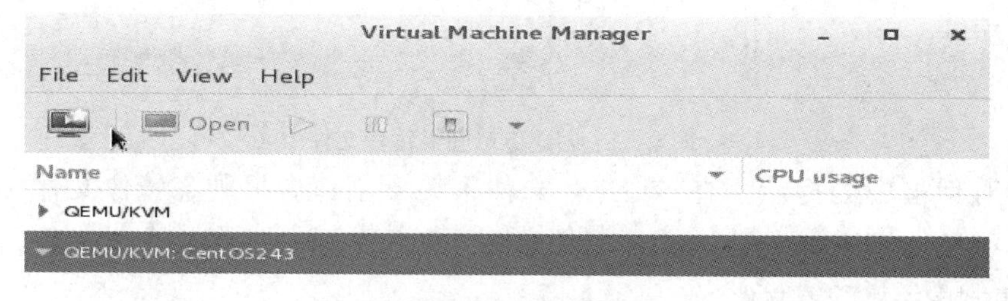

图 9-26　目标宿主机连接成功

6．动态迁移虚拟机

在 CentOS60 上的虚拟机图形管理界面中启动虚拟机 centos-for-nfs，当其状态为“Running”，即稳定运行后，在【Virtual Machine Manager】窗口中右键单击该虚拟机的

图标，在弹出的菜单中选择【Migrate】(迁移)命令，如图 9-27 所示。

在弹出【Migrate the virtual machine】对话框中的【New host】下拉菜单中选择迁移目标宿主机“CentOS243”，然后单击【Migrate】按钮开始迁移，如图 9-28 所示。

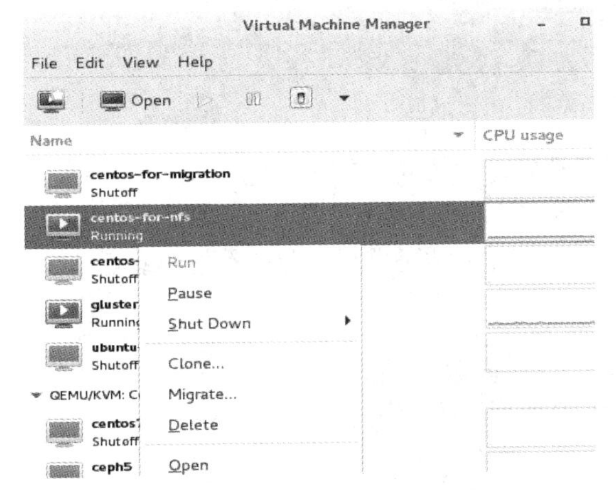

图 9-27　进入虚拟机迁移设置

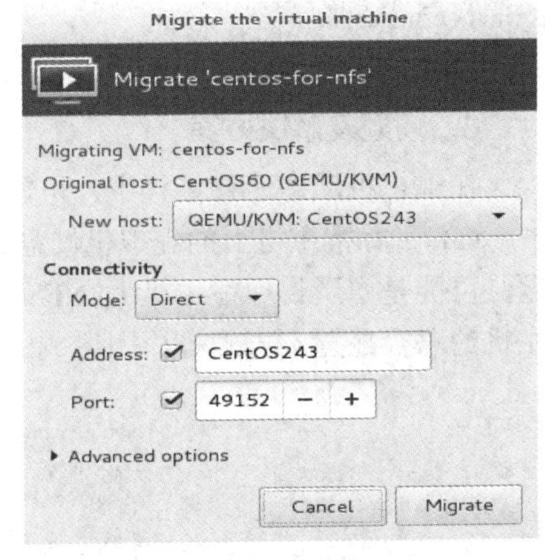

图 9-28　设置虚拟机迁移选项

虚拟机的动态迁移过程如图 9-29 所示。

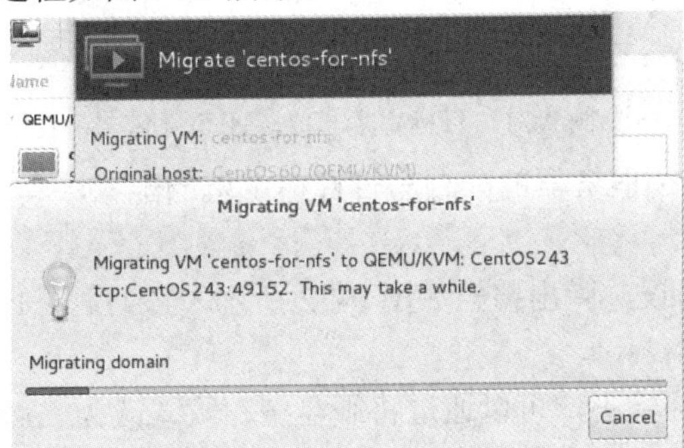

图 9-29　虚拟机动态迁移进行中

迁移完成后，虚拟机 centos-for-nfs 会从【Virtual Machine Manager】窗口中的【QEMU/KVM】目录下消失，并出现在【QEMU/KVM-CentOS243】目录下，如图 9-30 所示。

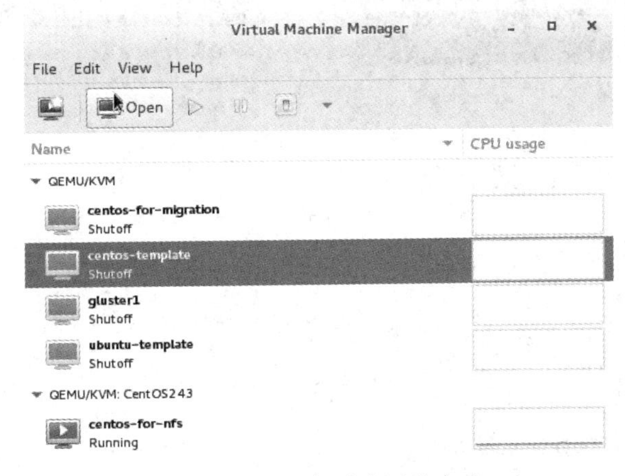

图 9-30　虚拟机动态迁移完成

7．定义虚拟机

前面的操作已经把待迁移虚拟机的配置文件复制到了目标宿主机 CentOS243 的 /etc/libvirt/qemu 路径下，在该路径下执行以下命令，即可重新定义迁移的虚拟机：

```
# virsh define centos-for-nfs.xml
```

至此，虚拟机的动态迁移工作全部完成。

8．问题及解决方案

在虚拟机动态迁移过程中，可能会出现多种问题，其解决方案如下：

(1) 目标宿主机上的虚拟机硬盘镜像文件不可见，弹出警告如图 9-31 所示。出现此问题，可能是由于目标宿主机上 NFS 配置不正确、NFS 服务器权限配置不正确或者目标宿主机的路径配置不正确等原因造成的。

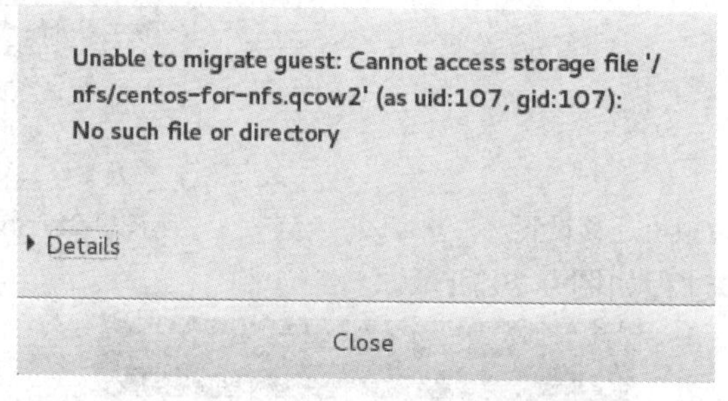

图 9-31　目标宿主机文件不可见警告

解决方案：检查 NFS 服务器的配置与目标宿主机的配置，具体步骤参考 9.1.3 节挂载 NFS 相关操作。

(2) 硬盘缓存模式错误，弹出警告如图 9-32 所示，该问题是由于硬盘缓存模式出错导致的。

解决方案：在测试环境中，可以通过将硬盘缓存模式改为 unsafe 模式来解决此问题，如图 9-33 所示，在【Migrate the virtual machine】对话框的【Advanced options】配置中勾选【Allow unsafe】项，然后单击【Migrate】按钮，继续进行迁移。

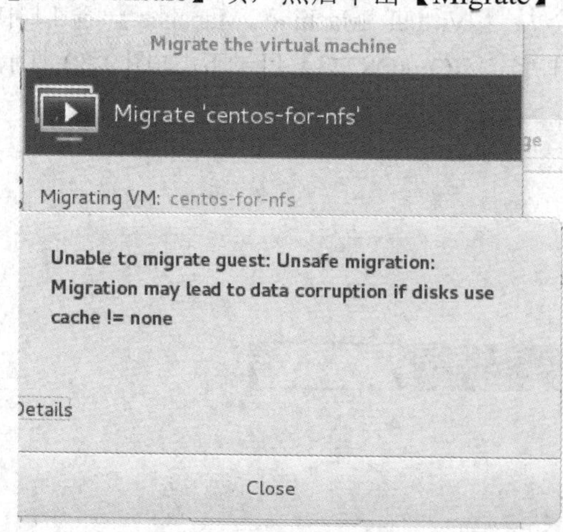

图 9-32　硬盘缓存模式警告

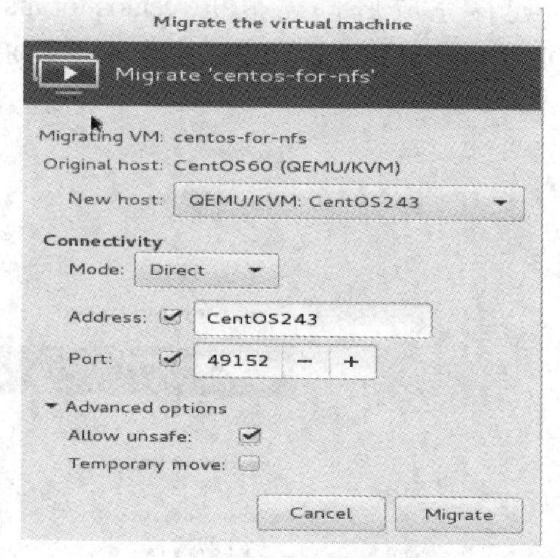

图 9-33　设置硬盘缓存模式

(3) 源宿主机与目标宿主机的 SELinux 设置不一致，弹出警告如图 9-34 所示。出现此

问题，是由于源宿主机与目标宿主机的 SELinux 设置不一致而导致的。

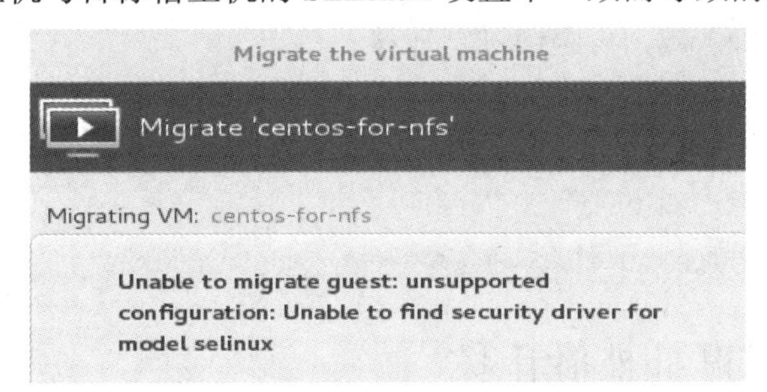

图 9-34　SELinux 设置不一致警告

解决方案：分别修改两台宿主机的/etc/selinux/config 文件，将 SELINUX 项的值都设置为“Disabled”，然后重启系统，即可永久关闭 SELinux 服务，然后重新进行迁移。

(4) 源宿主机和目标宿主机支持的 VCPU 型号不一致，弹出警告如图 9-35 所示。该问题可能是由于源宿主机配置文件中设置的虚拟机 VCPU 型号与目标宿主机可用的 VCPU 型号不兼容而导致的。

解决方案：双击虚拟机的 centos-for-nfs，在弹出的管理窗口【centos-for-nfs on QEMU/KVM】中选择菜单栏中的【View】/【Detail】命令，然后在左侧列表中单击【CPUs】项目，选择目标宿主机可用的 CPU 型号，如 core2duo，然后重启虚拟机，使配置生效，如图 9-36 所示。

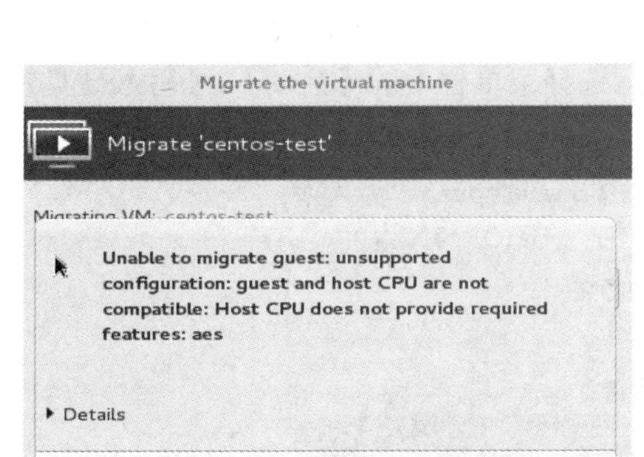

图 9-35　CPU 型号不一致警告

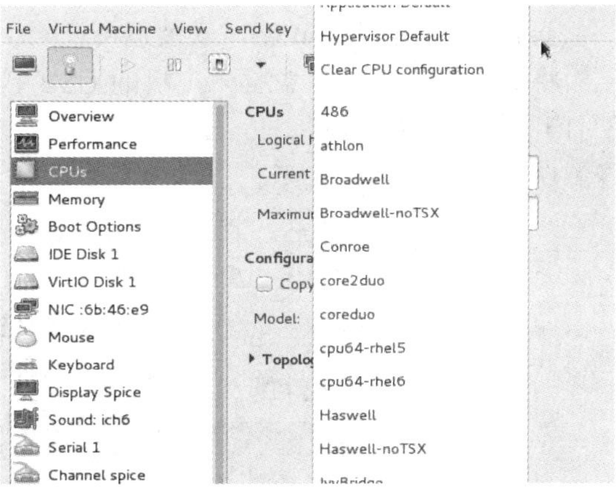

图 9-36　设置为目标宿主机可用的 CPU 型号

(5) 网桥名称不一致，如果源宿主机和目标宿主机的网桥名称不一致，会弹出如图 9-37 所示的警告。

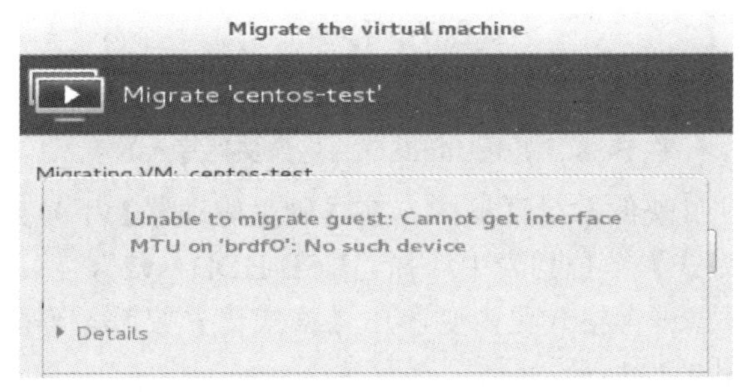

图 9-37　网桥名称不一致警告

解决方案：在目标宿主机上删除原有网桥，并创建与源宿主机上名称相同的网桥，然后重启系统使新建网桥生效，再继续进行迁移。

删除网桥命令的格式如下：

```
# virsh iface-unbridge <现有网桥名称>
```

创建网桥命令的格式如下：

```
# virsh iface-bridge <要绑定的网卡的名称> <网桥名称>
```

9.1.3 物理机到虚拟机的迁移

物理机到虚拟机的迁移简称 P2V(Physical to Virtual)，此类迁移可以将物理机转换成虚拟机，且文件系统和系统内的文件不发生任何变化。

P2V 迁移需要使用一个名为 Clonezilla(再生龙)的软件，用来克隆系统并将其在虚拟机上恢复，该软件支持 Linux 与 Windows 系统；同时还需要配置一个 NFS 服务器，配置方法前面章节已经详细说明，此处不再赘述。

本例以 Linux 系统虚拟机的迁移为例，介绍 P2V 迁移的详细步骤。

1．制作 Clonezilla 启动盘

首先进入 www.121ugrow.com(英谷教育官网)的出版教材模块中，下载本书相关教材资料，其中包含 Clonezilla 镜像文件 clonezilla-live.iso。

安装刻录软件 UltraISO，安装包可在网上搜索下载。

将准备好的空白 U 盘插入主机的 USB 接口，确定可以正常识别后，使用 UltraISO 软件打开下载的镜像文件 clonezilla-live.iso，然后选择菜单栏中的【启动】/【写入硬盘镜像】命令，如图 9-38 所示。

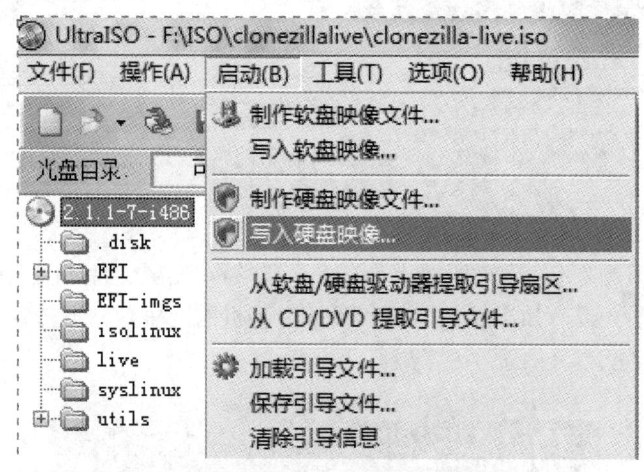

图 9-38　使用 UltraISO 将镜像文件写入 U 盘

在弹出的【写入硬盘映像】对话框中，在【硬盘驱动器】下拉列表中选择要制作启动盘的 U 盘，在【写入方式】下拉列表中选择“USB-HDD+ v2”，然后单击【写入】按钮。若程序提示需要对 U 盘进行格式化，则单击【格式化】按钮，等待格式化完成后，再单击【写入】按钮，如图 9-39 所示。

写入镜像文件的过程如图 9-40 所示。

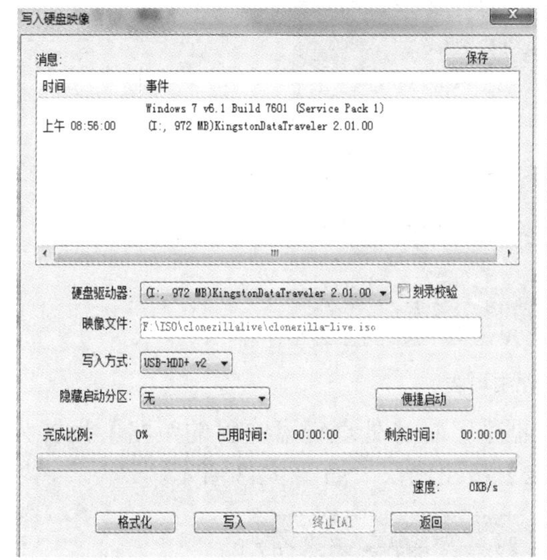

图 9-39　配置镜像写入选项

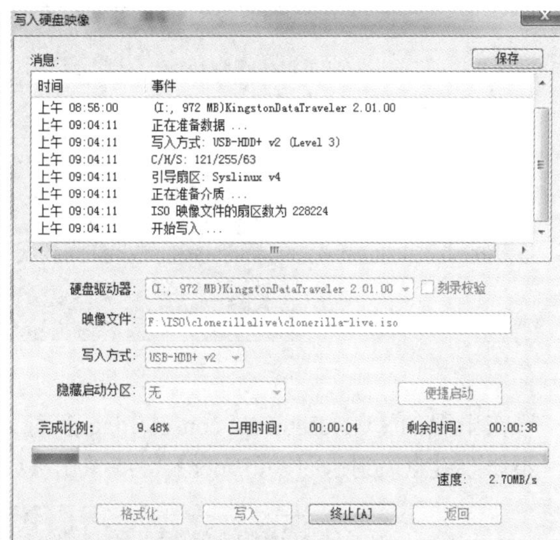

图 9-40　写入镜像文件

2．克隆物理机系统

在主机上插入 U 盘，然后启动主机，将 BIOS 设置为 U 盘启动，保存并重启主机，具体操作参考 2.2.1 小节，此处不再赘述，之后的操作步骤如下：

(1) 启动 Clonezilla。系统重启后，从 U 盘进入 Clonezilla 启动界面，在界面上方的启动类别选项窗口中，选择默认的【Clonezilla live】选项，然后按【Enter】键确认，如图 9-41 所示。

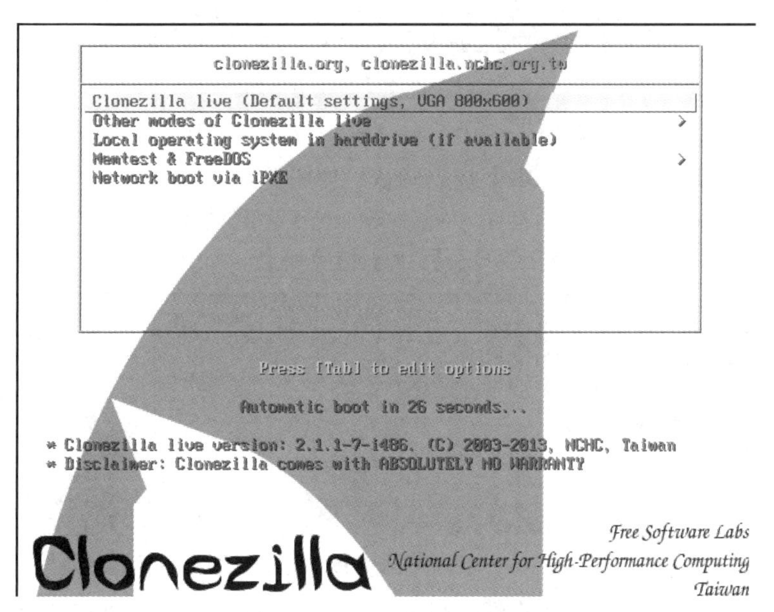

图 9-41　Clonezilla 启动界面

(2) 配置 Clonezilla 基本选项。在出现的【Choose language】对话框中，选择软件使用语言，支持的语言包括英文、简体中文、繁体中文等，本例选择【简体中文】，然后按

【Enter】键或单击【OK】按钮确认，如图 9-42 所示。

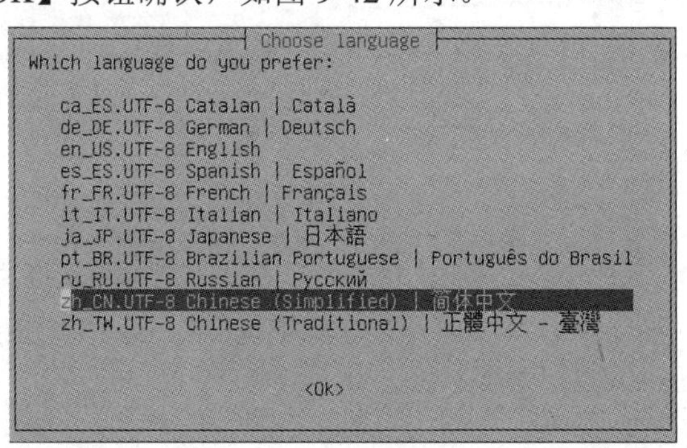

图 9-42　设置使用语言

在出现的【Configuring console-data】对话框中，将【处理键盘映射的策略】设置为“不修改键盘映射”，按【Enter】键或单击【OK】按钮确认，如图 9-43 所示。

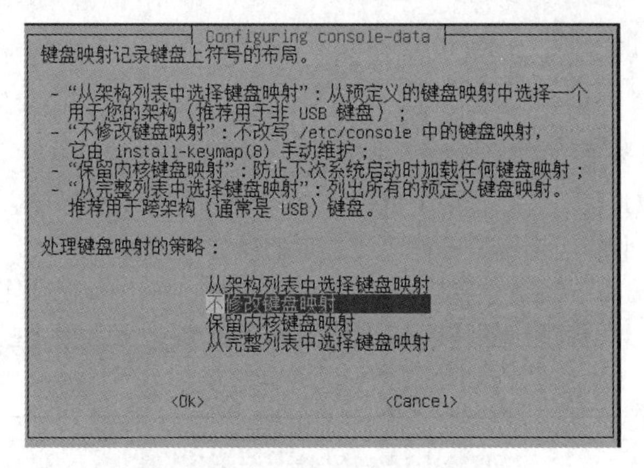

图 9-43　设置键盘映射策略

在出现的【使用再生龙】对话框中，将【选定模式】设置为“Start_Clonezilla 使用再生龙”，按【Enter】键或单击【OK】按钮确认，如图 9 44 所示。

在出现的【Clonezilla】对话框中，将源文件的【选定模式】设置为“硬盘/分区(存到/来自)镜像文件”，按【Enter】键或单击【OK】按钮确认，如图 9-45 所示。

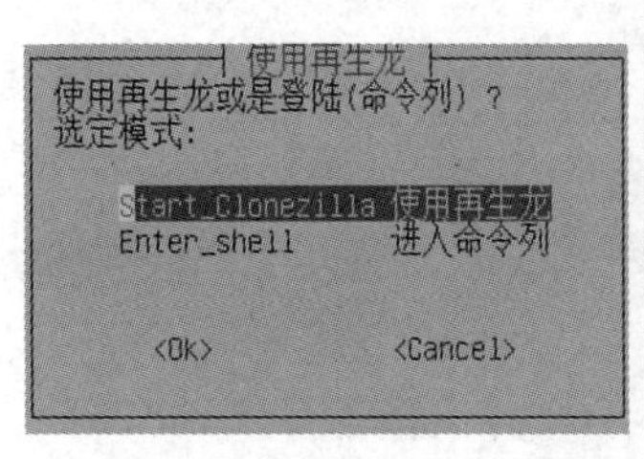

图 9-44　确认使用 Clonezilla

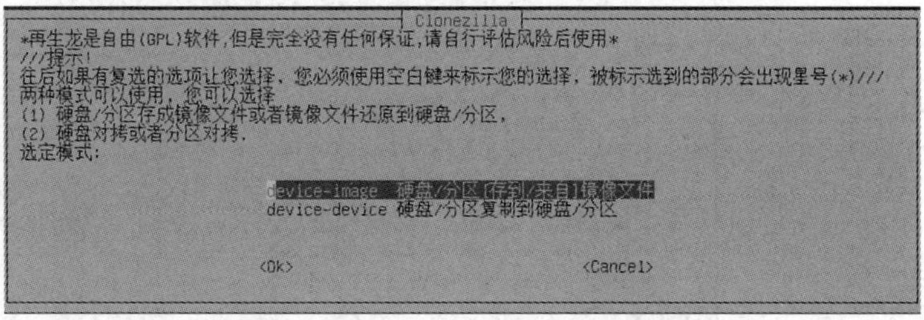

图 9-45　设置源文件选定模式

在出现的【挂载再生龙镜像文件的目录】对话框中，将挂载文件的【选定模式】设置为“使用 NFS 服务器的目录”，按【Enter】键或单击【OK】按钮确认，如图 9-46 所示。注意，挂载之前需要先配置 NFS 服务器，参考本书的 9.1.1 小节。

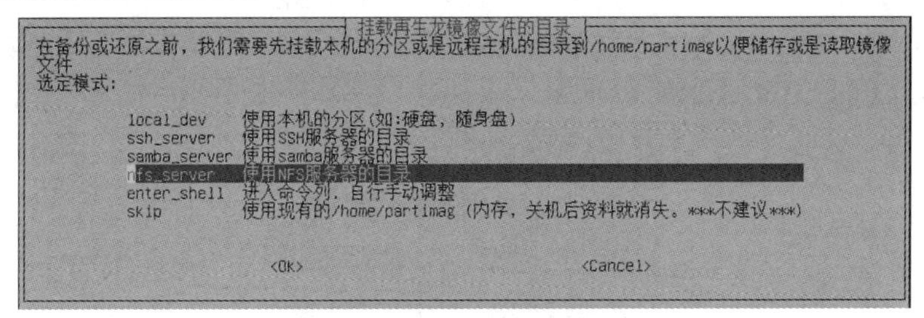

图 9-46　设置文件挂载目录

(3) 设定本机网络。在出现的【网络设定】对话框中，将【网卡模式】设置为“设定固定 IP 地址”，按【Enter】键或单击【OK】按钮确认，如图 9-47 所示。

在出现的【设置网卡 IP 地址】对话框中，在蓝色位置输入 IP 地址。该 IP 地址用于当前启动的主机，且必须是所挂载的 NFS 服务器可以接受的 IP 地址。输入完毕，按【Enter】键或单击【OK】按钮确认，如图 9-48 所示。

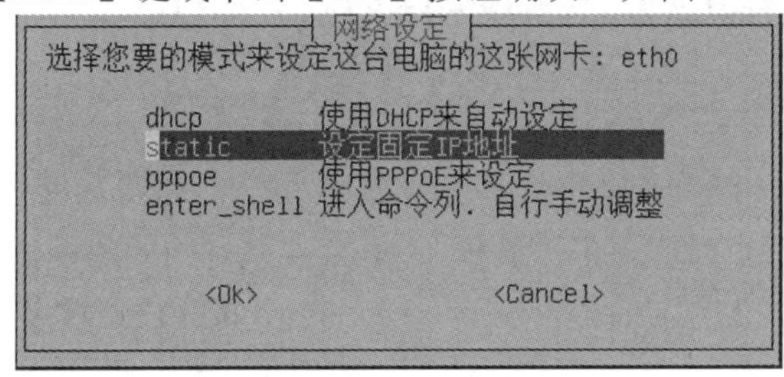

图 9-47　设置网卡模式

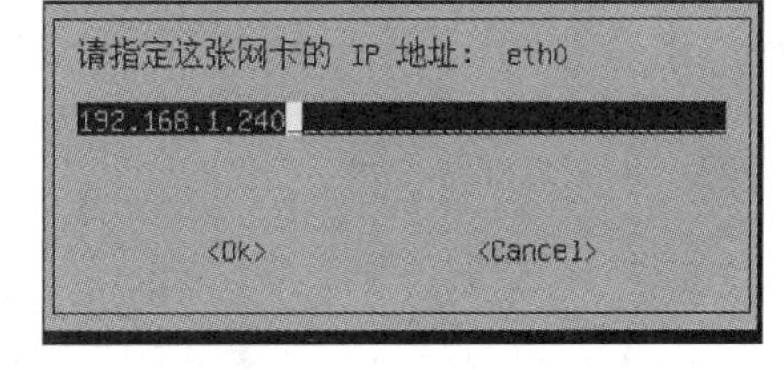

图 9-48　设置网卡 IP 地址

在出现的【设置网卡网络掩码】对话框中，在蓝色位置输入当前主机所用的网络掩码，输入完毕，按【Enter】键或单击【OK】按钮确认，如图 9-49 所示。

在出现的【设置网卡网关】对话框中，在蓝色位置输入当前主机所用的网关，输入完毕，按【Enter】键或单击【OK】按钮确认，如图 9-50 所示。

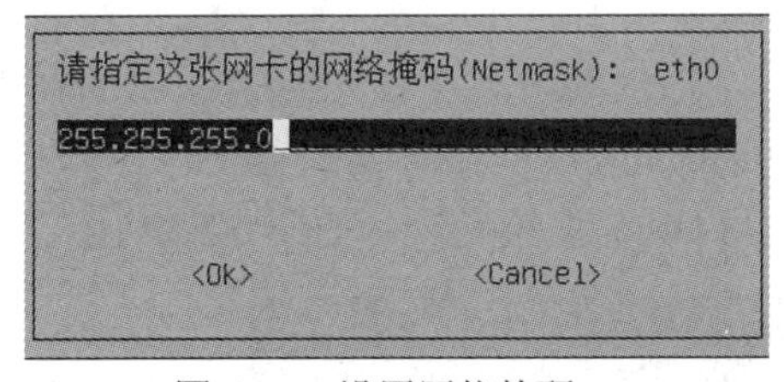

图 9-49　设置网络掩码

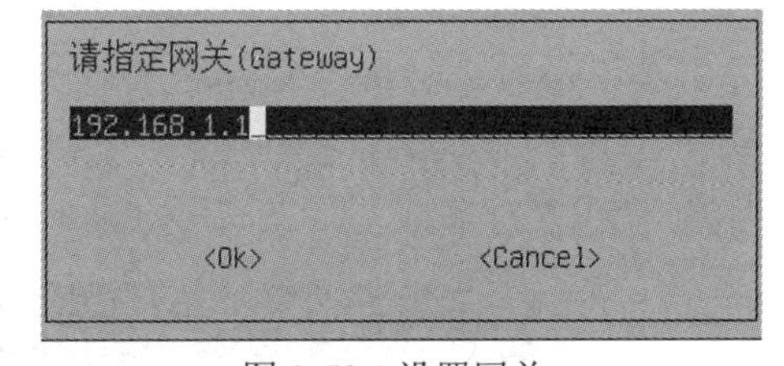

图 9-50　设置网关

在出现的【设置网卡域名】对话框中，在蓝色位置输入当前主机所用的域名服务器地址，如果没有域名服务器，则将其配置为和网关相同的地址，输入完毕，按【Enter】键或单击【OK】按钮确认，如图 9-51 所示。

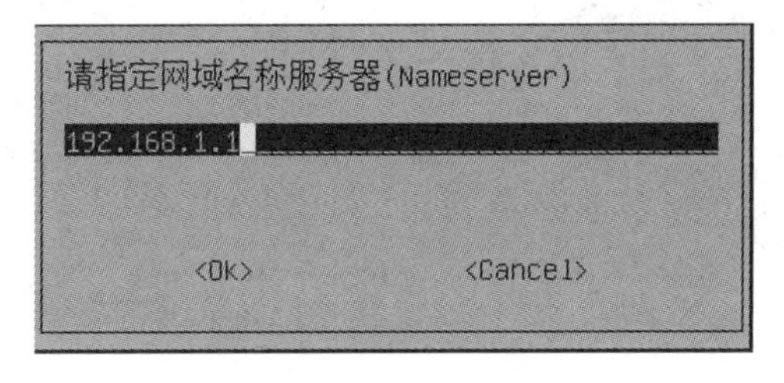

图 9-51　设置域名服务器地址

(4) 配置 NFS。在出现的【NFS version】对话框中，将 NFS 协议的版本设置为“NFS v2，v3”，按【Enter】键或单击【OK】按钮确认，如图 9-52 所示。

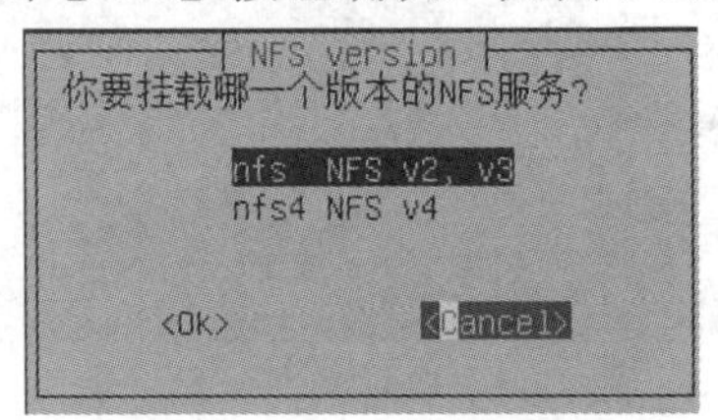

图 9-52　设置 NFS 协议版本

在出现的【Mount NFS server】对话框中，在蓝色位置输入 NFS 服务器的 IP 地址，输入完毕，按【Enter】键或单击【OK】按钮确认，如图 9-53 所示。

图 9-53　设置 NFS 服务器 IP 地址

在下一个【Mount NFS server】对话框中，在蓝色位置输入 NFS 共享目录的路径，此路径要与 NFS 服务器上/etc/exports 文件中的路径保存一致，输入完毕，按【Enter】键或单击【OK】按钮确认，如图 9-54 所示。

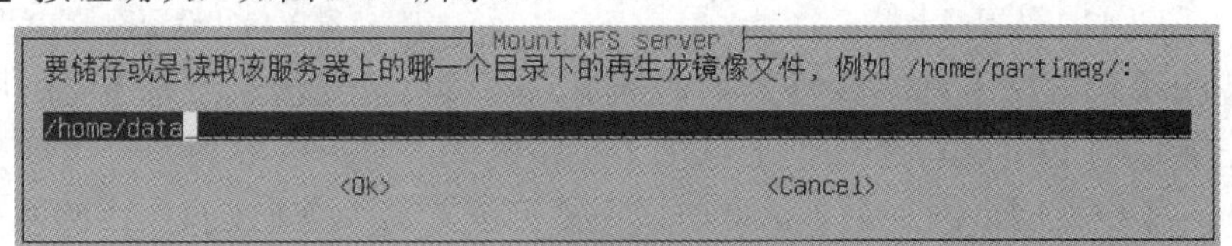

图 9-54　设置共享目录的路径

上述设置完成后，在【Mount NFS server】对话框的下方会显示目前系统的挂载状态，如果看到【Filesystem】列最后一行的挂载目录指向 NFS 服务器的 IP 地址和所在路径，则表示 NFS 挂载成功，按【Enter】键或单击【OK】按钮确认，如图 9-55 所示。

```
目前系统的挂载状态
************************************************************.
df: `/filesystem.squashfs': No such file or directory
Filesystem            Size  Used Avail Use% Mounted on
rootfs               1014M  7.4M 1006M   1% /
sysfs                    0     0     0    - /sys
proc                     0     0     0    - /proc
udev                   10M     0   10M   0% /dev
devpts                   0     0     0    - /dev/pts
tmpfs                 203M  240K  203M   1% /run
/dev/sr0              112M  112M     0 100% /live/image
tmpfs                1014M  7.4M 1006M   1% /live/cow
aufs                 1014M  7.4M 1006M   1% /
tmpfs                1014M     0 1014M   0% /live
tmpfs                 5.0M     0  5.0M   0% /run/lock
tmpfs                 406M     0  406M   0% /run/shm
fusectl                  0     0     0    - /sys/fs/fuse/connections
tmpfs                1014M     0 1014M   0% /tmp
rpc_pipefs               0     0     0    - /var/lib/nfs/rpc_pipefs
192.168.3.128:/nfs     78G  4.6G   74G   6% /home/partimag
************************************************************.
按 Enter 键继续......
```

图 9-55　查看系统挂载状态

(5) 准备克隆。在随后出现的对话框中，将【高级参数向导的模式】设置为“专家模式”，按【Enter】键或单击【OK】按钮确认，如图 9-56 所示。

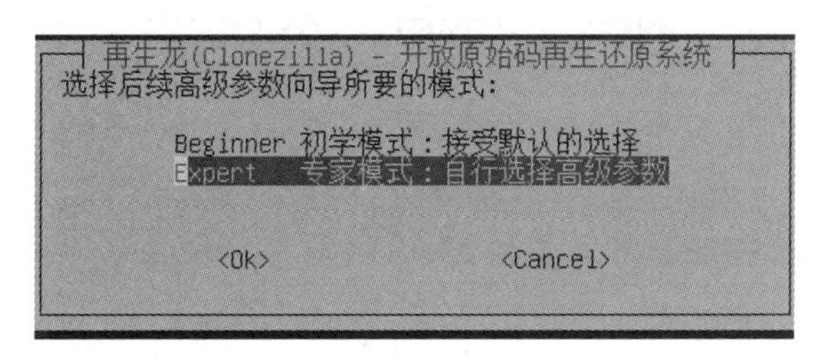

图 9-56　设置高级参数向导所用的模式

在出现的【Clonezilla：选定模式】对话框中，将镜像存储的【选定模式】设置为“储存本机硬盘为镜像文件”，按【Enter】键或单击【OK】按钮确认，如图 9-57 所示。

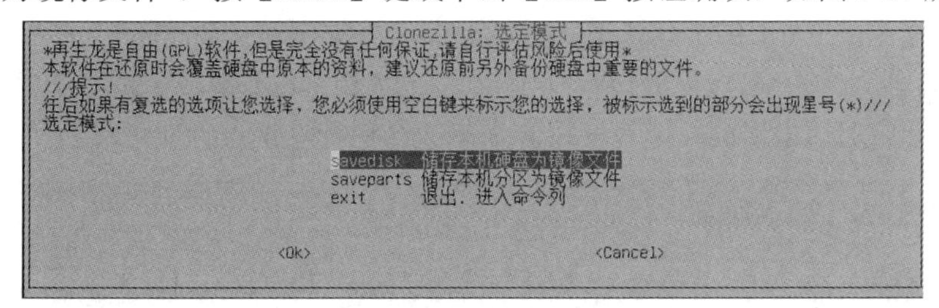

图 9-57　设置镜像文件的存储模式

在出现的镜像文件名称设置对话框中，在蓝色位置输入要存储的镜像名称，本例中保持默认名称即可，然后按【Enter】键或单击【OK】按钮确认，如图 9-58 所示。

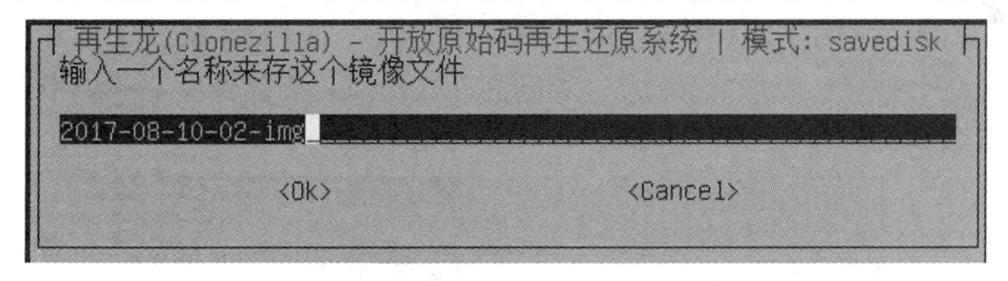

图 9-58　设置镜像文件名称

在出现的镜像文件复制源设置对话框中，设置要生成镜像的硬盘，本例中的主机只有一个硬盘可供选择，但若有多个硬盘，要注意选择正确的硬盘，设置完毕，按【Enter】键或单击【OK】按钮确认，如图 9-59 所示。

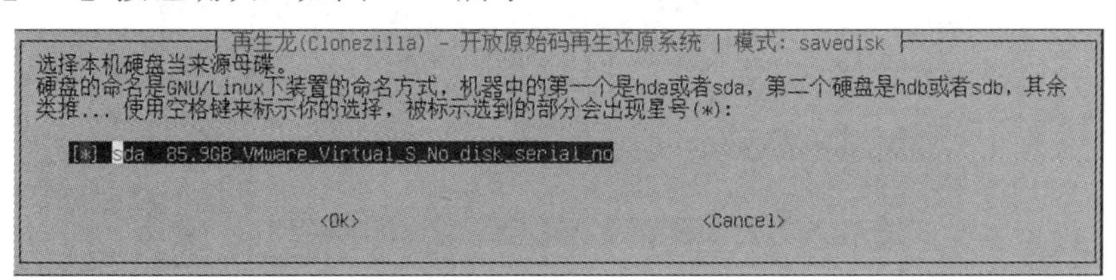

图 9-59　选择作为镜像文件复制源的硬盘

在出现的镜像程序优先级设置对话框中，设置优先使用哪种方式来复制镜像：用 LVM 管理文件系统(CentOS7 安装就是这种文件系统管理方式)的操作系统需要使用第二种“只使用 dd 来存分区”方式，其他版本 Linux 操作系统和 Windows 操作系统则可以使用第一种“partclone>partimage>dd”方式，设置完毕，按【Enter】键或单击【OK】按钮确认，如图 9-60 所示。随后出现的两个对话框无需修改，保持默认设置即可。

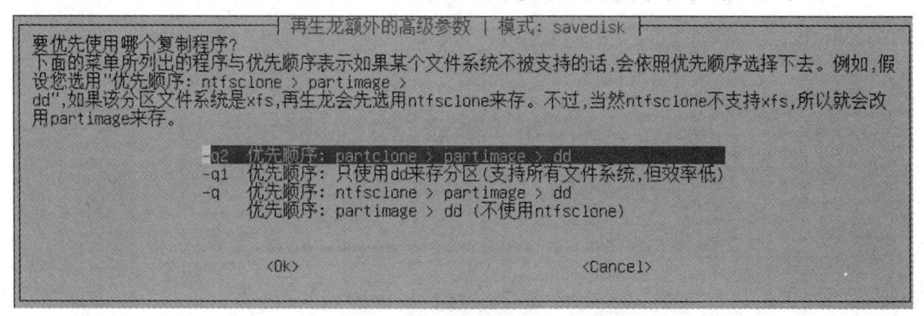

图 9-60　设置镜像程序优先级

在随后出现的镜像卷容量设置对话框中，在蓝色位置输入要存储的卷容量，该值默认为 2000，即 2 GB，表示每个卷若超过 2 GB 即会分割保存。如果不想分割镜像，则可以输入一个尽可能大的数字，如 200 000 000，然后按【Enter】键或单击【OK】按钮确认，如图 9-61 所示。随后出现的几个对话框无需修改，保持默认设置即可。

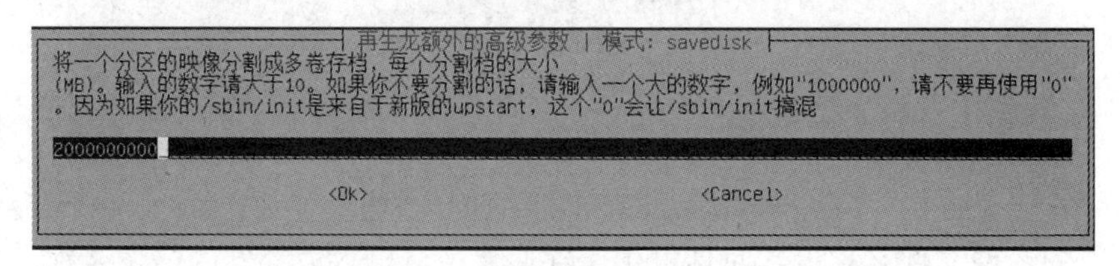

图 9-61　设置镜像的卷容量

(6) 完成克隆。开始生成镜像文件前，程序会输出一些文字说明及确认信息，按照要求输入“y”，然后按【Enter】键确认，即可进入【Partclone】界面，开始制作物理主机的硬盘镜像，如图 9-62 所示。

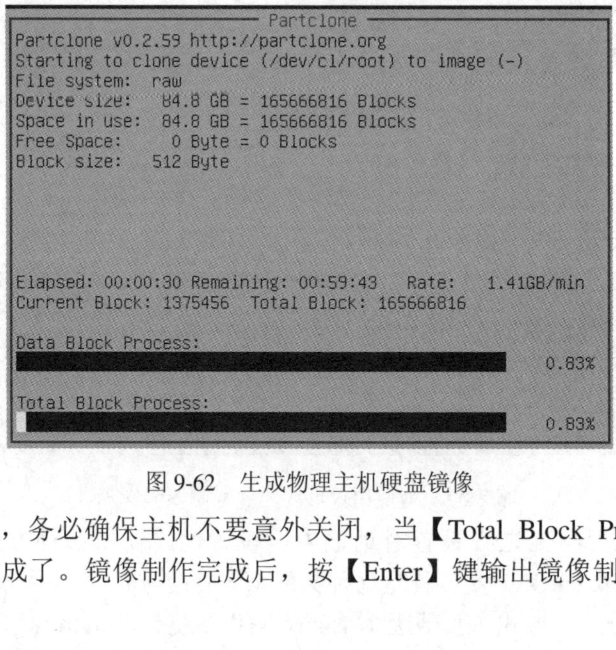

```
Partclone
Partclone v0.2.59 http://partclone.org
Starting to clone device (/dev/cl/root) to image (-)
File system:  raw
Device size:    84.8 GB = 165666816 Blocks
Space in use:   84.8 GB = 165666816 Blocks
Free Space:      0 Byte = 0 Blocks
Block size:    512 Byte

Elapsed: 00:00:30 Remaining: 00:59:43   Rate:   1.41GB/min
Current Block: 1375456   Total Block: 165666816

Data Block Process:
                                                  0.83%
Total Block Process:
                                                  0.83%
```

图 9-62　生成物理主机硬盘镜像

镜像制作期间，务必确保主机不要意外关闭，当【Total Block Process】达到 100% 时，镜像就制作完成了。镜像制作完成后，按【Enter】键输出镜像制作成功信息，如图 9-63 所示。

```
****************************************************************************.
Checking the device LV cl-root in the image "2017-08-10-02-img"...
Image was saved by dd. No ndeed to check the file system integrity.
****************************************************************************.
****************************************************************************.
该镜像中所有分区或LV设备的镜像已经检查过也确实是可还原的: 2017-08-10-02-img
****************************************************************************
****************************************************************************
Checking if udevd rules have to be restored...
This program is not started by Clonezilla server, so skip notifying it the job is done.
Finished!
Now syncing - flush filesystem buffers...

Ending /usr/sbin/ocs-sr at 2017-08-10 03:00:04 UTC...
****************************************************************************.
如果您要再使用再生龙:
(1) 停留在这个终端机画面[第一个终端机(console 1)], 然后进入命令行模式
(2) 执行指令"exit"或是"logout"
****************************************************************************.
当您完成所有动作后, 记得一定要用poweroff, reboot或是依照菜单完成正常的关机程序。否则如果您目前的开机
装置是可写的(例如USB随身盘), 并且被挂载使用中, 不正常关机有可能该装置下次会无法开机!
****************************************************************************.
按 Enter 键继续...
```

图 9-63　物理主机镜像制作完成

按【Enter】键选择镜像结束后的操作方式，输入操作方式前的序号即可，本例中输入“0”，即镜像制作完成后关闭物理机，如图 9-64 所示。

```
The jobs in /etc/ocs/ocs-live.d/ are finished. Start "ocs-live-general" now.
"ocs-live-general" is finished.
Now you can choose to:
(0) Poweroff
(1) Reboot
(2) Enter command line prompt
(3) Start over (image repository /home/partimag, if mounted, will be umounted)
(4) Start over (keep image repository /home/partimag mounted)
[2] _
```

图 9-64　关闭物理主机

至此，物理机系统克隆完成。

3．在虚拟机上完成迁移

需要将克隆的物理机系统复制到虚拟机上，完成系统迁移，操作步骤如下：

(1) 创建虚拟机。在宿主机上创建虚拟机，配置成与物理机相同的模拟网络环境，并创建一块大于或等于物理机硬盘容量的虚拟硬盘。参考第 2 章相关操作，使用 Clonezilla 程序镜像启动虚拟机。

(2) 准备复制物理机系统到虚拟机。使用 Clonezilla 设置复制到虚拟机的镜像文件，初始化配置与克隆物理机时相同。进入【Clonezilla：选定模式】对话框后，将【镜像存储模式】设置为“还原镜像文件到本机硬盘”，然后按【Enter】键或单击【OK】按钮确认，如图 9-65 所示。

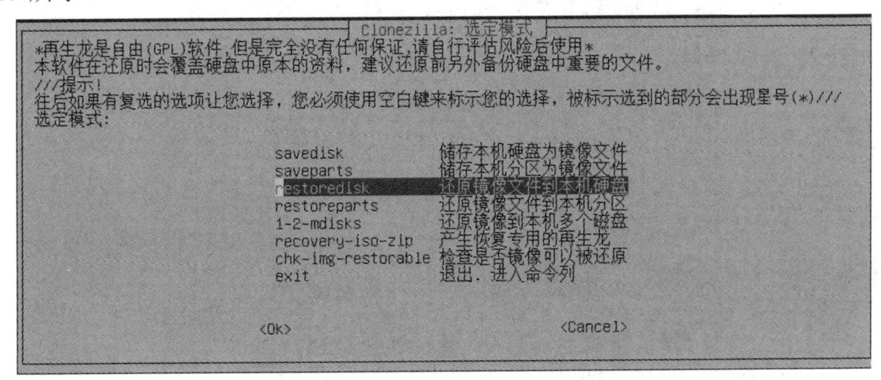

图 9-65　选择还原镜像到本机硬盘

在出现的镜像文件选择对话框中，选择用于还原系统的镜像文件。如果镜像文件很多，注意选择正确的文件，选择完毕，按【Enter】键或单击【OK】按钮确认，如图 9-66 所示。

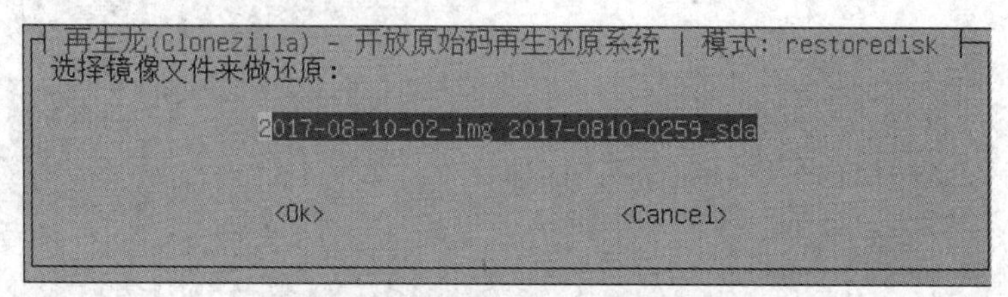

图 9-66　选择还原使用的镜像文件

在出现的目标硬盘设置对话框中，选择用于还原系统的虚拟硬盘，如果有多个，注意选择正确的硬盘，选择完毕，按【Enter】键或单击【OK】按钮确认，如图 9-67 所示。

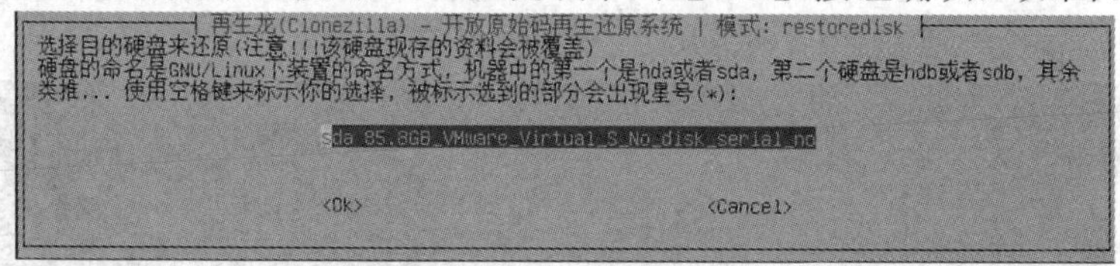

图 9-67　选择系统还原的目标硬盘

(3) 还原系统。物理机系统还原开始前，在【确认还原系统】界面中，会弹出两次确认是否进行还原的提示，根据提示输入“y”，然后按【Enter】键确认，如图 9-68 所示。

```
****************************************************************.
下个步骤将把镜像文件还原到这台机器的硬盘/分区: "/home/partimag/2017-08-10-02-img" -> "sda sda1 sda2"
警告!!! 警告!!! 警告!!!
警告. 在这个硬盘/分区的资料将会被完全盖掉! 所有现存的资料将会遗失:
****************************************************************.
Machine: VMware Virtual Platform
sda (85.8GB_VMware_Virtual_S_No_disk_serial_no)
****************************************************************.
您确认要继续执行? ? (y/n) y
OK, 我们继续做吧!!
This program is not started by clonezilla server.
下个步骤将把镜像文件还原到这台机器的硬盘/分区: "/home/partimag/2017-08-10-02-img" -> "sda (sda1 sda2
)"
警告!!! 警告!!! 警告!!!
警告! 在这个硬盘/分区的资料将会被完全盖掉! 所有现存的资料将会遗失:
****************************************************************.
Machine: VMware Virtual Platform
sda (85.8GB_VMware_Virtual_S_No_disk_serial_no)
****************************************************************.
容我再问您一次. 您确认要继续执行? ?
[y/n]
```

图 9-68　确认还原系统

开始还原物理机系统，进度如图 9-69 所示。

```
Partclone
Partclone v0.2.59 http://partclone.org
Starting to restore image (-) to device (/dev/sda1)
File system:  raw
Device size:     1.1 GB = 2097152 Blocks
Space in use:    1.1 GB = 2097152 Blocks
Free Space:      0 Byte = 0 Blocks
Block size:    512 Byte

Elapsed: 00:00:02 Remaining: 00:00:57   Rate:   1.08GB/min
Current Block: 70336  Total Block: 2097152

Data Block Process:
                                                  3.35%
Total Block Process:
                                                  3.35%
```

图 9-69　进行物理机系统还原

至此，物理机到虚拟机的迁移完成。

重新启动虚拟机，验证迁移是否成功。如虚拟机系统依然从光盘启动，则关闭虚拟机，然后在管理窗口中将其启动设备设置为硬盘即可。

9.2 虚拟机镜像的制作

本节介绍虚拟机镜像模版的制作方法，用于大量复制虚拟机，从而实现快速部署的目的。

9.2.1 Linux 镜像的制作

创建虚拟机的镜像模板，可用于以后大量复制创建虚拟机，从而加快虚拟机部署的速度。镜像文件的文件名和保存路径可以根据需要自行确定。

在第 2 章的操作系统安装和虚拟机创建过程中，已经介绍了 Linux 虚拟机系统的创建方法，为了快速安装，是按照默认方式进行分区的，没有使用分区。用于生产环境的系统最好使用分区，分区后可以把不同的文件放在不同的分区，避免因为文件过多将某个分区占满，从而导致应用停止或者系统宕机。因此，本小节着重讲解给 Linux 虚拟机镜像设置自定义分区的方法。

1. 安装前准备

在开始安装模板虚拟机系统前，需要进行以下准备工作：

(1) 规划镜像容量。通常情况下，给 Linux 系统盘分配 20 GB 的空间就可满足需求，如果业务有额外的要求，也可以根据需求分配合适的空间容量。

(2) 规划硬盘分区。使用 Linux 启动盘镜像启动虚拟机，在【INSTALLATION SUMMARY】界面中，单击【SYSTEM】中的【INSTALLATION DESTINATION】(分区设置)图标，如图 9-70 所示。

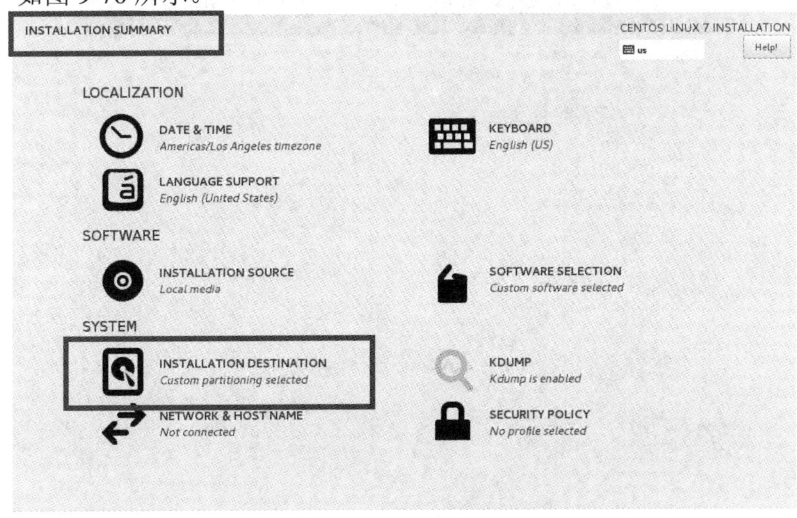

图 9-70　进入硬盘分区设置

在弹出的【INSTALLATION DESTINATION】界面中，单击【Local Standard Disks】中需要调整分区的硬盘，本例中已选择默认硬盘，然后在界面下方的【Other Storage Options】中将【Partitioning】设置为“I will configure partioning”，即使用自定义方式分区，然后单击界面左上角的【Done】按钮，如图 9-71 所示。

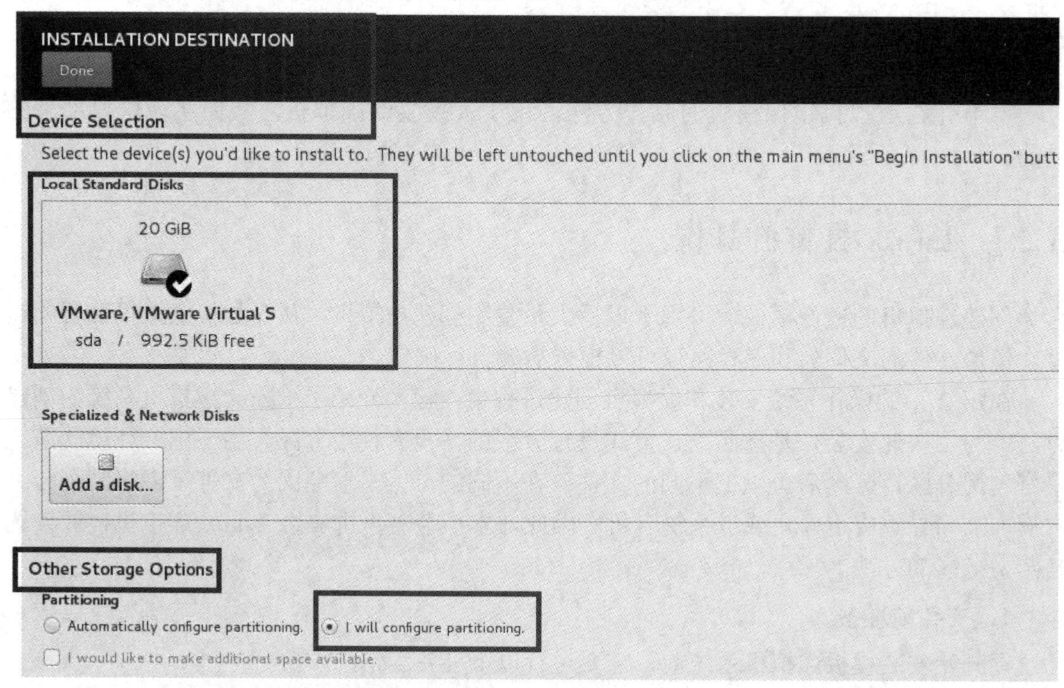

图 9-71　选择分区硬盘及分区方式

在弹出的【MANUAL PARTITIONING】(设置分区类型)界面中，在【New CentOS Linux 7 Installation】标签的下拉列表中选择硬盘的分区模式。共有四种模式可选，一般选择 LVM 模式，如图 9-72 所示。

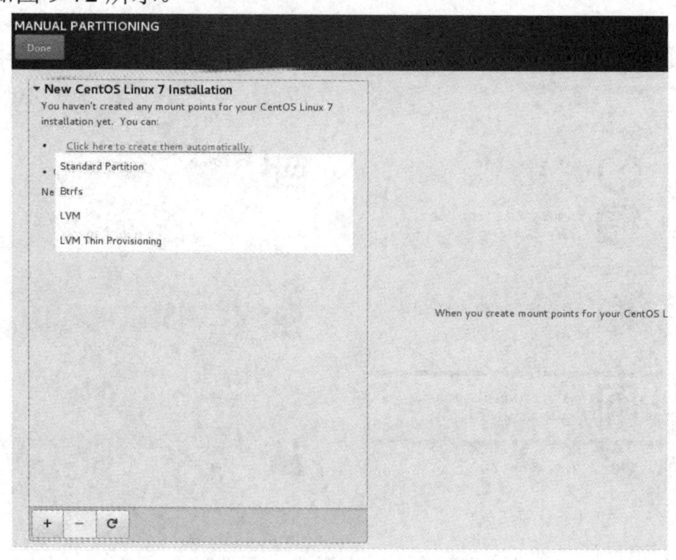

图 9-72　选择分区管理模式

模式选择完毕，单击界面左下角的【+】按钮，开始创建分区，如图 9-73 所示。

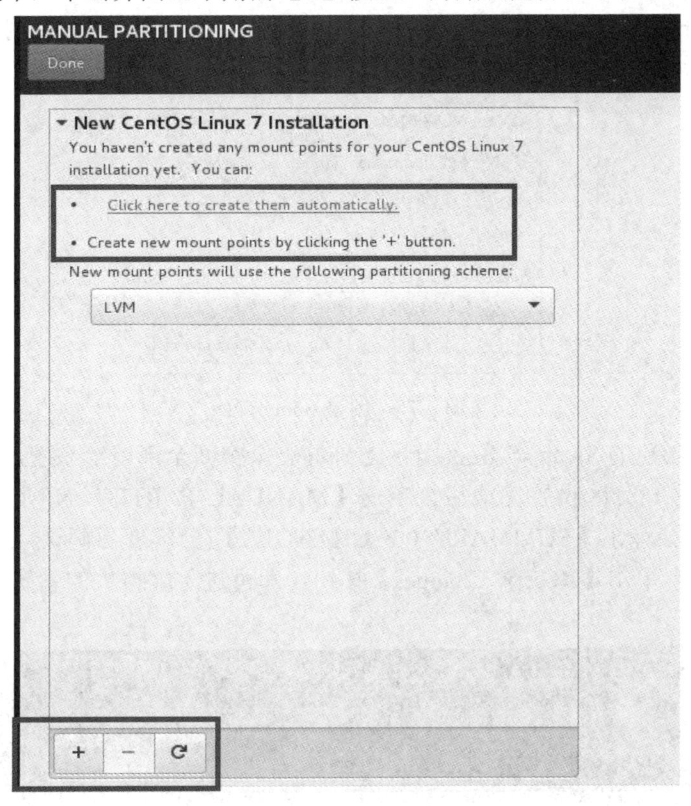

图 9-73　进入创建分区设置

(3) 创建 Swap 分区。单击图 9-73 左下角的【+】按钮后，会弹出【ADD A NEW MOUNT POINT】对话框，将其中的【Mount Point】(挂载点)设置为“swap”，并在【Desired Capacity】(分区容量)后输入“2048”(如果输入时不指定单位，则单位默认为 MB，也可以指定为 GB，如“2 GB”)，然后单击【Add mount point】按钮，可以创建一个 Swap 分区，容量为 2 GB，如图 9-74 所示。

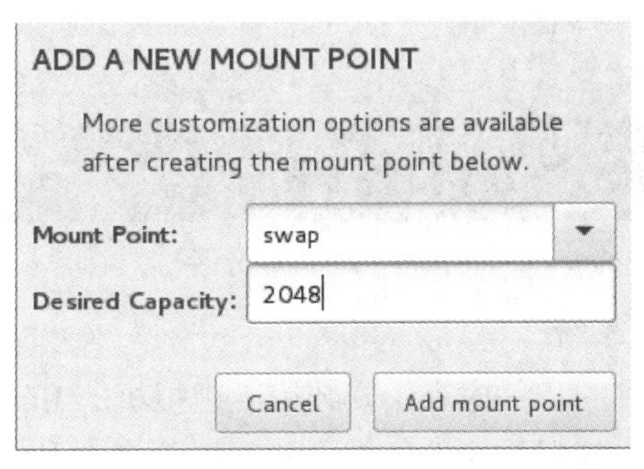

图 9-74　创建 Swap 分区

注意，Swap 分区的容量可以参考分配给虚拟机的内存容量，建议与虚拟机内存容量相等。

(4) 创建 Boot 分区。将【ADD A NEW MOUNT POINT】对话框中的【Mount Point】

(挂载点)设置为“/boot”，可以创建 Boot 分区，用于存储系统启动时需要读取的信息。Boot 分区一般分配 512 MB 即可，如果考虑到以后升级的需要，可适当扩大到 1024 MB 或者 2048 MB，如图 9-75 所示。

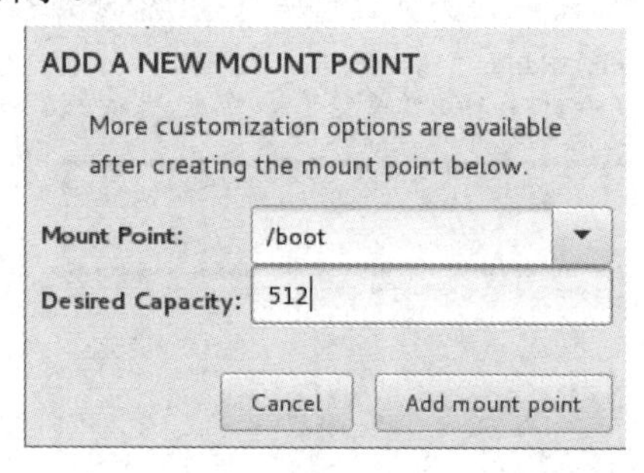

图 9-75　创建 Boot 分区

本例中，将创建的 Swap 与 Boot 分区之外的剩余空间全部留给系统盘使用。

(5) 确认分区。分区设置完成后，单击【MANUAL PARTITIONING】界面左上角的【Done】按钮，会弹出【SUMMARY OF CHANGES】(分区变更确认)界面，确认其中的分区信息无误后，单击【Accept Changes】按钮，即可进入虚拟机的系统安装，如图 9-76 所示。

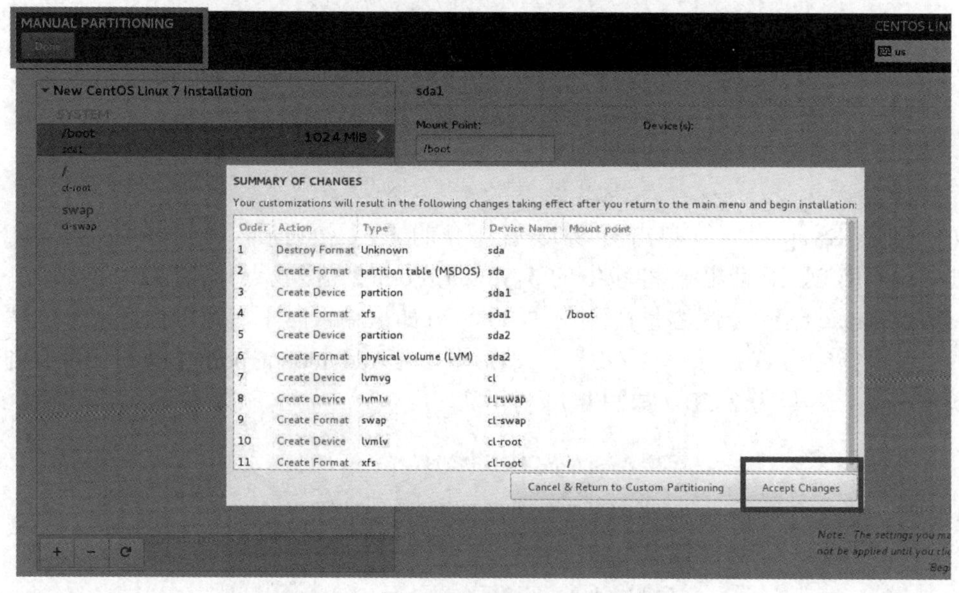

图 9-76　确认分区

2. 安装并升级虚拟机系统

参考第 2 章创建虚拟机的相关内容，安装模版虚拟机的 Linux 操作系统。

安装完成后，可以在虚拟机系统的终端上执行以下命令升级系统，以获得更新版本的驱动和软件，提高系统运行的效率：

```
# yum update –y
```

3. 安装业务组件

根据业务需要，给模版虚拟机系统安装必要组件，这样，基于该镜像部署的虚拟机就

不需要重新安装这些组件。由于不同业务需要的组件各不相同，此处不再举例。

4. 关闭 SELinux 服务

SELinux 是 Linux 系统的一种安全服务，但容易与用户程序产生冲突而导致错误，因此，如果有必要，可以关闭 SELinux 服务，方法如下：使用 VI 编辑器修改虚拟机的 /etc/selinux/config 文件，将其中的“SELINUX=enforcing”改为“SELINUX=disabled”，重启系统后即可生效。

完成上述配置后，就可以使用该 Linux 模板虚拟机的镜像大量部署虚拟机了。

9.2.2　Windows 镜像的制作

在创建虚拟机的环节已经讲过 Windows 虚拟机的安装方法，下面将介绍 Windows 镜像模板的制作方法。

1. 安装前注意事项

制作 Windows 虚拟机镜像模版需要注意以下事项：

(1) 创建虚拟机镜像模板文件时，考虑到业务需要，应尽量将硬盘容量设置得大一点，比如预估会使用为 100 GB，则可以设置为 120 GB，因为如果后期再使用 virt-resize 命令调整硬盘空间大小，耗费时间会很长，调整完成后重启的检查时间也相当长。

(2) 为方便镜像模板的制作，虚拟机使用的系统镜像文件应选择 qcow2 格式，虚拟机硬盘类型应选择 IDE 模式，否则会导致安装失败。虚拟机系统成功启动后，再将硬盘类型调整为 Virtio 模式。

(3) 为避免驱动冲突，模版虚拟机的网卡模式应尽量选用 Virtio 模式。

(4) 安装模版虚拟机系统前，应分配给该虚拟机最少 2 GB 内存、1 个 VCPU；建议分配 4 GB 内存、2 个 VCPU。

(5) 在安装模版虚拟机系统前添加一个 Tablet 设备，可以避免虚拟机出现鼠标不同步情况，操作步骤如下：

✧ 在创建虚拟机的最后一个对话框(图 2-50)中，选择【Customize configuration before install】项，如图 9-77 所示。

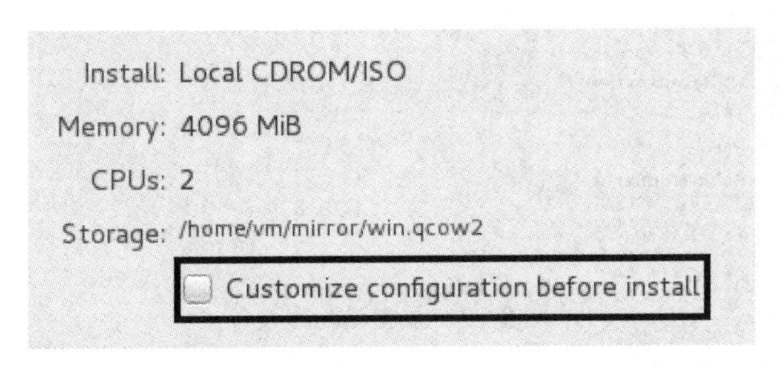

图 9-77　启动前选择确认配置

✧ 然后在该虚拟机的管理窗口中选择菜单栏中的【View】/【Detail】命令，然后单击窗口左下角的【Add Hardware】按钮，如图 9-78 所示。

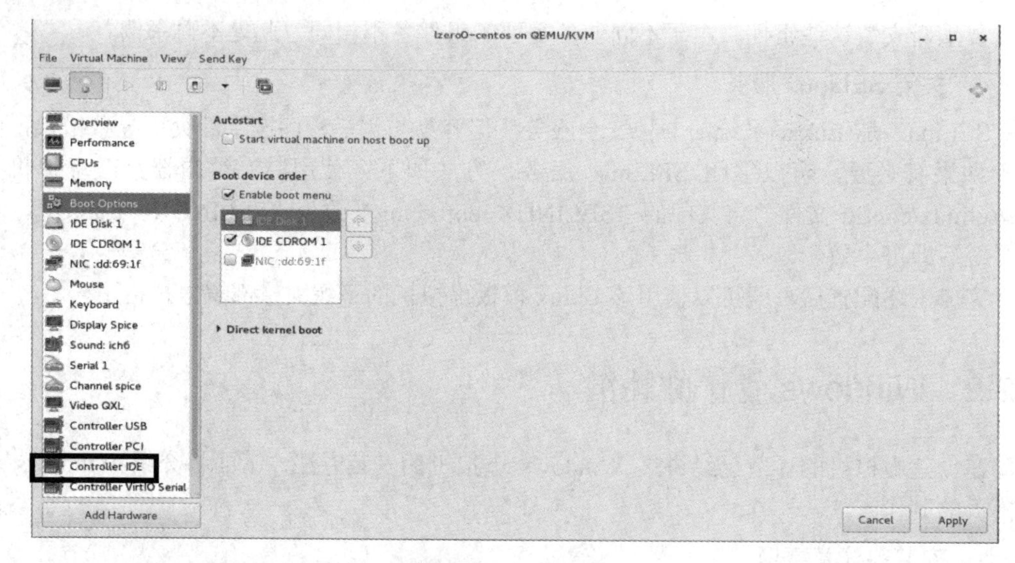

图 9-78　添加硬件

✧ 在弹出的【Add New Virtual Hardware】窗口中，单击左侧列表中的【Input】项目，然后将右侧的【Type】项设置为“EvTouch USB Graphics Tablet”，然后单击界面右下角的【Finish】按钮，如图 9-79 所示。

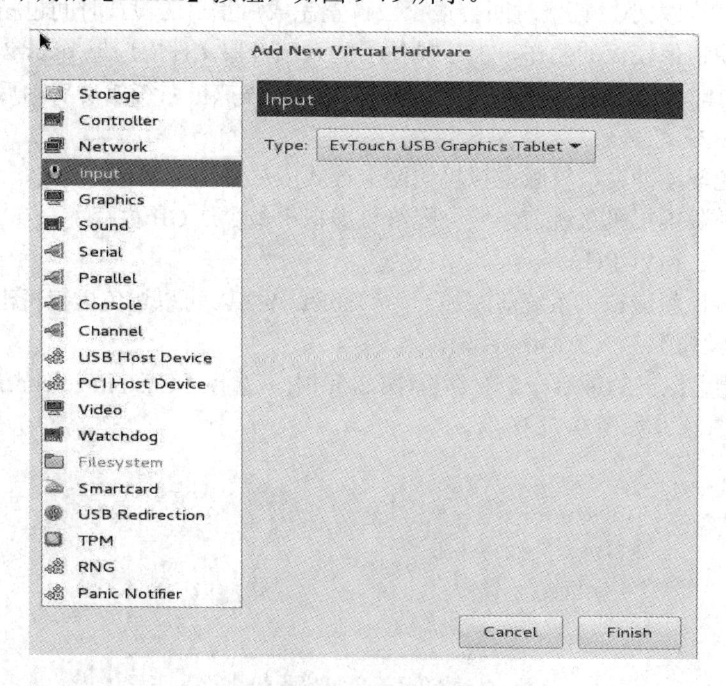

图 9-79　添加 Tablet 设备

2. 安装 Windows 系统

按照第 2 章介绍的步骤，安装虚拟机的 Windows 操作系统。安装过程中出现硬盘配置窗口时，单击窗口右下角的【驱动器选项(高级)】命令，按照工作需要，给虚拟机的硬盘分区。本例中只分了一个分区，如图 9-80 所示。

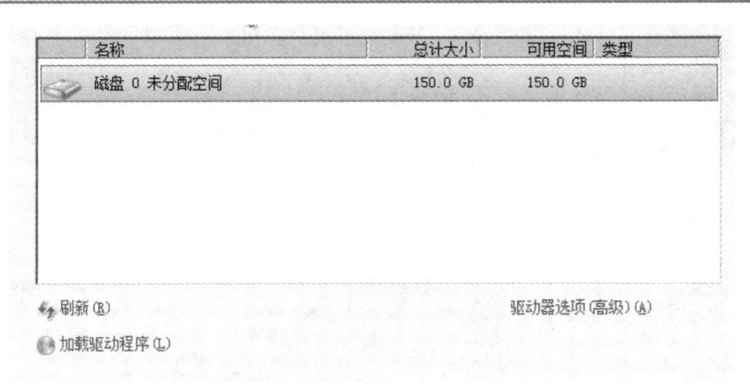

图 9-80　硬盘分区窗口

3. 配置虚拟机

模版虚拟机安装完成并激活后，还需要进行以下配置。

1) 安装Virtio网卡驱动

给虚拟机安装 Virtio 网卡驱动的操作步骤如下：

(1) 在模版虚拟机的管理窗口中，单击左下角的【Add Hardware】按钮，弹出【Add New Virtual Hardware】窗口，单击窗口左侧列表中的【Network】项目，然后在右侧的【Network source】下拉菜单中选择可用的网卡，并将【Device model】设置为“virtio”，即给系统在线添加一块 Virtio 模式的网卡，设置完毕，单击右下角的【Finish】按钮，如图 9-81 所示。

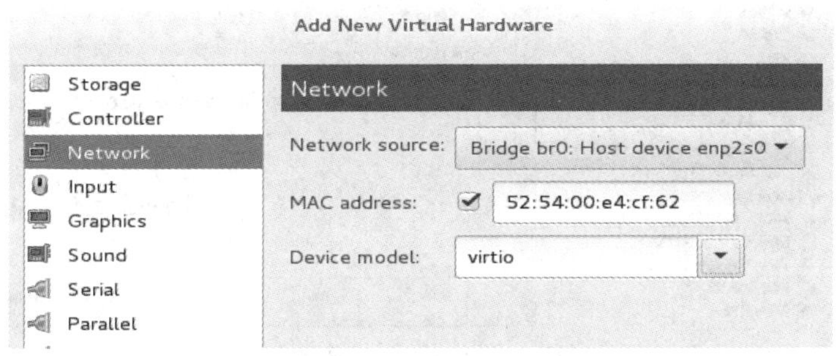

图 9-81　在线添加 Virtio 网卡

(2) 选择模版虚拟机管理窗口菜单栏中的【View】/【Console】命令，切换到虚拟机的 Windows 系统桌面，此时，在桌面右下角会弹出安装驱动程序的提示，如图 9-82 所示。

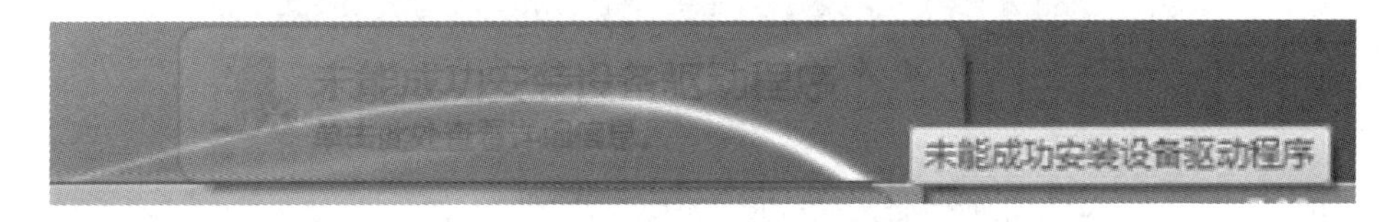

图 9-82　提示安装驱动程序

(3) 选择模版虚拟机管理窗口菜单栏中的【View】/【Detail】命令，切换到【“虚拟机名”on QEMU/KVM】窗口，单击窗口左侧列表中的【IDE CDROM 1】项目，然后单击右侧【Source path】项后面的【Connect】按钮，在弹出的【Choose Media】对话框中单击【Browse】按钮，选择驱动的镜像文件 virtio-win-0.1-30.iso，将其载入虚拟机光驱，如图 9-83 所示。

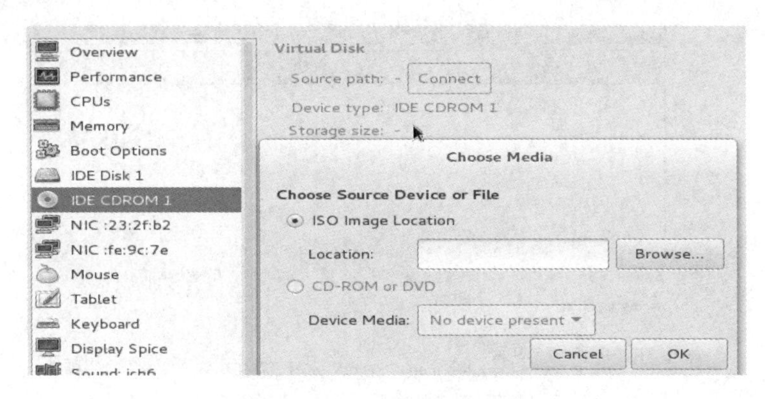

图 9-83　载入 Virtio 网卡驱动镜像

(4) 启动模版虚拟机，进入【控制面板】窗口，选择其中的【设备管理器】项目，在弹出的【设备管理器】窗口中单击【其他设备】目录，双击其中带黄色叹号(表示需要安装驱动)的设备【PCI 简易通讯控制器】，在弹出的【PCI 简易通讯控制器属性】对话框中单击【更新驱动程序】按钮，如图 9-84 所示。

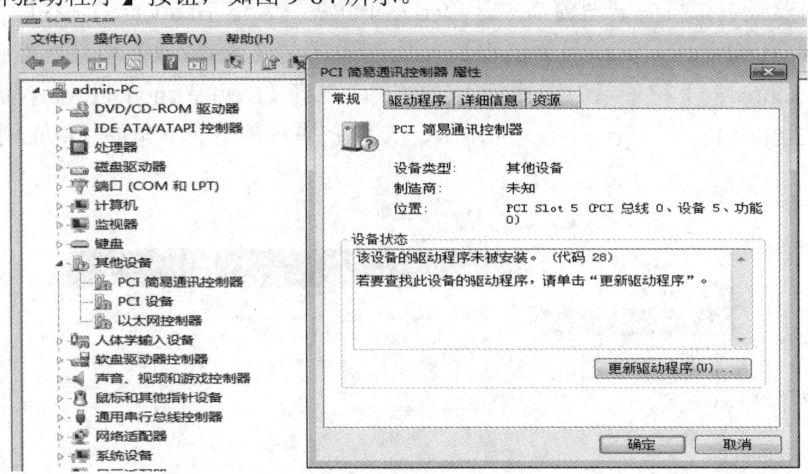

图 9-84　安装 Virtio 网卡驱动

(5) 在弹出的【更新驱动程序软件】安装向导对话框中，选择【浏览计算机以查找驱动程序软件】，如图 9-85 所示。

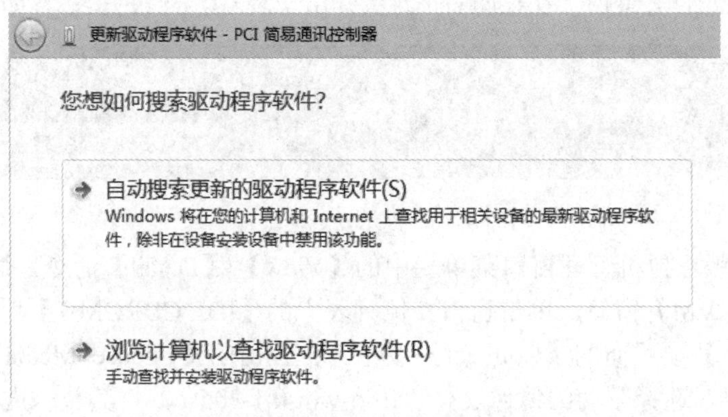

图 9-85　选择驱动程序搜索方式

(6) 在出现的【浏览计算机上的驱动程序文件】对话框中，单击【浏览】按钮，选择驱动程序所在的路径，如图 9-86 所示。

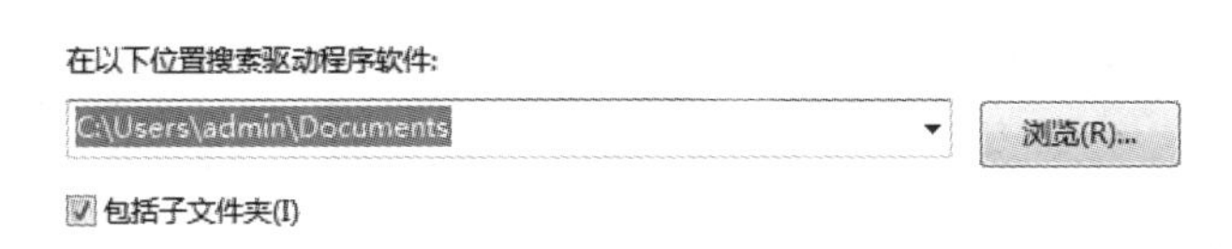

图 9-86　自行指定驱动程序文件

(7) 因为本次测试使用的是 Windows 7 系统的 64 位版本，因此在弹出的【浏览文件夹】对话框的目录树中，依次选择【计算机】/【CD 驱动器(D:)CDROM】/【Win7】/【AMD64】，然后单击【确定】按钮，如图 9-87 所示。

(8) 回到【浏览计算机的驱动程序】对话框，单击【下一步】按钮，在弹出的安装提示对话框中勾选始终信任选项，然后单击【安装】按钮，如图 9-88 所示。

图 9-87　选择驱动文件所在目录　　　　图 9-88　确认安装驱动程序

(9) 驱动程序安装过程如图 9-89 所示。

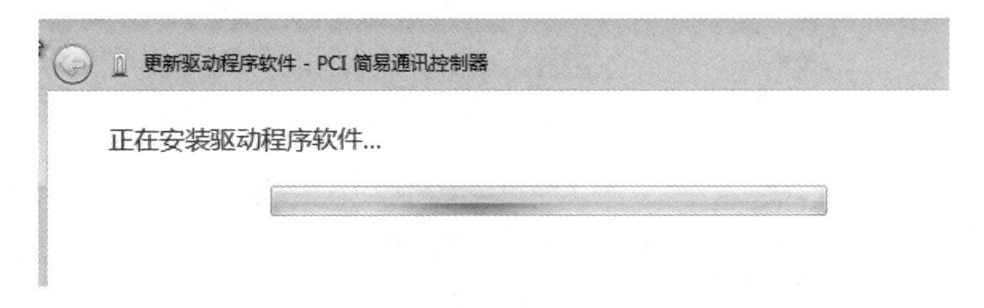

图 9-89　驱动程序安装过程

(10) 驱动程序安装完成后，单击【关闭】按钮关闭安装向导，如图 9-90 所示。

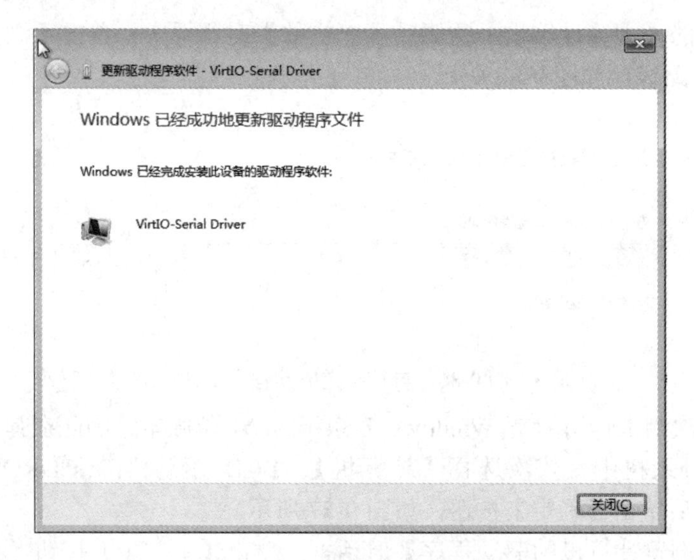

图 9-90 驱动程序安装完成

按照相同的步骤，完成其他设备的驱动程序安装。

Virtio 驱动程序安装完成后，如果不需要原来的网卡，可以将其删除；如果需要保留，可参考第 5 章配置网卡相关章节，将其改为 Virtio 模式，再开机就会提示安装驱动，参考上述步骤安装即可。

2) 安装硬盘的Virtio驱动

参考上述添加 Virtio 网卡的步骤，给模版虚拟机添加一块 Virtio 模式的硬盘，通过该硬盘，将硬盘模式转化成 Virtio 模式，以提高虚拟机硬盘的工作效率。

在模版虚拟机管理窗口中，单击左下角的【Add Hardware】按钮，在弹出的【AddNew Virtual Hardware】窗口中，单击左侧列表中的【Storage】项目，然后将右侧的【Bus type】设置为“VirtIO”，即给模版虚拟机添加一块 Virtio 模式的硬盘，然后单击右下角的【Finish】按钮，如图 9-91 所示。

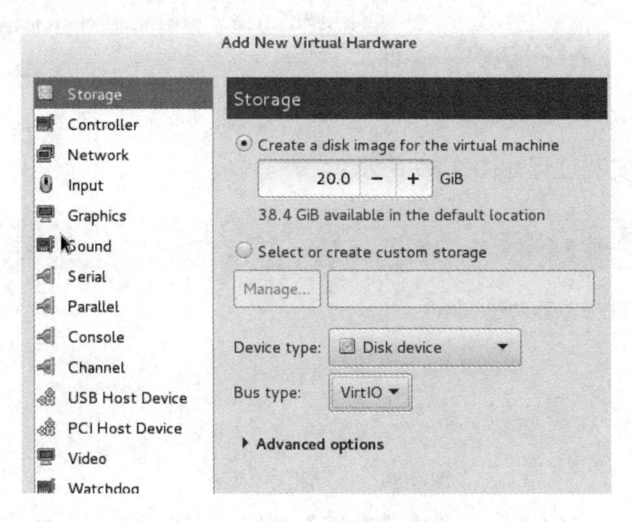

图 9-91 添加 Virtio 硬盘

参考给网卡安装 Virtio 驱动的步骤，安装硬盘的 Virtio 驱动。但需注意，需要在关机后将虚拟机系统的硬盘模式配置为 Virtio 模式，开机后配置才能生效。硬盘模式转换完毕后，如果不需要新添加的 Virtio 硬盘，可以在关机后将其删除。

3) 配置远程访问

进入虚拟机的【控制面板】窗口，单击其中的【网络和共享中心】项目，为虚拟机配置 IP 地址。

然后单击【控制面板】窗口中的【系统和安全】项目，在弹出的【系统和安全】设置窗口中，单击左侧的【高级系统设置】选项，在弹出的【系统属性】对话框中单击【远程】标签，选择【仅允许运行使用网络级别身份验证的远程桌面的计算机连接】项目，即开启远程访问功能，然后单击【确定】按钮，如图 9-92 所示。

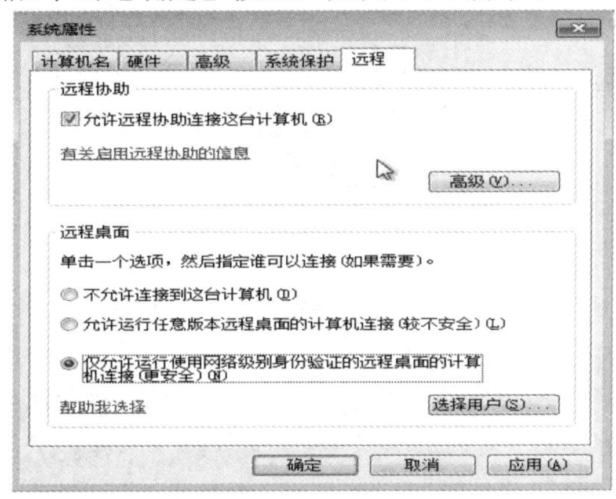

图 9-92　配置远程访问

4) 配置软件更新策略和更新源

用户可以根据自己的需要，配置模版虚拟机 Windows 系统的更新策略和更新源，操作步骤如下：

(1) 配置更新策略。在模版虚拟机的 Windows 系统中同时按下【Win】+【R】键，在弹出的【运行】对话框中输入“gpedit.msc”命令，然后单击【确定】按钮，如图 9-93 所示。

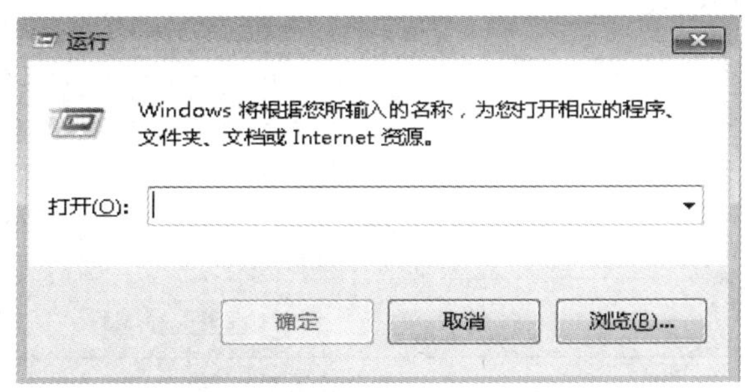

图 9-93　启动运行对话框

在弹出的【本地组策略编辑器】窗口中，单击左侧目录树中的【计算机配置】/【管理模板】/【Windows 组件】/【Windows Update】文件夹图标，然后双击右侧窗口中出现的【配置自动更新】设置项，如图 9-94 所示。

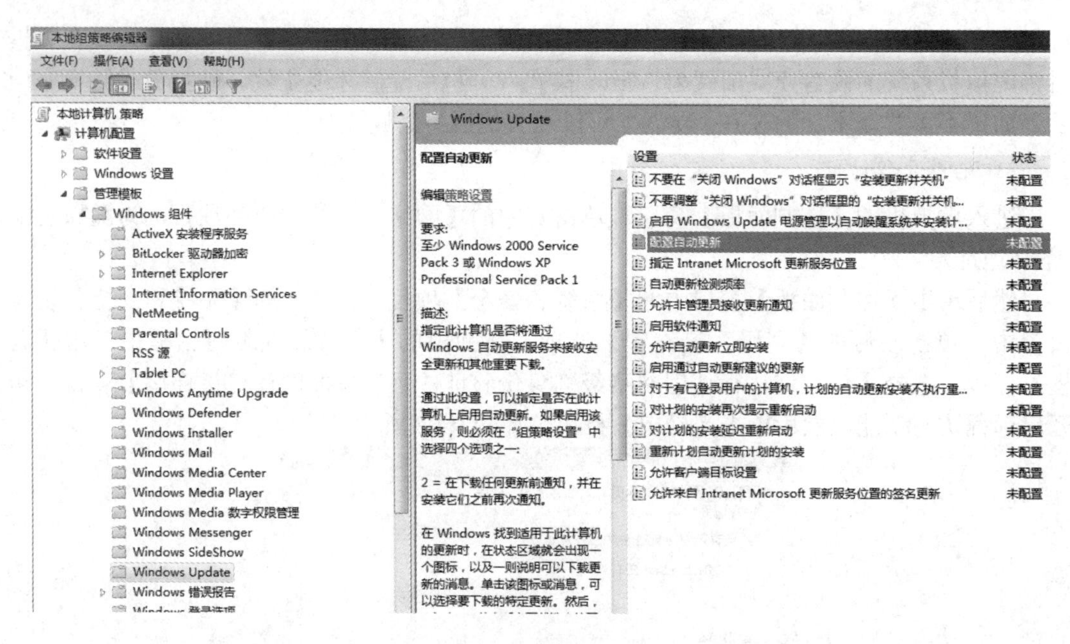

图 9-94　组策略编辑器

在弹出的【配置自动更新】对话框中选择【已启用】项目，并在左下方的【配置自动更新】下拉菜单中选择所需的配置策略，如图 9-95 所示。

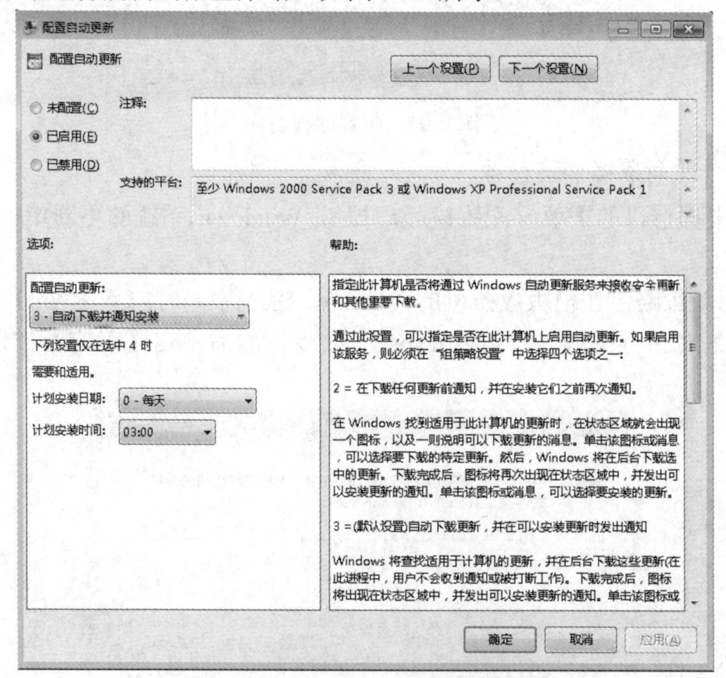

图 9-95　配置自动更新策略

(2) 配置更新源。如果不指定更新服务位置，系统将默认到微软官方网站下载系统更新。如果不使用默认的更新源，则需自己指定更新源。

在【本地组策略编辑器】窗口中，选中【指定 Intranet Microsoft 更新服务位置】设置

项并双击，如图 9-96 所示。

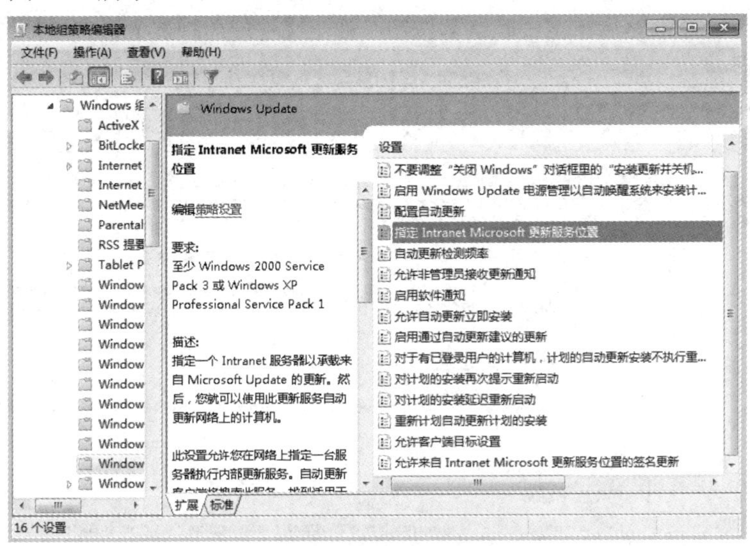

图 9-96　指定系统更新源

在弹出的【指定 Intranet Microsoft 更新服务位置】对话框中，选择【已启用】项目，并在左下角的【设置检测更新的 Intranet 更新服务】下方输入自己指定的更新服务的位置，如图 9-97 所示。

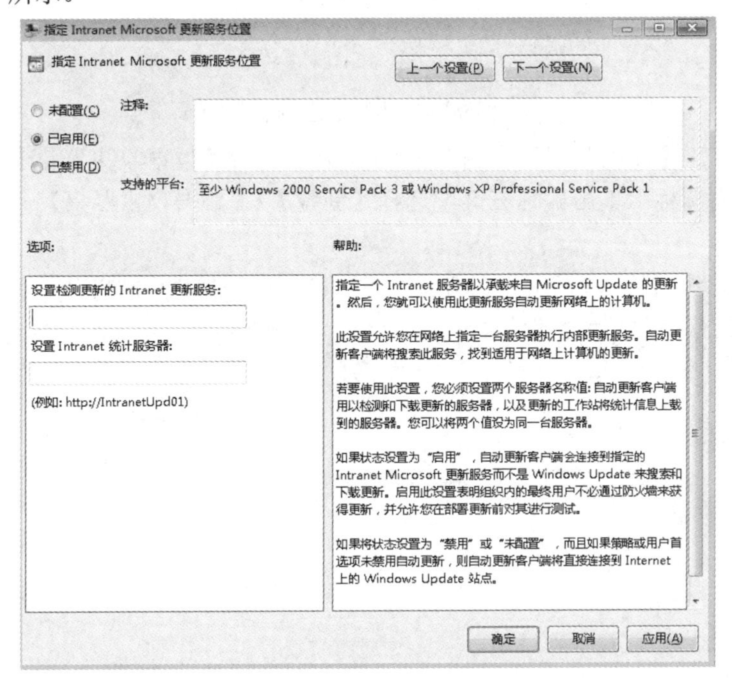

图 9-97　指定更新服务位置

5) 配置性能计数器

性能计数器用于收集计算机运行时的性能信息，当系统出现性能问题时，可以将性能计数器的记录作为分析的依据，找出问题的解决方案。配置操作如下：

(1) 在虚拟机系统中同时按下【Win】+【R】键，弹出【运行】对话框，在其中输入“perfmon.exe”命令，然后单击【确认】按钮，弹出【性能监视器】窗口，如图 9-98 所示。

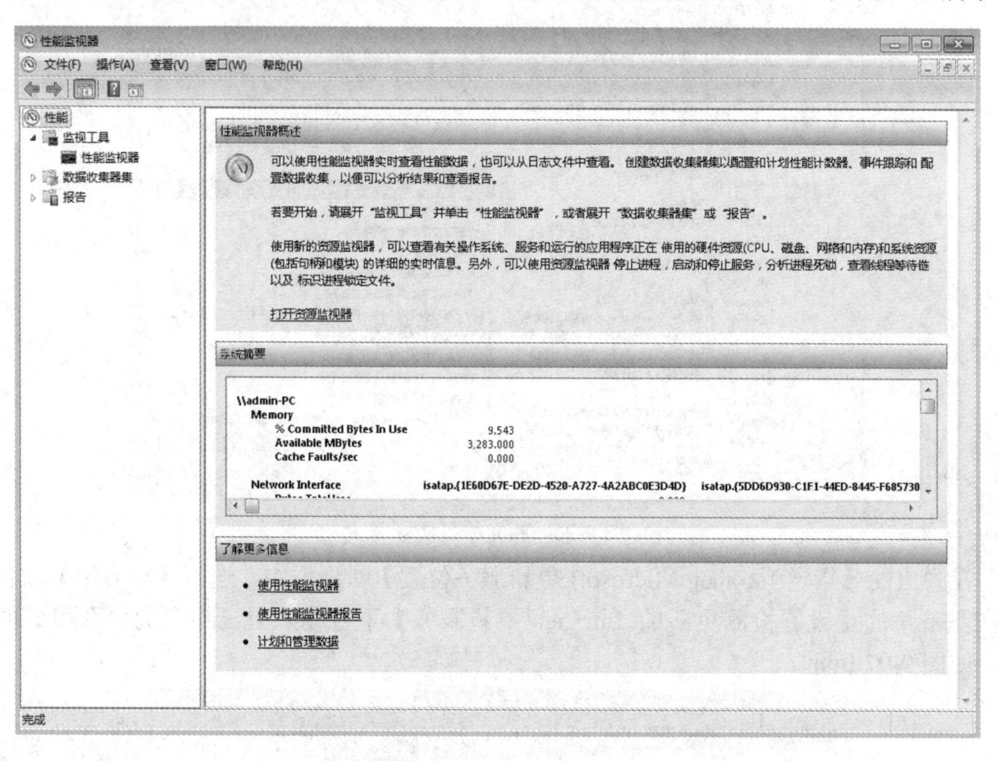

图 9-98 进入性能监视器

(2) 单击展开【性能监视器】窗口左侧目录树中的【数据收集器集】目录，在其中的【用户定义】图标上单击鼠标右键，选择【新建】/【数据收集器集】命令，如图 9-99 所示。

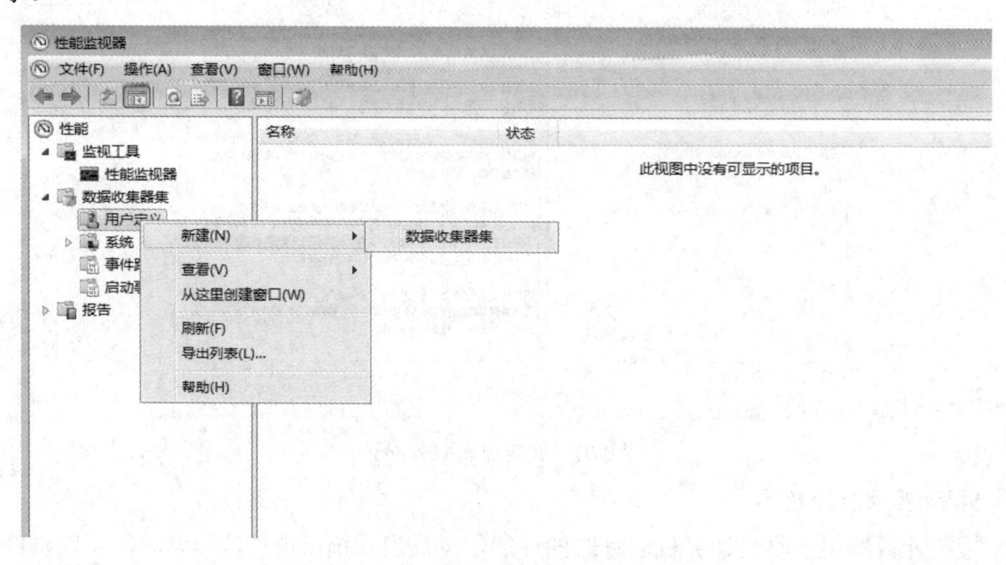

图 9-99 新建数据收集器集

(3) 在弹出的【创建新的数据收集器集】对话框中的【名称】下方输入自己定义的数据收集器集名称，并选择【手动创建(高级)】项，然后单击【下一步】按钮，如图 9-100 所示。

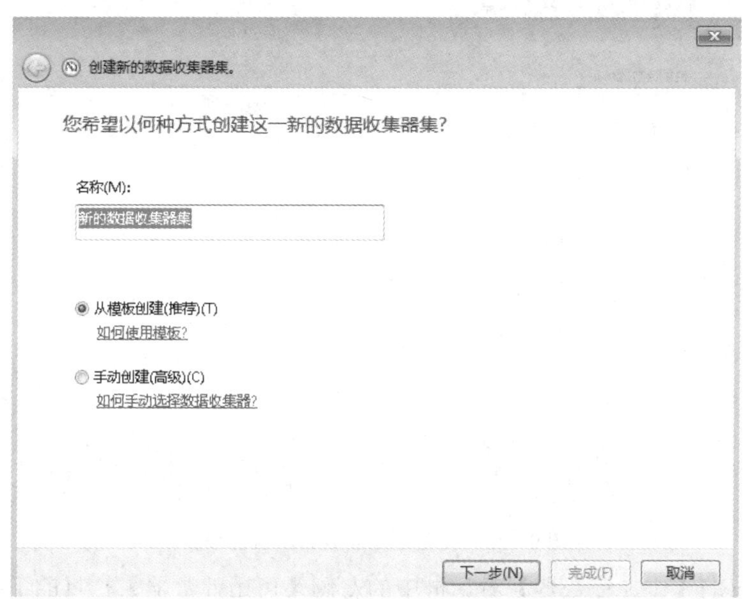

图 9-100　设置名称与创建方式

(4) 在接下来出现的数据类型选择对话框中选择【创建数据日志】，并勾选下方的【性能计数器】项，然后单击【下一步】按钮，如图 9-101 所示。

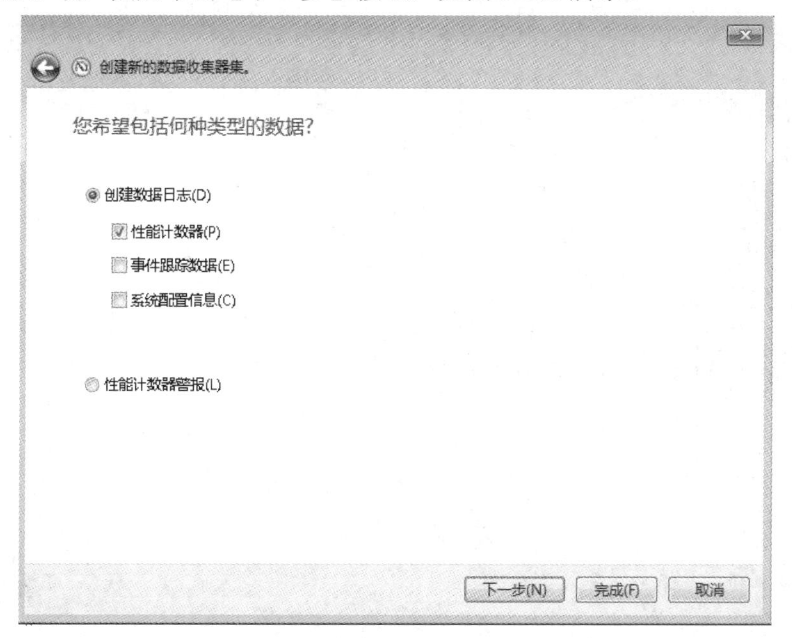

图 9-101　设置包含的数据日志类型

(5) 在出现的【您希望记录哪个性能计数器？】对话框中单击【添加】按钮，如图 9-102 所示。

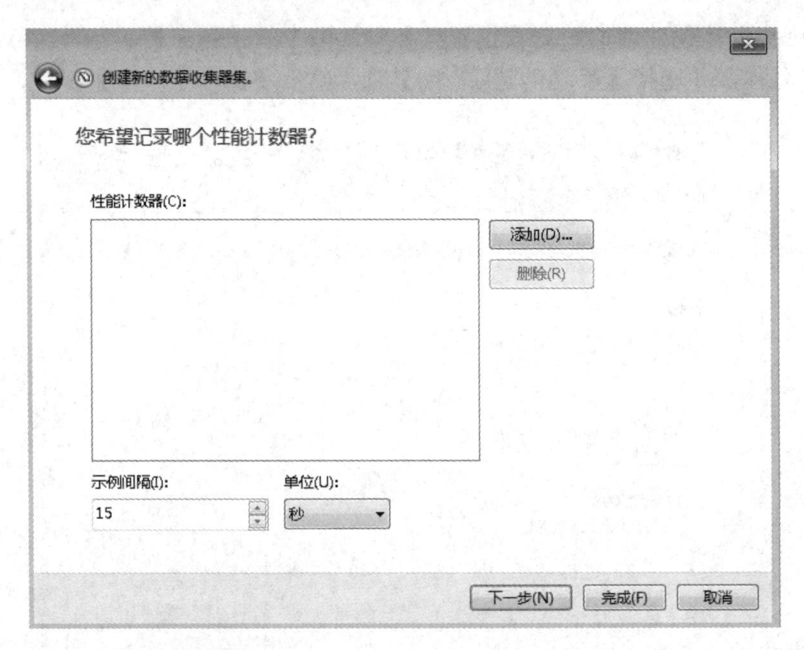

图 9-102　设置性能计数器的监控项目

(6) 在弹出的【添加计数器】对话框中的左侧【可用计数器】栏目的下拉框中选择待监控的项目，如“Processor”，然后单击【添加】按钮，该项目就会被添加到右侧的【添加计数器】栏目的列表框中。所有待监控项目选择完毕后(一般要把 CPU、内存、网络、硬盘等项目全部添加到其中)，单击【确定】按钮，如图 9-103 所示。

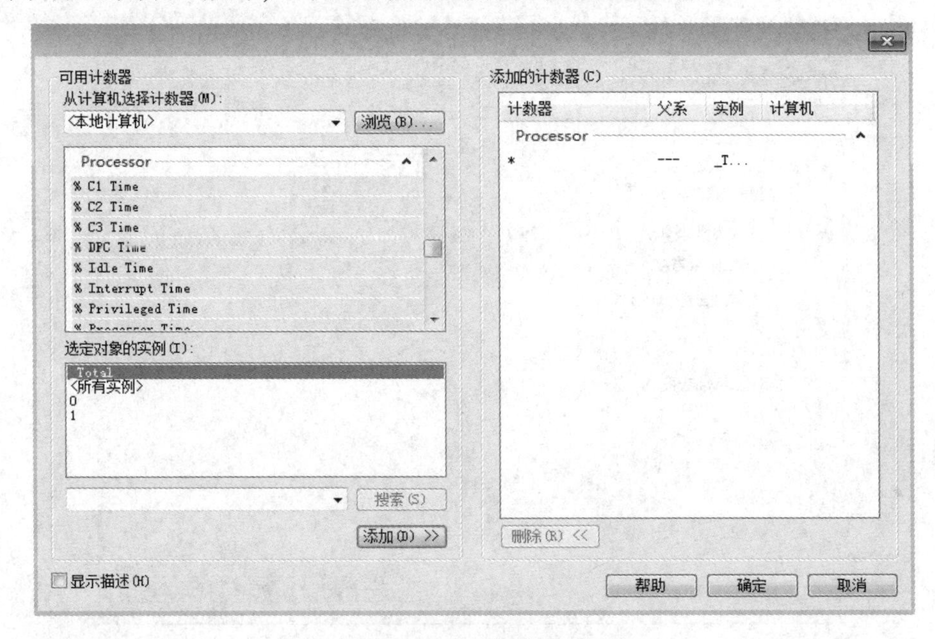

图 9-103　选择待监控项目

(7) 回到【您希望记录哪个性能计数器？】对话框，选择【性能计数器】下方显示的已添加监控项目，然后单击【完成】按钮，关闭设置对话框，如图 9-104 所示。

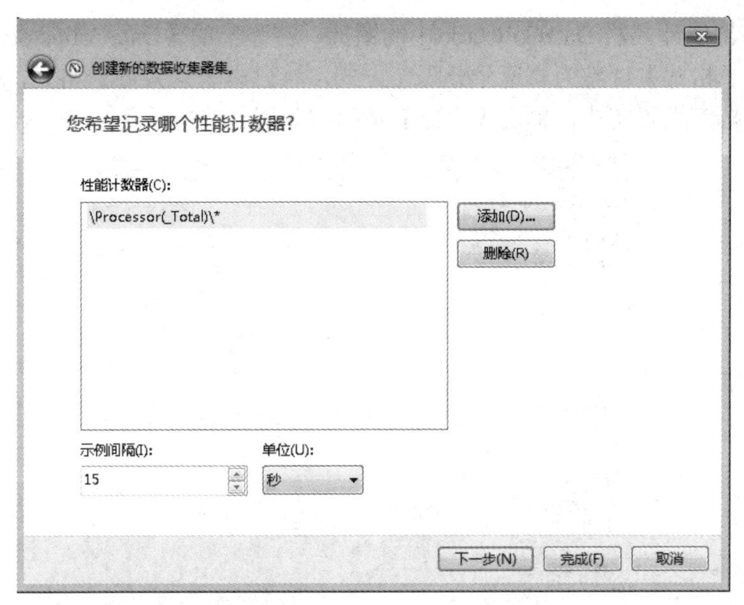

图 9-104　性能计数器设置完成

(8) 性能计数器创建完成后，回到【性能监视器】窗口，在右侧可以看到该新创建的收集器集信息，包括名称及其对应的状态。本例中，该收集器集的名称为“test”，对应的状态是“已停止”，如图 9-105 所示。

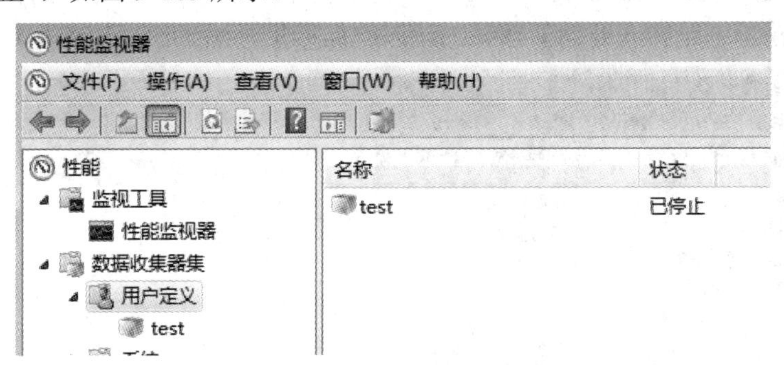

图 9-105　查看新创建的收集器集

(9) 双击这个收集器集的图标，将会显示其中收集器的名称及其类型，本例中，该收集器的名称为“DataCollector01”，类型为性能计数器，如图 9-106 所示。

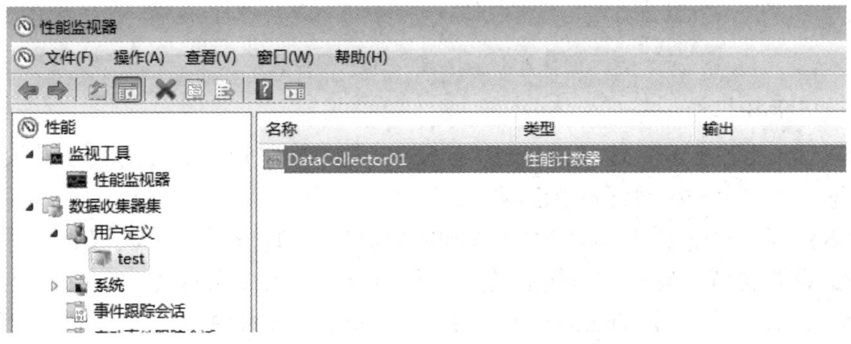

图 9-106　查看新建的性能计数器

(10) 双击性能计数器 DataCollector01 的图标，在弹出的【DataCollector01 属性】对话框中，将【日志格式】调整为“逗号分隔”方式，将日志记录为 csv 格式，以便使用脚本或表格进行分析。设置完毕，单击【确定】按钮，如图 9-107 所示。

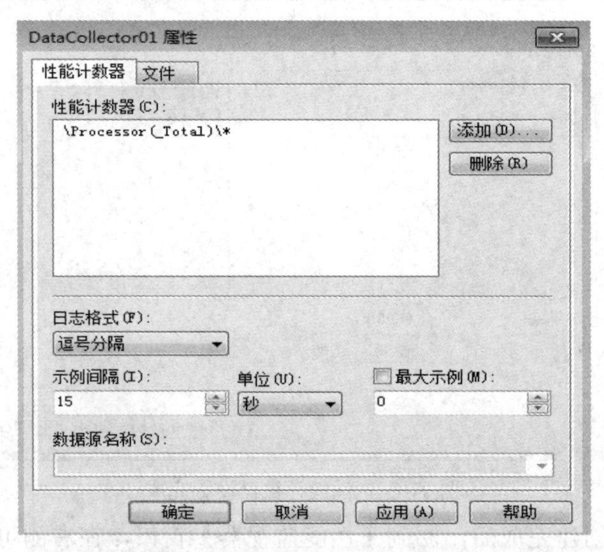

图 9-107　设置性能计数器的日志格式

(11) 回到【性能监视器】窗口，在左侧目录树中的收集器集 test 图标上单击鼠标右键，在弹出的菜单中选择【开始】按钮，让该收集器集开始工作，如图 9-108 所示。

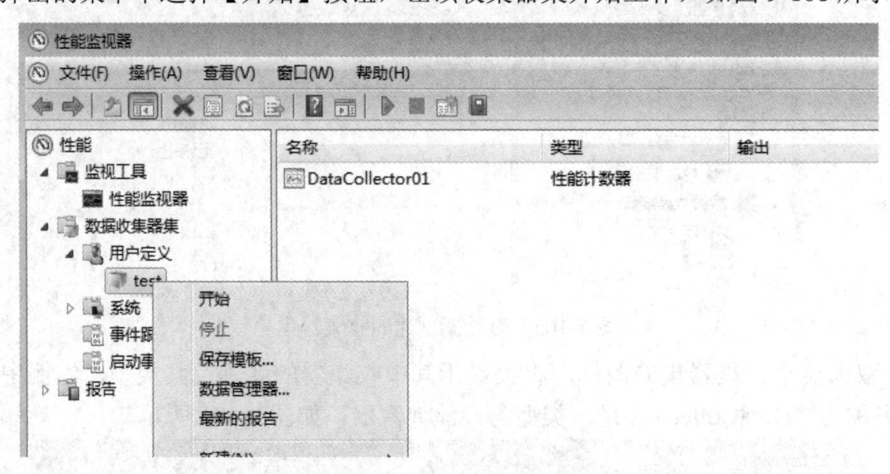

图 9-108　启动新建的收集器集

6) 添加SNMP组件

SNMP(Simple Network Management Protocol，简单网络管理协议)，用于获取系统的性能监控数据，并向上一级网管节点汇报。

安装 SNMP，首先要进入虚拟机的【控制面板】窗口，在其中单击【程序】项目，进入【程序】设置窗口，然后在右侧的【程序和功能】栏目中选择【打开或关闭 Windows 功能】命令，在弹出的【Windows 功能】对话框的目录树中勾选【简单网络管理协议(SNMP)】及其下级选项，单击【确定】按钮，即可完成安装，如图 9-109 所示。

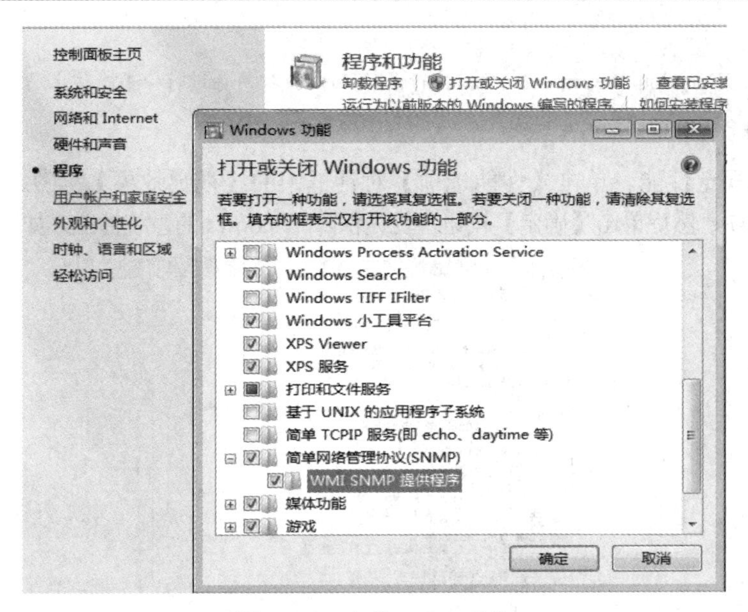

图 9-109　安装 SNMP 组件

SNMP 组件安装后不需要配置，留给使用镜像的最终用户配置。

7) 设置虚拟机属性

可以对虚拟机的属性进行设置，以停止一些不必要的系统功能，从而将更多的性能用于工作。设置方法如下：

(1) 配置数据保护。进入虚拟机的【控制面板】窗口，单击其中的【系统】项目，在出现的【系统】设置窗口中单击左侧的【高级系统设置】命令，弹出【系统属性】对话框，如图 9-110 所示。

在【系统属性】对话框中，单击【性能】栏目中的【设置】按钮，在弹出的【性能选项】对话框中单击【数据执行保护】标签，选择【仅为基本 Windows 程序和服务启用 DEP(T)】，以防止用户开发的程序因为与 DEP 发生冲突而退出，提高系统的兼容性，如图 9-111 所示。

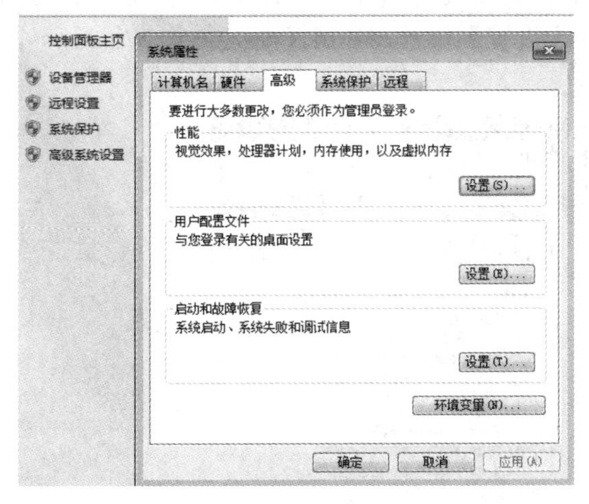

图 9-110　进入系统高级设置

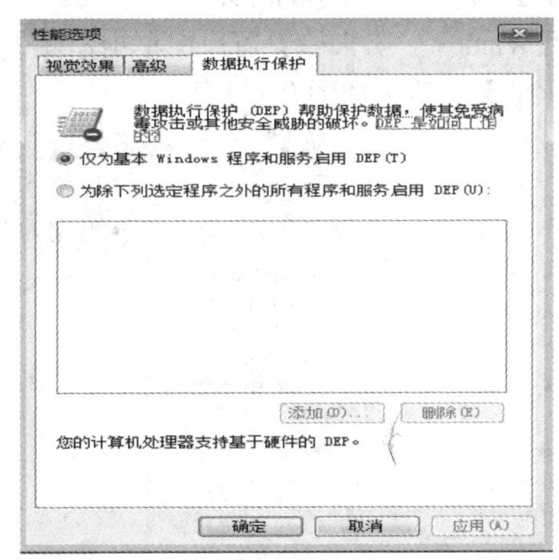

图 9-111　配置数据执行保护功能

注意 DEP(Data Exception Prevention，数据执行保护)功能会对内存进行检查以防止恶意代码的执行，但是经常与用户自行开发的程序发生冲突。

(2) 优化视觉性能。单击【性能选项】对话框中的【视觉效果】标签，选择【调整为最佳性能】选项，然后单击【确定】按钮，优先保障 Windows 的系统性能，如图 9-112 所示。

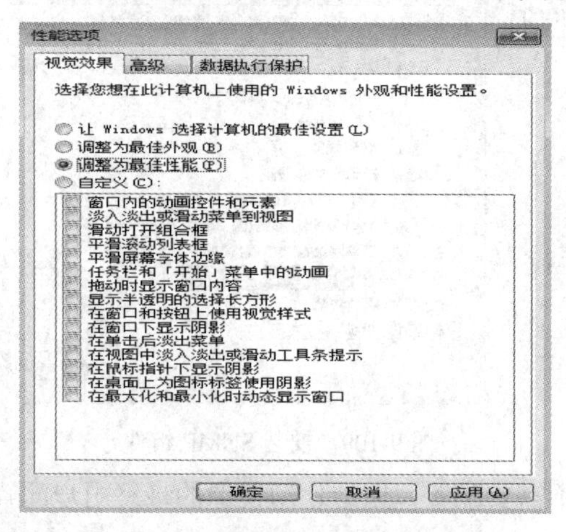

图 9-112　调整系统性能选项

8) 设置防火墙

Windows 虚拟机需要进行远程连接，因此需要开放 3389 端口，同时还需要开启 ICMP 协议，用于远程监控虚拟机的状态，操作步骤如下：

(1) 开启 ICMP 协议。ICMP(Internet Control Message Protocol，Internet 控制报文协议)是 TCP/IP 协议族的一个子协议，用于在 IP 主机、路由器之间传递控制消息。控制消息指网络是否畅通、主机是否可达、路由是否可用之类与网络本身状态有关的消息，这些消息虽然并不传输用户数据，但对于用户数据的传递起着非常重要的作用。

要开启 ICMP 协议，需要进入虚拟机的【控制面板】窗口，单击其中的【系统和安全】项目，在出现的【系统和安全】设置窗口中选择【Windows 防火墙】项目，在弹出的【Windows 防火墙】窗口中单击左侧的【高级设置】命令，弹出【高级安全 Windows 防火墙】窗口，如图 9-113 所示。

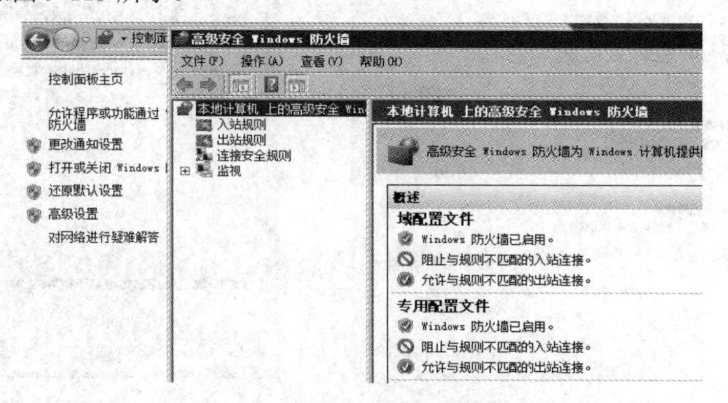

图 9-113　进入防火墙高级设置

单击【高级安全 Windows 防火墙】窗口左侧目录树中的【入站规则】图标，然后单击右侧出现的【入站规则】下拉列表中的【新建规则】项目，如图 9-114 所示。

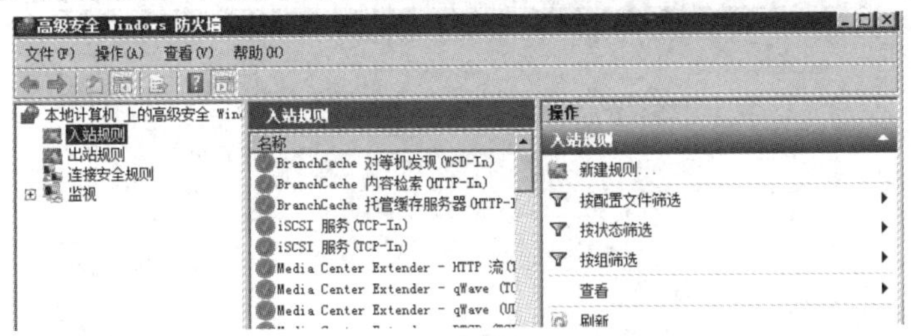

图 9-114　新建防火墙规则

在弹出的【新建入站规则向导】对话框中，将【规则类型】设置为【自定义】，然后单击【下一步】按钮，如图 9-115 所示。

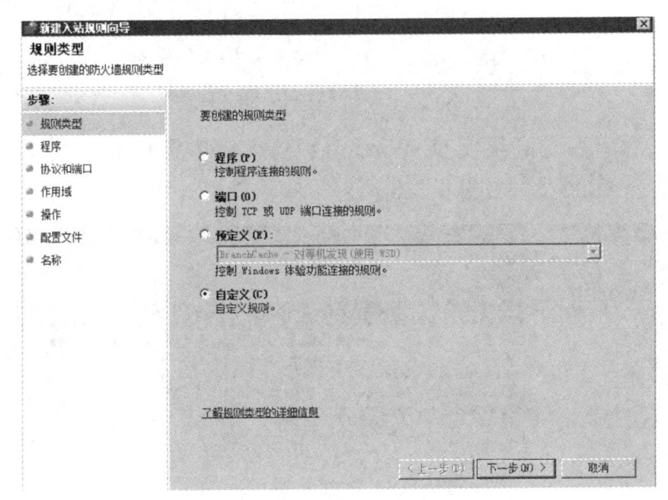

图 9-115　设置防火墙规则类型

在出现的【协议和端口】对话框中，将【协议类型】设置为“ICMPv4”，然后单击【下一步】按钮，如图 9-116 所示。

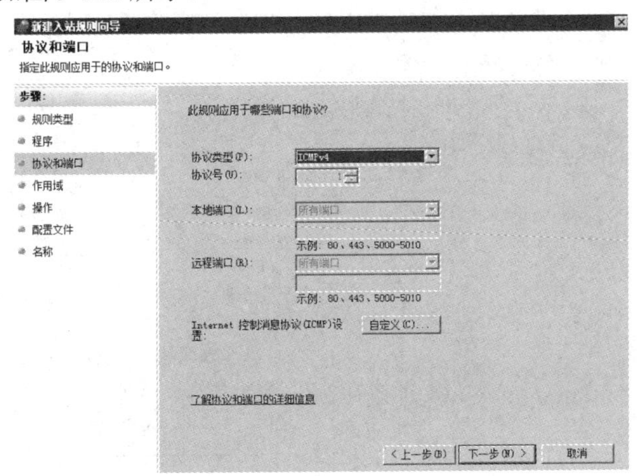

图 9-116　设置规则所应用的协议类型

之后的各项设置保持默认即可，在最后出现的【名称】对话框中输入自定义的规则名称，然后单击【完成】按钮，如图 9-117 所示。

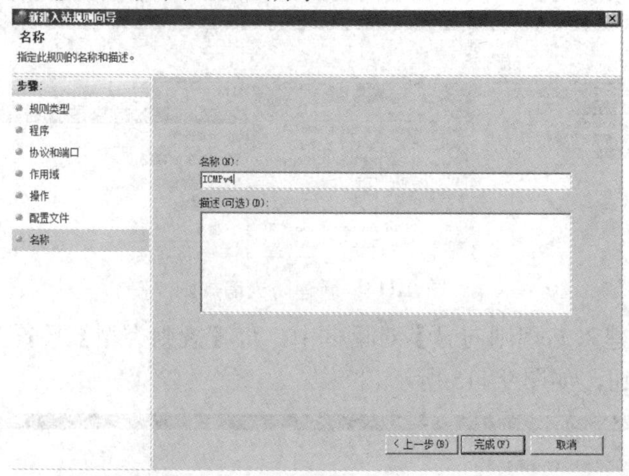

图 9-117　设置新建规则的名称

规则创建完成后，在【高级安全 Windows 防火墙】窗口右侧的【入站规则】栏中可以看到新建的规则已经启用，如图 9-118 所示。

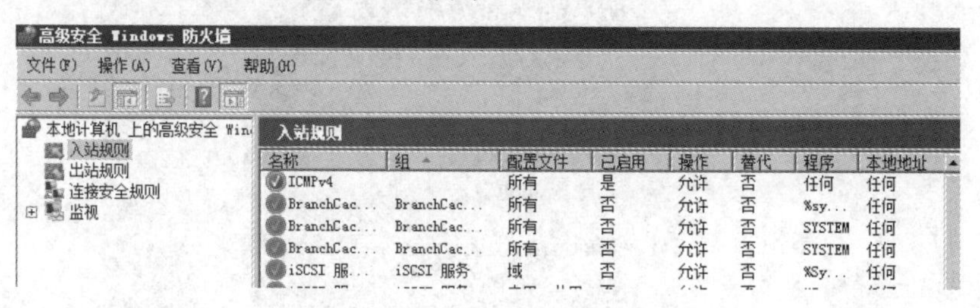

图 9-118　新建规则已启用

(2) 开放远程桌面端口。使用相同方法，再次新建一个规则，将【协议类型】设置为“TCP”，【本地端口】设置为“特定端口”，并指定端口为 3389，然后单击【下一步】按钮，如图 9-119 所示。

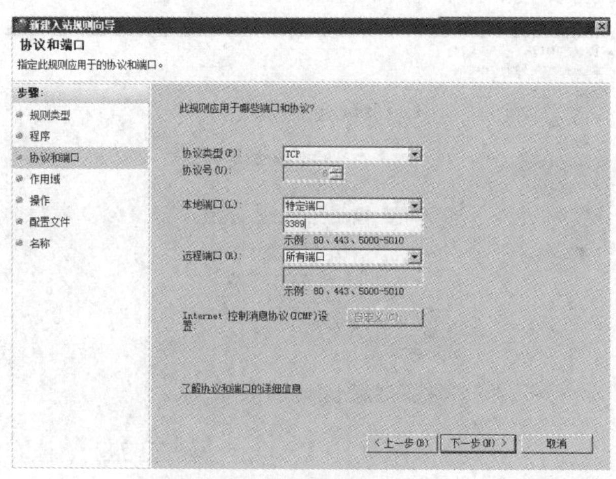

图 9-119　指定本地端口

之后的各项设置保持默认，最后在【名称】对话框中指定新建规则的名称，单击【完成】按钮即可，如图 9-120 所示。

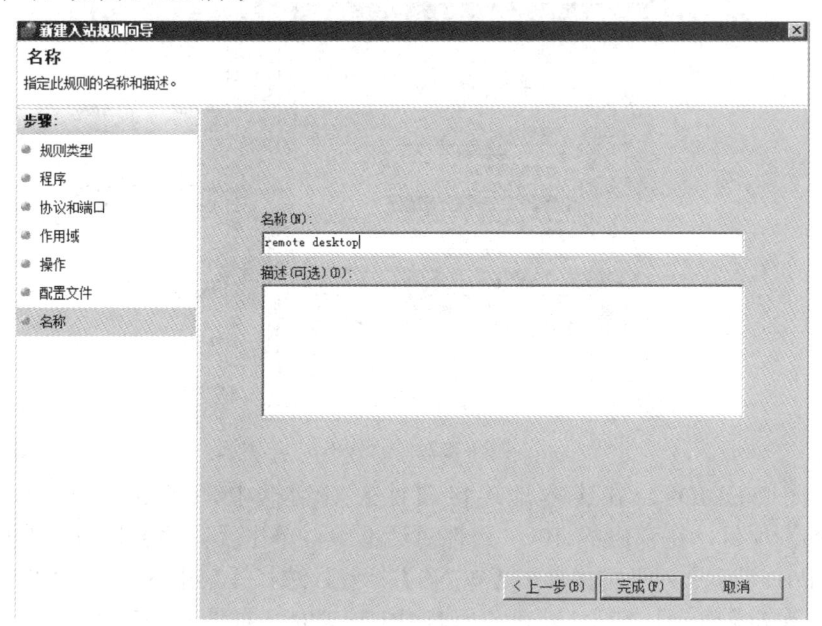

图 9-120　指定新建规则名称

完成设置后，规则即可生效，如图 9-121 所示。

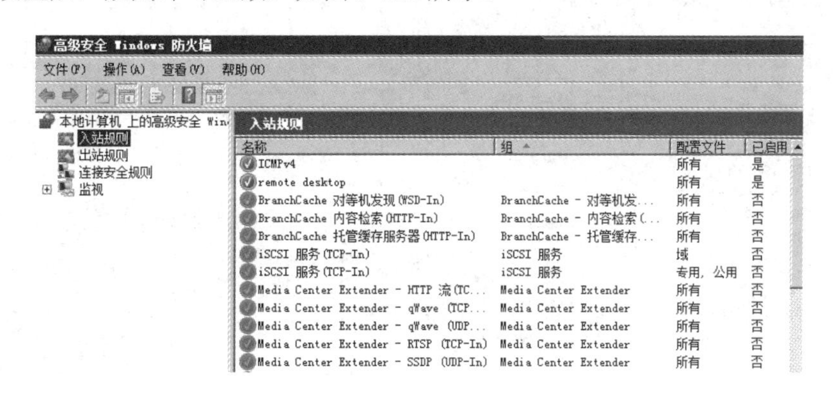

图 9-121　新建规则已生效

9) 配置网络

如果对网络安全有特别要求，可以关闭虚拟机的部分网络功能，如关闭 IPV6 和 NetBIOS 等。配置方法如下：

(1) 关闭 IPV6。进入虚拟机系统的【控制面板】窗口，单击其中的【网络和 Internet】项目，进入【网络和 Internet】设置窗口，然后单击右侧的【网络和共享中心】项目，在弹出的【网络和共享中心】设置窗口中单击【本地连接】项目，在弹出的【本地连接状态】对话框中单击【属性】按钮，在弹出的【本地连接属性】对话框中取消勾选【Internet 协议版本 6(TCP/IPV6)】项目，然后单击【确定】按钮，即可关闭系统对 IPv6 的支持，如图 9-122 所示。

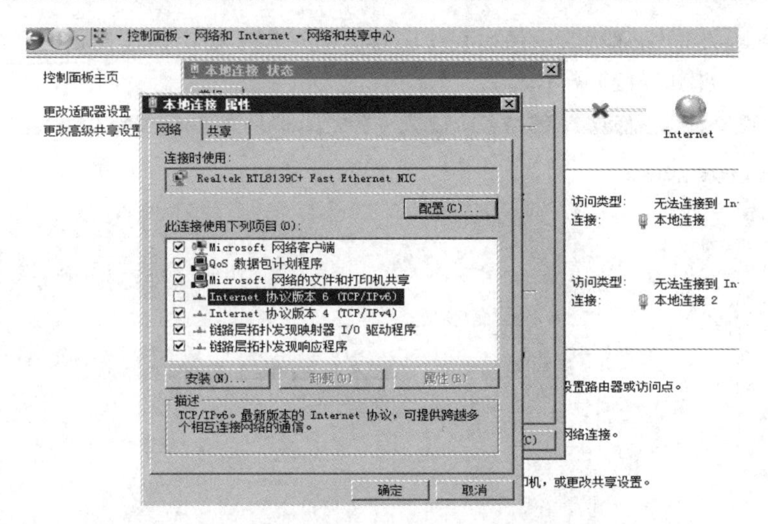

图 9-122　关闭 IPv6

(2) 关闭 NetBIOS。在【本地连接属性】对话框中，双击【Internet 协议版本 4(TCP/IPv4)】项目，在弹出的 IPv4 属性对话框中，单击【高级】按钮，然后在弹出的【高级 TCP/IP 设置】对话框中单击【WINS】标签，选择【禁用 TCP/IP 上的 NetBIOS】选项，然后单击【确定】按钮，即可关闭 NetBIOS 功能，如图 9-123 所示。

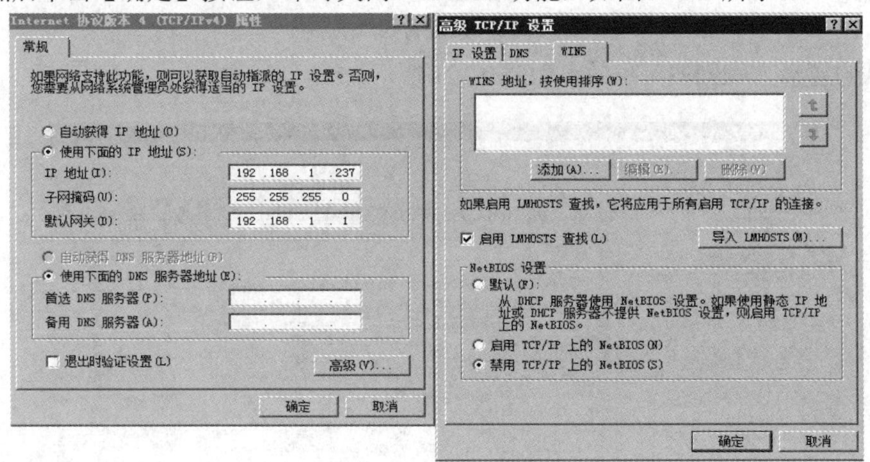

图 9-123　禁用 NetBIOS

10) 删除用户

最后要删除已经创建的用户，操作步骤如下：

(1) 启用超级用户。如果之前没有启用 Administrator 用户，需要先启用这个用户。

在【控制面板】窗口中单击【系统和安全】项目，在出现的【系统和安全】设置窗口中单击【管理工具】图标，进入【管理工具】设置窗口。双击【计算机管理】图标，在弹出的【计算机管理】窗口中，单击展开左侧目录树中的【本地用户和组】目录，然后单击其中的【用户】项，即可在窗口右侧看到已存在的系统用户，如图 9-124 所示。

在窗口右侧的【Administrator】用户图标上单击鼠标右键，在弹出菜单中选择【属性】命令，弹出【Administrator 属性】对话框，取消勾选【帐户已禁用】项目，然后单击

【确定】按钮，如图 9-125 所示。

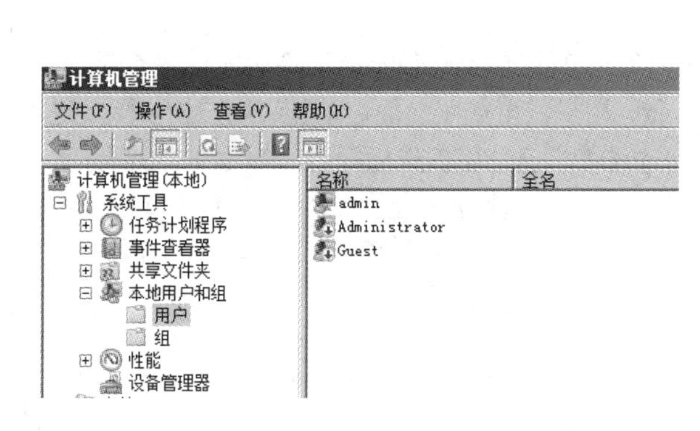

图 9-124　查看 Administrator 用户

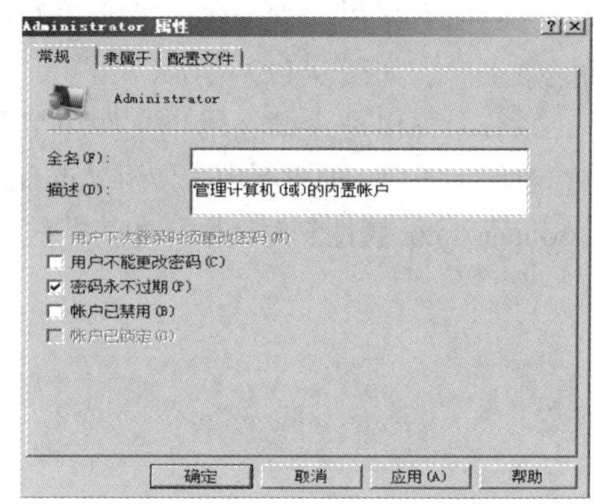

图 9-125　启用 Administrator 用户

如果忘记密码，可以在窗口右侧的【Administrator】用户图标上单击鼠标右键，选择【设置密码】命令，在弹出的【设置密码】对话框中输入新的 Administrator 用户密码，如图 9-126 所示。

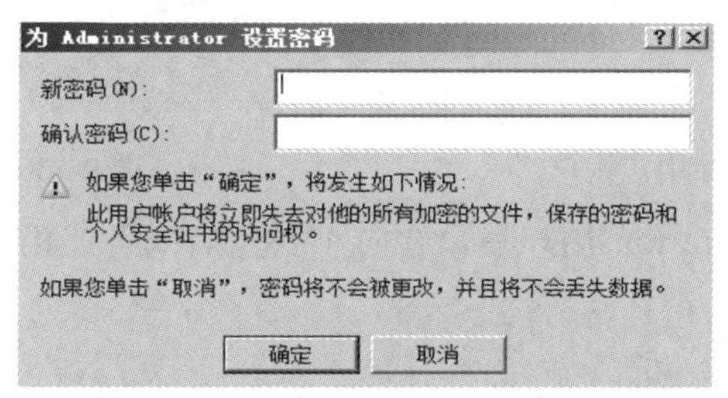

图 9-126　设置 Administrator 用户密码

(2) 删除不需要的用户。选择【开始】菜单中的【注销】或者【重新启动】命令，以 Administrator 用户权限登录虚拟机。然后进入【控制面板】窗口，单击其中的【用户帐户和家庭安全】项目，如图 9-127 所示。

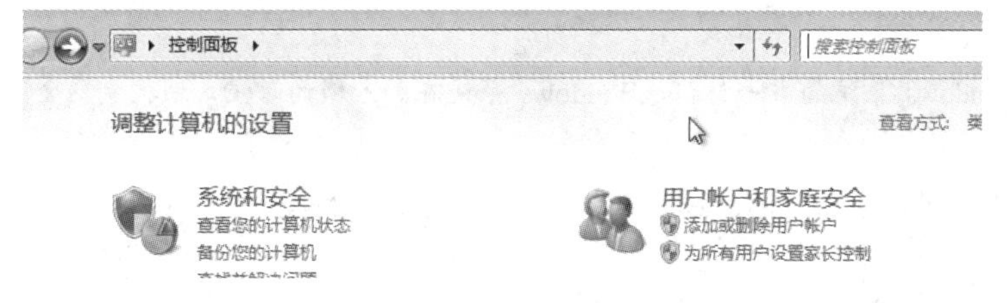

图 9-127　设置用户帐户和家庭安全

在出现的【用户帐户和家庭安全】设置窗口中，单击右侧【用户帐户】栏目下的【添加或删除用户帐户】项目，如图 9-128 所示。

图 9-128　添加或删除用户帐户

在出现的【添加或删除用户帐户】设置窗口中，单击除 Administrator 账户和 Guest 账户以外的所有帐户，进入【更改帐户】窗口，然后选择窗口左侧的【删除帐户】命令，删除这些帐户，如图 9-129 所示。

系统会弹出是否删除用户文件和是否删除用户的提示，都选择删除后才能完全删除。

删除完毕后，如果不想再使用 Administrator 用户，可按照前面启动超级用户的步骤，进入【Administrator 属性】对话框，在其中重新勾选【帐户已禁用】选项即可，如图 9-130 所示。

图 9-129　删除用户帐户

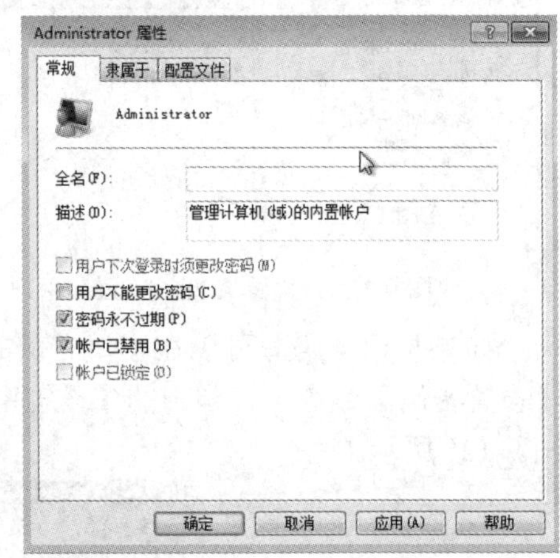

图 9-130　禁用 Administrator 用户

注意，禁用 Administartor 用户后，暂时不要重启或者注销虚拟机，否则将无法进入系统。

11) 封装Windows虚拟机

在设定好所需的项目后，需要对 Windows 虚拟机系统进行封装，以便让使用镜像部署的虚拟机在第一次启动时，会自动更新系统的 SID、配置、主机名等信息。如果不更新 SID，从镜像模板部署的所有虚拟机会有一样的 SID，影响以后的使用，主要是会导致加入域的失败。

注意　SID 是 Windows 系统的唯一标识，Windows 系统在加入域的时候，域控制器会通过这个唯一标识区分不同的系统。

在虚拟机的 C:\Windows\System32\sysprep 目录下找到程序 sysprep，如图 9-131 所示。

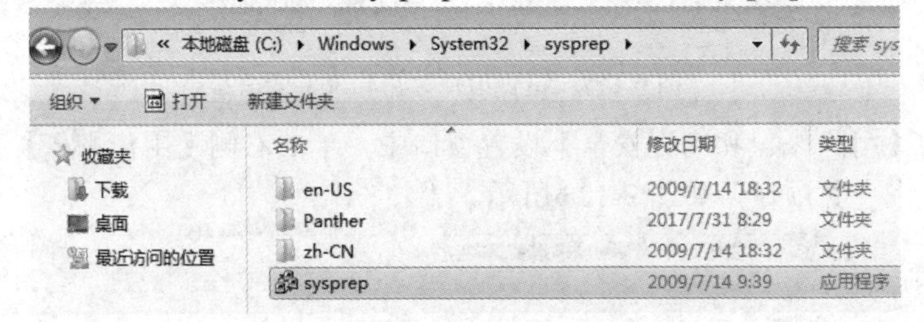

图 9-131　启动 sysprep 程序

双击启动 sysprep 程序，会弹出【系统准备工具 3.14】对话框，如果确认不需要再对系统属性进行调整，则将对话框中的【关机选项】设置为“关机”，即封装完成后，系统

将自动关闭，如图 9-132 所示。

系统封装过程如图 9-133 所示。

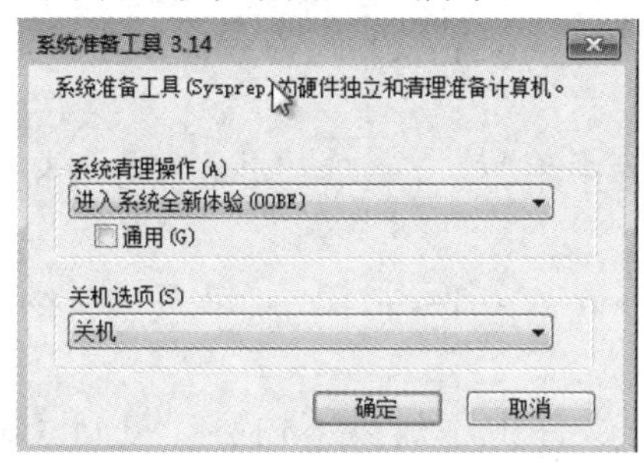

图 9-132　设置系统封装选项

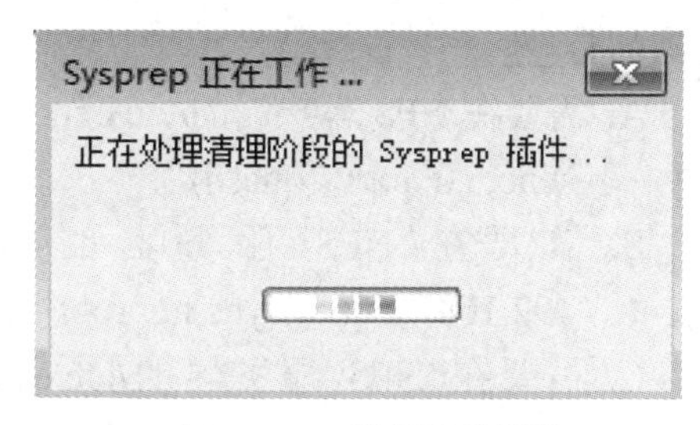

图 9-133　进行系统封装

至此，Windows 虚拟机系统的模版镜像制作完成，即可以使用这个镜像快速克隆 Windows 虚拟机。

本 章 小 结

最新更新

通过本章的学习，读者应当了解：

✧ 静态迁移是指在关闭虚拟机后，将其系统镜像复制到另一台宿主机上，然后恢复启动；动态迁移是指在保证虚拟机上应用服务正常运行的同时，让虚拟机在不同的宿主机之间进行迁移。

✧ 在条件允许的情况下，应尽量选择静态迁移，可以规避很多风险。如果要选择动态迁移，也要避开业务高峰，在使用量最小的情况下进行动态迁移。

✧ 物理机到虚拟机的迁移可以用来置换一些还在运行业务的老旧硬件，迁移前最好在虚拟机上模拟业务运行环境进行测试，以检测是否满足迁移的条件。

✧ 可以制作自定义的虚拟机镜像模版，以满足大规模部署虚拟机的需求。

本 章 练 习

1．有关虚拟机的迁移，下列说法正确的是______。(多选)

A. 虚拟机的迁移分为静态迁移和动态迁移

B. 静态迁移又称热迁移或离线迁移，动态迁移又称冷迁移或在线迁移

C. 静态迁移有一段明显的主机服务不可用时间

D. 动态迁移没有明显的服务暂停时间

2．有关创建 NFS 文件系统，下列说法不正确的是______。

A. 创建 NFS 文件系统需要修改 NFS 服务器的/etc/exports 文件

B. NFS 服务器下的某路径要共享到客户端，需要执行 exportfs -r 命令使配置生效

C. 可以在 NFS 服务器上执行 showmount -e 命令，输出客户端的信息，查看 NFS 文件系统是否可以共享

D. 可以在客户端上执行 showmount -e 命令，输出客户端的信息，查看 NFS 文

件系统是否可以共享

3．将 NFS 客户端(主机名为 CentOS60，IP 为 192.168.1.60)挂载到 NFS 服务器(主机名为 CentOS245，IP 为 192.168.1.245)的/data 路径下，且有读、写等 root 权限，则下列说法不正确的是______。(多选)

A. 需要在 NFS 客户端的/etc/exports 文件中添加以下内容“/data 192.168.1.245(rw, sync, no_root_squash)”

B. 需要在 NFS 服务器的/etc/exports 文件中添加以下内容“/data 192.168.1.60(rw,sync,no_root_squash)”

C. 需要在 NFS 服务器的/etc/exports 文件中添加以下内容“/data CentOS60 (rw,sync,no_root_squash)”

D. 需要在 NFS 客户端的/etc/exports 文件中添加以下内容“/data CentOS245”

4．在虚拟机动态迁移过程中，产生图中错误的原因是______。

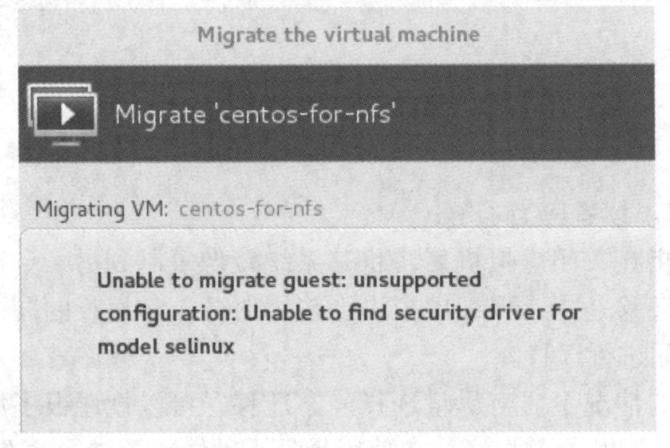

A. 由于虚拟机所在的宿主机的硬盘缓存模式不同而导致

B. 由于虚拟机所在的宿主机的 SELinux 未设置成 Disabled 状态而导致

C. 由于虚拟机所在宿主机的 CPU 型号不兼容而导致

D. 由于虚拟机所在的宿主机的网桥名称不一致而导致

5．使用再生龙软件进行物理机到虚拟机的迁移，在克隆原系统过程中的“选择镜像程序的优先级”环节，若克隆的是 CentOS 操作系统，则应选择的优先级顺序为______。

A. partclone > partimage > dd

B. 只使用 dd 来保存分区

C. ntfsclone> partimage > dd

D. partimage > dd

6．说出虚拟机动态迁移和静态迁移的区别，以及分别适用于哪种应用场景。

7．进行一次虚拟机的静态迁移，可以分组进行。

8．进行一次虚拟机的动态迁移，可以尝试在 GlusterFS 文件系统上进行迁移。

9．使用再生龙软件，将一台 Linux 物理机迁移到虚拟机上。

10．制作一个 Linux 模版镜像，并用它在新环境中部署虚拟机。

11．制作一个 Windows 模版镜像，并用它在新环境中部署虚拟机。

第 10 章　Docker 应用

本章目标

- 了解容器虚拟化技术
- 了解 Docker 的背景和作用，以及与其他虚拟机的区别及优势
- 掌握 Docker 相关的镜像、容器、仓库等概念
- 掌握 Docker 的相关命令
- 熟练掌握创建镜像的方法
- 掌握容器和仓库的应用

LXC 和 Docker 都属于容器虚拟化技术，Docker 是基于 Go 语言的开源项目，已经形成了较为完善的生态系统。目前，Google 公司的 Compute Engine 已经支持 Docker 在其上运行，而国内 BAT 先锋企业百度的 Baidu App Engine(BAE)平台亦以 Docker 作为其 PaaS 服务的云基础。

在 Docker 部分，本书使用 Ubuntu 15.10 操作系统作为宿主操作系统，可以将该系统安装在实体机上，也可以将其安装在虚拟机上，但由于后续的 Docker 高级应用部分会有多台主机联机测试的项目，因此建议在虚拟机上进行测试。

10.1 Docker 简介

Docker 作为容器虚拟化技术的代表，在相同的硬件条件下可以运行更多的服务，并能更容易地打包和发布程序，花费的内存、CPU 和硬盘的开销也相对更小，成本更低。Docker 的出现，使开发人员能够快速部署基于容器的应用。

10.1.1 Docker 的背景

第一个 Docker 版本——Docker 0.1 诞生于 2013 年 3 月，其主要开发目标是“Build，Ship and Run Any App，Anywhere”，即通过对应用组件的封装(Packaging)、分发(Distribution)、部署(Deployment)、运行(Runtime)等生命周期的管理，达到应用组件级别的“一次封装，到处运行”。这里的应用组件，既可以是一个 Web 应用，也可以是一套数据库服务，甚至可以是一个操作系统或编译器。

Docker 具备更好的接口和更完善的配套，可看做经过精美封装和性能优化的 LXC。Docker 的核心目标是利用 LXC 来实现类似虚拟机的功能，从而用更节省的硬件资源提供更多的计算能力。使用 Docker 可以更方便地进行弹性计算，因为每个 Docker 实例的生命周期都是有限的，而实例的数量也可以随时根据需求增减。

基于 Linux 的多项开源技术，Docker 提供了高效、便捷和轻量级的容器虚拟化方案，可以在多种主流云平台(PaaS)和本地系统上部署。在最近一次的 Linux 基金会调查中，Docker 是仅次于 OpenStack 的最受欢迎的云计算开源项目。目前，主流的 Linux 操作系统都已经支持 Docker，例如，Red Hat RHEL 6.5/CentOS 6.5 以上版本的操作系统与 Ubuntu 14.04 及以上版本的操作系统都已经默认带有了 Docker 软件包。

10.1.2 Docker 的组成

Docker 由两大主要部分组成：Docker 和 DockerHub。其中，Docker 是开源的容器虚拟化平台；DockerHub 则是分享并管理 Docker 容器的 Docker SaaS 平台。

Docker 使用客户端-服务器(C/S)架构模式。Docker 客户端会与 Docker 守护进程进行通信，由 Docker 守护进程处理复杂繁重的任务，例如建立、运行及发布 Docker 容器等。Docker 客户端可以和 Docker 守护进程运行在同一个系统上，也可以连接一个远程的

Docker 守护进程。Docker 的客户端和守护进程之间使用 socket 或者 RESTful API 进行通信，如图 10-1 所示。

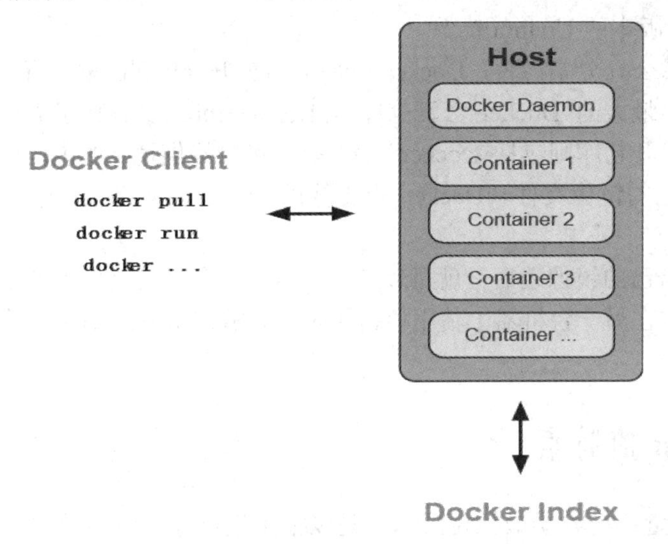

图 10-1　Docker 的组成

10.1.3　Docker 的核心概念

Docker 的核心概念有三：镜像、容器、仓库。

1. Docker 镜像

Docker 镜像(Image)类似于虚拟机的镜像，可以理解为一个面向 Docker 引擎的只读模板，其中包含了文件系统。例如：镜像可以包含一个完整的 Ubuntu 操作系统，称为一个 Ubuntu 镜像；镜像也可以安装 Apache 应用程序(或其他软件)，称为一个 Apache 镜像。

镜像是创建 Docker 容器的基础，其应用运行需要环境，而镜像就负责提供这种环境。镜像自身是只读的。虽然容器从镜像启动时，Docker 会在镜像最上层创建一个可写层，但镜像本身保持不变，就像使用 ISO 文件安装系统之后，ISO 文件并没有变化一样。

通过版本管理程序和增量的文件系统，Docker 提供了一套十分简单的机制来创建和更新现有的镜像。用户可从网上下载一个已经做好的镜像，并通过命令直接使用。

2. Docker 容器

Docker 使用容器(Container)来运行和隔离应用。Docker 容器是基于镜像创建的应用运行实例，可以将其启动、开始、停止、删除，容器之间是相互隔离、互不可见的。

可以将每个容器看做一个轻量级的应用沙箱，由一个简易版的 Linux 系统环境(包括 root 用户权限、进程空间、用户空间和网络空间)以及运行在其中的应用程序打包而成。由于 Docker 是基于 Linux 内核的虚拟技术，所以消耗的资源非常少。

3. Docker 仓库

Docker 仓库(Repository)是 Docker 集中存放镜像文件的场所。有的资料将 Docker 仓库和注册服务器(Registry)混为一谈，但实际上，注册服务器是存放仓库的地方，往往存放着多个仓库，而每个仓库又集中存放某一类镜像，通常包括多个镜像文件，使用不同的标签(tag)进行区分。例如，存放 Ubuntu 操作系统镜像的仓库称为 Ubuntu 仓库，其中可能包括14.04、12.04 等多种版本的 Ubuntu 镜像。

根据存储的镜像公开分享与否，Docker 仓库分为公开仓库(Public)和私有仓库(Private)两种。目前，世界上最大的 Docker 公开仓库是 DockerHub，其存放了数量庞大的镜像供用户下载；国内的公开仓库则包括 Docker Pool 等，可以提供稳定的国内访问。如果用户不希望公开分享自己的镜像文件，Docker 也支持用户在本地网络内创建一个只能自己访问的私有仓库。

当用户创建了自己的镜像之后，就可以使用 push 命令将它上传到指定的公有或私有仓库里。这样，下次在另一台机器上使用该镜像时，只需使用 pull 命令，将它从仓库中下载下来就可以了。

10.1.4 Docker 的特点

Docker 作为轻量级的容器虚拟化技术，是以宿主机操作系统内核中的特性为支撑来完成虚拟化的。具体来说，利用操作系统中的 namespace、Cgroups 等功能，Docker 可以对系统的部分空间进行隔离，并对系统的内存和 CPU 等资源进行分配、控制和记录。

举一个简单的例子：假设用户试图基于 LAMP(Linux + Apache + MySQL + PHP)组合来运维两个网站，按照传统做法，首先需要分别安装 Apache、MySQL 和 PHP 程序以及它们运行所依赖的环境，然后分别进行配置(包括创建合适的用户及配置相应参数等)，再进行大量操作及测试，观察并确认整个 LAMP 系统是否正常工作，如果不正常，则意味着更多的时间代价和不可控风险，如果再加入更多应用，就会更加难以处理。而一旦需要迁移服务器，往往又得重新进行部署和调试，严重影响了工作效率。

而 Docker 技术可以通过容器来对应用进行打包，迁移服务器时，只需在新的服务器系统上使用 namespace、Cgroups 等功能，重新分配内存和 CPU 等资源，然后启动需要的容器即可，大大降低了部署过程中出现问题的风险。可以说，Docker 技术的出现，为应用的开发和部署提供了“一站式”的解决方案。

10.1.5 Docker 与虚拟机的区别

Docker 作为一种轻量级的容器虚拟化技术，可以与虚拟机一样实现对系统资源和环境的隔离，但在技术架构和运行上都存在显著的差异。

1. 架构差异

Docker 与传统虚拟机的实现框架对比如图 10-2 所示。

从图 10-2 可以看出，Docker 与传统虚拟机的实现框架存在以下重大区别：

(1) 传统虚拟机的客户机系统即为虚拟机安装的操作系统，是一个完整的操作系统；而 Docker 技术只使用系统的一部分功能。

(2) 传统虚拟机的管理系统层可以理解为一个硬件虚拟化平台，在宿主机操作系统中以内核态的驱动形式存在；Docker 技术则不需要管理系统层来实现硬件资源的虚拟化，

因此 Docker 引擎取代了虚拟机的客户机系统层和管理系统层。

(3) 传统虚拟机在启动时，需要加载客户机操作系统，而 Docker 直接使用宿主机的内核，而不是客户机系统的。

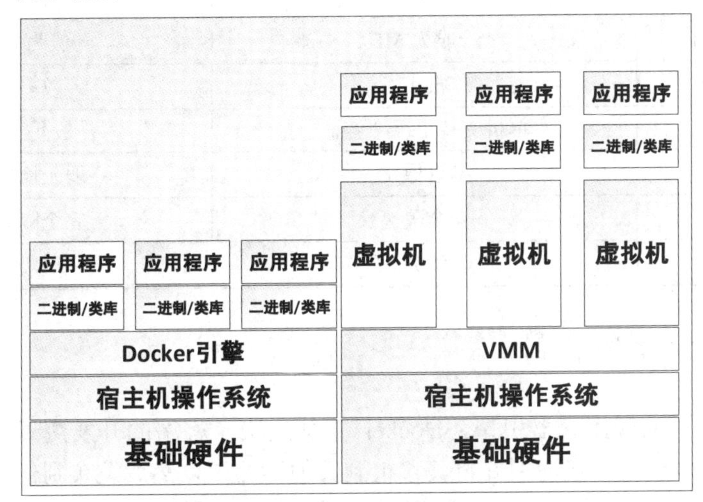

图 10-2　Docker 与虚拟机的实现框架

2，运行差异

除此之外，Docker 与传统虚拟机在运行方面也存在显著的区别：

(1) 启动速度。由于 Docker 直接使用宿主机的操作系统内核，启动和停止可在秒级实现；而传统虚拟机启动时需要消耗引导时间，因此速度只能达到分钟级别。

(2) 资源使用。Docker 容器运行时，除了其中的应用外基本不消耗额外系统资源；但对于传统虚拟机而言，每启动一台虚拟机都需要单独分配独占的内存、硬盘等资源。

(3) 内存代价。Docker 上的应用程序在访问内存时，可以一次性完成虚拟内存到物理内存的映射；而传统虚拟机上的应用程序要进行两次虚拟内存到物理内存的映射，读写内存的代价比 Docker 的应用程序要高得多。

(4) 运行密度。Docker 支持多容器，一台主机上可以同时运行数千个 Docker 容器，而一台宿主机上一般只能支持几十台传统虚拟机运行。

(5) 性能。作为轻量级的虚拟化技术，Docker 直接依赖宿主机，其本身对系统资源的需求很少，应用获得的运行性能接近原生应用，这是传统虚拟机难以比拟的。

(6) 隔离性。传统虚拟机使用客户机系统层将整个运行环境彻底隔离；Docker 则利用 Linux 系统的多种防护技术实现严格可靠的隔离，同时整合了众多安全工具。从 1.3 版本开始，Docker 重点改善了容器的安全控制和镜像的安全机制，隔离性能已达到安全级别。

(7) 迁移性。Docker 可以使用容器来打包应用，迁移时只需在新的服务器上部署所需的容器即可，既能节约大量时间，也降低了出现问题的风险；而传统虚拟机进行迁移时，不仅需要提前规划迁移内容、新运行环境的配置、迁移日程和预计停机时间等环节，还面临着应用与新运行环境不兼容的风险。

综上所述，Docker 与传统虚拟机在运行方面的主要区别如表 10-1 所示。

表 10-1 Docker 与传统虚拟机的区别

特 性	Docker	传统虚拟机
启动速度	秒级	分钟级
硬盘使用	一般为 MB	一般为 GB
内存代价	很小	较多
运行密度	单机支持上千个容器	一般几十个
性能	接近原生	弱于原生
隔离性	安全隔离	完全隔离
迁移性	优秀	一般

10.1.6 Docker 的作用

作为一个开源的应用容器引擎，Docker 重新定义了程序的开发测试、交付和部署过程，使开发者可以快速打包应用并将其移植到其他容器中，然后发布到任意的 Linux 系统上。总体而言，目前 Docker 有八大主要用途，如图 10-3 所示。

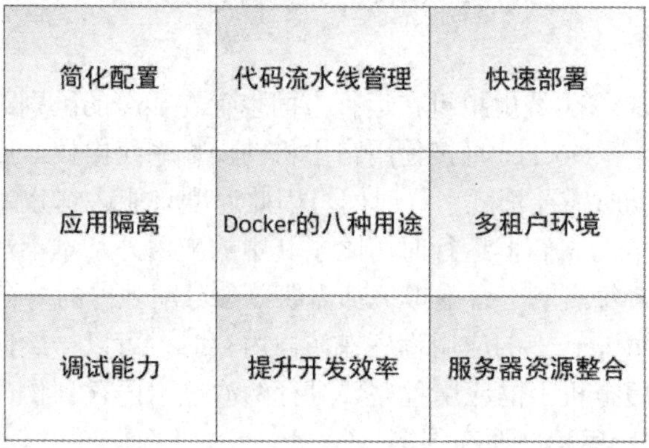

简化配置	代码流水线管理	快速部署
应用隔离	Docker的八种用途	多租户环境
调试能力	提升开发效率	服务器资源整合

图 10-3 Docker 的主要用途

1. 简化配置

使用 Docker，可以将应用的所有配置工作写入 Dockerfile 文件中，然后通过该文件构建镜像，就可以无限次使用这个镜像来部署应用，而不需要重复繁琐的配置工作，大大简化了应用部署的复杂性，实现了一次打包、多次部署的目的。

2. 代码流水线(Code Pipeline)管理

代码从开发环境、测试环境到最终的生产环境，可能需要面对多种运行环境，而 Docker 可以给应用提供一个从开发到上线均一致的运行环境，开发与测试人员只需关注代码本身即可，这使得代码的流水线管理变得非常简明，也便于应用的持续集成和发布。

3. 快速部署

虚拟机技术产生前，部署新的硬件资源需要花费几天的时间；虚拟机技术出现后，部署工作可以在一天甚至几小时内完成；而 Docker 技术则可以将这段时间减少到几分钟。

传统的部署模式是通过安装、配置、运行三个步骤完成的，而 Docker 的部署模式是通过复制(复制 Docker 容器)、运行两个步骤来完成的，启动服务只需要秒级的时间。

4．应用隔离

使用虚拟机虽然可以使隔离更加彻底，但同时部署密度也相对较低，从而导致成本的增加；而 Docker 容器充分利用了 Linux 内核的 namespace 提供的资源隔离功能，结合 Cgroups 功能，可以方便地设置每个容器的资源配额，既能满足资源隔离的需求，又能为不同级别的用户设置不同级别的配额限制。

5．服务器资源整合

由于没有多个操作系统占用内存，且实例之间还可以共享多个空闲的内存，因此 Docker 能够进行十分有效的资源分配，提高资源的利用率。

6．提升开发效率

Docker 未出现之前，开发人员往往需要使用一台或多台虚拟机充当开发测试环境，这样的开发测试环境一般负载较低，大量的系统资源都耗费在虚拟机本身上；而 Docker 镜像可以方便地在企业内部共享，Docker 容器也无需任何 CPU 和内存的额外开销就能轻松运行多个服务，显著提升了开发效率。

7．调试能力

Docker 提供了很多适用于容器的工具，这些工具提供了多种调试 Bug 的功能，包括设置容器检查点、设置版本、查看两个容器之间的差别等。

8．多租户环境

Docker 作为多租户容器，可以避免关键应用被重写，为每一个租户应用层的多个实例创建隔离的环境，简单且成本低廉。

10.2　Docker 的安装

本节介绍在不同系统上安装 Docker 的方法。Docker 只能运行在 64 位的 Linux 平台上，且 Linux 内核版本不低于 3.10，因此最好使用较新版本内核的系统，过低的内核版本可能会造成运行不稳定。

10.2.1　在 CentOS 上安装 Docker

在 CentOS 6 和 CentOS 7 系统上，Docker 的安装方法不完全相同，分述如下。

1．在 CentOS 6 上安装 Docker

在 CentOS 6 系统上，需要先下载并安装 EPEL 库(下载地址：http://mirrors.yun-idc.com/epel/6/8386/epel-release-6-8.noarch.rpm)，命令如下：

```
# yum install -y http://mirrors.yun-idc.com/epel/6/8386/epel-release-6-8.noarch.rpm
```

然后执行以下命令，安装 Docker：

```
# yum install -y docker-io
```

2．在 CentOS 7 上安装 Docker

在 CentOS 7 系统上，可以执行以下命令，直接安装 Docker：

```
# yum install -y docker
```

安装完成后，需要执行以下命令，启动 Docker 服务：

```
# systemctl start docker
```

然后执行以下命令，可以保证 Docker 服务在系统重启后自动启动：

```
# systemctl enable docker
```

10.2.2 在 Ubuntu 上安装 Docker

在 Ubuntu 系统中，某些命令需要在 root 权限下才能使用，但 Ubuntu 并不允许用户使用 root 权限登录。该问题的解决方法有二：一种是在命令代码前加“sudo”，表示以 root 权限执行命令；另一种是先执行 sudo -s 命令，切换到 root 权限下执行操作，此时就不需在命令语句前加“sudo”。

本例使用第二种方法，在安装前先执行 sudo -s 命令，切换到 root 用户权限下：

```
# sudo -s
```

然后根据提示输入密码，该密码为在系统安装向导的创建用户环节设置的密码。

不同版本的 Ubuntu 系统安装 Docker 的方式略有差别，要先执行以下命令，查看当前使用的 Ubuntu 版本号：

```
# cat /etc/issue
```

如果是 Ubuntu 14.04 之前的版本，需要先执行以下命令，更新系统内核：

```
# apt-get update
# apt-get install -y linux-image-generic-lts-raring linux-headers-generic-lts-raring
```

然后重启系统，使用新版本内核，之后才可以安装 Docker。

Ubuntu 14.04 及以后的版本则可以直接执行 apt-get 命令安装 Docker，命令如下：

```
# apt-get update
# apt-get install -y docker.io
```

安装完成后，可以直接运行，不用运行启动 Docker 服务的命令。

10.3 镜像

镜像是运行 Docker 容器的基础，容器运行之前，必须存在对应的镜像，如果本地没有对应的镜像，Docker 会自动从默认的仓库(即 DockerHub 公共服务器中的仓库)下载镜像；如果有本地仓库，也可以从本地仓库下载镜像。

10.3.1 搜索并下载镜像

获取镜像的最主要方式是从公有仓库中下载。Docker 的官方仓库 DockerHub 是世界上最大的公有仓库，拥有数十万的 Docker 镜像可供用户下载，下面介绍如何从

DockerHub 上搜索并下载镜像。

1．搜索镜像

可以执行 docker search 命令，从 DockerHub 上搜索所需镜像。本例中，需要搜索 Ubuntu 系统的镜像：

```
# docker search ubuntu
```

搜索结果如图 10-4 所示，其中列出了查找到的相关镜像信息，包括名称、描述、星级(星级越高，表明该镜像受欢迎程度越高)、是否官方创建以及是否自动创建等。默认将输出结果按星级排序，星级越高越靠前。【OFFICAL】列信息为“OK”的镜像为官方镜像，由官方项目组创建和维护；自动创建的镜像则允许用户验证镜像来源、内容等信息。

```
root@docker:~# docker search ubuntu
NAME                                                 DESCRIPTION                                     STARS     OFFICIAL
AUTOMATED
ubuntu                                               Ubuntu is a Debian-based Linux operating s...   6534      [OK]
dorowu/ubuntu-desktop-lxde-vnc                       Ubuntu with openssh-server and NoVNC            128
[OK]
rastasheep/ubuntu-sshd                               Dockerized SSH service, built on top of of...   98
[OK]
ansible/ubuntu14.04-ansible                          Ubuntu 14.04 LTS with ansible                   86
[OK]
ubuntu-upstart                                       Upstart is an event-based replacement for ...   77        [OK]
neurodebian                                          NeuroDebian provides neuroscience research...   39        [OK]
ubuntu-debootstrap                                   debootstrap --variant=minbase --components...   30        [OK]
nuagebec/ubuntu                                      Simple always updated Ubuntu docker images...   22
[OK]
tutum/ubuntu                                         Simple Ubuntu docker images with SSH access     18
1and1internet/ubuntu-16-nginx-php-phpmyadmin-mysql-5 ubuntu-16-nginx-php-phpmyadmin-mysql-5          14
[OK]
ppc64le/ubuntu                                       Ubuntu is a Debian-based Linux operating s...   10
aarch64/ubuntu                                       Ubuntu is a Debian-based Linux operating s...   9
i386/ubuntu                                          Ubuntu is a Debian-based Linux operating s...   8
```

图 10-4　在 DockerHub 上搜索镜像

2．下载镜像

执行 docker pull 命令，可以从 DockerHub 上下载所需镜像：

```
# docker pull ubuntu
```

下载完成后，执行 docker images 命令，可以查看已经下载的镜像文件：

```
# docker images
```

查询结果如图 10-5 所示，可以看到成功下载的 Ubuntu 镜像的信息。

```
root@docker:~# docker pull ubuntu
Using default tag: latest
latest: Pulling from library/ubuntu
d5c6f90da05d: Pull complete
1300883d87d5: Pull complete
c220aa3cfc1b: Pull complete
2e9398f099dc: Pull complete
dc27a084064f: Pull complete
Digest: sha256:34471448724419596ca4e890496d375801de21b0e67b81a77fd6155ce001edad
Status: Downloaded newer image for ubuntu:latest
root@docker:~# docker images
REPOSITORY          TAG                 IMAGE ID            CREATED
SIZE
ubuntu              latest              ccc7a11d65b1        4 weeks ago
120.1 MB
```

图 10-5　下载并查看镜像

上述信息中各参数的含义如下：

REPOSITORY——镜像来自于哪个仓库，本例中为存放Ubuntu系统基础镜像的仓库。

TAG——镜像的标签，用于区分来自同一仓库的镜像，可以标记但不能区分镜像内容。

IMAGE ID——镜像的唯一ID。

CREATED——镜像创建时间。

SIZE——镜像的大小。

如果不指定镜像系统的版本，则会下载ubuntu:latest镜像，即Ubuntu最新版本的镜像。也可以执行以下命令，通过指定TAG的方法来下载特定版本的镜像：

```
# docker pull ubuntu:14.04
14.04: Pulling from ubuntu
a874bb98a93a: Downloading [>                                                  ]
540 kB/65.69 MB
1f989e853936: Download complete
74c0120e9e53: Download complete
5d6ffc17b393: Pulling fs layer
87553b862c7a: Download complete
02380f25186c: Download complete
Digest: sha256:db891cb5af56d2aab603f83600f6735c7649baeadfde9c7fc61491288419a192
Status: Downloaded newer image for ubuntu:14.04
```

3．常用镜像

目前，常用的Linux系统主要有Red Hat/CentOS和Debian/Ubuntu两个系列的发行版。Red Hat/CentOS系列注重系统运行的稳定性，而Debian/Ubuntu系列则以较新的内核和软件版本闻名，用户可以根据自己的需求，决定使用哪种系统。

使用Docker时，用户也可以根据需求选用基于这些系统的镜像。这些镜像相当于一个精简过的操作系统，集成了基本的功能和命令，可以方便快捷地进行部署，并在基于这些镜像的容器里安装应用。

下面介绍一些比较常用的系统，如BusyBox、Alphine、RHEL/CentOS/Fedora、Debian/Ubuntu等系统的镜像的使用方法：

1) BusyBox

BusyBox系统的大小只有几MB，但是集成了100多个常用的Linux命令和工具，可以非常方便地用于各种需要快速验证的工作，或者用于熟悉Linux系统。

BusyBox镜像的使用方法如下：

(1) 执行以下命令，搜索BusyBox的镜像：

```
# docker search busybox
```

搜索结果如图10-6所示，可以看到该BusyBox镜像在OFFICIAL列的信息为[OK]，表明该镜像是Docker的官方镜像。

```
root@ubuntu:~# docker search busybox
NAME                        DESCRIPTION                                    STARS     OFFICIAL   AUTOMATED
busybox                     Busybox base image.                            1071      [OK]
progrium/busybox                                                           66                   [OK]
hypriot/rpi-busybox-httpd   Raspberry Pi compatible Docker Image with ...  35
```

图10-6　搜索BusyBox镜像

(2) 执行以下命令，将所需的 BusyBox 镜像下载到本地：

```
# docker pull busybox
```

下载成功信息如图 10-7 所示。

```
root@ubuntu:~# docker pull busybox
Using default tag: latest
latest: Pulling from library/busybox
9e87eff13613: Pull complete
Digest: sha256:2605a2c4875ce5eb27a9f7403263190cd1af31e48a2044d400320548356251c4
Status: Downloaded newer image for busybox:latest
```

图 10-7　下载 BusyBox 镜像

(3) 然后执行以下命令，可以查看所下载镜像的信息：

```
# docker images busybox
```

输出结果如图 10-8 所示，可以看到该 BusyBox 镜像仅有 1.129 MB 大小。

```
root@ubuntu:~# docker images busybox
REPOSITORY          TAG                 IMAGE ID            CREATED             SIZE
busybox             latest              efe10ee6727f        2 weeks ago         1.129 MB
```

图 10-8　查看 BusyBox 镜像信息

(4) 依次执行以下命令，启动一个基于该 BusyBox 镜像的容器，并进入该容器：

```
# docker run -idt busybox /bin/sh
# docker exec -it b47 /bin/sh
```

使用 df -h 命令查看容器信息，结果如图 10-9 所示，可以看到，该 BusyBox 镜像的虚拟硬盘空间默认为 80 GB 左右，但并没有显示系统版本的/etc/os-release 文件，所以不能确定该镜像是基于哪个 Linux 发行版。

```
root@ubuntu:~# docker run -idt busybox /bin/sh
b47dbe1a9d1fc56320926836d9e7cb11c92c6903922f53534e56eddd10633c34
root@ubuntu:~# docker exec -it b47 /bin/sh
/ # cat /etc/os-release
cat: can't open '/etc/os-release': No such file or directory
/ # df -h
Filesystem                Size      Used Available Use% Mounted on
none                     77.6G      7.7G     66.0G  10% /
tmpfs                   485.8M         0    485.8M   0% /dev
tmpfs                   485.8M         0    485.8M   0% /sys/fs/cgroup
/dev/sda1                77.6G      7.7G     66.0G  10% /etc/resolv.conf
/dev/sda1                77.6G      7.7G     66.0G  10% /etc/hostname
/dev/sda1                77.6G      7.7G     66.0G  10% /etc/hosts
shm                      64.0M         0     64.0M   0% /dev/shm
tmpfs                   485.8M         0    485.8M   0% /proc/kcore
tmpfs                   485.8M         0    485.8M   0% /proc/timer_list
tmpfs                   485.8M         0    485.8M   0% /proc/timer_stats
tmpfs                   485.8M         0    485.8M   0% /proc/sched_debug
/ #
```

图 10-9　进入 BusyBox 镜像

2) RHEL/CentOS/Fedora

RHEL/CentOS/Fedora 这三种操作系统都源自 Red Hat 公司，但又有各自的特点，其镜像的使用方法分述如下：

(1) RHEL。RHEL(Red Hat Enterprise Linux)是 Red Hat 公司发布的一个 Linux 商业版本，如果用户想要得到 Red Hat 公司的技术支持，需要向其付费。基于 RHEL 的 Docker 镜像大多是由第三方创建的，使用 docker search 命令无法搜索到 DockerHub 官方发布的 RHEL Docker 镜像。

RHEL 镜像的搜索结果如图 10-10 所示，OFFICIAL 列的信息全为空，说明可搜索到的镜像都不是由官方发布，而是由第三方创建的，并且 STARS 列的数值也不大，表明下载量很小。

```
root@ubuntu:~# docker search redhat
NAME                                    DESCRIPTION                                     STARS     OFFICIAL   AU
TOMATED
hjd48/redhat                            redhat6.3x86-64 images                          11
fbascheper/redhat-jboss-eap             Extensible RedHat JBoss EAP                     6
aossama/redhat                          RHEL 7.0                                        4
yjjy0921/redhat7.2                      A clean redhat 7.2 image from official red...   3
qiankunli/redhat-base                   a very clean redhat v6.4 x86_64 and can be...   2
i452/jboss-fuse-6.1.0.redhat-379        jboss-fuse-6.1.0.redhat-379                     1
crorvick/redhat                         RedHat Linux                                    0
limengyu1990/redhat-base                redhat-base                                     0
codenvy/cli-redhat                                                                      0
codenvy/agents-redhat                                                                   0
codenvy/init-redhat                                                                     0
ceylon/base-redhat-ceylon               Base RedHat image with a Ceylon user            0                    [O
K]
ayoubayb/redhat-cockpit-docker          Redhat cockpit docker                           0                    [O
K]
ceylon/base-redhat                      Base image consisting of CentOS, Java, Ant...   0                    [O
K]
blackout/redhat                         Red Hat Enterprise Linux image                  0
```

图 10-10　RHEL 镜像搜索结果

(2) CentOS。CentOS(Community Enterprise Operating System)基于 RHEL 发布的代码编译而成，相当于 RHEL 的克隆版本，因为免费而被广泛使用。在 DockerHub 中可以下载到官方发布的 CentOS Docker 镜像。

CentOS 镜像的搜索结果如图 10-11 所示，可以看到官方镜像的下载量比较大。

```
root@ubuntu:~# docker search centos
NAME                              DESCRIPTION                                     STARS     OFFICIAL
centos                            The official build of CentOS.                   3558      [OK]
jdeathe/centos-ssh                CentOS-6 6.9 x86_64 / CentOS-7 7.3.1611 x8...   80
tutum/centos                      Simple CentOS docker image with SSH access      33
kinogmt/centos-ssh                CentOS with SSH                                 16
centos/postgresql-94-centos7      PostgreSQL 9.4 SQL database server              11
centos/mysql-57-centos7           MySQL 5.7 SQL database server                   8
centos/php-56-centos7             PHP 5.6 platform for building and running ...   7
centos/python-35-centos7          Python 3.5 platform for building and runni...   5
centos/mongodb-26-centos7         MongoDB 2.6 NoSQL database server               4
centos/mysql-56-centos7           MySQL 5.6 SQL database server                   4
centos/php-70-centos7             PHP 7.0 platform for building and running ...   3
centos/redis                      Redis built for CentOS                          3
centos/ruby-23-centos7            Ruby 2.3 platform for building and running...   3
centos/nginx-18-centos7           Nginx 1.8 server and a reverse proxy serve...   2
```

图 10-11　CentOS 镜像搜索结果

(3) Fedora。Fedora 是由 Fedora Project 社区开发、Red Hat 公司赞助的 Linux 发行版本。RHEL 系统的许多新功能会先在该系统上测试，得到认可后才会被添加到 RHEL 的正式发行版中。Fedora 也有 DockerHub 官方发布的 Docker 镜像。

Fedora 镜像的搜索结果如图 10-12 所示，可以看到 Fedora 官方镜像的下载量远小于 CentOS 官方镜像。

```
root@ubuntu:~# docker search fedora
NAME                        DESCRIPTION                                     STARS     OFFICIAL
fedora                      Official Docker builds of Fedora                557       [OK]
mattdm/fedora               A basic Fedora image corresponding roughly...   49
fedora/apache                                                               33
fedora/ssh                                                                  20
fedora/nginx                                                                19
fedora/memcached                                                            18
mattsch/fedora-nzbhydra     Fedora NZBHydra                                 4
dhiru/fedora                Fedora 26 with MinGW-w64 environment and Wine   2
vbatts/fedora-varnish       https://github.com/vbatts/laughing-octo/tr...   2
ppc64le/fedora              Official Docker builds of Fedora                1
darksheer/fedora            Hourly update latest Fedora Image               1
```

图 10-12　Fedora 镜像搜索结果

3) Debian/Ubuntu

Debian/Ubuntu 这两种系统也是应用比较广泛的 Linux 发行版，尤其在软件研发领域较为流行，其镜像的使用方法分述如下。

(1) Debian。Debian 是最大的社区发行版 Linux 系统，由规范的组织进行维护，并且拥有最大的软件仓库(现在已达到 30 000 多个)和大量的文档资源。Debian 系统的基础核心非常小，不仅稳定，而且占用硬盘空间小，占用内存也少，但帮助文档和技术资料相对略少，更适合用作服务器的操作系统。

DockerHub 中的 Debian 镜像搜索结果如图 10-13 所示，可以看到 Debian 的官方镜像下载量相对较大。

```
root@ubuntu:~# docker search debian
NAME                        DESCRIPTION                                     STARS     OFFICIAL   AUTOMATED
ubuntu                      Ubuntu is a Debian-based Linux operating s...   6394      [OK]
debian                      Debian is a Linux distribution that's comp...   2193      [OK]
google/debian                                                               52                   [OK]
armhf/debian                Debian is a Linux distribution that's comp...   27
itscaro/debian-ssh          debian:jessie                                   19                   [OK]
armbuild/debian             ARMHF port of debian                            12                   [OK]
samueldebruyn/debian-git    a minimal docker container with debian and...   11                   [OK]
eboraas/debian              Debian base images, for all currently-avai...   8                    [OK]
arm32v7/debian              Debian is a Linux distribution that's comp...   8
i386/debian                 Debian is a Linux distribution that's comp...   7
```

图 10-13　Debian 镜像搜索结果

(2) Ubuntu。Ubuntu 系统基于 Debain 和 GNOME/Unity 桌面开发，每 6 个月会发行一个新版本，每两年会推出一个长期支持(Long Term Support，LTS)版本，一般会支持 3 年，特别适合初学者使用。从图 10-13 中可以看到，Ubuntu 的官方镜像下载量高居榜首。

如果想要创建自己的应用镜像，建议下载官方发布的镜像作为基础镜像，然后在上面添加自己所需的应用。

10.3.2　保存和载入镜像

用户可以将镜像保存到本地以载入使用，或者将其复制到另外的系统。

1．保存镜像

执行 docker save 命令，可以把镜像保存到本地：

```
# docker save -o ubuntu_latest_save.tar ubuntu:latest
```

结果如图 10-14 所示，显示镜像 ubuntu:latest 已保存到文件 ubuntu_latest_save.tar 中。

```
root@my:~/container# docker save -o ubuntu_latest_save.tar ubuntu:latest
root@my:~/container# ls
ubuntu_latest_save.tar
```

图 10-14　将镜像保存到本地

2．载入镜像

执行 docker load 命令，可以把保存的镜像文件载入到系统中，并载入标签等镜像文件的元数据：

```
# docker load <ubuntu_latest.tar
```

也可以执行以下命令，效果相同：

```
# docker load --input ubuntu_latest.tar
```

上述命令中，符号“<”或者参数“-input”用于指定导入镜像的文件名。

10.3.3 删除镜像

使用 docker rmi 命令，可以删除系统中的镜像。

以删除系统中的 Ubuntu 镜像为例，在删除前执行以下命令，可以查看系统中现有的镜像：

```
# docker images
```

查询结果如图 10-15 所示，可以看到，系统中有两个 Ubuntu 镜像——ubuntu:latest 与 ubuntu:16.04，这两个镜像的 TAG 不同，但对应的镜像 ID 相同，表明这两个镜像使用的是同一个镜像文件。

```
root@docker:~# docker images
REPOSITORY          TAG                 IMAGE ID            CREATED
SIZE
mygninx             latest              e063afc18860        4 days ago
322.7 MB
myngix              latest              a28c63222ca1        4 days ago
322.7 MB
myjava              latest              8253669d95d0        5 days ago
981.3 MB
myubuntu            1704                c30148021351        6 days ago
228.9 MB
ubuntu              16.04               ccc7a11d65b1        6 days ago
120.1 MB
ubuntu              latest              ccc7a11d65b1        6 days ago
120.1 MB
centos              latest              328edcd84f1b        13 days ago
192.5 MB
```

图 10-15　查看现有镜像

执行以下命令，可以删除镜像 ubuntu:16.04：

```
# docker rmi ubuntu:16.04
```

注意，由于有相同 ID 的镜像存在，所以该命令只删除掉了指定 TAG 的镜像，但与该镜像有相同 ID 的镜像仍然存在。如图 10-16 所示，显示删除的只是 TAG 为 16.04 的的 Ubuntu 镜像。

```
root@docker:~# docker rmi ubuntu:16.04
Untagged: ubuntu:16.04
```

图 10-16　删除 TAG 为 16.04 的 Ubuntu 镜像

再次查看系统镜像，结果如图 10-17 所示，显示有相同 ID 的镜像依旧在系统中。

```
root@docker:~# docker images
REPOSITORY          TAG                 IMAGE ID            CREATED
SIZE
mygninx             latest              e063afc18860        4 days ago
322.7 MB
myngix              latest              a28c63222ca1        4 days ago
322.7 MB
myjava              latest              8253669d95d0        5 days ago
981.3 MB
myubuntu            1704                c30148021351        6 days ago
228.9 MB
ubuntu              latest              ccc7a11d65b1        6 days ago
120.1 MB
centos              latest              328edcd84f1b        13 days ago
192.5 MB
```

图 10-17　ubuntu:16.04 镜像已删除

当同一 ID 的镜像只剩下一个的时候，再次执行删除命令，该 ID 的镜像就会被完全删除。例如，执行以下命令，继续删除 Ubuntu 镜像：

```
# docker   rmi   ubuntu
```

运行结果如图 10-18 所示，显示正在删除 Ubuntu 镜像。

```
root@docker:~# docker rmi ubuntu
Untagged: ubuntu:latest
Untagged: ubuntu@sha256:34471448724419596ca4e890496d375801de21b0e67b81a77fd6155c
e001e0ad
Deleted: sha256:ccc7a11d65b1b5874b65adb4b2387034582d08d65ac1817ebc5fb9be1baa5f88
Deleted: sha256:cb5450c7bb149c39829e9ae4a83540c701196754746e547d9439d9cc59afe798
Deleted: sha256:364dc483ed8e64e16064dc1ecf3c4a8de82fe7f8ed757978f8b0f9df125d67b3
Deleted: sha256:4f10a8fd56139304ad81be75a6ac056b526236496f8c06b494566010942d8d32
Deleted: sha256:508ceb742ac26b43bdda819674a5f1d33f7b64c1708e123a33e066cb147e2841
Deleted: sha256:8aa4fcad5eeb286fe9696898d988dc85503c6392d1a2bd9023911fb0d6d27081
```

图 10-18　彻底删除 Ubuntu 镜像

再次查看的结果如图 10-19 所示，可以看到 Ubuntu 镜像被彻底删除了。

```
root@docker:~# docker images
REPOSITORY          TAG                 IMAGE ID            CREATED
SIZE
mygninx             latest              e063afc18860        4 days ago
322.7 MB
myngix              latest              a28c63222ca1        4 days ago
322.7 MB
myjava              latest              8253669d95d0        5 days ago
981.3 MB
myubuntu            1704                c30148021351        6 days ago
228.9 MB
centos              latest              328edcd84f1b        13 days ago
192.5 MB
```

图 10-19　Ubuntu 镜像已彻底删除

使用 docker rmi 命令，也可以删除指定 TAG 或 ID 的镜像。例如，执行以下命令，可以删除图 10-19 所示的 centos:latest 镜像：

```
# docker rmi centos:latest
```

或者执行以下命令，效果相同：

```
# docker rmi 328edcd84f1b
```

注意，删除镜像前，需要先删除基于这个镜像创建的容器。如果存在基于这个镜像的容器，则删除镜像时会报错，步骤如下：

执行命令 docker ps -a，可以查看系统的容器状态：

```
# docker ps -a
```

查询结果如图 10-20 所示，可以看到，存在基于镜像 ubuntu 和镜像 centos 创建的两个容器，且状态为 Exited，即已停止。

```
root@ubuntu-host:~# docker ps -a
CONTAINER ID        IMAGE               COMMAND             CREATED
STATUS                      PORTS               NAMES
56373be7b04d        centos:latest       "/bin/bash"         3 minutes ago
Exited (0) 3 minutes ago                        trusting_fermat
f171703f11f2        ubuntu:latest       "/bin/bash"         13 minutes ago
Exited (0) 10 minutes ago                       jolly_yonath
```

图 10-20　查看容器状态

如果这时执行以下命令，删除其中的镜像 centos，则会报错：

```
# docker rmi centos
```

错误信息如图 10-21 所示，提示有容器正在使用这个镜像，无法删除。

```
root@ubuntu-host:~# docker rmi centos
Error response from daemon: Conflict, cannot delete d4350798c2ee because the con
tainer 56373be7b04d is using it, use -f to force
    [0000] Error: failed to remove one or more images
```

图 10-21　镜像删除错误提示

这种情况下，可以在待删除的镜像名称前加参数-f，强制删除该镜像，命令如下：

```
# docker rmi -f centos
```

执行结果如图 10-22 所示，显示正在强制删除镜像 centos。

```
root@ubuntu-host:~# docker rmi -f centos
Untagged: centos:latest
Deleted: d4350798c2ee9f080caff7559bf4d5a48a1862330e145fe7118ac721da74a445
Deleted: a04895de19968b0665115154295009f75bcba85eb71dbb7fe6ae14cb8c95a475
Deleted: 0a444b299d5a7868b640b12020a2684a72167b6710037b6bd4933f6713b2b47c
Deleted: 3690474eb5b4b26fdfbd89c6e159e8cc376ca76ef48032a30fa6aafd56337880
```

图 10-22　强制删除镜像

然后执行以下命令，查看系统镜像信息：

```
# docker images
```

查询结果如图 10-23 所示，可以看到 centos 镜像已被彻底删除。

```
root@ubuntu-host:~# docker images
REPOSITORY          TAG                 IMAGE ID            CREATED
VIRTUAL SIZE
ubuntu              16.10               d4aaef2b377a        2 weeks ago
102.5 MB
ubuntu              16.04               08881219da4a        2 weeks ago
129 MB
ubuntu              14.04               02380f25186c        2 weeks ago
188 MB
ubuntu              15.10               bfaaabeea063        5 months ago
137.2 MB
ubuntu              15.04               314a1f078530        11 months ago
131.3 MB
ubuntu              14.10               dce38fb57986        18 months ago
194.5 MB
```

图 10-23　centos 镜像已强制删除

10.3.4　创建镜像

创建镜像的方法有三种：基于本地模板导入镜像、基于已有镜像的容器创建镜像、基于 Dockerfile 创建镜像。

1. 基于本地模板导入镜像

如果本地有镜像的模板文件，可以直接基于该模版创建镜像。镜像模板文件可以从 OpenVZ 网站下载，地址为 https://openvz.org/Download/template/precreated。

下载完成后，执行以下命令，可以用该模板文件创建镜像：

```
# cat ubuntu-16.04-x86.tar.gz|docker import - ubuntu:16.04
```

注意，可能出现如图 10-24 所示的情况：新镜像创建完成后，由于系统中已经存在

TAG 为 16.04 的 Ubuntu 镜像，所以新建的镜像会与原来有相同 TAG 的镜像发生冲突，使后者的 TAG 消失，即【TAG】列信息变为“<none>”。

```
root@ubuntu-host:/home/admin123# cat ubuntu-16.04-x86_64.tar.gz|docker import - ubuntu:16.04
dd38635f40889adadf416ed642a76e1b6ceadef6aed2e1346394ab17556ae0a1
root@ubuntu-host:/home/admin123# docker images
REPOSITORY          TAG                 IMAGE ID            CREATED
VIRTUAL SIZE
ubuntu              16.04               dd38635f4088        19 seconds ago
505.2 MB
new                 latest              0078ab67e3fb        2 hours ago
102.5 MB
ubuntu              16.10               d4aaef2b377a        2 weeks ago
102.5 MB
<none>              <none>              08881219da4a        2 weeks ago
129 MB
ubuntu              14.04               02380f25186c        2 weeks ago
188 MB
ubuntu              15.10               bfaaabeea063        5 months ago
137.2 MB
ubuntu              15.04               314a1f078530        11 months ago
131.3 MB
ubuntu              14.10               dce38fb57986        18 months ago
194.5 MB
```

图 10-24　镜像的 TAG 冲突

2．基于已有镜像的容器创建镜像

首先使用 docker run 命令，启动并进入一个基于镜像 ubuntu:16.10 的容器：

```
# docker run -t -i ubuntu:16.10
```

从输出结果可知，所启动容器的 ID 为 7870fb225dbc。

在该容器中使用 mkdir 命令，创建一个目录 new，然后退出，如图 10-25 所示。

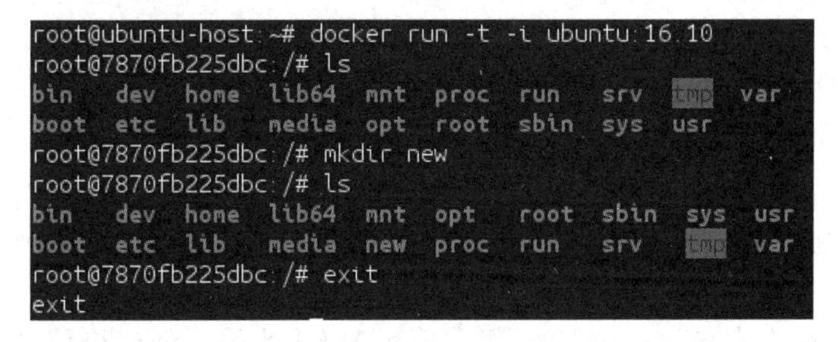

图 10-25　基于已有镜像启动并修改一个容器

与原容器相比，该容器已经发生了变化，因此可以提交为一个新的镜像。提交镜像时，可以指定镜像的 ID 或者名称，命令如下：

```
# docker commit -m "new dir created" -a "My Docker" 7870fb225dbc new
```

其中，参数 m 表示提交时的提示信息，参数 a 表示作者信息，这两个参数可以省略；之后是容器的 ID，本例为 7870fb225dbc；ID 之后是提交后生成镜像的名称，本例中将其指定为“new”。

提交成功后，会返回镜像的 ID，如图 10-26 所示。

```
root@ubuntu-host:~# docker commit -m "new dir created" -a "My Docker" 7870fb225dbc new
0078ab67e3fbd0b9a314bafdba4dd29022d75b797028bd528be1bafafe752c0b
```

图 10-26　将修改的容器提交为镜像

注意，镜像的 ID 一般只显示前 12 位，但提交时会显示全部 ID。本例中，镜像的完整 ID 如下：

```
0078ab67e3fbd0b9a314bafdba4dd29022d75b797028bd528be1bafafe752c0b
```

提交完毕，查看本地镜像，结果如图 10-27 所示，显示新创建的镜像 new 已经存在。

```
root@ubuntu-host:~# docker images
REPOSITORY          TAG                 IMAGE ID            CREATED
VIRTUAL SIZE
new                 latest              0078ab67e3fb        2 minutes ago
102.5 MB
ubuntu              16.10               d4aaef2b377a        2 weeks ago
102.5 MB
ubuntu              16.04               08881219da4a        2 weeks ago
129 MB
ubuntu              14.04               02380f25186c        2 weeks ago
188 MB
ubuntu              15.10               bfaaabeea063        5 months ago
137.2 MB
ubuntu              15.04               314a1f078530        11 months ago
131.3 MB
ubuntu              14.10               dce38fb57986        18 months ago
194.5 MB
```

图 10-27　查看新建镜像

3．基于 Dockerfile 创建镜像

Dockfile 是一种被 Docker 程序解释的脚本，每条指令对应 Linux 下面的一条命令。Docker 程序会根据 Dockerfile 指令间的依赖关系，将这些指令翻译成真正的 Linux 命令。Docker 程序可以读取 Dockerfile 脚本，根据指令生成定制的镜像。当用户想要在镜像中定制额外的需求时，只需在 Dockerfile 中添加或者修改指令，重新生成镜像即可。

下面介绍 Dockfile 的基本知识，以及如何使用 Dockerfile 创建镜像。

1) Dockerfile的基本指令和格式

Dockerfile 的指令根据作用可分为两种：构建指令和设置指令。构建指令用于构建镜像，其指定的操作不会在运行容器的镜像上执行；设置指令用于设置镜像的属性，其指定的操作可以在运行容器的镜像上执行。

Dockerfile 指令有自己的书写格式：指令忽略大小写，但建议使用大写；指令使用“#”作为注释；每一行只支持一条指令，每条指令可以携带多个参数。

Dockerfile 的各种基本指令及使用格式简述如下：

(1) FROM。构建指令，用于指定基础镜像，必须指定，且必须要在 Dockerfile 所有指令之前指定，因为后续的指令都依赖于该指令指定的镜像。FROM 指令指定的基础镜像可以是官方远程仓库中的，也可以是本地仓库中的。

该指令有两种格式：

✧ 将基础镜像指定为某镜像的最后修改版本，格式如下：

```
FROM <image>
```

✧ 将基础镜像指定为某镜像的一个 TAG 版本，格式如下：

```
FROM <image>:<tag>
```

(2) MAINTAINER。构建指令，用于将镜像制作者的相关信息写入到镜像中。当我们对该镜像执行 docker inspect 命令时，输出中会显示相应的字段记录。

该指令格式如下：

```
MAINTAINER <name>
```

(3) RUN。构建指令，用于执行任何被基础镜像支持的命令。如基础镜像为 Ubuntu 镜像，则只能使用 Ubuntu 的命令。

该指令的两种格式如下：

```
RUN <command> (the command is run in a shell - `/bin/sh -c`)
RUN ["executable", "param1", "param2" ... ]  (exec form)
```

(4) CMD。设置指令，用于指定容器启动时执行的操作。该操作可以是执行自定义脚本，也可以是执行系统命令。CMD 指令只能在 Dockerfile 脚本中设置一次，如果设置了多个，则只执行最后一个。

该指令有三种格式，其中的两种如下：

```
CMD ["executable","param1","param2"] (like an exec, this is the preferred form)
CMD command param1 param2 (as a shell)
```

(5) ENTRYPOINT。设置指令，用于指定容器启动时执行的命令，可以在 Dockerfile 脚本中多次设置，但只有最后一个有效。

该指令的两种格式如下：

```
ENTRYPOINT ["executable", "param1", "param2"] (like an exec, the preferred form)
ENTRYPOINT command param1 param2 (as a shell)
```

ENTRYPOINT 指令的使用分为两种情况：一种是独自使用，另一种是与 CMD 指令配合使用。

当独自使用时，如果同时使用了 CMD 指令，且 CMD 指定的是一个完整的可执行命令，那么 CMD 指令与 ENTRYPOINT 指令会互相覆盖，只有写在最后的那条指令(CMD 或者 ENTRYPOINT)有效。示例如下：

```
# CMD 指令将不会被执行，只有 ENTRYPOINT 指令被执行
CMD echo "Hello, World!"
ENTRYPOINT ls -l
```

另一种和 CMD 指令配合的用法可以指定 ENTRYPOINT 指令的默认参数。此时，CMD 指定的不是一个完整的可执行命令，而仅仅是参数部分；ENTRYPOINT 指令则只能使用 JSON 方式指定需要执行的命令，而不能指定参数。示例如下：

```
FROM ubuntu
CMD ["-l"]
ENTRYPOINT ["/usr/bin/ls"]
```

(6) USER。设置指令，用于设置启动容器的用户，默认为 root 用户。

该指令有两种格式，其中一种如下：

```
# 指定 memcached 的运行用户
ENTRYPOINT ["memcached"]
USER daemon
```

也可以使用以下这种格式：

```
ENTRYPOINT ["memcached", "-u", "daemon"]
```

(7) EXPOSE。设置指令，用于将容器中的端口映射成宿主机中的某个端口。当用户需要访问容器的时候，可以不使用容器的 IP 地址，而是使用宿主机的 IP 地址和映射后的端口。

容器端口的映射操作需要两个步骤：首先在 Dockerfile 脚本中，使用 EXPOSE 指令设置需要映射的容器端口号；然后在容器运行命令中，使用参数-p 指定 EXPOSE 指令设置的端口号，该端口号就会被随机映射成宿主机中的一个端口号。也可以指定需要映射到宿主机的哪个端口，但要确保宿主机上的该端口没有被使用。

EXPOSE 指令可以一次设置多个端口号，相应地，运行容器时也可以多次使用参数-p 指定端口号。

该操作格式示例如下：

```
EXPOSE <port> [<port>...]
# 映射一个端口
EXPOSE port1
# 相应的运行容器使用的命令
docker run -p port1 image
# 映射多个端口
EXPOSE port1 port2 port3
# 相应的运行容器使用的命令
docker run -p port1 -p port2 -p port3 image
# 还可以指定需要映射到宿主机器上的某个端口号
docker run -p host_port1:port1 -p host_port2:port2 -p host_port3:port3 image
```

端口映射是 Docker 比较重要的一个功能，因为每次运行容器的时候，容器的 IP 地址不能指定，而是在桥接网卡的地址范围内随机生成的，宿主机的 IP 地址则是固定的。将容器的端口映射成宿主机上的一个端口，可以免去每次访问容器中的服务时都要查看容器 IP 地址的麻烦。

对于一个运行中的容器，可以在 docker port 命令后面加上需要映射端口的容器的 ID，来查看该端口号在宿主机上的映射端口。

(8) ENV。构建指令，用于在镜像中设置一个环境变量，设置成功后，后续的 RUN 指令都可以使用该指令设置的环境。

该指令格式如下：

```
ENV <key> <value>
```

例如，在容器中安装 Java 程序，需要设置 JAVA_HOME，则可以在 Dockerfile 脚本中写入以下指令：

```
ENV JAVA_HOME   /path/to/java/dirent
```

(9) ADD。构建指令，用于把本地文件添加到容器。默认所有拷贝到容器中的文件和文件夹权限为 0755，uid 和 gid 为 0；如果是一个目录，那么会将该目录下的所有文件添加到容器中，但不包括目录；如果文件是可识别的压缩格式，则 Docker 会进行解压缩(注意压缩格式)。

该指令格式如下：

```
ADD <src> <dest>
```

其中，参数<src>是被构建的源目录的相对路径，可以是文件或目录的路径，也可以是一个远程的文件 url；参数<dest>是容器中的绝对路径。

如果<src>是文件且<dest>参数不使用“/”结束，则会将<dest>视为文件，将<src>的内容写入<dest>；如果<src>是文件且<dest>中使用“/”结束，则会将<src>文件拷贝到<dest>目录下。

例如，执行以下命令，可以把本地硬盘的文件添加到容器的/tmp 目录下：

```
ADD jdk-8u144-linux-x64.tar.gz /tmp
```

(10) VOLUME(指定挂载点)。设置指令，用于使容器中的某个目录具有持久化存储数据的功能，该目录可以被容器本身使用，也可以共享给其他容器使用。由于容器使用的 AUFS 文件系统不能持久化数据，容器关闭后所有的更改都会丢失，因此，当容器中的应用有持久化存储数据的需求时，可以在 Dockerfile 脚本中使用该指令。

该指令格式如下：

```
VOLUME ["<mountpoint>"]
FROM base
VOLUME ["/tmp/data"]
```

基于该 Dockerfile 所生成镜像运行的容器，其/tmp/data 目录中的数据在容器关闭后还存在。

如果另一个容器也想使用上面容器共享的/tmp/data 目录，则可以执行以下命令，启动其他想要挂载这个数据卷的容器：

```
# docker run -t -i --rm --volumes-from container1 image2 / bin / bash
```

其中，“container1”为挂载/tmp/data 数据卷的容器的名称(也可以是容器的 ID)；“image2”为需要挂载来自容器 container1 的/tmp/data 数据卷的容器所运行镜像的名称。

(11) WORKDIR。设置指令，可以多次切换目录(相当于 cd 命令)，可以在 RUN、CMD、ENTRYPOINT 命令前使用。

该指令格式如下：

```
WORKDIR /path/to/workdir
# 在 /p1/p2 下执行 vim a.txt
WORKDIR /p1 WORKDIR p2 RUN vim a.txt
```

2) 基于Dockerfile创建镜像

以 root 用户创建一个目录，在其中创建并编辑名为 Dockerfile 的文件，创建镜像，具体操作如下：

(1) 在 Dockerfile 脚本文件中，编写以下内容：

```
# Pull base image
FROM ubuntu:latest
MAINTAINER xxx "xxx@xxx.com"


# update source
RUN echo "deb http://cn.archive.ubuntu.com/ubuntu xenial main universe"> /etc/apt/sources.list
```

```
RUN apt-get update
# Install curl
RUN apt-get -y install curl

# Install JDK 8
RUN cd /tmp &&   curl -L 'http://download.oracle.com/otn-pub/java/jdk/8u144-b01/090f390dda5b47b9b721c7dfaa008135/jdk-8u144-linux-x64.tar.gz' -H 'Cookie: oraclelicense=accept-securebackup-cookie; gpw_e24=Dockerfile' | tar -xz
RUN mkdir -p /usr/lib/jvm
RUN mv /tmp/jdk1.8.0_144 /usr/lib/jvm/java-8-oracle/

# Set Oracle JDK 8 as default Java
RUN update-alternatives --install /usr/bin/java java /usr/lib/jvm/java-8-oracle/bin/java 300
RUN update-alternatives --install /usr/bin/javac javac /usr/lib/jvm/java-8-oracle/bin/javac 300

ENV JAVA_HOME /usr/lib/jvm/java-8-oracle/

# Install tomcat8
RUN cd /tmp && curl -L 'http: //mirror.bit.edu.cn/apache/tomcat/tomcat-8/v8.5.16/bin/apache-tomcat-8.5.16.tar.gz' | tar -xz
RUN mv /tmp/apache-tomcat-8.5.16/ /opt/tomcat8/

ENV CATALINA_HOME /opt/tomcat8
ENV PATH $PATH:$CATALINA_HOME/bin

# Expose ports.
EXPOSE 8080

# Define default command.
ENTRYPOINT /opt/tomcat8/bin/startup.sh && tail -f /opt/tomcat8/logs/catalina.out
```

注意 Java 和 Tomcat 程序的安装包下载地址可能发生变化，因此使用上面的 Dockerfile 脚本前，请先根据实际下载地址对其进行修改；下载后解压生成的路径也可能会随所下载软件的变化而改变，因此也需要修改脚本文件中的相应内容。例如：本例中下载的 Tomcat 安装包解压生成的路径为 apache-tomcat-8.5.16，而最新软件包解压生成的路径为 apache-tomcat-8.5.20，这就需要在 Dockerfile 脚本中作相应的修改。

(2) 构建镜像。Dockerfile 脚本编写完成后，可以执行 docker build 命令，将其构建为名为 mytomcat 的镜像。注意由于是在放置 Dockerfile 脚本的目录内部执行该命令，所以使用“./”指定 Dockerfile 脚本所在的目录：

```
# docker build -t  mytomcat. /
```

(3) 运行镜像。执行以下命令，运行镜像，即启动一个基于镜像 mytomcat 的容器：

```
# docker run -d -p 8090:8080  mytomcat
```

上述命令中的各参数含义如下：

-d：表示以守护模式执行启动脚本，此时 Tomcat 控制台不会出现在输出终端上。

-p：设置宿主机与容器的映射端口。本例中，将 Tomcat 内部的 8080 端口映射为宿主机的 8090 端口，即向外界暴露了 8090 端口，可通过 Docker 网桥访问容器内部的 8080 端口。

命令执行完毕，在浏览器中输入 http://localhost:8090，访问 Tomcat，如页面显示成功，则表示镜像运行正常。

注意　构建镜像时，有可能因 Dockerfile 脚本中内容书写有误，而导致构建操作中止。这时，需要查看镜像中是否有生成的 TAG 为“none”的镜像，并将其删除，如果删除失败，则要查看该镜像是否有容器生成，如果有“Exited”状态的容器生成，则需要先删除该容器，再删除这个镜像，最后重新执行构建镜像命令。

10.4　容器

容器是 Docker 的一个运行实例，带有可写文件层。Docker 的容器是一个轻量级应用，能够随时创建和删除，实现快速部署、启动和停止，某个容器出现故障时，还能迅速启动新的容器来代替故障的容器，保证业务的连续性。

本节将介绍容器的相关操作，包括容器的创建、启动、进入、停止、删除及导入导出等。

10.4.1　新建并启动容器

新建一个容器可以使用 docker create 与 docker run 两种方法。使用 docker create 命令与 docker start 命令新建并启动容器的执行结果与使用 docker run 命令直接运行一个镜像得到的结果相同，但使用 create 命令可以创建一个当前不使用的容器，以备需要使用时再运行。

1. 使用 docker create 新建容器

执行 docker create 命令，可以新建一个容器：

```
# docker create -it centos
2b5f8659f63a6b0c732b6fb10efd2a4b5ed2e1456f0f6129e907dcba39e2054d
```

然后执行 docker ps -a 命令，可以查看容器信息，结果如图 10-28 所示。

图 10-28　新建容器

其中，STATUS 一栏为容器的运行状态，正常运行的容器，该栏参数为“Up”；如果容器已经退出或停止，则为“Exited”；如果容器尚未启动，则为“Created”。本例中，可以看到新建容器的状态是“Created”，表明该容器尚未启动。

2．使用 docker start 启动容器

如果要启动容器，需要执行 docker start 命令，后面跟待启动容器 ID 号的前三位：

```
# docker start 2b5
2b5
```

结果如图 10-29 所示，可以看到新建容器的状态已变为“Up”，表明容器已经启动。

图 10-29 启动容器

3．使用 docker run 新建并启动容器

执行 docker run 命令，可以新建并启动一个容器：

```
# docker run centos /bin/echo 'This is my centos'
```

容器启动后，会输出以下信息：

```
This is my centos
```

新建并启动容器时，Docker 会在后台依次执行以下操作：

✧ 检查本地是否有指定的镜像，如果没有，则先从公有库下载。

✧ 使用镜像创建并启动容器。

✧ 给启动的容器分配文件系统，并在只读的镜像层外面加载可读写层。

✧ 从宿主机配置的网桥分配一个接口给容器。

✧ 给容器分配一个 IP 地址。

✧ 执行用户指定的程序。

✧ 执行完毕后，终止容器。

docker run 命令还可以启动一个伪终端，与用户进行交互：

```
# docker run -t -i centos
[root@8d0d2b1c43ca /]#
```

上述命令中，参数 -t 用于分配一个伪终端给用户，参数-i 用于开启容器的标准输入。

执行结果如图 10-30 所示，可以看到，目前用户已经在伪终端的交互模式下，在这种模式下可以通过伪终端输入命令。

```
root@docker:~# docker run -i -t centos
[root@8d0d2b1c43ca /]# id
uid=0(root) gid=0(root) groups=0(root)
[root@8d0d2b1c43ca /]# ls
anaconda-post.log  etc   lib64       mnt   root  srv  usr
bin                home  lost+found  opt   run   sys  var
dev                lib   media       proc  sbin  tmp
[root@8d0d2b1c43ca /]# ps
   PID TTY          TIME CMD
     1 ?        00:00:00 bash
    15 ?        00:00:00 ps
```

图 10-30 在容器伪终端进行操作

如果要退出伪终端，可在其中执行 exit 命令，或者按键盘上的【Ctrl】+【D】键。注意，退出后，容器将处于停止状态。

如果需要容器在后台运行，暂时不进入容器，则需要在运行命令中加参数-d：

```
# docker run -d centos /bin/bash -c "while true;do echo my centos;sleep 3;done"
9435c771eabb285347a3fe53d4d53f1ebfb7d37b2f25447f5304cd9f79c7326d
```

可以执行 docker logs 命令，查看容器的输出情况，命令后缀的 943 是容器 ID 号的前三位：

```
# docker  logs  943
```

查询结果如图 10-31 所示，可以看到容器一直在后台输出字符串“my centos”。

```
root@docker:~# docker logs 943
my centos
my centos
my centos
my centos
my centos
my centos
my centos
my centos
```

图 10-31　查看容器输出情况

10.4.2　停止容器

执行 docker stop 命令，可以停止正在运行的容器，默认在不加参数的情况下，也就是 10 秒后停止容器，如果要缩短时间或者立即停止，可以在-t 后面加上需要停止容器的时间，单位为秒：

```
# docker stop -t 10 d59
d59
```

上述命令先向 ID 号前三位为 d59 的容器发送 SIGTERM 信号，等待 10 秒后，再发送 SIGKILL 信号，停止该容器。

执行结果如图 10-32 所示，可以看到容器 d59 的状态为“Exited”，即已经停止。

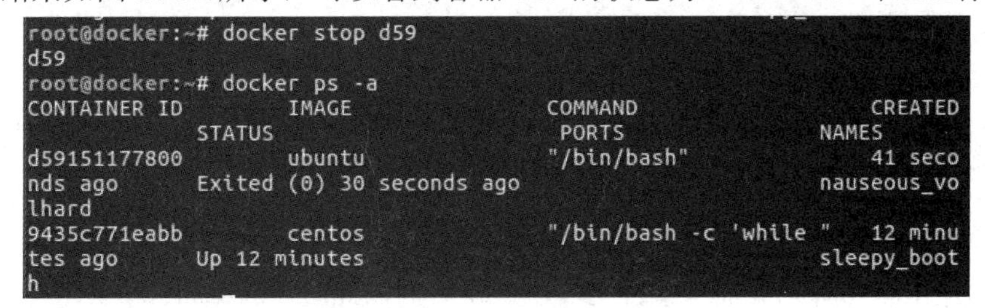

图 10-32　查看容器运行状态

10.4.3　重新启动容器

执行 docker start 命令，可以让处于停止状态的容器重新启动：

```
# docker start d59
d59
```

结果如图 10-33 所示，可以看到容器 d59 的状态变为“Up”，即正常运行。

```
root@docker:~# docker start d59
d59
root@docker:~# docker ps -a
CONTAINER ID        IMAGE               COMMAND                  CREATED
             STATUS              PORTS               NAMES
d59151177800        ubuntu              "/bin/bash"              About a
 minute ago   Up 3 seconds                            nauseous_volhard
9435c771eabb        centos              "/bin/bash -c 'while "   13 minu
tes ago       Up 13 minutes                           sleepy_booth
```

图 10-33　启动容器

也可以执行 docker restart 命令，停止后再重启一个容器：

```
# docker restart d59
d59
```

结果如图 10-34 所示，可以看到容器 d59 先关闭后又启动。

```
root@docker:~# docker restart d59
d59
root@docker:~# docker ps -a
CONTAINER ID        IMAGE               COMMAND                  CREATED
             STATUS              PORTS               NAMES
d59151177800        ubuntu              "/bin/bash"              6 minut
es ago        Up 2 seconds                            nauseous_volhard
9435c771eabb        centos              "/bin/bash -c 'while "   17 minu
tes ago       Up 17 minutes                           sleepy_booth
```

图 10-34　停止后再重启容器

10.4.4　进入容器

容器在后台运行时，用户无法看到容器内部的信息，如果需要进入容器，可以使用以下方法。

1．使用 docker exec 命令

使用 exec 命令进入容器的示例如下：

```
# docker exec -ti d5e /bin/bash
[root@d5ef6cf0c6f6 /]#
```

注意，使用该命令时，需要加上参数 -ti 和后面的路径/bin/bash，否则在容器内执行 exit 命令退出后，容器会变成 Exited 状态，即会停止。

2．使用 docker attach 命令

使用 attach 命令进入容器的示例如下：

```
# docker attach d5e
[root@d5ef6cf0c6f6 /]#
```

注意，使用该命令后，在容器内部执行 exit 命令退出后，容器会变为 Exited 状态，即会停止。

10.4.5　导入导出容器

导出容器，是指把一个已经创建的容器导出到一个文件，无论这个容器是运行还是停止状态，都可以使用 docker export 命令导出。

例如，执行以下命令，可以导出一个 id 为 d5e 的容器：

```
# docker export d5e>export_centos.tar
# ls -l
-rw-r--r--. 1 root root 199894016 Mar  9 14:03 export_centos.tar
```

容器导出后，可以作为备份，也可以传输到其他主机上使用。

执行以下命令，可以把容器导出的文件导入主机，成为一个镜像：

```
# docker import export_centos.tar test/centos
sha256:b6dc579a417603c4f4a87e5034e699261139072402f74838c28d2ad1c8ea45ea
```

执行以下命令，可以查看新导入的镜像：

```
# docker images
```

输出结果如下，显示容器导出的镜像已经成功导入主机：

```
REPOSITORY     TAG       IMAGE ID        CREATED              SIZE
test/centos    latest    b6dc579a4176    About an hour ago    191.8 MB
```

10.4.6　删除容器

执行 docker rm 命令，可以删除容器，但在删除前，要先执行 docker stop 命令，停止该容器：

```
# docker stop d5e
d5e
# docker rm d5e
d5e
```

如果需要直接删除正在运行的容器，可以在命令中加入 -f 参数，后面跟待删除容器 ID 号的前 3 位。假设有一个正在运行的容器 ID 为 6d6，则可执行以下命令将其删除：

```
# docker rm 6d6
Error response from daemon: You cannot remove a running container
6d67a80a5c37ac1f226a7410d5a50626bf08696cff0c4716bab425607165533f. Stop the container before
attempting removal or use -f
# docker rm -f 6d6
6d6
```

10.5 仓库

仓库(Repository)用于集中存放镜像，可以存放若干个镜像。仓库区别于注册服务器(Registry)，后者是存放仓库的服务器，在上面可以创建多个仓库。

仓库分为公有仓库和私有仓库。最大的公有仓库是由 Docker 官方维护的 DockerHub，地址为 https://hub.docker.com，存放了超过 15000 个可供下载的镜像。用户也可以在本地创建私有仓库，用户主机在使用过程中往往会积累大量的自定义镜像，而如何管理这些镜像就成为了一个难题，创建私有的本地仓库是一个很好的解决方案。

本节介绍使用注册服务器创建私有仓库的两种方法：不使用 TLS 认证的方法与使用 TLS 认证的方法。用户可以选择适合自己的方式，将镜像存储到本地的私有仓库，减少从网上下载镜像的资源消耗，提高工作效率。

10.5.1 下载注册服务器镜像

要创建私有仓库，首先需要安装注册服务器镜像，目前其最新版本为 Registry 2.0。

内部使用的私有仓库如果不想启动 TLS(Transport Layer Security Protocal，安全传输层协议)认证，需要在/etc/default/docker 文件中添加以下信息：

```
DOCKER_OPTS="--insecure-registry 192.168.80.183:5000"
```

或者添加以下信息：

```
DOCKER_OPTS="--insecure-registry my.docker.com:5000"
```

如果使用第二种配置方法，则需要在/etc/hosts 文件中添加以下信息，指定私有仓库的 IP 地址(本例中为 192.168.80.183)及其对应的域名(本例中为 my.docker.com)：

```
192.168.80.183 my.docker.com
```

修改完成后执行以下两条命令之一，重新启动 Docker 服务：

```
# service docker restart
# systemctl restart docker
```

如果命令没有生效，则重新启动操作系统。

在 DockerHub 中有最新的注册服务器镜像，可使用以下命令直接下载：

```
#docker pull registry
```

下载完毕，执行以下命令运行镜像，将宿主机端口映射到容器，用于从私有仓库中上传和下载镜像：

```
#docker run -d -p 5000:5000 --restart=always --name registry registry
```

注意，容器的 5000 端口不能更改。

注册服务器默认的存储路径为/var/lib/registry，如果想改变存储路径，可执行以下命令：

```
# docker run -d -p 5000:5000 --restart=always -v /opt/registry:/var/lib/registry --name registry registry
```

上述命令中，使用参数 -v 将默认存储路径映射到了/opt/registry 路径下。存储路径修改后，本地仓库的镜像文件也会保存到新存储路径，而不会保存到默认路径。

注意 本章以 Ubuntu 系统为例，而在 CentOS 系统中，需要修改/etc/sysconfig/docker 配置文件：在文件中找到"OPTIONS='--selinux-enabled…'"一行，将这一行的内容改为"OPTIONS='--selinux-enabled --insecure-registry 192.168.80.183:5000'"或"OPTIONS='--selinux-enabled --insecure-registry my.docker.com:5000'"，如果采用第二种修改方式，需要同时修改/etc/hosts 文件。最后重启系统。

10.5.2　在私有仓库上传和下载镜像

将镜像上传到私有仓库，就不用到 DockerHub 上重复下载，而是直接从私有仓库下载使用即可。本例中的/etc/default/docker 文件使用第一种配置方式，即 DOCKER_OPTS="--insecure-registry 192.168.80.183:5000"，注意上传及下载镜像的命令内容要与该配置保持一致。

1．上传镜像到私有仓库

将镜像上传到私有仓库前，需要更改镜像的 TAG，在原有镜像 TAG 的前面加上私有仓库的 IP 地址和端口，命令格式如下：

```
docker tag IMAGE[:TAG] [REGISTRYHOST/][USERNAME/]NAME[:TAG]
```

例如，执行以下命令，可以将镜像 ubuntu:15.10 上传到 IP 为 192.168.80.183，端口为 5000 的私有仓库：

```
# docker tag ubuntu:15.10 192.168.80.183:5000/ubuntu:15.10
```

然后执行以下命令，把修改完毕的镜像 192.168.80.183:5000/ubuntu:15.10 上传到私有仓库：

```
# docker push 192.168.80.183:5000/ubuntu:15.10
```

运行结果如图 10-35 所示，表明镜像已经成功上传到私有仓库。

```
root@my:~# docker tag ubuntu:15.10 192.168.80.183:5000/ubuntu:15.10
root@my:~# docker push 192.168.80.183:5000/ubuntu:15.10
The push refers to a repository [192.168.80.183:5000/ubuntu]
98d59071f692: Pushed
af288f00b8a7: Pushed
4b955941a4d0: Pushed
f121afdbbd5d: Pushed
15.10: digest: sha256:63a6f2ab0b72f72d6d42268b3c353af8b254301c39f6ba4c166d72a531abc0bc size: 1150
root@my:~#
```

图 10-35　上传镜像到私有仓库

镜像上传完成后，可以执行 curl 命令，查看注册服务器里的仓库：

```
# curl
```

查询结果如图 10-36 所示，可以看到，IP 地址为 192.168.80.183 的 5000 端口下的 v2/_catalog 路径下有名为 centos、debian、ubuntu 等的多个仓库。

```
root@my:~# curl http://192.168.80.183:5000/v2/_catalog
{"repositories":["apache-php","centcat","centos","debian","newcat","registry","ubuncat","ubuntu"]}
```

图 10-36　查看注册服务器上的仓库

然后可以执行以下命令，查看某个仓库里的镜像：

```
#curl http://192.168.80.183:5000/v2/ubuntu/tags/list
```

查询结果如图 10-37 所示，可以看到在 ubuntu 的仓库里有 15.10 和 latest 两个版本的镜像存在。

```
root@my:~# curl http://192.168.80.183:5000/v2/ubuntu/tags/list
{"name":"ubuntu","tags":["15.10","latest"]}
root@my:~#
```

图 10-37 查看私有仓库里的镜像

2. 从私有仓库下载镜像

执行以下命令，可将镜像 192.168.80.183:5000/ubuntu:15.10 从私有仓库下载到本地：

```
# docker pull 192.168.80.183:5000/ubuntu:15.10
```

输出结果如图 10-38 所示，表明镜像已经下载到本地。

```
root@my:~# docker pull 192.168.80.183:5000/ubuntu:15.10
15.10: Pulling from ubuntu
7dcf5a444392: Pull complete
759aa75f3cee: Pull complete
3fa871dc8a2b: Pull complete
224c42ae46e7: Pull complete
Digest: sha256:63a6f2ab0b72f72d6d42268b3c353af8b254301c39f6ba4c166d72a531abc0bc
Status: Downloaded newer image for 192.168.80.183:5000/ubuntu:15.10
```

图 10-38 从私有仓库下载镜像

镜像下载后，可执行以下命令，更改镜像的 TAG 信息：

```
# docker tag 192.168.80.183:5000/ubuntu:15.10 ubuntu:15.10
```

更改结果如图 10-39 所示，可以看到镜像的 TAG 已经更改为“15.10”。

```
root@my:~# docker tag 192.168.80.183:5000/ubuntu:15.10 ubuntu:15.10
root@my:~# docker images
REPOSITORY                       TAG       IMAGE ID       CREATED          SIZE
192.168.80.183:5000/newcat       latest    62a74f6e3759   2 weeks ago      860.1 MB
my.docker.com:5000/newcat        latest    62a74f6e3759   2 weeks ago      860.1 MB
newcat                           latest    62a74f6e3759   2 weeks ago      860.1 MB
eboraas/apache-php               latest    1066f0438d68   2 weeks ago      295.4 MB
192.168.80.183:5000/apache-php   latest    1066f0438d68   2 weeks ago      295.4 MB
centcat                          latest    1e178e02b510   2 weeks ago      860.1 MB
127.0.0.1:15000/centcat          latest    1e178e02b510   2 weeks ago      860.1 MB
ubuncat                          latest    c3c526c69b4f   2 weeks ago      764.1 MB
registry                         2         047218491f8c   2 weeks ago      33.2 MB
registry                         latest    047218491f8c   2 weeks ago      33.2 MB
127.0.0.1:15000/openjdk          latest    c59e84b8bbbf   3 weeks ago      641.5 MB
openjdk                          latest    c59e84b8bbbf   3 weeks ago      641.5 MB
debian                           latest    978d85d02b87   3 weeks ago      123.1 MB
ubuntu                           latest    0ef2e08ed3fa   3 weeks ago      130 MB
ubuntu                           14.04     7c09e61e9035   3 weeks ago      188 MB
centos                           latest    67591570dd29   3 months ago     191.8 MB
192.168.80.183:5000/ubuntu       15.10     9b9cb95443b5   8 months ago     137.2 MB
ubuntu                           15.10     9b9cb95443b5   8 months ago     137.2 MB
registry                         2.0       3bccd459597f   20 months ago    548.6 MB
127.0.0.1:15000/ubuntu           13.10     7f020f7bf345   2 years ago      184.6 MB
127.0.0.1:443/ubuntu             13.10     7f020f7bf345   2 years ago      184.6 MB
ubuntu                           13.10     7f020f7bf345   2 years ago      184.6 MB
```

图 10-39 私有仓库的镜像 TAG

10.5.3 配置 TLS 认证

配置 TLS 认证，可以增强系统的安全性。

TLS 协议是协议 SSL v3 的标准化版本，配置 TLS 认证需要使用 OpenSSL(开放式安全套接层协议)生成证书，该证书遵守 SSL 协议生成，具有服务器身份验证和数据传输加

密功能。

1．配置 TLS 认证

配置 TLS 认证的基本步骤如下：

(1) 在终端编辑/etc/default/docker 文件，删除其中的以下配置项：

```
DOCKER_OPTS="--insecure-registry my.docker.com:5000"
```

(2) 执行以下命令，重启 Docker 服务：

```
# systemctl restart docker
```

(3) 编辑/etc/hosts 文件，在其中添加如下配置：

```
xxx.xxx.xxx.xxx（主机 IP 地址）mydocker.com（对应的域名，举例）
```

(4) 然后执行以下命令，使用 OpenSSL 生成证书：

```
# mkdir /certs
# openssl req -newkey rsa:4096 -nodes -sha256 -keyout /certs/mydocker.key -x509 -days 365 -out
/certs/mydocker.crt
```

输出结果如图 10-40 所示。

```
root@my:/certs# openssl req -newkey rsa:4096 -nodes -sha256 -keyout mydocker.key -x509 -days 365 -out mydocker.crt
Generating a 4096 bit RSA private key
.........................................++
..++
writing new private key to 'mydocker.key'
-----
You are about to be asked to enter information that will be incorporated
into your certificate request.
What you are about to enter is what is called a Distinguished Name or a DN.
There are quite a few fields but you can leave some blank
For some fields there will be a default value,
If you enter '.', the field will be left blank.
-----
Country Name (2 letter code) [AU]:CN
State or Province Name (full name) [Some-State]:SD
Locality Name (eg, city) []:QD
Organization Name (eg, company) [Internet Widgits Pty Ltd]:YG
Organizational Unit Name (eg, section) []:YG
Common Name (e.g. server FQDN or YOUR name) []:mydocker.com
Email Address []:sd@sd.com
```

图 10-40　创建 TLS 证书

注意，Common Name 一行的内容必须要与 /etc/hosts 文件中配置的域名一致，否则会导致认证失败。

(5) 最后，将生成的后缀为 crt 的文件复制到 /etc/docker/certs.d/mydocker.com:5000/路径下(如果/etc/docker/路径下没有 certs.d 目录，则需要手动创建 certs.d 与 mydocker.com:5000 目录)。至此，TLS 认证配置完成。

2．启用容器

执行以下命令，启用带 TLS 认证的容器：

```
# docker run -d -p 5000:5000 --restart=always --name registry_new2 -v /opt/data/certs:/certs -e
REGISTRY_HTTP_TLS_CERTIFICATE=/certs/mydocker.crt -e
REGISTRY_HTTP_TLS_KEY=/certs/mydocker.key registry:2
```

上述命令将宿主机的/certs 路径映射到了/opt/data/certs 路径下，因此需要把/certs 路径下的文件复制到/opt/data/certs 路径下，否则会导致容器启动后不停地重启。

容器启动后，可以修改镜像的 TAG，然后将其上传到注册服务器，操作与不使用

TLS 认证的方法相同。

10.6 容器互联和网络配置

Docker 的应用需要其中容器的相互配合，这就要求容器之间必须能够流畅地进行通信。容器间的通信采用端口映射与网络连接两种方式：在同一宿主机(物理机或者虚拟机)内部，Docker 容器之间可通过端口互联；而在不同宿主机之间，则需通过网络对 Docker 容器进行连接。本节将介绍上述两种通信方式的具体配置方法。

10.6.1 Docker 容器互联

Docker 可以使用端口映射的方式，将宿主机的端口分配给运行不同应用的容器，从而避免容器应用的默认端口与操作系统出现冲突。同时，通过设置一个容器去连接其他容器相应的端口，就可以实现容器间的连接。

1. 容器的端口映射

有些容器中会运行某种网络应用，当外部程序要访问这些应用的时候，就需要进行端口映射，否则会导致访问失败。下面介绍端口映射的几种常用方法。

(1) 随机映射到宿主机任意 IP 地址的任意端口。使用 docker run 命令启动容器时，在命令中使用参数-P(大写)，Docker 会随机把一台宿主机的端口映射给容器：

```
# docker run -d -P nginx
```

查看更改后的容器，结果如图 10-41 所示。可以看到，Docker 把 32773 端口映射给了容器 nginx 原来指定开放的 80 端口，这样外部程序就可以通过 32773 端口访问 nginx 容器。

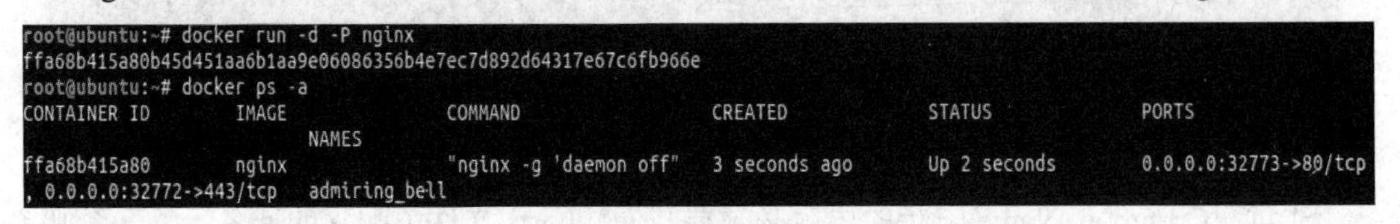

图 10-41 随机分配端口

在浏览器中输入宿主机的 IP 地址与容器映射端口，例如 192.168.1.80.100:32773，即可以通过网络访问该容器的 Nginx 服务，如图 10-42 所示。

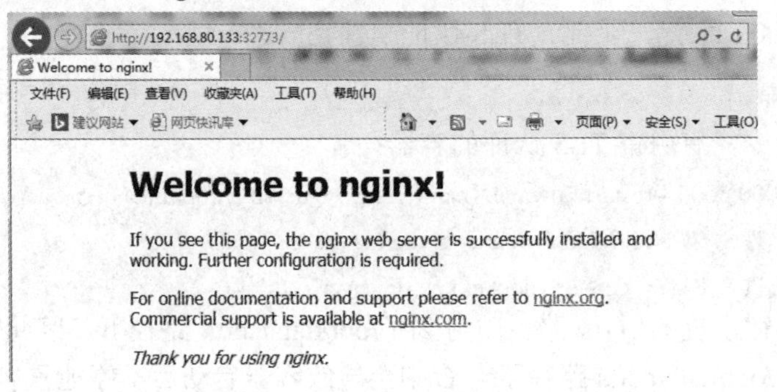

图 10-42 通过随机分配的端口访问容器

(2) 映射到宿主机任意 IP 地址的指定端口。使用 docker run 命令启动容器时，在命令中使用参数-p(小写)，Docker 会把宿主机任意 IP 地址的指定端口映射给容器：

```
#docker run -d -p 5000:5000 registry
```

查看运行结果，如图 10-43 所示，可以看到，Docker 把 5000 号端口映射给了容器。

```
root@ubuntu:~# docker run -d -p 5000:5000 registry
e149316e48a3c7293a7d22a2b7956c0ae90991b7894c9c53970f2b0fbad25a5b
root@ubuntu:~# docker ps -a
CONTAINER ID        IMAGE               COMMAND                  CREATED             STATUS
        PORTS                                        NAMES
e149316e48a3        registry            "/entrypoint.sh /etc/"   7 seconds ago       Up 7 seconds
        0.0.0.0:5000->5000/tcp                       angry_brahmagupta
ffa68b415a80        nginx               "nginx -g 'daemon off"   About an hour ago   Up About an
hour    0.0.0.0:32773->80/tcp, 0.0.0.0:32772->443/tcp   admiring_bell
```

图 10-43　将任意 IP 地址的指定端口分配给容器

在这种配置下，使用宿主机的 IP 地址加上容器映射到的端口号，就可以通过网络访问该容器。

(3) 映射到宿主机指定 IP 地址的指定端口。使用 docker run 命令启动容器时，在命令中使用参数 -p(小写)，并在映射端口前加上指定的宿主机 IP 地址，这样用户就只能通过该指定的 IP 地址加上指定的映射端口来访问该容器：

```
#docker run -d -p 192.168.80.133:8090:80 nginx
```

运行结果如图 10-44 所示，可以看到 8090 号端口已经映射到指定的 IP，并分配给了容器 nginx。

```
root@ubuntu:~# docker run -d -p 192.168.80.133:8090:80 nginx
d138f4e6b9f8e641048f8d4bedbc33636e0ef891a0ce0d544bf6dadf40c9b209
root@ubuntu:~# docker ps -a
CONTAINER ID        IMAGE               COMMAND                  CREATED
    STATUS              PORTS                                         NAMES
d138f4e6b9f8        nginx               "nginx -g 'daemon off"   3 seconds ago
    Up 2 seconds        443/tcp, 192.168.80.133:8090->80/tcp          serene_
morse
```

图 10-44　将指定 IP 地址的指定端口分配给容器

(4) 映射到指定 IP 地址的任意端口。使用 docker run 命令启动容器时，在命令中使用参数-p(小写)指定 IP 地址，但后面不跟指定端口，即可把容器端口映射到宿主机指定 IP 地址的任意端口：

```
# docker run -d -p 192.168.80.133::80 nginx
```

运行结果如图 10-45 所示，可以看到给容器随机分配了 32771 端口。

```
root@ubuntu:~# docker run -d -p 192.168.80.133::80 nginx
cd6b8a617783c0475454c28b333b6c5add9932963242f64d841f26ad928fe423
root@ubuntu:~# docker ps -a
CONTAINER ID        IMAGE               COMMAND                  CREATED
    STATUS              PORTS                                         NAMES
cd6b8a617783        nginx               "nginx -g 'daemon off"   4 seconds ago
    Up 3 seconds        443/tcp, 192.168.80.133:32771->80/tcp         elegant
_galileo
```

图 10-45　将指定 IP 地址的随机端口分配给容器

(5) 查看映射端口。执行 docker port 命令，可以查看容器端口映射到系统的具体端口：

```
# docker port d13 80
```

其中，第一个参数是容器的 ID，本例为 d13；第二个参数是容器需要映射的端口，本例为 80。

查询结果如图 10-46 所示，与容器的 80 端口对应的是宿主机的 32771 端口。

```
root@ubuntu:~# docker port elegant_galileo 80
192.168.80.133:32771
root@ubuntu:~# docker port cd6 80
192.168.80.133:32771
```

图 10-46　查看容器端口映射到的端口

2. 容器的互联

容器互联(linking)指在源容器和接收容器之间通过容器名称建立互联，但不需要指定具体的 IP 地址，这种方式可以在容器间实现快速交互。由于容器互联是基于容器名称的，所以用户最好自行指定容器的名称，而不要使用随机分配的容器名称。

建立容器互联的操作方法如下：

(1) 命名容器。容器的名称是唯一的，不允许重复，如果想使用一个已命名容器的名称，就需要把使用该名称的已命名容器删除。

可以在启动命令中使用--name 参数，设定容器的名称：

```
# docker run -d -P --name my-nginx nginx
```

运行结果如图 10-47 所示，可以看到 NAMES(容器名称)一栏信息为“my-nginx”。

```
root@ubuntu:~# docker run -d -P --name my-nginx nginx
c6a142fed80b3f14565fe611c6348a047069711c4455774db9b74a6f7855851d
root@ubuntu:~# docker ps -a
CONTAINER ID        IMAGE               COMMAND                  CREATED
    STATUS              PORTS                                          NAMES
c6a142fed80b        nginx               "nginx -g 'daemon off"   3 seconds ago
    Up 3 seconds        0.0.0.0:32771->80/tcp, 0.0.0.0:32770->443/tcp   my-ngin
x
```

图 10-47　设定容器名称

(2) 连接容器。Docker 容器之间是相互独立且隔离的，但在大多数情况下，容器需要相互通信才能发挥作用，若要实现容器间的交互，可以使用参数--link，方法如下。

执行以下命令，启动一个数据库容器，并将其命名为 mysql-new：

```
# docker run -d --name mysql-new -e MYSQL_ROOT_PASSWORD=admin mysql
```

然后在启动命令中加入--link 参数，创建一个新的 Nginx 容器 my-nginx，并将其连接到数据库容器 mysql-new，并给容器 mysql-new 设置别名 db：

```
# docker run -d -P --name my-nginx --link mysql-new:db nginx
```

查看命令执行结果，如图 10-48 所示，可以看到两个容器已经连接。

```
root@docker:~# docker ps -a
CONTAINER ID        IMAGE               COMMAND                  CREATED             STATUS              PORTS                   NAMES
8fcfb26ded60        nginx               "nginx -g 'daemon off"   5 minutes ago       Up 5 minutes        0.0.0.0:32769->80/tcp   my-nginx
b5bc864a9f8d        mysql               "docker-entrypoint.sh"   6 minutes ago       Up 6 minutes        3306/tcp                mysql-ne
w
```

图 10-48　查看已启动的容器

执行以下命令，可以查看容器 my-nginx 的环境变量：

```
# docker exec my-nginx env
```

查询结果如图 10-49 所示，可以看到容器 mysql-new 需使用的 3306 端口已经配置好。

```
root@ubuntu:~# docker exec my-nginx env
PATH=/usr/local/sbin:/usr/local/bin:/usr/sbin:/usr/bin:/sbin:/bin
HOSTNAME=70982d41f83b
DB_PORT=tcp://172.17.0.2:3306
DB_PORT_3306_TCP=tcp://172.17.0.2:3306
DB_PORT_3306_TCP_ADDR=172.17.0.2
DB_PORT_3306_TCP_PORT=3306
DB_PORT_3306_TCP_PROTO=tcp
DB_NAME=/my-nginx/db
DB_ENV_MYSQL_ROOT_PASSWORD=admin
DB_ENV_GOSU_VERSION=1.7
DB_ENV_MYSQL_MAJOR=5.7
DB_ENV_MYSQL_VERSION=5.7.17-1debian8
NGINX_VERSION=1.11.12-1~jessie
HOME=/root
```

图 10-49　查看数据库容器的环境变量

执行以下命令，可以查看容器 my-nginx 的/etc/hosts 配置文件信息：

```
# docker exec my-nginx cat /etc/hosts
```

查询结果如图 10-50 所示，可以看到，数据库容器 mysql-new 用到的 IP 地址 172.17.0.2 和主机名 db 都已经配置完成，与该容器连接的相关信息也已经配置完毕。

```
root@ubuntu:~# docker exec my-nginx cat /etc/hosts
127.0.0.1       localhost
::1     localhost ip6-localhost ip6-loopback
fe00::0 ip6-localnet
ff00::0 ip6-mcastprefix
ff02::1 ip6-allnodes
ff02::2 ip6-allrouters
172.17.0.2      db 26aea2f70da3 mysql-new
172.17.0.3      70982d41f83b
```

图 10-50　查看数据库容器的配置文件

如果要测试容器 my-nginx 是否已经连接成功，可以在容器中执行以下命令，安装测试工具：

```
# apt-get install -yqq inetutils-ping
```

然后执行 PING db 命令，测试容器 mysql-new 的配置是否成功，如果可以 ping 通，则说明该容器的配置已经成功，可以与容器 db 建立连接，如图 10-51 所示。

```
root@ubuntu:~# docker exec  -it my-nginx /bin/bash
root@70982d41f83b:/# # apt-get install -yqq inetutils-ping
root@70982d41f83b:/# ping db
PING db (172.17.0.2): 56 data bytes
64 bytes from 172.17.0.2: icmp_seq=0 ttl=64 time=1.208 ms
64 bytes from 172.17.0.2: icmp_seq=1 ttl=64 time=0.220 ms
^C--- db ping statistics ---
2 packets transmitted, 2 packets received, 0% packet loss
round-trip min/avg/max/stddev = 0.220/0.714/1.208/0.494 ms
root@70982d41f83b:/# 
```

图 10-51　测试容器连接

注意 在容器中执行安装命令时，有可能出现“Unable to lacate package ietutils-ping”的提示信息，此时，需要先执行 apt-get update 命令，然后再进行安装。

10.6.2 Docker 网络配置

位于不同宿主机上的 Docker 容器，需要通过网络进行连接，这就需要对 Docker 的网络进行配置，下面介绍具体的配置方法。

1．配置网络模式

Docker 启动时，会自动创建一个虚拟网桥 docker0，相当于一个软件交换机。新建容器的接口都会挂载到这个虚拟网桥上，由该网桥进行信息转发。同时，Docker 会随机分配一个宿主机未使用网段中的 IP 地址给 docker0，如 172.17.0.1/16，此后启动的容器也会被分配一个相同网段中的地址，如 172.17.0.0/16。

Docker 提供了四种网络模式，分别为 None、Container、Host 和 Bridge。下面将分别介绍这四种模式。

首先，创建一个带有网络工具的容器，创建过程如下：

```
root@ubuntu:~# docker run -idt centos
d3973caa8659d948058e781f7eaa303446a769c51b27ff7b616c03c80313276e
root@ubuntu:~# docker exec -it d39 /bin/bash
[root@d3973caa8659 /]# yum install -y net-tools
Loaded plugins: fastestmirror, ovl
base                                                    | 3.6 kB   00:00:00
http://mirrors.cn99.com/centos/7.3.1611/extras/x86_64/repodata/repomd.xml: [Errno 12] Timeout on
http://mirrors.cn99.com/centos/7.3.1611/extras/x86_64/repodata/repomd.xml: (28, 'Resolving timed out after
30578 milliseconds')
Trying other mirror.
extras                                                  | 3.4 kB   00:00:00
updates                                                 | 3.4 kB   00:00:00
(1/4): base/7/x86_64/group_gz                           | 155 kB   00:00:17
(2/4): base/7/x86_64/primary_db                         | 5.6 MB   00:00:19
(3/4): updates/7/x86_64/primary_db                      | 3.9 MB   00:00:24
(4/4): extras/7/x86_64/primary_db                       | 139 kB   00:00:29
Determining fastest mirrors
 * base: mirrors.sohu.com
 * extras: centos.ustc.edu.cn
 * updates: centos.ustc.edu.cn
Resolving Dependencies
--> Running transaction check
---> Package net-tools.x86_64 0:2.0-0.17.20131004git.el7 will be installed
```

```
--> Finished Dependency Resolution

Dependencies Resolved

================================================================================
 Package          Arch          Version                       Repository      Size
================================================================================
Installing:
 net-tools        x86_64        2.0-0.17.20131004git.el7      base            304 k

Transaction Summary
================================================================================
Install  1 Package

Total download size: 304 k
Installed size: 917 k
Downloading packages:
warning: /var/cache/yum/x86_64/7/base/packages/net-tools-2.0-0.17.20131004git.el7.x86_64.rpm: Header V3
RSA/SHA256 Signature, key ID f4a80eb5: NOKEY
Public key for net-tools-2.0-0.17.20131004git.el7.x86_64.rpm is not installed
net-tools-2.0-0.17.20131004git.el7.x86_64.rpm                          | 304 kB  00:00:10
Retrieving key from file:///etc/pki/rpm-gpg/RPM-GPG-KEY-CentOS-7
Importing GPG key 0xF4A80EB5:
 Userid     : "CentOS-7 Key (CentOS 7 Official Signing Key) <security@centos.org>"
 Fingerprint: 6341 ab27 53d7 8a78 a7c2 7bb1 24c6 a8a7 f4a8 0eb5
 Package    : centos-release-7-3.1611.el7.centos.x86_64 (@CentOS)
 From       : /etc/pki/rpm-gpg/RPM-GPG-KEY-CentOS-7
Running transaction check
Running transaction test
Transaction test succeeded
Running transaction
  Installing : net-tools-2.0-0.17.20131004git.el7.x86_64                    1/1
  Verifying  : net-tools-2.0-0.17.20131004git.el7.x86_64                    1/1

Installed:
  net-tools.x86_64 0:2.0-0.17.20131004git.el7

Complete!
[root@d3973caa8659 /]#
```

然后使用 docker commit 命令，将这个添加了网络功能的容器提交为一个新的镜像：

```
root@ubuntu:~# docker commit d39 centos_with_net
sha256:7664e6e4fd4f42230e0a022f6a946bc57290be6eaa160a9ce755a0c5566b8e30
```

下面以该镜像创建的容器为例，介绍四种网络模式各自的特点及配置方法。

1) None

在 None 模式下，容器不配置任何网络功能。使用 None 模式，需要在启动命令中加入参数--net=none。

执行以下命令，可以启动一个使用 None 模式(即没有 IP 地址)的容器：

```
# docker run -it --net=none centos_with_net /bin/bash
```

执行结果如图 10-52 所示，可以看到容器仅有一个内部回环接口 lo，除此之外并没有配置其他网络接口。

```
root@ubuntu:~# docker run -it --net=none centos_with_net /bin/bash
[root@7dbb406b4859 /]# ifconfig -a
lo: flags=73<UP,LOOPBACK,RUNNING>  mtu 65536
        inet 127.0.0.1  netmask 255.0.0.0
        inet6 ::1  prefixlen 128  scopeid 0x10<host>
        loop  txqueuelen 1  (Local Loopback)
        RX packets 0  bytes 0 (0.0 B)
        RX errors 0  dropped 0  overruns 0  frame 0
        TX packets 0  bytes 0 (0.0 B)
        TX errors 0  dropped 0 overruns 0  carrier 0  collisions 0
```

图 10-52　None 模式容器的网络配置

2) Container

使用 Container 模式的容器的 IP 地址都是相同的。使用该模式，需要在启动命令中加入参数--net=Container:container_id/container_name，其中的 container_id/container_name 为容器的 ID 或者名称，具体步骤如下：

首先执行以下命令，以默认模式启动一个容器：

```
# docker run -itd   centos_with_net
```

进入容器，使用命令查看该容器的网络配置，查询结果显示该容器 ID 为 49c8478eee，如图 10-53 所示。

```
[root@49c8478eee51 /]# ifconfig -a
eth0: flags=4163<UP,BROADCAST,RUNNING,MULTICAST>  mtu 1500
        inet 172.17.0.8  netmask 255.255.0.0  broadcast 0.0.0.0
        inet6 fe80::42:acff:fe11:8  prefixlen 64  scopeid 0x20<link>
        ether 02:42:ac:11:00:08  txqueuelen 0  (Ethernet)
        RX packets 22  bytes 2726 (2.6 KiB)
        RX errors 0  dropped 0  overruns 0  frame 0
        TX packets 8  bytes 648 (648.0 B)
        TX errors 0  dropped 0 overruns 0  carrier 0  collisions 0

lo: flags=73<UP,LOOPBACK,RUNNING>  mtu 65536
        inet 127.0.0.1  netmask 255.0.0.0
        inet6 ::1  prefixlen 128  scopeid 0x10<host>
        loop  txqueuelen 1  (Local Loopback)
        RX packets 0  bytes 0 (0.0 B)
        RX errors 0  dropped 0  overruns 0  frame 0
        TX packets 0  bytes 0 (0.0 B)
        TX errors 0  dropped 0 overruns 0  carrier 0  collisions 0
```

图 10-53　查看容器的网络配置

然后执行以下命令，使用 Container 模式，参考容器 49c8478eee 的网络配置启动另外一个容器：

```
# docker run -itd --net=container:49c8478eee centos_with_net
```

然后执行以下命令，进入容器并查看网络配置：

```
# docker exec -it 9a5 /bin/bash
# ifconfig -a
```

查询结果如图 10-54 所示，可以看到，新建容器与容器 49c8478eee 使用相同的网络配置。

```
root@ubuntu:~# docker run -itd --net=container:49c8478eee centos_with_net
9a56049aa81e3959b0dc6681b81fd3131e323b18292f2750835d091d92843229
root@ubuntu:~# docker exec -it 9a5 /bin/bash
[root@49c8478eee51 /]# ifconfig -a
eth0: flags=4163<UP,BROADCAST,RUNNING,MULTICAST>  mtu 1500
        inet 172.17.0.8  netmask 255.255.0.0  broadcast 0.0.0.0
        inet6 fe80::42:acff:fe11:8  prefixlen 64  scopeid 0x20<link>
        ether 02:42:ac:11:00:08  txqueuelen 0  (Ethernet)
        RX packets 24  bytes 2940 (2.8 KiB)
        RX errors 0  dropped 0  overruns 0  frame 0
        TX packets 8  bytes 648 (648.0 B)
        TX errors 0  dropped 0 overruns 0  carrier 0  collisions 0

lo: flags=73<UP,LOOPBACK,RUNNING>  mtu 65536
        inet 127.0.0.1  netmask 255.0.0.0
        inet6 ::1  prefixlen 128  scopeid 0x10<host>
        loop  txqueuelen 1  (Local Loopback)
        RX packets 0  bytes 0 (0.0 B)
        RX errors 0  dropped 0  overruns 0  frame 0
        TX packets 0  bytes 0 (0.0 B)
        TX errors 0  dropped 0 overruns 0  carrier 0  collisions 0
```

图 10-54　Container 模式容器的网络配置

3) Host

在 Host 模式下，在容器内显示的网卡 IP 就是宿主机的 IP，容器的网络实际上与宿主机相同。这种方式被认为是不安全的，因此建议只在测试环境中使用。

使用 Host 模式，需要在容器的启动命令中加入参数--net=host，具体步骤如下：

执行以下命令，以 Host 模式启动一个容器：

```
# docker run -idt --net=host centos_with_net
```

进入容器，在容器中执行以下命令，查询网络配置：

```
# docker exec -it 4ef /bin/bash
# ifconfig -a
```

查询结果如图 10-55 所示。

```
root@ubuntu:~# docker run -idt --net=host centos_with_net
4ef7ba5ad3735544e9b005fa600d4117eee4aefd669b391f10e0b82259de956f
root@ubuntu:~# docker exec -it 4ef /bin/bash
[root@ubuntu /]# ifconfig -a
docker0: flags=4163<UP,BROADCAST,RUNNING,MULTICAST>  mtu 1500
        inet 172.17.0.1  netmask 255.255.0.0  broadcast 0.0.0.0
        inet6 fe80::42:30ff:fe73:4acb  prefixlen 64  scopeid 0x20<link>
        ether 02:42:30:73:4a:cb  txqueuelen 0  (Ethernet)
        RX packets 2455  bytes 107672 (105.1 KiB)
        RX errors 0  dropped 0  overruns 0  frame 0
        TX packets 2317  bytes 10636422 (10.1 MiB)
        TX errors 0  dropped 0 overruns 0  carrier 0  collisions 0

ens33: flags=4163<UP,BROADCAST,RUNNING,MULTICAST>  mtu 1500
        inet 192.168.80.133  netmask 255.255.255.0  broadcast 192.168.80.255
        inet6 fe80::2ba:39f3:c72:d45c  prefixlen 64  scopeid 0x20<link>
        ether 00:0c:29:d6:51:89  txqueuelen 1000  (Ethernet)
        RX packets 11642  bytes 16577374 (15.8 MiB)
        RX errors 0  dropped 0  overruns 0  frame 0
        TX packets 3541  bytes 251527 (245.6 KiB)
        TX errors 0  dropped 0 overruns 0  carrier 0  collisions 0

lo: flags=73<UP,LOOPBACK,RUNNING>  mtu 65536
        inet 127.0.0.1  netmask 255.0.0.0
        inet6 ::1  prefixlen 128  scopeid 0x10<host>
        loop  txqueuelen 1  (Local Loopback)
        RX packets 558  bytes 46618 (45.5 KiB)
        RX errors 0  dropped 0  overruns 0  frame 0
        TX packets 558  bytes 46618 (45.5 KiB)
        TX errors 0  dropped 0 overruns 0  carrier 0  collisions 0
```

图 10-55　Host 模式容器的网络配置

然后退出容器，在操作系统窗口中执行以下命令，查看宿主机系统的网络配置：

```
# ifconfig -a
```

查询结果如图 10-56 所示，可以看到宿主机与容器的网络配置完全相同。

```
root@ubuntu:/# exit
exit
root@ubuntu:~# ifconfig -a
docker0   Link encap:Ethernet  HWaddr 02:42:30:73:4a:cb
          inet addr:172.17.0.1  Bcast:0.0.0.0  Mask:255.255.0.0
          inet6 addr: fe80::42:30ff:fe73:4acb/64 Scope:Link
          UP BROADCAST RUNNING MULTICAST  MTU:1500  Metric:1
          RX packets:130 errors:0 dropped:0 overruns:0 frame:0
          TX packets:45 errors:0 dropped:0 overruns:0 carrier:0
          collisions:0 txqueuelen:0
          RX bytes:8766 (8.7 KB)  TX bytes:5498 (5.4 KB)

ens33     Link encap:Ethernet  HWaddr 00:0c:29:d6:51:89
          inet addr:192.168.80.133  Bcast:192.168.80.255  Mask:255.255.255.0
          inet6 addr: fe80::2ba:39f3:c72:d45c/64 Scope:Link
          UP BROADCAST RUNNING MULTICAST  MTU:1500  Metric:1
          RX packets:4051 errors:0 dropped:0 overruns:0 frame:0
          TX packets:1119 errors:0 dropped:0 overruns:0 carrier:0
          collisions:0 txqueuelen:1000
          RX bytes:5634725 (5.6 MB)  TX bytes:92721 (92.7 KB)

lo        Link encap:Local Loopback
          inet addr:127.0.0.1  Mask:255.0.0.0
          inet6 addr: ::1/128 Scope:Host
          UP LOOPBACK RUNNING  MTU:65536  Metric:1
          RX packets:480 errors:0 dropped:0 overruns:0 frame:0
          TX packets:480 errors:0 dropped:0 overruns:0 carrier:0
          collisions:0 txqueuelen:1
          RX bytes:39548 (39.5 KB)  TX bytes:39548 (39.5 KB)
```

图 10-56　宿主机系统的网络配置

4) Bridge

Bridge 是 Docker 默认使用的网络模式，这种模式会为每个容器分配独立的 Network Namespace。也可以在启动命令中使用参数--net=bridge，指定使用 Bridge 模式。

执行以下命令，以 Bridge 模式启动一个容器：

```
# docker run -it --net=bridge centos_with_net
```

输出信息如图 10-57 所示，可以看到容器的 IP 地址与默认模式下分配的 IP 一致。

```
root@ubuntu:~# docker run -it --net=bridge centos_with_net
[root@8050261e2d32 /]# ifconfig -a
eth0: flags=4163<UP,BROADCAST,RUNNING,MULTICAST>  mtu 1500
        inet 172.17.0.8  netmask 255.255.0.0  broadcast 0.0.0.0
        inet6 fe80::42:acff:fe11:8  prefixlen 64  scopeid 0x20<link>
        ether 02:42:ac:11:00:08  txqueuelen 0  (Ethernet)
        RX packets 14  bytes 1758 (1.7 KiB)
        RX errors 0  dropped 0  overruns 0  frame 0
        TX packets 6  bytes 508 (508.0 B)
        TX errors 0  dropped 0 overruns 0  carrier 0  collisions 0

lo: flags=73<UP,LOOPBACK,RUNNING>  mtu 65536
        inet 127.0.0.1  netmask 255.0.0.0
        inet6 ::1  prefixlen 128  scopeid 0x10<host>
        loop  txqueuelen 1  (Local Loopback)
        RX packets 0  bytes 0 (0.0 B)
        RX errors 0  dropped 0  overruns 0  frame 0
        TX packets 0  bytes 0 (0.0 B)
        TX errors 0  dropped 0 overruns 0  carrier 0  collisions 0
```

图 10-57　Bridge 模式容器的网络配置

2．配置 DNS 和主机名

Docker 可以自定义容器的 DNS 和主机名。容器的 DNS 和主机名通过三个配置文件进行管理：/etc/resolv.conf、/etc/hosts 与/etc/hostname。其中，/etc/resolv.conf 文件在容器创建时的内容默认与宿主机的同名文件保持一致；/etc/hosts 文件只记录本容器的相关地址和映射名称。

可以在容器内部执行 mount 命令，查看这三个文件的挂载信息：

```
[root@e6f5e3e38af4 /]# mount
(以上部分信息省略)
/dev/sda1 on /etc/resolv.conf type ext4 (rw,relatime,errors=remount-ro,data=ordered)
/dev/sda1 on /etc/hostname type ext4 (rw,relatime,errors=remount-ro,data=ordered)
/dev/sda1 on /etc/hosts type ext4 (rw,relatime,errors=remount-ro,data=ordered)
(以下部分信息省略)
```

Docker 1.2.0 之后的版本可以在容器内修改这三个文件，但不能保存，只能在容器运行时生效；也可以在使用 docker run 命令启动容器时，在其中使用相关参数来修改这三个文件对应的配置项，具体如下：

- ✧ 主机名：参数-h 或者--hostname=hostname，这个参数用来设置容器的主机名。容器启动后，配置信息会被写入/etc/hosts 和/etc/hostname 文件中。这个配置项只能在容器内部看到。
- ✧ 其他容器的主机名：--link=container-name:alias，这个参数用来在容器创建时添加一个可连接的容器，被连接容器的主机名会写入本容器的/etc/hosts 文件中。
- ✧ DNS 服务器：--dns=ip_address，这个参数指定的 DNS 服务器 IP 地址将会被添加到容器的/etc/resolv.conf 文件中。
- ✧ DNS 搜索域：--dns-search=domain，这个参数用于设置容器的 DNS 搜索域。例如将搜索域设置为 domain.com，则在搜索一个名为 example 的主机时，容器不仅会搜索 example，还会搜索 example.domain.com。

3．配置访问控制

如果容器要对外访问，就需要配置容器的访问控制，基本步骤如下：

(1) 配置容器间的访问控制。本地容器都默认连接到 docker0 网桥，所以本地容器间是互通的，本地的防火墙 iptables 也默认允许容器间的访问。因此，本地容器间的访问控制主要是对本地端口的限制。

如果在用 docker run 命令启动容器时将其中的参数 --icc 设置为 false，则会关闭网络访问，但可以使用参数--link=CONTAINER_NAME:ALIAS 访问其他容器的开放端口。

也可以在 docker run 命令中同时使用参数 --icc=false 与参数--iptables=true，关闭容器相互间的网络访问，并允许 Docker 修改系统中的 iptables 规则。

执行以下命令，可以查看系统中的 iptables 规则：

```
# iptables -nL
(以上部分内容省略)
Chain FORWARD (policy ACCEPT)
target prot opt source destination
```

```
DROP all -- 0.0.0.0/0 0.0.0.0/0
(以下部分内容省略)
```

然后，在用 docker run 启动容器时加入参数--link=CONTAINER_NAME:ALIAS。Docker 就会在 iptable 规则中为两个容器分别添加一条 ACCEPT 规则，允许相互访问开放的端口：

```
# iptables -nL
(以上部分省略)
Chain DOCKER (1 references)
 pkts bytes target     prot opt in       out       source         destination
    0     0 ACCEPT     tcp  --  !docker0 docker0   0.0.0.0/0      172.17.0.3     tcp dpt:443
    0     0 ACCEPT     tcp  --  !docker0 docker0   0.0.0.0/0      172.17.0.3     tcp dpt:80
   32  3907 ACCEPT     tcp  --  docker0 docker0    172.17.0.3     172.17.0.2     tcp dpt:3306
   28  7400 ACCEPT     tcp  --  docker0 docker0    172.17.0.2     172.17.0.3     tcp spt:3306
(以下部分省略)
```

注意，参数--link=CONTAINER_NAME:ALIAS 中的 CONTAINER_NAME 必须是 Docker 分配的名字，或使用参数--name 指定的名字，主机名不会被识别。

(2) 检查宿主机转发开关。容器要访问外部网络，必须经过宿主机转发，因此需要先访问宿主机。容器默认的网关是 docker0，容器可以通过该网关访问宿主机，操作步骤如下：

首先执行以下命令，检查宿主机的转发开关是否已经打开：

```
# sysctl net.ipv4.ip_forward
```

检查结果如图 10-58 所示，输出值为 1，表明转发开关已经打开。

```
root@ubuntu:~# sysctl net.ipv4.ip_forward
net.ipv4.ip_forward = 1
```

图 10-58　检查宿主机转发开关

如果输出值为 0，则需要执行以下命令，打开宿主机转发开关：

```
# sysctl -w net.ipv4.ip_forward=1
```

也可以在 Docker 服务启动时，设置参数--ip-forward=true，打开宿主机转发开关。

4．配置网桥

在安装 Docker 后，系统会自动创建一个名为 docker0 的网桥(上面有一个 docker0 内部接口)，起到从内核连通其他物理或虚拟网卡的作用，从而将容器和本地主机都放入同一个物理网络当中。用户可以对网桥进行配置，基本操作如下：

(1) 查看默认网桥。Docker 已经对 docker0 接口的 IP 地址和子网掩码进行了默认指定。可以在宿主机上使用 brctl show 命令，查看现有的网桥和端口信息：

```
# brctl show
```

查询结果如图 10-59 所示，可以看到有两个以“veth”开头的接口，与图 10-57 中容器内部的 eth0 接口对应，形成一对 veth pair，即当数据发送到一个接口时，另外一个接口即可接收相同的数据。

```
root@ubuntu:~# brctl show
bridge name     bridge id               STP enabled     interfaces
docker0         8000.02427d4791fa       no              veth663d1a1
                                                        veth7d9ae99
```

图 10-59　查看现有网桥

用户也可以自己指定网桥，用于进行容器的连接，后面会介绍操作方法。

(2) 删除默认的 docker0 网桥。执行以下命令，停止 Docker 容器：

```
# service docker stop
```

然后执行以下命令，关闭网桥 docker0：

```
# ifconfig docker0 down
```

最后执行以下命令，删除默认的网桥 docker0：

```
# brctl delbr docker0
```

(3) 创建新网桥。执行以下命令，创建新网桥 newbr：

```
# brctl addbr newbr
```

然后执行以下命令，为新网桥配置 IP 地址和子网掩码：

```
# ifconfig newbr 192.168.80.180 netmask 255.255.255.0 up
```

配置完毕，执行以下命令，查看现有的网桥：

```
# ifconfig -a
```

查询结果如图 10-60 所示，可以看到网桥 newbr 已经创建成功并配置完毕。

```
root@ubuntu:~# brctl addbr newbr
root@ubuntu:~# ifconfig newbr 192.168.80.180 netmask 255.255.255.0 up
root@ubuntu:~# ifconfig -a
ens33     Link encap:Ethernet  HWaddr 00:0c:29:d6:51:89
          inet addr:192.168.80.133  Bcast:192.168.80.255  Mask:255.255.255.0
          inet6 addr: fe80::2ba:39f3:c72:d45c/64 Scope:Link
          UP BROADCAST RUNNING MULTICAST  MTU:1500  Metric:1
          RX packets:83 errors:0 dropped:0 overruns:0 frame:0
          TX packets:155 errors:0 dropped:0 overruns:0 carrier:0
          collisions:0 txqueuelen:1000
          RX bytes:9958 (9.9 KB)  TX bytes:15050 (15.0 KB)

lo        Link encap:Local Loopback
          inet addr:127.0.0.1  Mask:255.0.0.0
          inet6 addr: ::1/128 Scope:Host
          UP LOOPBACK RUNNING  MTU:65536  Metric:1
          RX packets:289 errors:0 dropped:0 overruns:0 frame:0
          TX packets:289 errors:0 dropped:0 overruns:0 carrier:0
          collisions:0 txqueuelen:1
          RX bytes:21934 (21.9 KB)  TX bytes:21934 (21.9 KB)

newbr     Link encap:Ethernet  HWaddr 3a:56:28:20:a5:f5
          inet addr:192.168.80.180  Bcast:192.168.80.255  Mask:255.255.255.0
          inet6 addr: fe80::3856:28ff:fe20:a5f5/64 Scope:Link
          UP BROADCAST RUNNING MULTICAST  MTU:1500  Metric:1
          RX packets:0 errors:0 dropped:0 overruns:0 frame:0
          TX packets:34 errors:0 dropped:0 overruns:0 carrier:0
          collisions:0 txqueuelen:1000
          RX bytes:0 (0.0 B)  TX bytes:4146 (4.1 KB)
```

图 10-60　创建新网桥

(4) 在 Docker 配置文件添加新网桥。编辑/etc/default/docker 文件，在文件里添加如下配置代码：

```
DOCKER_OPTS="-b=newbr"
```

然后执行以下命令，启动 Docker 服务，使更改的配置生效：

```
# systemctl start docker
```

(5) 查看容器的 IP 地址。如果容器内部没有安装 net-tools 工具，可以使用以下命令查看容器的 IP 地址：

```
# cat /etc/hosts
```

查询结果如图 10-61 所示，其中与容器 ID 对应的 IP 地址即是容器的 IP 地址，本例中为 192.168.80.1。可以看到，容器的 IP 地址已经自动使用了新网桥所在网段的地址。

```
root@9a91889b8355:/# cat /etc/hosts
127.0.0.1       localhost
::1     localhost ip6-localhost ip6-loopback
fe00::0 ip6-localnet
ff00::0 ip6-mcastprefix
ff02::1 ip6-allnodes
ff02::2 ip6-allrouters
192.168.80.1    9a91889b8355
```

图 10-61　查看容器的 IP 地址

5．使用 Open vSwitch

前面已经介绍了 Open vSwitch(虚拟化交换机)在 KVM 虚拟化环境中的应用，下面将介绍虚拟化交换机在 Docker 环境中的使用方法。

(1) 在 Ubuntu 上安装 OpenvSwitch。执行以下命令，安装 Open vSwitch：

```
# apt-get install -y openvswitch-switch
```

安装时如果出现如图 10-62 所示的错误，可能是因为有其他的 apt-get 进程在活动。

```
root@ubuntu:~# apt-get install -y openvswitch-switch
E: Could not get lock /var/lib/dpkg/lock - open (11: Resource temporarily unavai
lable)
E: Unable to lock the administration directory (/var/lib/dpkg/), is another proc
ess using it?
```

图 10-62　Open vSwitch 安装报错

可以执行以下命令，将这些 apt-get 进程找出并杀死：

```
# ps aux | grep apt-get
# kill -9 <PID>
```

杀死干扰的 apt-get 进程后，如果再次执行安装命令仍然出现该错误，则可能是由于有另一个程序正在运行，导致资源被锁定不可用，出现这种情况的原因可能是上次安装或更新没有正常完成。解决方法是在终端中执行以下命令，然后重新运行安装程序：

```
# rm /var/cache/apt/archives/lock
# rm /var/lib/dpkg/lock
```

(2) 添加新网桥。关闭 Docker 服务，然后在宿主机上执行以下命令，在 Open vSwitch 中添加网桥 newbr：

```
# ovs-vsctl add-br newbr
```

然后执行以下命令，查看新添加的网桥：

```
# ovs-vsctl show
```

查询结果如图 10-63 所示，可以看到，新网桥 newbr 已经成功添加。

```
root@ubuntu:~# ovs-vsctl add-br newbr
root@ubuntu:~# ovs-vsctl show
7953ff66-daa8-4a6a-9b68-de7c4430552a
    Bridge newbr
        Port newbr
            Interface newbr
                type: internal
    ovs_version: "2.5.0"
```

图 10-63　创建新网桥

(3) 配置新网桥。执行以下命令，可以给新添加的网桥配置一个可用的 IP 地址：

```
# ifconfig newbr 192.168.80.180 netmask 255.255.255.0
```

执行命令查看网桥，查询结果如图 10-64 所示，可以看到，新网桥已配置成功。

```
root@ubuntu:~# ifconfig newbr 192.168.80.180 netmask 255.255.255.0
root@ubuntu:~# ifconfig newbr
newbr     Link encap:Ethernet  HWaddr ee:7e:27:3f:a3:42
          inet addr:192.168.80.180  Bcast:192.168.80.255  Mask:255.255.255.0
          inet6 addr: fe80::ec7e:27ff:fe3f:a342/64 Scope:Link
          UP BROADCAST RUNNING MULTICAST  MTU:1500  Metric:1
          RX packets:0 errors:0 dropped:0 overruns:0 frame:0
          TX packets:35 errors:0 dropped:0 overruns:0 carrier:0
          collisions:0 txqueuelen:1
          RX bytes:0 (0.0 B)  TX bytes:4362 (4.3 KB)
```

图 10-64　配置新网桥

(4) 启动 Docker。重新启动 Docker 服务时，有可能会发现服务报错，无法启动，如图 10-65 所示。

```
root@ubuntu:~# service docker start
Job for docker.service failed because the control process exited with
 error code. See "systemctl status docker.service" and "journalctl -x
e" for details.
```

图 10-65　启动 Docker 服务时报错

这是因为 Open vSwitch 创建的网桥不能直接挂载到容器，需要将之前在/etc/default/docker 中添加的配置项去掉，然后再启动 Docker 服务。

(5) 创建没有网络的容器。执行以下命令，使用参数--net=none 创建一个没有 IP 地址的容器，以使用 Open vSwitch 辅助脚本文件为其添加网络配置：

```
#docker run --net=none --privileged=true -it centos:latest /bin/bash
```

查看结果如图 10-66 所示，可以看到新创建的容器并没有配置 IP 地址。

```
root@ubuntu:~# docker run --net=none --privileged=true -it centos_with_net:latest /bin/bash
[root@e4489a1bf41e /]# ifconfig -a
lo: flags=73<UP,LOOPBACK,RUNNING>  mtu 65536
        inet 127.0.0.1  netmask 255.0.0.0
        inet6 ::1  prefixlen 128  scopeid 0x10<host>
        loop  txqueuelen 1  (Local Loopback)
        RX packets 0  bytes 0 (0.0 B)
        RX errors 0  dropped 0  overruns 0  frame 0
        TX packets 0  bytes 0 (0.0 B)
        TX errors 0  dropped 0 overruns 0  carrier 0  collisions 0
```

图 10-66　创建没有网络的容器

(6) 下载辅助脚本。在宿主机上执行以下命令，下载一个辅助脚本，用来把 Open vSwitch 的网络配置添加到新建的无网络容器：

```
# wget https://raw.githubusercontent.com/openvswitch/ovs/master/utilities/ovs-docker
```

脚本内容示例如下：

```
# !/bin/bash
# Copyright (C) 2014 Nicira, Inc.
# Licensed under the Apache License, Version 2.0 (the "License");
# you may not use this file except in compliance with the License.
# You may obtain a copy of the License at:
#       http://www.apache.org/licenses/LICENSE-2.0
# Unless required by applicable law or agreed to in writing, software
# distributed under the License is distributed on an "AS IS" BASIS,
# WITHOUT WARRANTIES OR CONDITIONS OF ANY KIND, either express or implied.
# See the License for the specific language governing permissions and
# limitations under the License.

# Check for programs we'll need.
search_path () {
    save_IFS=$IFS
    IFS=:
    for dir in $PATH; do
        IFS=$save_IFS
        if test -x "$dir/$1"; then
            return 0
        fi
    done
    IFS=$save_IFS
    echo >&2 "$0: $1 not found in \$PATH, please install and try again"
    exit 1
}

ovs_vsctl () {
    ovs-vsctl --timeout=60 "$@"
}

create_netns_link () {
    mkdir -p /var/run/netns
    if [ ! -e /var/run/netns/"$PID" ]; then
        ln -s /proc/"$PID"/ns/net /var/run/netns/"$PID"
        trap 'delete_netns_link' 0
```

```
        for signal in 1 2 3 13 14 15; do
            trap 'delete_netns_link; trap - $signal; kill -$signal $$' $signal
        done
    fi
}

delete_netns_link () {
    rm -f /var/run/netns/"$PID"
}

get_port_for_container_interface () {
    CONTAINER="$1"
    INTERFACE="$2"

    PORT=`ovs_vsctl --data=bare --no-heading --columns=name find interface \
             external_ids:container_id="$CONTAINER"   \
             external_ids:container_iface="$INTERFACE"`
    if [ -z "$PORT" ]; then
        echo >&2 "$UTIL: Failed to find any attached port" \
                 "for CONTAINER=$CONTAINER and INTERFACE=$INTERFACE"
    fi
    echo "$PORT"
}

add_port () {
    BRIDGE="$1"
    INTERFACE="$2"
    CONTAINER="$3"

    if [ -z "$BRIDGE" ] || [ -z "$INTERFACE" ] || [ -z "$CONTAINER" ]; then
        echo >&2 "$UTIL add-port: not enough arguments (use --help for help)"
        exit 1
    fi

    shift 3
    while [ $# -ne 0 ]; do
        case $1 in
            --ipaddress=*)
                ADDRESS=`expr X"$1" : 'X[^=]*=\(.*\)'`
                shift
```

```
            ;;
        --macaddress=*)
            MACADDRESS=`expr X"$1" : 'X[^=]*=\(.*\)'`
            shift
            ;;
        --gateway=*)
            GATEWAY=`expr X"$1" : 'X[^=]*=\(.*\)'`
            shift
            ;;
        --mtu=*)
            MTU=`expr X"$1" : 'X[^=]*=\(.*\)'`
            shift
            ;;
        *)
            echo >&2 "$UTIL add-port: unknown option \"$1\""
            exit 1
            ;;
    esac
done

# Check if a port is already attached for the given container and interface
PORT=`get_port_for_container_interface "$CONTAINER" "$INTERFACE" \
        2>/dev/null`
if [ -n "$PORT" ]; then
    echo >&2 "$UTIL: Port already attached" \
              "for CONTAINER=$CONTAINER and INTERFACE=$INTERFACE"
    exit 1
fi

if ovs_vsctl br-exists "$BRIDGE" || \
    ovs_vsctl add-br "$BRIDGE"; then :; else
    echo >&2 "$UTIL: Failed to create bridge $BRIDGE"
    exit 1
fi

if PID=`docker inspect -f '{{.State.Pid}}' "$CONTAINER"`; then :; else
    echo >&2 "$UTIL: Failed to get the PID of the container"
    exit 1
fi
```

```
    create_netns_link

    # Create a veth pair.
    ID=`uuidgen | sed 's/-//g'`
    PORTNAME="${ID:0:13}"
    ip link add "${PORTNAME}_l" type veth peer name "${PORTNAME}_c"

    # Add one end of veth to OVS bridge.
    if ovs_vsctl --may-exist add-port "$BRIDGE" "${PORTNAME}_l" \
       -- set interface "${PORTNAME}_l" \
       external_ids:container_id="$CONTAINER" \
       external_ids:container_iface="$INTERFACE"; then :; else
        echo >&2 "$UTIL: Failed to add "${PORTNAME}_l" port to bridge $BRIDGE"
        ip link delete "${PORTNAME}_l"
        exit 1
    fi

    ip link set "${PORTNAME}_l" up

    # Move "${PORTNAME}_c" inside the container and changes its name.
    ip link set "${PORTNAME}_c" netns "$PID"
    ip netns exec "$PID" ip link set dev "${PORTNAME}_c" name "$INTERFACE"
    ip netns exec "$PID" ip link set "$INTERFACE" up

    if [ -n "$MTU" ]; then
        ip netns exec "$PID" ip link set dev "$INTERFACE" mtu "$MTU"
    fi

    if [ -n "$ADDRESS" ]; then
        ip netns exec "$PID" ip addr add "$ADDRESS" dev "$INTERFACE"
    fi

    if [ -n "$MACADDRESS" ]; then
        ip netns exec "$PID" ip link set dev "$INTERFACE" address "$MACADDRESS"
    fi

    if [ -n "$GATEWAY" ]; then
        ip netns exec "$PID" ip route add default via "$GATEWAY"
    fi
}
```

```
del_port () {
    BRIDGE="$1"
    INTERFACE="$2"
    CONTAINER="$3"

    if [ "$#" -lt 3 ]; then
        usage
        exit 1
    fi

    PORT=`get_port_for_container_interface "$CONTAINER" "$INTERFACE"`
    if [ -z "$PORT" ]; then
        exit 1
    fi

    ovs_vsctl --if-exists del-port "$PORT"

    ip link delete "$PORT"
}

del_ports () {
    BRIDGE="$1"
    CONTAINER="$2"
    if [ "$#" -lt 2 ]; then
        usage
        exit 1
    fi

    PORTS=`ovs_vsctl --data=bare --no-heading --columns=name find interface \
            external_ids:container_id="$CONTAINER"`
    if [ -z "$PORTS" ]; then
        exit 0
    fi

    for PORT in $PORTS; do
        ovs_vsctl --if-exists del-port "$PORT"
        ip link delete "$PORT"
    done
}
```

```
set_vlan () {
    BRIDGE="$1"
    INTERFACE="$2"
    CONTAINER_ID="$3"
    VLAN="$4"

    if [ "$#" -lt 4 ]; then
        usage
        exit 1
    fi

    PORT=`get_port_for_container_interface "$CONTAINER_ID" "$INTERFACE"`
    if [ -z "$PORT" ]; then
        exit 1
    fi
    ovs_vsctl set port "$PORT" tag="$VLAN"
}

usage() {
    cat << EOF
${UTIL}: Performs integration of Open vSwitch with Docker.
usage: ${UTIL} COMMAND

Commands:
  add-port BRIDGE INTERFACE CONTAINER [--ipaddress="ADDRESS"]
                    [--gateway=GATEWAY] [--macaddress="MACADDRESS"]
                    [--mtu=MTU]
                    Adds INTERFACE inside CONTAINER and connects it as a port
                    in Open vSwitch BRIDGE. Optionally, sets ADDRESS on
                    INTERFACE. ADDRESS can include a '/' to represent network
                    prefix length. Optionally, sets a GATEWAY, MACADDRESS
                    and MTU.   e.g.:
                    ${UTIL} add-port br-int eth1 c474a0e2830e
                    --ipaddress=192.168.1.2/24 --gateway=192.168.1.1
                    --macaddress="a2:c3:0d:49:7f:f8" --mtu=1450
  del-port BRIDGE INTERFACE CONTAINER
                    Deletes INTERFACE inside CONTAINER and removes its
                    connection to Open vSwitch BRIDGE. e.g.:
                    ${UTIL} del-port br-int eth1 c474a0e2830e
```

```
  del-ports BRIDGE CONTAINER
                    Removes all Open vSwitch interfaces from CONTAINER. e.g.:
                    ${UTIL} del-ports br-int c474a0e2830e
  set-vlan BRIDGE INTERFACE CONTAINER VLAN
                    Configures the INTERFACE of CONTAINER attached to BRIDGE
                    to become an access port of VLAN. e.g.:
                    ${UTIL} set-vlan br-int eth1 c474a0e2830e 5
Options:
  -h, --help          display this help message.
EOF
}

UTIL=$(basename $0)
search_path ovs-vsctl
search_path docker
search_path uuidgen

if (ip netns) > /dev/null 2>&1; then :; else
    echo >&2 "$UTIL: ip utility not found (or it does not support netns),"\
             "cannot proceed"
    exit 1
fi

if [ $# -eq 0 ]; then
    usage
    exit 0
fi

case $1 in
    "add-port")
        shift
        add_port "$@"
        exit 0
        ;;
    "del-port")
        shift
        del_port "$@"
        exit 0
        ;;
    "del-ports")
```

```
        shift
        del_ports "$@"
        exit 0
        ;;
    "set-vlan")
        shift
        set_vlan "$@"
        exit 0
        ;;
    -h | --help)
        usage
        exit 0
        ;;
    *)
        echo >&2 "$UTIL: unknown command \"$1\" (use --help for help)"
        exit 1
        ;;
esac
```

然后执行以下命令，将这个脚本放入/usr/local/bin 中，并使用 Chmod 命令为其添加执行权限：

```
# cp ovs-docker /usr/local/bin/
# chmod a+x /usr/local/bin/ovs-docker
```

(7) 为容器添加网络端口。执行以下命令，给容器添加网络端口：

```
# ovs-docker add-port newbr eth0 e44 --ipaddress=192.168.80.100/24
```

其中，“eth0”为物理网络端口的名称；“e44”为容器 ID 号的前 3 位；“192.168.80.100”是为容器指定的 IP 地址；“24”即掩码地址 255.255.255.0。

网络端口添加完毕后，在容器外面 PING 这个端口的 IP 地址，如图 10-67 所示，如果可以 ping 通，则说明添加成功。

```
root@ubuntu:~# ovs-docker add-port newbr eth0 e44 --ipaddress=192.168.80.100/24
root@ubuntu:~# ping 192.168.80.100
PING 192.168.80.100 (192.168.80.100) 56(84) bytes of data.
64 bytes from 192.168.80.100: icmp_seq=1 ttl=64 time=0.558 ms
64 bytes from 192.168.80.100: icmp_seq=2 ttl=64 time=0.046 ms
^C
--- 192.168.80.100 ping statistics ---
2 packets transmitted, 2 received, 0% packet loss, time 999ms
rtt min/avg/max/mdev = 0.046/0.302/0.558/0.256 ms
```

图 10-67　添加容器网络端口

然后进入容器，在容器内部执行以下命令，测试网络连接：

```
# docker exec -it e44 /bin/bash
```

测试结果如图 10-68 所示，说明网络已经连通。

```
root@ubuntu:~# docker exec -it e44 /bin/bash
[root@e4489a1bf41e /]# ping 192.168.80.180
PING 192.168.80.180 (192.168.80.180) 56(84) bytes of data.
64 bytes from 192.168.80.180: icmp_seq=1 ttl=64 time=0.695 ms
64 bytes from 192.168.80.180: icmp_seq=2 ttl=64 time=0.110 ms
64 bytes from 192.168.80.180: icmp_seq=3 ttl=64 time=0.094 ms
64 bytes from 192.168.80.180: icmp_seq=4 ttl=64 time=0.097 ms
64 bytes from 192.168.80.180: icmp_seq=5 ttl=64 time=0.096 ms
64 bytes from 192.168.80.180: icmp_seq=6 ttl=64 time=0.078 ms
^C
--- 192.168.80.180 ping statistics ---
6 packets transmitted, 6 received, 0% packet loss, time 5078ms
rtt min/avg/max/mdev = 0.078/0.195/0.695/0.223 ms
```

图 10-68　在容器内部测试网络连接

6．使用 Libnetwork

Libnetwork 通过插件的形式为 Docker 提供网络功能，使 Docker 的网络功能形成一个单独的库。用户可以根据自己的需求选择驱动，以实现不同的网络功能。

官方目前计划实现以下驱动：

✧ Bridge：这个驱动是 Docker 容器的 Bridge 模式的实现。(基本完成，主要由之前的 Docker 网络代码迁移而来)

✧ Null：驱动的空实现，类似于 Docker 容器的 None 模式。

✧ Overlay：隧道模式实现的多主机容器网络。

✧ Remote：扩展类型，预留给外部方案(如 OpenStack Neutron)，可以通过第三方的 SDN(Software Defined Network)方案接入 Docker。

Libnetwork 希望实现的网络模型(网络拓扑结构)是这样的：用户可以创建一个或多个网络(一个网络就是一个网桥或者一个 VLAN)，一个容器也可以加入一个或多个网络。同一个网络中的容器可以通信，不同网络中的容器相互隔离，即在创建容器之前，可以先创建网络(创建容器与创建网络是分开的)，然后决定让容器加入哪个网络。

Libnetwork 的容器网络构成要素如下：

✧ Sandbox：对应一个容器中的网络环境(没有实体)，包括相应的网卡、路由表、DNS 配置等。CNM(Container Networking Model)形象地将其表示为网络的“沙盒”，随着容器的创建而创建，也随着容器销毁而不复存在。

✧ Endpoint：容器中的虚拟网卡，在容器中显示为 eth0、eth1…，依次类推。

✧ Network：能够相互通信的容器网络，加入了同一个网络的容器可以直接通过对方的名称相互连接，其本质是主机的虚拟网卡或网桥。

Libnetwork 的相关操作命令如下：

(1) 查看已有网络。执行以下命令，查看系统已有网络：

```
# docker network ls
```

查询结果如图 10-69 所示，可以看到系统中目前存在三个网络，分别使用 Bridge、Host 与 Null 驱动。

```
root@ubuntu:~# docker network ls
NETWORK ID          NAME                DRIVER              SCOPE
e1c3f99cc918        bridge              bridge              local
4f18ffb70b42        host                host                local
6ab9a161e4d4        none                null                local
```

图 10-69　查看已有网络

(2) 创建网络。执行以下命令，创建一个新网络：

```
# docker network create test
```

运行结果如图 10-70 所示，显示新网络创建成功。

```
root@ubuntu:~# docker network create test
970ecdc2af135249b48a34dae398f480f76c2e25d3cca62519ca39bd75966f20
```

图 10-70　创建新网络

(3) 查看新建网络。网络创建完成后，执行以下命令，再次查看已有网络：

```
# docker network ls
```

查询结果如图 10-71 所示，可以看到新建的网络 test 已存在。

```
root@ubuntu:~# docker network ls
NETWORK ID          NAME                DRIVER              SCOPE
e1c3f99cc918        bridge              bridge              local
4f18ffb70b42        host                host                local
6ab9a161e4d4        none                null                local
970ecdc2af13        test                bridge              local
```

图 10-71　查看新建网络

(4) 删除网络。执行以下命令，可以删除某个网络，参数 rm 后面跟待删除网络的 ID 号前三位：

```
# docker network rm 970
```

注意，只有当网络上没有容器接入的时候，该网络才会被成功删除。

运行结果如图 10-72 所示，可以看到被删除的网络(本例中为上一步新建的网络)已经不存在于网络列表中。

```
root@ubuntu:~# docker network rm 970
970
root@ubuntu:~# docker network ls
NETWORK ID          NAME                DRIVER              SCOPE
e1c3f99cc918        bridge              bridge              local
4f18ffb70b42        host                host                local
6ab9a161e4d4        none                null                local
```

图 10-72　删除新建网络

(5) 接入/断开网络。执行以下命令，可以实现容器与网络的连接和断开：

```
# docker network connect/disconnect <NETWORK> <CONTAINER>
```

其中，<NETWORK>为网络的名称，<CONTAINER>为容器的名称。

运行结果如图 10-73 所示，网络与容器先连接，然后断开。

```
root@ubuntu:~# docker run -idt --name=testubun ubuntu:latest
fc9edc77e6754970f1a40dddf854c9723b2ed8df9979881b856552dfa34bdb34
root@ubuntu:~# docker network connect test testubun
root@ubuntu:~# docker network disconnect test testubun
```

图 10-73　连接/断开容器的网络连接

(6) 查看网络信息。执行以下命令，可以查看某个网络的信息，参数 NETOWRK 为待查看网络的名称：

```
# docker network inspect NETOWRK
```

查询结果如图 10-74 所示，可以看到有一个容器与网络 test 相连。

```
root@ubuntu:~# docker network inspect test
[
    {
        "Name": "test",
        "Id": "51aae2d8b59dfadee6e79340844b167300ef0c58ed5d5c1b9f7c6e3eb1598035",
        "Scope": "local",
        "Driver": "bridge",
        "EnableIPv6": false,
        "IPAM": {
            "Driver": "default",
            "Options": {},
            "Config": [
                {
                    "Subnet": "172.18.0.0/16",
                    "Gateway": "172.18.0.1/16"
                }
            ]
        },
        "Internal": false,
        "Containers": {
            "fc9edc77e6754970f1a40dddf854c9723b2ed8df9979881b856552dfa34bdb34": {
                "Name": "testubun",
                "EndpointID": "785ea02da06e55b1bab329812311a5df8990d0b5137fe5e64566e5dc335d6a13",
                "MacAddress": "02:42:ac:12:00:02",
                "IPv4Address": "172.18.0.2/16",
                "IPv6Address": ""
            }
        },
        "Options": {},
        "Labels": {}
    }
]
```

图 10-74　查看指定网络的信息

10.7　Docker 数据管理

Docker 在容器里生成的数据，如果不使用 docker commit 命令生成新的镜像，则这些数据就会在容器被删除后丢失。解决方法是使用 Docker 的卷(Volume)存放数据，这样容器中的数据不仅会在容器被删除后保留，还能共享给其他容器使用。

Docker 有两种数据管理方式：数据卷和数据卷容器。本节将介绍基本的 Docker 数据管理操作，包括创建数据卷、把本地文件挂载到容器、在主机和容器间共享数据以及用数据卷实现数据的备份和迁移等内容。

10.7.1　数据卷和卷容器的管理

数据卷是一个可供容器操作的目录，即把宿主机的一个目录映射给容器。

数据卷有以下特点：

✧ 数据卷可以在容器间共享并重复使用。

✧ 数据卷内的数据在修改后立刻生效，在容器外部也可以修改。

✧ 修改数据卷内的数据不会改变镜像。

✧ 容器停止或者被删除后，数据卷内的数据不会消失。

1. 使用数据卷

Docker 容器可以使用外部的数据卷保存数据，实现数据的持久保存和共享，并使数据便于管理。数据卷的创建和使用方法如下：

(1) 创建容器内部的数据卷。在容器启动命令中加参数-v，可以在容器内部创建数据卷：

```
# docker run -itd -v /opt/date --name myubuntu ubuntu:latest
```

其中，/opt/date 是本例中在容器内部创建的数据卷的路径。

查看创建结果，如图 10-75 所示，可以看到容器内部的新建数据卷。

```
root@ubuntu:~# docker run -itd -v /opt/date --name myubuntu ubuntu:latest
571011b056d7d966181978c0a5bf592fff8a5fa52c342f442c166b27c569630d
root@ubuntu:~# docker exec -it 571 /bin/bash
root@571011b056d7:/# ls /opt
date
```

图 10-75　容器内创建数据卷

注意，这种方法创建的数据卷只会在容器内部进行读写，在本地目录(即容器外部)是看不到其中数据的。

(2) 将宿主机本地目录作为数据卷挂载到容器。在容器启动命令中加参数-v，可以将指定的宿主机本地目录挂载到容器：

```
# docker run -itd -v /opt/data:/data ubuntu:latest
```

其中，/opt/data 是本例中所挂载的宿主机本地目录的路径，/data 是容器挂载本地目录的数据卷。

分别在容器内部和外部使用命令查看其中文件，结果如图 10-76 所示，可以看到，在容器内部的查看结果与在本地目录的查看结果一致。

```
root@ubuntu:~# cd /opt/data
root@ubuntu:/opt/data# touch text.txt
root@ubuntu:/opt/data# mkdir test
root@ubuntu:/opt/data# docker run -itd -v /opt/data:/data ubuntu:latest
8d7080aa50840f4d9859ec075a1c45567757ac3fdec2f7549b979f74f2300158
root@ubuntu:/opt/data# docker exec -it 8d7 /bin/bash
root@8d7080aa5084:/# ls /data
test  text.txt
```

图 10-76　将本地目录挂载到容器

而且，在容器内对文件的操作，也可以在本地目录中查看，如图 10-77 所示。

```
root@8d7080aa5084:/# cd data
root@8d7080aa5084:/data# ls
test  text.txt
root@8d7080aa5084:/data# touch new.txt
root@8d7080aa5084:/data# mkdir new
root@8d7080aa5084:/data# ls
new  new.txt  test  text.txt
root@8d7080aa5084:/data# exit
exit
root@ubuntu:/opt/data# ls
new  new.txt  test  text.txt
root@ubuntu:/opt/data#
```

图 10-77　在本地目录中查看容器内的文件操作

也可以使用参数-v 将本地文件直接映射给容器，但是编辑本地文件有可能会造成文件 inode 的改变，导致报错，因此不推荐这种方法。

2. 使用数据卷容器

数据卷容器可以给其他容器提供挂载的数据卷，从而在多个容器间共享数据。数据卷容器的创建和使用方法如下：

(1) 创建数据卷容器。首先执行以下命令，创建一个数据卷容器 data，将数据卷挂载到容器的/data 路径下：

```
# docker run -idt -v /data --name data centos:latest
```

查看创建结果，如图 10-78 所示，显示容器创建成功，根目录下的/data 卷已经存在。

```
root@ubuntu:~# docker run -idt -v /data --name data centos:latest
cb3f7a592ce41f65eb0eb2a7e504af786a703484377ad0d1dac105da326e7246
root@ubuntu:~# docker exec -it cb3 /bin/bash
[root@cb3f7a592ce4 /]# ls
anaconda-post.log  data  etc   lib    lost+found  mnt  proc  run   srv  tmp  var
bin                dev   home  lib64  media       opt  root  sbin  sys  usr
```

图 10-78 创建数据卷容器

执行以下命令，可以查看容器 data 的数据卷信息：

```
# docker inspect data
```

查询结果如图 10-79 所示，可以在“Source”一行中看到数据卷容器 data 的卷所在的本地目录(白色框中的内容)。

```
{
    "Name": "10aec2c987259a38150abd526fa9dd61ffc8c581213d184efedd70c7d784a348",
    "Source": "/var/lib/docker/volumes/10aec2c987259a38150abd526fa9dd61ffc8c581213d184efedd70c7d784a348/_data",
    "Destination": "/data",
    "Driver": "local",
    "Mode": "",
    "RW": true,
    "Propagation": ""
}
```

图 10-79 查看数据卷地址

(2) 将数据卷挂载到其他容器。在创建其他容器的时候，可以在命令中使用参数--volumes-from，挂载数据卷容器内的数据卷，示例如下：

```
# docker run -idt --volumes-from data --name data1 centos:latest
# docker run -idt --volumes-from data --name data2 centos:latest
```

分别进入容器 data1 和 data2 中查看数据卷信息，结果如图 10-80 所示，可以看到容器 data1 和 data2 中已存在相同的 data 卷(白色框中的目录)。

```
root@ubuntu:~# docker run -idt --volumes-from data --name data1 centos:latest
11788c4a9dd24f1bb2ecc7b89276181dc562515a87efcb65a4a77fbc043be078
root@ubuntu:~# docker run -idt --volumes-from data --name data2 centos:latest
d453e5638f752b38079180f51adc4a6fe738fdf8d00e3344f186ec2eccf80142
root@ubuntu:~# docker exec -it data1 /bin/bash
[root@11788c4a9dd2 /]# ls
anaconda-post.log  data  etc   lib    lost+found  mnt  proc  run   srv  tmp  var
bin                dev   home  lib64  media       opt  root  sbin  sys  usr
[root@11788c4a9dd2 /]# exit
exit
root@ubuntu:~# docker exec -it data2 /bin/bash
[root@d453e5638f75 /]# ls
anaconda-post.log  data  etc   lib    lost+found  mnt  proc  run   srv  tmp  var
bin                dev   home  lib64  media       opt  root  sbin  sys  usr
```

图 10-80 查看容器挂载的数据卷

执行以下命令，可以查看容器 data1 的数据卷信息：

```
# docker inspect data1
```

查询结果如图 10-81 所示，显示容器 data1 的数据卷本地目录与容器 data 的相同。

```
{
    "Name": "10aec2c987259a38150abd526fa9dd61ffc8c581213d184efedd70c7d784a348",
    "Source": "/var/lib/docker/volumes/10aec2c987259a38150abd526fa9dd61ffc8c581213d184efedd70c7d784a348/_data",
    "Destination": "/data",
    "Driver": "local",
    "Mode": "",
    "RW": true,
    "Propagation": ""
}
```

图 10-81　容器 data1 的数据卷信息

执行以下命令，可以查看容器 data2 的数据卷信息：

```
# docker inspect data2
```

查询结果如图 10-82 所示，显示容器 data2 的数据卷本地目录也与容器 data 的相同。

```
{
    "Name": "10aec2c987259a38150abd526fa9dd61ffc8c581213d184efedd70c7d784a348",
    "Source": "/var/lib/docker/volumes/10aec2c987259a38150abd526fa9dd61ffc8c581213d184efedd70c7d784a348/_data",
    "Destination": "/data",
    "Driver": "local",
    "Mode": "",
    "RW": true,
    "Propagation": ""
}
```

图 10-82　容器 data2 的数据卷信息

可见，新建容器 data1 和 data2 挂载的数据卷指向以下相同路径：

```
/var/lib/docker/volumes/10aec2c987259a38150abd526fa9dd61ffc8c581213d184efedd70c7d784a348/_data
```

此时，如果在容器 data 的数据卷下创建一个文件 test.txt，则在容器 data1 和 data2 中都可以看到这个文件，如图 10-83 所示。

```
root@ubuntu:~# docker exec -it data /bin/bash
[root@cb3f7a592ce4 /]# cd /data
[root@cb3f7a592ce4 data]# touch test.txt
[root@cb3f7a592ce4 data]# ls
test.txt
[root@cb3f7a592ce4 data]# exit
exit
root@ubuntu:~# docker exec -it data1 /bin/bash
[root@11788c4a9dd2 /]# cd /data
[root@11788c4a9dd2 data]# ls
test.txt
[root@11788c4a9dd2 data]# exit
exit
root@ubuntu:~# docker exec -it data2 /bin/bash
[root@d453e5638f75 /]# cd data
[root@d453e5638f75 data]# ls
test.txt
[root@d453e5638f75 data]# exit
exit
root@ubuntu:~#
```

图 10-83　查看数据卷内容的同步情况

多次使用参数-volume，可以从多个容器挂载多个数据卷，也可以从其他已经挂载了数据卷的容器挂载数据卷。

10.7.2　利用数据卷迁移容器的数据

Docker 可以使用数据卷容器对数据进行备份、恢复和迁移。

1．数据备份

创建一个 data 容器和一个 backup 容器，然后进行备份，具体步骤如下：

(1) 执行以下命令，创建数据卷容器 data，并将宿主机的/opt/data 目录挂载到容器：

```
# docker run -itd --name data  -v /opt/data:/data centos
```

执行结果如图 10-84 所示，显示数据卷容器 data 已创建成功。

```
root@ubuntu:/opt# docker run -itd --name data  -v /opt/data:/data centos
46d81916f4611133bb583371b0236a4ec4417f67e8c090576af84c90aaab9d4f
```

图 10-84　创建数据卷容器 data

(2) 执行以下命令，将数据卷容器 data 中的数据卷挂载到容器 backup，并在容器 backup 中创建数据备份目录/backup，然后将宿主机本地的数据卷/opt/backup 挂载到容器 backup 的备份目录/backup 下：

```
# docker run -itd --name backup --volumes-from data -v /opt/backup:/backup centos
```

执行结果如图 10-85 所示，可以看到数据卷已成功挂载到容器 backup。

```
root@ubuntu:/opt# docker run -itd --name backup --volumes-from data -v /opt/backup:/backup centos
a78603900936312e749b708a5ddb9f0ec1c93abe251c3a26282b536f2435b247
```

图 10-85　将容器 data 的数据卷挂载到容器 backup

(3) 进入备份容器 backup，备份数据。首先执行以下命令，进入容器 backup：

```
# docker exec -it a78 /bin/bash
```

然后在容器 backup 中执行以下命令，在数据备份目录/opt/backup 下打包/data 路径下的数据：

```
# cd backup
# tar cfv backup.tar /data/
```

备份完成后的输出结果如图 10-86 所示。

```
root@ubuntu:/opt# docker exec -it a78 /bin/bash
[root@a78603900936 /]# cd backup
[root@a78603900936 backup]# tar cvf backup.tar /data/
tar: Removing leading `/' from member names
/data/
/data/test/
/data/text.txt
/data/new.txt
/data/new/
[root@a78603900936 backup]#
```

图 10-86　在容器 backup 内部备份数据

2．数据恢复

需要创建容器 newdata，用于挂载容器 data 的数据卷，然后进行数据恢复操作，具体步骤如下：

(1) 执行以下命令，创建一个需要恢复数据的容器 newdata：

```
# docker run -itd -v /data --name newdata centos
```

执行结果如图 10-87 所示，显示容器 newdata 已创建成功。

```
root@ubuntu:~# docker run -itd -v /data --name newdata centos
8685ef1a59f0086f482e9a9853677e16091975da63b3e51fd2ce3cbaf44e7873
```

图 10-87　创建需要恢复数据的容器

(2) 执行以下命令，将/opt/backup 目录映射给容器 newbackup：

```
# docker run -itd --volumes-from newdata --name newbackup -v /opt/backup:/newbackup centos
```

如图 10-88 所示，显示映射成功。

```
root@ubuntu:~# docker run -itd --volumes-from newdata --name newbackup -v /opt/backup:/newbackup centos
8d43d04fed69b77d3b5a60c4e14d0d6b187e652f5e921f4358131147f581f74e
```

图 10-88　将备份目录映射给一个容器

(3) 进入容器 newbackup，恢复数据。首先执行以下命令，进入容器 newbackup：

```
# docker exec -it 8d4 /bin/bash
```

在容器中执行以下命令，进入/newbackup 目录，查看恢复用的数据包是否存在：

```
# cd /newbackup
# ls
```

接着执行以下命令，进入/data 目录，解压缩/newbackup 目录下的文件：

```
# cd /data
# tar xvf /newbackup/backup.tar
```

依次执行以下命令，把解压缩生成的文件移动到/data 目录下，然后删除解压缩过程中生成的/data/data 目录，并退出容器 newbackup：

```
# mv ./data/* /data
# rmdir data
# exit
```

最后执行以下命令，进入容器 newdata，查看恢复的数据：

```
# docker exec -it 868 /bin/bash
# cd data
# ls
```

数据恢复结果如图 10-89 所示。

```
root@ubuntu:~# docker exec -it 8d4 /bin/bash
[root@8d43d04fed69 /]# cd /newbackup
[root@8d43d04fed69 newbackup]# ls
backup.tar
[root@8d43d04fed69 newbackup]# cd /data
[root@8d43d04fed69 data]# tar xvf /newbackup/backup.tar
data/
data/test/
data/text.txt
data/new.txt
data/new/
[root@8d43d04fed69 data]# ls
data
[root@8d43d04fed69 data]# mv ./data/* /data
[root@8d43d04fed69 data]# rmdir data
[root@8d43d04fed69 data]# ls
new  new.txt  test  text.txt
[root@8d43d04fed69 data]# exit
exit
root@ubuntu:~# docker exec -it 868 /bin/bash
[root@8685ef1a59f0 /]# cd data
[root@8685ef1a59f0 data]# ls
new  new.txt  test  text.txt
[root@8685ef1a59f0 data]#
```

图 10-89　数据恢复完成

10.8 Docker 实用案例

前面介绍了 Docker 的常用操作，本小节将介绍一些 Docker 的实用案例，从而了解 Docker 在生产环境中的应用。

10.8.1 创建 Ubuntu 镜像

本例以 Ubuntu 系统为基础，创建一个 Docker 镜像。

1. 安装 debootstrap

debootstrap 是用于 Debian/Ubuntu 的一个系统工具，可以用来构建一套基本的系统(根文件系统)。debootstrap 生成的目录符合 Linux 文件系统标准(FHS)，即包含了/boot、/etc、/bin、/usr 等目录，但比发行版本的 Linux 体积小很多，功能也没那么强大，因此只能说是“基本的系统”。

Ubuntu 系统没有默认安装 debootstrap，但其安装十分简单，使用 root 权限或加前缀 sudo 执行以下命令，即可安装 debootstrap：

```
# apt-get install -y debootstrap
```

执行结果如图 10-90 所示，显示 debootstrap 安装成功。

```
root@docker ~# apt-get install -y debootstrap
Reading package lists... Done
Building dependency tree
Reading state information... Done
The following NEW packages will be installed:
  debootstrap
0 upgraded, 1 newly installed, 0 to remove and 33 not upgraded.
Need to get 36.9 kB of archives.
After this operation, 260 kB of additional disk space will be used.
Get:1 http://us.archive.ubuntu.com/ubuntu xenial-updates/main amd64 debootstrap
all 1.0.78+nmu1ubuntu1.4 [36.9 kB]
Fetched 36.9 kB in 0s (51.0 kB/s)
Selecting previously unselected package debootstrap.
(Reading database ... 211072 files and directories currently installed.)
Preparing to unpack .../debootstrap_1.0.78+nmu1ubuntu1.4_all.deb ...
Unpacking debootstrap (1.0.78+nmu1ubuntu1.4) ...
Processing triggers for man-db (2.7.5-1) ...
Setting up debootstrap (1.0.78+nmu1ubuntu1.4) ...
```

图 10-90　安装 debootstrap

2. 生成 Ubuntu 运行环境

本例创建一个基于 Ubuntu 17.04 版本的运行环境，该版本代号为 zesty。

创建一个目录 ubuntu-zesty，并在该目录中执行以下命令：

```
# mkdir ubuntu-zesty
# cd ubuntu-zesty
# debootstrap zesty zesty
```

执行结果如图 10-91 所示，显示开始创建 Ubuntu 运行环境。

```
root@docker:~/ubuntu-zesty# debootstrap zesty zesty
I: Retrieving InRelease
I: Checking Release signature
I: Valid Release signature (key id 790BC7277767219C42C86F933B4FE6ACC0B21F32)
I: Retrieving Packages
I: Validating Packages
I: Resolving dependencies of required packages...
I: Resolving dependencies of base packages...
I: Checking component main on http://archive.ubuntu.com/ubuntu...
I: Retrieving adduser 3.113+nmu3ubuntu5
I: Validating adduser 3.113+nmu3ubuntu5
I: Retrieving apt 1.4
```

图 10-91　创建 Ubuntu 运行环境

创建完成后的信息如图 10-92 所示，可以看到，Ubuntu 运行环境生成后，会创建一个以版本代号命名的目录，其中有 247 MB 大小的文件，即该运行环境所占用的硬盘空间。

```
I: Configuring whiptail...
I: Configuring gnupg...
I: Configuring libgnutls30:amd64...
I: Configuring resolvconf...
I: Configuring libgssapi3-heimdal:amd64...
I: Configuring libldap-2.4-2:amd64...
I: Configuring dirmngr...
I: Configuring console-setup...
I: Configuring python3...
I: Configuring lsb-release...
I: Configuring kbd...
I: Configuring ubuntu-minimal...
I: Configuring console-setup-linux...
I: Configuring dh-python...
I: Configuring libc-bin...
I: Configuring systemd...
I: Configuring initramfs-tools...
I: Configuring resolvconf...
I: Base system installed successfully.
root@docker:~/ubuntu-zesty# ls
zesty
root@docker:~/ubuntu-zesty# du -sm ./
247     ./
```

图 10-92　Ubuntu 运行环境创建完成

3. 创建镜像

执行以下命令，创建 Ubuntu 镜像：

```
# cd zesty
# tar cvf mybuntu-1704.tar ./
# cat mybuntu-1704.tar|docker import - myubuntu:1704
```

执行结果如图 10-93 所示，显示镜像创建成功。

```
root@docker:~/ubuntu-zesty/zesty# docker images
REPOSITORY          TAG                 IMAGE ID            CREATED
SIZE
myubuntu            1704                c30148021351        4 seconds ago
228.9 MB
```

图 10-93　Ubuntu 镜像创建成功

4. 运行镜像

执行以下命令，运行刚才创建的镜像：

```
# docker run -it c301 /bin/bash
```

执行结果如图 10-94 所示，可以看到，新建的镜像能够顺利运行，且使用 Ubuntu 17.04 版本。

```
root@docker:~/ubuntu-zesty/zesty# docker run -it c301 /bin/bash
root@fb6ac1749920:/# cat /etc/os-release
NAME="Ubuntu"
VERSION="17.04 (Zesty Zapus)"
ID=ubuntu
ID_LIKE=debian
PRETTY_NAME="Ubuntu 17.04"
VERSION_ID="17.04"
HOME_URL="https://www.ubuntu.com/"
SUPPORT_URL="https://help.ubuntu.com/"
BUG_REPORT_URL="https://bugs.launchpad.net/ubuntu/"
PRIVACY_POLICY_URL="https://www.ubuntu.com/legal/terms-and-policies/privacy-poli
cy"
VERSION_CODENAME=zesty
UBUNTU_CODENAME=zesty
```

图 10-94　运行新建的 Ubuntu 镜像

10.8.2　部署编程环境

本例将在镜像中部署 Java 编程环境，用户可以直接在 DockerHub 下载已有的 Java 镜像，也可以使用 Dockerfile 脚本自行创建 Java 镜像。

1．使用官方镜像

可以执行以下命令，在 DockerHub 中搜索已有的 Java 镜像：

```
# docker search java
```

搜索结果如图 10-95 所示，可以看到有多个可下载的 Java 官方镜像，选择自己需要的 Java 镜像，下载到本地并运行即可。

```
root@ubuntu:~# docker search java
NAME                    DESCRIPTION                                     STARS   OFFICIAL   AUTOMATED
node                    Node.js is a JavaScript-based platform for...   4323    [OK]
tomcat                  Apache Tomcat is an open source implementa...   1447    [OK]
java                    Java is a concurrent, class-based, and obj...   1444    [OK]
ghost                   Ghost is a free and open source blogging p...   612     [OK]
openjdk                 OpenJDK is an open-source implementation o...   568     [OK]
anapsix/alpine-java     Oracle Java 8 (and 7) with GLIBC 2.23 over...   230                [OK]
jetty                   Jetty provides a Web server and javax.serv...   198     [OK]
couchdb                 CouchDB is a database that uses JSON for d...   149     [OK]
isuper/java-oracle      This repository contains all java releases...   56                 [OK]
jeanblanchard/java      Minimal Alpine Linux image with Oracle Java     40
lwieske/java-8          Oracle Java 8 Container - Full + Slim - Ba...   33                 [OK]
nimmis/java-centos      This is docker images of CentOS 7 with dif...   27                 [OK]
groovy                  Apache Groovy is a multi-faceted language ...   16      [OK]
```

图 10-95　在 DockerHub 上搜索 Java 镜像

2．使用 Dockerfile 创建 Java 镜像

可以使用 Dockerfile 脚本文件，创建自定义的 Java 镜像。

创建之前，需先下载 Java 安装包，官方下载地址为 http://download.oracle.com/otn-pub/java/jdk/8u144-b01/090f390dda5b47b9b721c7dfaa008135/jdk-8u144-linux-x64.tar.gz 。然后执行以下命令，创建一个存放 Dockerfile 脚本的目录，并把下载的安装包也放置到这个目录下：

```
# mkdir Dockerfile
# mv jdk-8u144-linux-x64.tar.gz ./Dockerfile
```

在 Dockerfile 脚本中写入以下指令：

```
FROM myubuntu:1704
RUN mkdir -p /usr/lib/jvm
ADD jdk-8u144-linux-x64.tar.gz /tmp
RUN mv /tmp/jdk1.8.0_144 /usr/lib/jvm/java-8-oracle/
RUN update-alternatives --install /usr/bin/java   java   /usr/lib/jvm/java-8-oracle/bin/java 300
RUN update-alternatives --install /usr/bin/javac javac   /usr/lib/jvm/java-8-oracle/bin/javac 300
ENV JAVA_HOME /usr/lib/jvm/java-8-oracle/
```

然后执行以下命令，创建 Java 镜像 myjava：

```
root@docker:~/Dockerfile# docker build -t myjava ./
```

镜像创建过程如下：

```
Sending build context to Docker daemon 185.5 MB
Step 1 : FROM myubuntu:1704
 ---> c30148021351
Step 2 : RUN mkdir -p /usr/lib/jvm
 ---> Running in 2539ada1c0b5
 ---> fad1703c268f
Removing intermediate container 2539ada1c0b5
Step 3 : ADD jdk-8u144-linux-x64.tar.gz /tmp
 ---> f54b72b232b1
Removing intermediate container bbef43fa9854
Step 4 : RUN mv /tmp/jdk1.8.0_144 /usr/lib/jvm/java-8-oracle/
 ---> Running in 0d90e7a31891
 ---> 48768c030a01
Removing intermediate container 0d90e7a31891
Step 5 : RUN update-alternatives --install /usr/bin/java java /usr/lib/jvm/java-8-oracle/bin/java 300
 ---> Running in 24416345bd30
update-alternatives: using /usr/lib/jvm/java-8-oracle/bin/java to provide /usr/bin/java (java) in auto mode
 ---> 9dedab3d6ca3
Removing intermediate container 24416345bd30
Step 6 : RUN update-alternatives --install /usr/bin/javac javac /usr/lib/jvm/java-8-oracle/bin/javac 300
 ---> Running in a7d144f04f09
update-alternatives: using /usr/lib/jvm/java-8-oracle/bin/javac to provide /usr/bin/javac (javac) in auto mode
 ---> a4eec137807a
Removing intermediate container a7d144f04f09
Step 7 : ENV JAVA_HOME /usr/lib/jvm/java-8-oracle/
 ---> Running in 3101104f2785
 ---> 8253669d95d0
```

```
Removing intermediate container 3101104f2785
Successfully built 8253669d95d0
```

镜像创建完成后，使用 docker images 命令查看系统中的镜像，如输出图 10-96 所示信息，则表明 Java 镜像安装成功。

```
root@docker:~/Dockerfile# docker images
REPOSITORY          TAG                 IMAGE ID            CREATED
SIZE
myjava              latest              8253669d95d0        38 seconds ago
981.3 MB
myubuntu            1704                c30148021351        2 hours ago
228.9 MB
centos              latest              328edcd84f1b        7 days ago
192.5 MB
root@docker:~/Dockerfile# docker run -idt myjava:latest /bin/bash
784f5a540b514e1fe51c082265317813ceb5ed89abd693716c5a23a8f3883b26
root@docker:~/Dockerfile# docker exec -it 784 /bin/bash
root@784f5a540b51:/# java -version
java version "1.8.0_144"
Java(TM) SE Runtime Environment (build 1.8.0_144-b01)
Java HotSpot(TM) 64-Bit Server VM (build 25.144-b01, mixed mode)
```

图 10-96　Java 镜像安装成功

至此，Java 编程环境部署完成。

10.8.3　安装数据库

本例中为镜像部署 MySQL 数据库。DockerHub 中有大量数据库镜像可供用户下载，包括 Oracle、DB2、MySQL 等多种数据库应用的镜像，通常情况下，这些数据库的官方镜像就可以满足用户的需求，但如果用户有特殊需要，也可以自行创建数据库镜像，在其中添加自己所需的功能。

1. 使用官方 MySQL 镜像

用户可以在 DockerHub 中搜索 MySQL 官方镜像，并直接下载使用，如图 10-97 所示。

```
root@docker:~# docker search mysql
NAME                DESCRIPTION                                     STARS     OFFICIAL   AUT
OMATED
mysql               MySQL is a widely used, open-source relati...   4785      [OK]
```

图 10-97　在 DockerHub 中搜索 MySQL 官方镜像

执行以下命令，将 MySQL 镜像下载到本地：

```
# docker pull mysql
```

执行以下命令，运行一个基于该 MySQL 镜像的容器：

```
# docker run -idt -p 3306:3306 -e MYSQL_ROOT_PASSWORD=qwer1234  mysql
28e2fa49681d094946ed224231508459075b3273ac01ab056a1cef8c081a6767
```

然后在容器中执行以下命令，查看该镜像的运行状态：

```
# docker exec -it 28e /bin/bash
```

查询结果如图 10-98 所示，表明该 MySQL 镜像可以正常使用。

```
root@docker:~# docker run -idt -p 3306:3306 -e MYSQL_ROOT_PASSWORD=qwer1234  mysql
28e2fa49681d094946ed224231508459075b3273ac01ab056a1cef8c081a6767
root@docker:~# docker exec -it 28e /bin/bash
root@28e2fa49681d:/# mysql -uroot -pqwer1234
mysql: [Warning] Using a password on the command line interface can be insecure.
Welcome to the MySQL monitor.  Commands end with ; or \g.
Your MySQL connection id is 3
Server version: 5.7.19 MySQL Community Server (GPL)

Copyright (c) 2000, 2017, Oracle and/or its affiliates. All rights reserved.

Oracle is a registered trademark of Oracle Corporation and/or its
affiliates. Other names may be trademarks of their respective
owners.

Type 'help;' or '\h' for help. Type '\c' to clear the current input statement.

mysql> show databases;
+--------------------+
| Database           |
+--------------------+
| information_schema |
| mysql              |
| performance_schema |
| sys                |
+--------------------+
4 rows in set (0.03 sec)

mysql> 
```

图 10-98　在容器中查看 MySQL 信息

2. 创建 MySQL 数据库镜像

本例将在 CentOS 的官方镜像上安装 MySQL 数据库，然后提交为数据库镜像使用。

MySQL 在被甲骨文公司收购后，有闭源的潜在风险，为避开这一风险，社区开发了 MySQL 的分支版本 MariaDB。MariaDB 可以完全兼容 MySQL，包括其 API 和命令行，本例中使用的就是这一版本。

创建 MySQL 数据库镜像的基本步骤如下：

(1) 启动基于 CentOS 镜像的容器。以 root 权限执行以下命令，下载 CentOS 镜像：

```
# docker pull centos
```

把镜像下载到本地后，执行以下命令，启动一个基于该镜像的容器：

```
# docker run -idt --privileged centos /usr/sbin/init
```

得到的容器 ID 如下：

```
3b876f074c847729d88ed3da7f8cba156499afb98e8d0d427eac4e23b2f1c71f
```

(2) 进入容器安装 MySQL 数据库。执行以下命令，进入刚才启动的容器：

```
# docker exec -it 3b8 /bin/bash
[root@3b876f074c84 /]#
```

在容器中执行以下命令，安装 MySQL 数据库：

```
# yum install -y mariadb-server mariadb
```

安装完成后，在容器中执行以下命令，启动 MySQL 数据库：

```
# systemctl start mariadb
# systemctl enable mariadb
```

执行结果如图 10-99 所示，显示 MySQL 数据库启动成功。

```
[root@3b876f074c84 /]# systemctl start mariadb
[root@3b876f074c84 /]# systemctl enable mariadb
Created symlink from /etc/systemd/system/multi-user.target.wants/mariadb.service to /usr/lib/systemd/
system/mariadb.service.
```

图 10-99　启用 MySQL 数据库

(3) 测试 MySQL 数据库功能。在容器中执行以下命令，测试 MySQL 数据库登录功能：

```
# mysql -u root
```

输出结果如图 10-100 所示，表明数据库登录功能正常。

```
[root@3b876f074c84 /]# mysql -u root
Welcome to the MariaDB monitor.  Commands end with ; or \g.
Your MariaDB connection id is 2
Server version: 5.5.52-MariaDB MariaDB Server

Copyright (c) 2000, 2016, Oracle, MariaDB Corporation Ab and others.

Type 'help;' or '\h' for help. Type '\c' to clear the current input statement.

MariaDB [(none)]>
```

图 10-100　测试 MySQL 数据库

在容器中执行如下命令，查看 MySQL 数据库功能状态：

```
# show databases;
```

如果能正常输出如图 10-101 所示信息，表明数据库状态正常。

```
MariaDB [(none)]> show databases;
+--------------------+
| Database           |
+--------------------+
| information_schema |
| mysql              |
| performance_schema |
| test               |
+--------------------+
4 rows in set (0.01 sec)

MariaDB [(none)]>
```

图 10-101　查看 MySQL 数据库状态

(4) 设置并测试 MySQL 密码。在容器中执行以下命令，设置 MySQL 密码：

```
# set password for 'root'@'localhost' = password('qwer1234');
```

如图 10-102 所示，密码设置成功。

```
MariaDB [(none)]> set password for 'root'@'localhost' = password('qwer1234');
Query OK, 0 rows affected (0.00 sec)
```

图 10-102　设置 MySQL 密码

退出 MySQL 数据库，测试密码，正常结果如图 10-103 所示：输入正确密码后可以登录，不输入密码或者密码错误，则不能登录。

```
[root@3b876f074c84 /]# mysql -uroot -pqwer1234
Welcome to the MariaDB monitor.  Commands end with ; or \g.
Your MariaDB connection id is 3
Server version: 5.5.52-MariaDB MariaDB Server

Copyright (c) 2000, 2016, Oracle, MariaDB Corporation Ab and others.

Type 'help;' or '\h' for help. Type '\c' to clear the current input statement.

MariaDB [(none)]> show databases;
+--------------------+
| Database           |
+--------------------+
| information_schema |
| mysql              |
| performance_schema |
| test               |
+--------------------+
4 rows in set (0.00 sec)

MariaDB [(none)]> quit
Bye
[root@3b876f074c84 /]# mysql -uroot
ERROR 1045 (28000): Access denied for user 'root'@'localhost' (using password: NO)
[root@3b876f074c84 /]# mysql -uroot -p123456
ERROR 1045 (28000): Access denied for user 'root'@'localhost' (using password: YES)
[root@3b876f074c84 /]#
```

图 10-103　测试 MySQL 密码

(5) 将容器提交成数据库镜像。退出容器后，执行以下命令，将该容器提交为镜像，同时将镜像名称指定为“mymariadb”：

```
# docker commit 3b8 mymariadb
```

执行结果如图 10-104 所示，显示镜像 mymariadb 已成功提交，并可查看相关信息。

```
[root@3b876f074c84 /]# exit
exit
root@docker:~# docker commit 3b8 mymariadb
sha256:d672803056ce00dd789c5a6771010ca924002de43177d2daf228cd4706cc8952
root@docker:~# docker images
REPOSITORY          TAG                 IMAGE ID            CREATED             SIZE
mymariadb           latest              d672803056ce        8 seconds ago       481.6 MB
```

图 10-104　提交并查看新建镜像

(6) 测试创建的数据库镜像。执行以下命令，启动一个基于镜像 mymariadb 的容器：

```
# docker run -idt --privileged -p 3306:3306 mymariadb
```

进入该容器执行相关测试，若结果如图 10-105 所示，则表明测试成功。

```
root@docker:~# docker run -idt --privileged -p 3306:3306 mymariadb
37411c42fe533b635c252d53f65f4e37b6f1b0802fcddc0934f8dc483102fa1a
root@docker:~# docker exec -it 374 /bin/bash
[root@37411c42fe53 /]# systemctl start mariadb
[root@37411c42fe53 /]# mysql -uroot -pqwer1234
Welcome to the MariaDB monitor.  Commands end with ; or \g.
Your MariaDB connection id is 2
Server version: 5.5.52-MariaDB MariaDB Server

Copyright (c) 2000, 2016, Oracle, MariaDB Corporation Ab and others.

Type 'help;' or '\h' for help. Type '\c' to clear the current input statement.

MariaDB [(none)]> show databases;
+--------------------+
| Database           |
+--------------------+
| information_schema |
| mysql              |
| performance_schema |
| test               |
+--------------------+
4 rows in set (0.02 sec)

MariaDB [(none)]>
```

图 10-105　测试新建的数据库镜像

10.8.4 添加 Web 服务

Nginx(engine x)是一个高性能的 HTTP 和反向代理服务器，也是一个 IMAP/POP3/SMTP 服务器。下面介绍在 Docker 环境下使用 Nginx 的方法。

1．使用官方镜像

执行以下命令，可以在 DockerHub 中直接下载 Nginx 镜像：

```
# docker pull nginx
```

然后执行以下命令，启动一个基于该镜像的容器：

```
# docker run -idt -p 9080:80 nginx
b6da6cdd3d387c2de20c0cbda251f7339d9afb3a1395530a2755555bc8cc8012
```

容器启动后，在浏览器中输入地址 localhost:9080，就可以访问 Ngnix 界面，如图 10-106 所示。

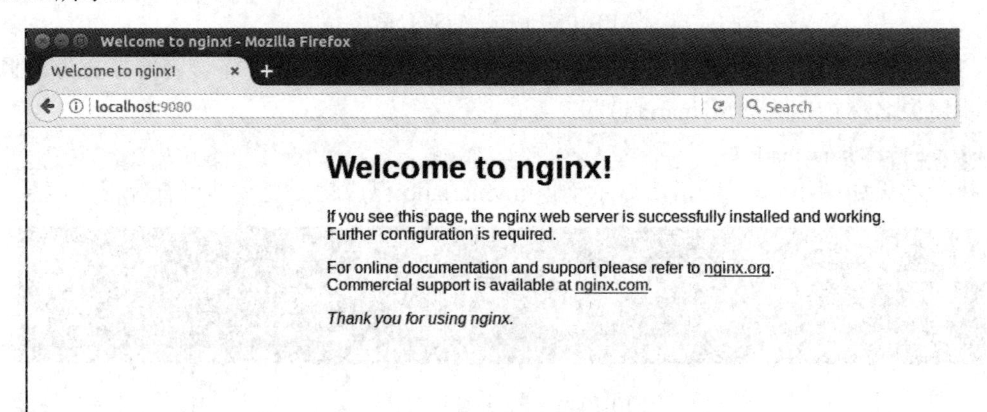

图 10-106　访问 Nginx 服务器

2．创建基于 CentOS 的自定义 Nginx 镜像

用户可以使用 Dockerfile 脚本，创建基于 CentOS 的自定义 Nginx 镜像，方法如下：

(1) 创建一个目录，在目录中创建 Dockerfile 脚本文件，在文件中写入以下指令：

```
FROM centos:latest
RUN rpm -Uvh http://nginx.org/packages/centos/7/noarch/RPMS/nginx-release-centos-7-0.el7.ngx.noarch.rpm
RUN yum install -y nginx
EXPOSE 80
ENTRYPOINT nginx && sum
```

(2) 执行以下命令，创建自定义 Nginx 镜像 cnginx：

```
# docker build -t cnginx ./
```

(3) 执行以下命令，启动一个基于镜像 cnginx 的容器：

```
# docker run -idt -p 9080:80 cnginx
```

3．创建基于 Ubuntu 的自定义 Nginx 镜像

用户也可以创建基于 Ubuntu 的自定义 Nginx 镜像，方法如下：

(1) 创建一个目录，在目录中创建 Dockerfile 脚本文件，在其中写入以下指令：

```
FROM ubuntu:latest
RUN apt-get update
RUN apt-get install -y nginx
EXPOSE 80
ENTRYPOINT   service nginx start && sum
```

(2) 执行以下命令，创建自定义 Nginx 镜像 unginx：

```
# docker build -t unginx ./
```

(3) 执行以下命令，启动一个基于镜像 unginx 的容器：

```
# docker run -idt -p 9080:80 unginx
```

(4) 用浏览器访问 localhost:9080，测试镜像，如果能看到如图 10-106 所示的界面，说明镜像创建成功。

最新更新

本 章 小 结

通过本章的学习，读者应当了解：

✧ Docker 作为容器虚拟化技术的代表，在相同的硬件条件下可以比其他技术运行更多的应用，也可以更容易地打包和发布程序。

✧ 虚拟机的客户机系统即为虚拟机安装的操作系统，它是一个完整的操作系统；而 Docker 只使用操作系统的一部分功能。

✧ 虚拟机的管理系统层可以理解为一个硬件虚拟化平台；Docker 则不需要管理系统层来实现硬件资源的虚拟化，而是使用 Docker 引擎代替了虚拟机的客户机系统层和管理系统层。

✧ 虚拟机在启动时需要加载客户机操作系统，而 Docker 直接使用宿主机的系统内核。

✧ 可以在 DockerHub 下载官方或第三方创建的镜像，也可以创建自己的镜像。

✧ 可以使用 Dockerfile 脚本创建镜像；也可以在容器内部安装所需软件，然后将其使用 dockercommit 命令提交来生成镜像。

✧ 创建私有仓库有不使用 TLS 认证的方法与使用 TLS 认证的方法，用户可以选择适合自己的方法。

✧ 基于端口映射的容器互联功能可以隔离前端应用和后台数据库，在不使用网络的情况下快速部署应用。

✧ 用户可以配置自己的网桥，或者使用虚拟化交换机，灵活配置容器网络。

✧ 把数据卷存放在容器的外部，可以方便地共享和迁移数据。

本 章 练 习

1．有关 Docker，下列说法错误的是_______。

A. Docker 实现了“一次封装，到处运行”的目标

B. LXC 和 Docker 都是容器虚拟化技术，但 Docker 具备更好的接口和更完善的配套，相当于经过精美封装和性能优化的 LXC

C. Docker 支持多个容器，一台主机上只能同时运行几十个 Docker 容器

D. Docker 是基于 Go 语言的开源项目

2．有关 Docker 镜像、容器和仓库，下列说法错误的是_______。(多选)

A. Docker 仓库分为公开仓库和私有仓库。目前，最大的私有仓库是 DockerHub

B. Docker 仓库和注册服务器(Registry)指代同一个内容，并不严格区分

C. 容器是从镜像创建的应用运行实例，可以令其启动、开始、停止、删除，同时这些容器都是相互隔离、互不可见的

D. 镜像是创建 Docker 容器的基础，可以理解为 Docker 引擎的只读模板

3．有关 Docker 的安装过程，下列说法正确的是_______。(多选)

A. 在 CentOS 操作系统上，需要先安装 EPEL 库，再安装 Docker

B. 在 CentOS 7 操作系统上，可以直接安装 Docker

C. 在 Ubuntu 操作系统上，可以直接安装 Docker

D. 在 Ubuntu 14.04 及以后的版本上，可以直接安装 Docker

4．如果要下载 Ubuntu 16.04 版本的系统镜像，下列命令书写正确的是_______。

A. docker pull ubuntu

B. docker pull ubuntu.16.04

C. docker pull ubuntu:16.04

D. docker pull ubuntu 16.04

5．某虚拟机上的 Docker 镜像如下图所示，如果要分别查看 Ubuntu 的镜像、Nginx 的镜像与 Ubuntu 15.04 的镜像，则下列命令书写正确的是_______。

```
REPOSITORY          TAG                 IMAGE ID            CREATED
SIZE
ubuntu              16.04               2d696327ab2e        2 days ago
121.6 MB
nginx               latest              da5939581ac8        7 days ago
108.3 MB
ubuntu              15.04               d1b55fd07600        20 months ago
131.3 MB
```

A. docker images ubuntu*, docker images nginx, docker images ubuntu:15.04

B. docker images ubuntu, docker images nginx:latest, docker images ubuntu 15.04

C. docker images ubuntu, docker images nginx, docker images ubuntu.15.04

D. docker images ubuntu*, docker images nginx:latest, docker images d1b

6．下列基于 CentOS 的镜像创建、启动容器的命令书写不正确的是_______。

A. docker exec -ti centos /bin/bash

B. docker run -t -i centos

C. docker create -it centos

docker start centos

D. docker run centos /bin/echo 'This is my centos'

7．某虚拟机上的 Docker 镜像和容器以及容器的运行情况如下图所示，如果要删除其中的 ubuntu 15.04 镜像，则下列操作正确的是_______。

```
root@lzero-KVM:~# docker images
REPOSITORY          TAG                 IMAGE ID            CREATED
SIZE
registry            latest              28525f9a6e46        43 hours ago
33.21 MB
ubuntu              16.04               2d696327ab2e        2 days ago
121.6 MB
nginx               latest              da5939581ac8        7 days ago
108.3 MB
ubuntu              15.04               d1b55fd07600        20 months ago
131.3 MB
root@lzero-KVM:~# docker ps -a
CONTAINER ID        IMAGE               COMMAND                  CREATED
     STATUS              PORTS               NAMES
9f2589af5ce2        ubuntu:15.04        "/bin/bash"              55 seconds ago
     Up 53 seconds                           adoring_wescoff
```

A. docker rmi ubuntu:15.04

B. docker rm 9f2
   docker rmi ubuntu:15.04

C. docker stop 9f2
   docker rmi ubuntu:15.04

D. docker stop 9f2
   docker rm 9f2
   docker rmi ubuntu:15.04

8．有关 Docker 仓库，下列说法错误的是_______。

A. 在 Ubuntu 系统下安装本地仓库，需要修改/etc/default/docker 文件，在其中添加配置内容 DOCKER_OPTS="--insecure-registry IP 地址:5000" 或 DOCKER_OPTS="--insecure-registry mydocker.com:5000"

B. 在 Ubuntu 系统下安装本地仓库，/etc/default/docker 文件使用 DOCKER_OPTS="--insecure-registry mydocker.com:5000"的配置方式，则需要同时修改/etc/hosts 文件，并在文件修改后重启系统，使配置生效

C. 在 Ubuntu 系统下安装本地仓库时，如果修改/etc/default/docker 文件，则一定伴随着修改/etc/hosts 文件

D. 安装本地仓库时，无论/etc/default/docker 文件采用哪种配置方式，上传/下载镜像时的命令内容均要与/etc/default/docker 文件中配置的信息保持一致

9．某虚拟机下载了一个 Nginx 镜像，如果要将其启动并映射到 IP 地址为 192.168.1.241 的 8090 端口上，则下列命令书写正确的是_______。

A. docker run -d -P nginx

B. docker run -d -p 8090:80 nginx

C. docker run -d -p 192.168.80.133::80 nginx

D. docker run -d -p 192.168.1.241:8090:80 nginx

10．有关数据卷，下列说法正确的是_______。

A. 数据卷内的数据在修改后立即生效，在容器外部也可以对其进行修改

B. 数据卷可以在容器间共享，但不能重复使用

C. 修改数据卷内的数据，不会改变镜像

D. 容器停止或者被删除后，数据卷内的数据不会消失

11．简要描述容器、镜像、仓库的概念。

12．简要描述 Docker 与虚拟机的区别。

13．在 Ubuntu 系统和 CentOS 系统上安装 Docker。

14．在 Ubuntu 系统上安装 debootstrap，并创建一个镜像。

15．使用 Dockerfile 脚本方式，在 CentOS 镜像上添加 Java、Tomcat 等应用，创建一个新镜像。

16．分别使用 Insecure 和 Secure 两种模式创建仓库，并把仓库的镜像存放路径映射到自己创建的目录。可以分组测试，把镜像上传到其他主机的仓库。

17．创建一个数据卷容器，在其中的卷中写入数据，完成备份，然后在另外一个容器中恢复这些数据。

18．创建用于容器的网络，并测试网络是否可以成功连接。

19．创建一组容器，使用前台的应用容器连接后台的数据库容器。

20．在容器上创建应用，可以是编程环境、数据库或者网络应用等。

第 11 章　Docker 高级应用

本章目标

- 了解在 Docker 容器内安装 SSH 的方法
- 掌握 Docker Compose、Swarm、Mesos 集群的相关概念
- 了解 Docker Compose 的命令格式
- 使用 Docker Compose 创建容器
- 掌握 Docker Swarm 配置文件的路径和配置方法
- 搭建 Docker Swarm 环境，启动容器
- 掌握 Docker Mesos 配置文件的路径和配置方法
- 搭建 Docker Mesos 环境，启动容器

本章将介绍 Docker 的高级应用操作，包括在容器内部安装 SSH 服务、Docker Compose 编排工具的使用以及 Docker 集群 Docker Swarm 和 Docker Mesos 的配置方法等。

11.1 添加 SSH 服务

本节将讲解为容器添加 SSH 服务的方法，以解决远程连接的问题。

11.1.1 Ubuntu 容器添加 SSH 服务

下面介绍给基于 Ubuntu 镜像的容器安装 SSH 服务的方法。

1. 安装 SSH 服务

将 Ubuntu 的镜像下载到本地，然后依次执行以下操作：

(1) 执行以下命令，启动并进入一个基于 Ubuntu 镜像的容器：

```
# docker run -it ubuntu /bin/bash
```

(2) 在容器中执行以下命令，更新软件源：

```
# apt-get update
```

然后执行以下命令，安装软件 vim、net-tools 与 openssh：

```
# apt-get install -y vim net-tools openssh-server
```

(3) 在容器内执行以下命令，修改 root 用户的密码：

```
# passwd
```

命令执行后，需要根据系统提示输入两次密码。

(4) 修改 SSH 的配置文件/etc/ssh/sshd_config，将“PermitRootLogin prohibit-password”改为“PermitRootLogin yes”，允许用户在远程以 root 身份登录。

(5) 启动 SSH 服务。首先在容器中执行以下命令，新建路径/var/run/sshd，SSH 服务启动时，需要使用这个路径：

```
# mkdir -p  /var/run/sshd
```

然后执行以下命令，启动 SSH 服务：

```
# /usr/sbin/sshd -D &
```

(6) 在容器中执行以下命令，查看 SSH 默认端口，即 22 号端口的状态：

```
# netstat -an|grep 22
```

查询结果如图 11-1 所示，可以看到 22 号端口的状态是“LISTEN”，说明 22 号端口已经启用，且处于监听状态。

```
root@d72906e094b0:/# netstat -an|grep 22
root@d72906e094b0:/# mkdir -p /var/run/sshd
root@d72906e094b0:/# /usr/sbin/sshd -D&
[1] 56
root@d72906e094b0:/# netstat -an|grep 22
tcp        0      0 0.0.0.0:22              0.0.0.0:*               LISTEN
tcp6       0      0 :::22                   :::*                    LISTEN
```

图 11-1　SSH 服务安装成功

至此，SSH 服务安装成功。

2．保存镜像

退出容器，执行以下命令，将该容器生成一个新镜像 ubuntu_ssh:latest：

```
# docker commit d72 ubuntu_ssh:latest
```

3．测试镜像功能

执行以下命令，把 12233 端口分配给 ubuntu_ssh 镜像，测试其中的 SSH 服务功能：

```
# docker run -idt -p 12233:22 ubuntu_ssh:latest /etc/init.d/ssh start -D
```

在宿主机或者外部 Linux 主机上执行 ssh 命令，连接宿主机的 12233 端口：

```
# ssh 192.168.80.133 -p 12233
```

在 Windows 主机上，可以使用 putty 等 SSH 工具软件登录容器。如图 11-2 所示，在【Host Name(or IP addreess)】下输入宿主机的 IP 地址，【Port】下输入其端口号 12233，然后按【Enter】键，即可测试容器能否登录。

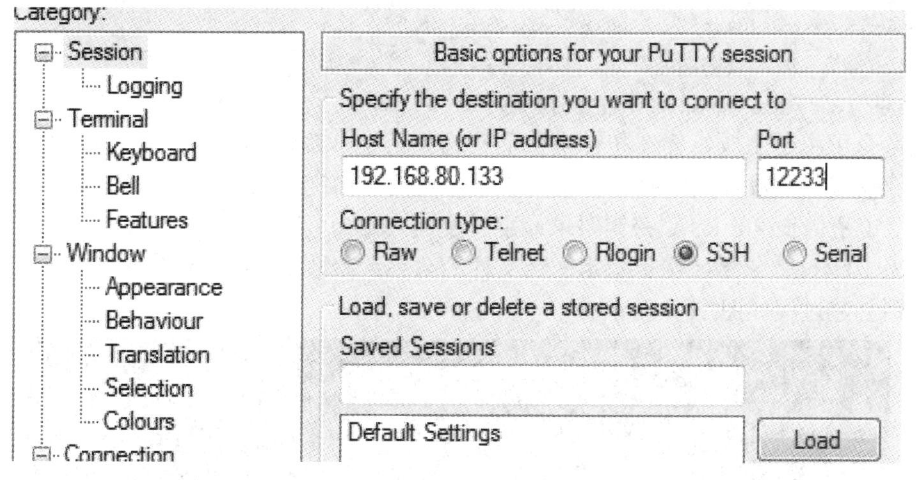

图 11-2　使用 SSH 工具连接容器

11.1.2　CentOS 容器添加 SSH 服务

在基于 CentOS 镜像的容器中添加 SSH 服务，需要安装 passwd、openssl、openssh-server、net-tools、vim 等组件，下面介绍操作方法。

1．安装过程

安装 SSH 服务的步骤如下：

(1) 执行以下命令，启动并进入一个基于 CentOS 镜像的容器：

```
# docker run -it centos /bin/bash
```

(2) 在其中执行以下命令，安装 SSH 服务所需组件：

```
# yum install passwd openssl openssh-server net-tools vim -y
```

2．配置过程

配置并启动 SSH 服务的步骤如下：

(1) 执行以下命令，更改 root 用户密码：

```
# passwd
```

需要根据提示输入两次密码，如果两次密码一致，则修改成功。

(2) 执行以下命令，启动 SSH 服务：

```
# /usr/sbin/sshd -D
```

如果出现如图 11-3 所示的报错，原因是没有创建密钥。

```
[root@6c50f8968917 /]# /usr/sbin/sshd -D
Could not load host key: /etc/ssh/ssh_host_rsa_key
Could not load host key: /etc/ssh/ssh_host_ecdsa_key
Could not load host key: /etc/ssh/ssh_host_ed25519_key
```

图 11-3　SSH 密钥错误

需要依次执行以下三个 ssh-keygen 命令，创建密钥：

```
# ssh-keygen -q -t rsa -b 2048 -f /etc/ssh/ssh_host_rsa_key -N ''
# ssh-keygen -q -t ecdsa -f /etc/ssh/ssh_host_ecdsa_key -N ''
# ssh-keygen -t dsa -f /etc/ssh/ssh_host_ed25519_key  -N ''
```

该命令可用于生成、管理和转换认证密钥。其中，参数 -q 用于将使用密钥的过程指定为安静模式；参数 -t 用于指定密钥的类型，若没有指定，则默认生成 RSA 密钥；参数-b 用于指定密钥长度，RSA 密钥要求最小长度为 768bit，默认为 2048bit，DSA 密钥的长度必须为 1024bit；参数-f 用于指定密钥文件的名称；参数-N 用于指定一个新密语。

密钥创建过程如图 11-4 所示。

```
[root@6c50f8968917 /]# ssh-keygen -q -t rsa -b 2048 -f /etc/ssh/ssh_host_rsa_key -N ''
[root@6c50f8968917 /]# ssh-keygen -q -t ecdsa -f /etc/ssh/ssh_host_ecdsa_key -N ''
[root@6c50f8968917 /]# ssh-keygen -t dsa -f /etc/ssh/ssh_host_ed25519_key  -N ''
Generating public/private dsa key pair.
Your identification has been saved in /etc/ssh/ssh_host_ed25519_key.
Your public key has been saved in /etc/ssh/ssh_host_ed25519_key.pub.
The key fingerprint is:
6b:e0:4f:f6:1f:f8:31:7a:36:11:98:8f:7c:63:0c:a3 root@6c50f8968917
The key's randomart image is:
+--[ DSA 1024]----+
|                 |
|                 |
|          o      |
|          = .    |
|     . So * .    |
|    . .E.o.B     |
|     . = .o+o    |
|       = . o++   |
|        . o+o.   |
+-----------------+
[root@6c50f8968917 /]#
```

图 11-4　创建 SSH 密钥

(3) 修改/etc/ssh/sshd_config 文件的配置，将其中的“UsePrivilegeSeparation sandbox”改为“UsePrivilegeSeparation no”，并在“PermitRootLogin”后面添加空格和“yes”，允许用户在远程以 root 身份登录。

(4) 执行以下命令，启动 SSH 服务：

```
# /usr/sbin/sshd -D &
```

然后查看 22 号端口状态，如果端口处于 LISTEN 状态，则说明 SSH 服务安装成功，如图 11-5 所示。

```
[root@6c50f8968917 /]# netstat -an|grep 22
tcp        0      0 0.0.0.0:22              0.0.0.0:*               LISTEN
tcp6       0      0 :::22                   :::*                    LISTEN
```

图 11-5　查看端口状态

保存、测试添加 SSH 服务的镜像的方法与 Ubuntu 下的 SSH 服务测试方法相同，可参考 11.1.1 小节。注意，将 12233 端口分配给 centos_ssh 镜像时，所用命令与 Ubuntu 镜像不同，更改如下：

```
# docker run -idt -p 12233:22 centos_ssh:latest /usr/sbin/sshd -D
```

11.2　Docker Compose 的安装和使用

Docker Compose 是 Docker 官方的编排工具，允许用户编写简单的模板文件，用来快速创建和管理基于容器的应用集群。

11.2.1　Docker Compose 简介

在日常工作中，经常需要多个容器配合使用才能满足某种工作的需求，比如开发一个 Web 项目，既需要前台的 Web 服务容器，又需要后端的数据库容器。

Docker Compose 就是为此而诞生的，它可以定义并运行多个 Docker 容器。用户可以配置一个 docker-compose.yml 文件(YAML 格式)来定义一组容器，用来满足某个项目的工作需求。

Docker Compose 的两个主要概念如下：

- ✧ 服务：实现一种应用的容器，可以包括多个基于相同镜像运行的容器实例。
- ✧ 项目：由一组相关联的应用容器组成的一个完整业务单元，由 dockercompose.yml 文件定义。

11.2.2　安装与卸载 Docker Compose

下面介绍 Docker Compose 组件的安装方法。

1．安装

执行以下命令，安装 Docker Compose：

```
# apt-get install -y docker-compose
```

安装过程如图 11-6 所示。

```
root@ubuntu:~# apt-get install -y docker-compose
Reading package lists... Done
Building dependency tree
Reading state information... Done
```

图 11-6　安装 Docker Compose

安装完毕后，执行以下命令，查看组件是否安装成功：

```
# docker-compose -h
```

如果输出以下信息，说明 Docker Compose 组件安装成功：

```
Define and run multi-container applications with Docker.

Usage:
  docker-compose [-f=<arg>...] [options] [COMMAND] [ARGS...]
  docker-compose -h|--help

Options:
  -f, --file FILE              Specify an alternate compose file (default: docker-compose.yml)
  -p, --project-name NAME      Specify an alternate project name (default: directory name)
  --x-networking               (EXPERIMENTAL) Use new Docker networking functionality.
Requires Docker 1.9 or later.
  --x-network-driver DRIVER (EXPERIMENTAL) Specify a network driver (default: "bridge").
Requires Docker 1.9 or later.
  --verbose              Show more output
  -v, --version          Print version and exit

Commands:
  build                Build or rebuild services
  help                 Get help on a command
  kill                 Kill containers
  logs                 View output from containers
  pause                Pause services
  port                 Print the public port for a port binding
  ps                   List containers
  pull                 Pulls service images
  restart              Restart services
  rm                   Remove stopped containers
  run                  Run a one-off command
  scale                Set number of containers for a service
  start                Start services
  stop                 Stop services
  unpause              Unpause services
  up                   Create and start containers
  migrate-to-labels    Recreate containers to add labels
  version              Show the Docker-Compose version information
```

2．卸载

执行以下命令，即可卸载 Docker Compose 组件：

```
# apt-get remove docker-compose -y
```

11.2.3　Docker Compose 常用命令

本小节介绍 Docker Compose 中的常用命令。其中，多数命令的对象既可以是项目本身，也可以指定为项目中的服务或者容器。如果没有特别的说明，则命令的对象默认为项目，这意味着项目中所有的服务都会受到该命令的影响。

1．build

格式：docker-compose build [options] [SERVICE...]

作用：构建(重新构建)项目中的服务容器。

参数如下：

✧ --force-rm：删除构建过程中的临时容器。

✧ --no-cache：构建过程中不使用 cache(这将加长构建过程)。

✧ --pull：始终尝试通过下载来获取更新版本的镜像。

可以随时在项目的目录下执行 build 命令，重新构建项目中的服务容器。服务容器一旦构建后，将会带上一个标记名。例如，对于项目 web 中的服务容器 db，其标记名可以是 web_db。

2．kill

格式：docker-compose kill [options] [SERVICE...]

作用：通过发送 SIGKILL 信号来强制停止服务容器。

可以使用参数-s 来指定发送的信号。例如，可以使用以下指令，发送 SIGINT 信号：

```
# docker-compose kill -s SIGINT
```

3．logs

格式：docker-compose logs [options] [SERVICE...]

作用：查看服务容器的输出，在调试程序的时候十分有用。

默认情况下，logs 命令将使用不同的颜色来区分不同服务容器的输出，可以使用参数--no-color 关闭这一功能。

4．pause

格式：docker-compose pause [SERVICE...]

作用：暂停一个服务容器。

5．port

格式：docker-compose port [options] SERVICE PRIVATE_PORT

作用：打印某个服务容器端口所映射的公共端口。

参数如下：

✧ --protocol：指定端口协议，可以为 tcp(默认值)或者 udp。

✧ --index：如果同一服务存在多个容器，则可以指定命令对象容器的序号(默认为 1)。

6．ps

格式：docker-compose ps [options] [SERVICE...]

作用：列出项目中现有的所有服务容器。

可以使用参数-q，指定只打印服务容器的 ID 信息。

7. pull

格式：docker-compose pull [options] [SERVICE...]

作用：拉取服务容器所基于的镜像。

可以使用参数--ignore-pull-failures，忽略拉取镜像过程中出现的错误。

8. restart

格式：docker-compose restart [options] [SERVICE...]

作用：重启项目中的服务容器。

可以使用参数-t, --timeout TIMEOUT，指定重启前的等待超时时间(默认为 10 秒)。

9. rm

格式：docker-compose rm [options] [SERVICE...]

作用：删除所有(停止状态的)服务容器。推荐先执行 docker-compose stop 命令停止容器。

参数如下：

✧ -f, --force：强制直接删除服务容器，包括非停止状态的服务容器，一般尽量不要使用该参数。
✧ -v：删除服务容器所挂载的数据卷。

10. run

格式：docker-compose run [options] [-p PORT...] [-e KEY=VAL...] SERVICE [COMMAND] [ARGS...]

作用：在指定服务容器上执行一个命令。

参数如下：

✧ -d：设定在后台运行服务容器。
✧ --name NAME：为服务容器指定一个名字。
✧ --entrypoint CMD：覆盖默认的服务容器启动指令。
✧ -e KEY=VAL：设置环境变量值，可多次使用该参数来设置多个环境变量。
✧ -u, --user：指定运行服务容器的用户名或者 UID。
✧ --no-deps：不自动启动关联的服务容器。
✧ --rm：运行命令后自动删除服务容器，在 d 模式下将忽略。
✧ -p, --publish：将服务容器端口映射到本地主机。
✧ --service-ports：配置服务容器端口并映射到本地主机。
✧ -T：不分配伪 tty，意味着依赖 tty 的指令将无法运行。

例如，执行以下命令，将启动一个 Ubuntu 服务容器，并执行 ping docker.com 命令：

```
# docker-compose run ubuntu ping docker.com
```

默认情况下，如果存在关联服务，则所有关联的服务容器都将自动启动，除非这些服务容器已经在运行中。如果不希望自动启动关联的容器，可以使用参数--no-deps。

例如，执行以下命令，将不会启动 web 容器所关联的其他服务容器：

```
# docker-compose run --no-deps web python manage.py shell
```

该命令类似于启动容器后运行指定命令，相关卷和链接等都将会按照配置自动创建，但有两个不同点：

✧　该命令将会覆盖原有的自动运行命令。

✧　为避免冲突，该命令不会自动分配端口。

11．scale

格式：docker-compose scale [options] [service=num...]

作用：设置指定服务运行的容器数量。

可以使用参数-t, --timeout TIMEOUT，设置停止容器时的等待超时时间(默认为 10 秒)；使用参数 service=num 设置运行容器的数量，该参数可以使用多次，设置多个服务运行的容器。

例如，执行以下命令，将指定 3 个容器运行 web 服务，2 个容器运行 db 服务：

```
# docker-compose scale web=3 db=2,
```

通常说来，当指定的容器数量多于该服务当前实际运行的容器数量时，将创建并启动容器；反之，则将停止容器。

12．start

格式：docker-compose start [SERVICE...]

作用：启动已经存在的服务容器。

13．stop

格式：docker-compose stop [options] [SERVICE...]

作用：停止已经处于运行状态的服务容器，但并不删除它，使用 docker-compose start 命令可以再次启动这些容器。

可以使用参数-t, --timeout TIMEOUT，设置停止容器时的等待超时时间(默认为 10 s)。

14．unpause

格式：docker-compose unpause [SERVICE...]

作用：恢复处于暂停状态中的服务容器。

15．up

格式：docker-compose up [options] [SERVICE...]

作用：该命令十分强大，可以自动完成包括构建镜像、(重新)创建服务、启动服务等一系列操作，大部分时候都可以通过该命令直接启动一个项目。

参数如下：

✧　-d：在后台运行服务容器。

✧　--no-color：不使用颜色来区分不同服务容器的控制台输出信息。

✧　--no-deps：不启动服务所链接的容器。

✧　--force-recreate：强制重新创建服务容器，不能与参数--no-recreate 同时使用。

✧　--no-recreate：如果服务容器已经存在，则不重新创建，不能与参数--force-recreate

同时使用。

✧ --no-build：不自动构建缺失的服务镜像。

✧ -t, --timeout TIMEOUT：设置停止容器时的等待超时时间(默认为 10 s)。

使用该命令时，所有链接的服务容器都将会被自动启动，除非已经处于运行状态。当按【Ctrl】+【C】组合键停止该命令时，所有服务容器也都将会停止。

默认情况下，docker-compose up 启动的容器都在前台，控制台将会同时打印所有容器的输出信息，可以很方便地进行调试；而如果使用 docker-compose up –d 命令，则会在后台启动并运行所有的容器，一般推荐在生产环境下使用。

11.2.4 Docker Compose 模板文件

Docker Compose 默认的模板文件名称为 docker-compose.yml，格式为 YAML 格式。模板文件是 Compose 应用的核心，涉及的指令也比较多，不过大部分指令与 docker run 相关参数的含义都类似。

Docker Compose 版本分为 Version 1 和 Version 2(Compose 1.6.0 与 Docker Engine 1.10.0 之后的版本都支持 Version 2)，Version 2 支持更多的指令。例如，在旧版本(Version 1)中，顶级元素为服务名称，次级元素则为服务容器的配置信息，示例如下：

```
webapp:
    image: examples/web
    ports:
      - "80:80"
    volumes:
      - "/data"
```

而新版本(Version 2)扩展了 Docker Compose 的语法，同时尽量保持跟旧版本的兼容，除了可以声明网络和存储信息外，最大的不同之处有二：一是添加了版本信息；二是需要将所有的服务放到 services 根目录下面。如果将上面的示例改写为新版本，则内容如下：

```
version: "2"
services:
  webapp:
  image: examples/web
  ports:
    - "80:80"
  volumes:
    - "/data"
```

注意，每个服务都必须使用 image 指令指定镜像，或使用 build 指令(需要 Dockerfile 支持)来构建生成镜像；如果使用 build 指令，则在 Dockerfile 中设置的参数(例如 CMD、EXPOSE、VOLUME、ENV 等)都将会自动被获取，无需在 docker-compose.yml 中重复设置。

下面介绍 Docker Compose 各主要指令的使用方法。

1．build

build 指定 Dockerfile 所在文件夹的路径(可以是绝对路径，或者相对于 docker-compose.yml 文件的路径)，Docker Compose 将会用它自动构建镜像，并使用这个镜像。示例如下：

```
build: /path/to/build/dir
```

2．image

image 指定镜像名称或镜像 ID，如果镜像在本地不存在，则 Docker Compose 会尝试拉取这个镜像。示例如下：

```
image: ubuntu
image: orchardup/postgresql
image: a4bc65fd
```

3．command

command 覆盖容器启动后默认执行的命令。示例如下：

```
command: echo "hello world"
```

4．container_name

container_name 指定容器名称，默认使用“项目名称-服务名称-序号”的格式。示例如下：

```
container_name: docker-web-container
```

注意，指定容器名称后，该服务将无法进行扩展(scale)，因为 Docker 不允许多个容器具有相同的名称。

5．dockerfile

dockerfile 指定额外的用于编译镜像的 Dockefile 文件。示例如下：

```
dockerfile: Dockerfile-alternate
```

注意，该指令不能跟 image 同时使用，否则 Docker Compose 将不知道应该根据哪个指令来生成最终的服务镜像。

6．env_file

env_file 从文件中获取环境变量，文件可以是单独的文件路径或列表。示例如下：

```
env_file: .env
env_file:
  - ./common.env
  - ./apps/web.env
  - /opt/secrets.env
```

如果使用 docker-compose -f FILE 命令来指定 Docker Compose 模板文件，则 env_file 中变量文件的路径会使用模板文件路径。如果有变量文件的名称与 environment 指令冲突，按照惯例以后者为准。

注意，环境变量文件中的每一行必须符合 YAML 格式，支持以“#”开头的注释。示例如下：

```
# common.env: Set development environment
PROG_ENV=development
```

7．environment

environment 设置环境变量，可以使用数组或字典两种格式。

给定名称的变量会自动获取 Docker Compose 所运行的主机上对应变量的值，可以用来防止泄露不必要的数据。示例如下：

```
environment:
  RACK_ENV: development
  SESSION_SECRET:
```

另一种写法示例如下：

```
environment:
  - RACK_ENV=development
  - SESSION_SECRET
```

注意，如果变量名称或值中用到了 true|false、yes|no 等表达布尔含义的词汇时，最好将其放入引号中，避免 YAML 将这些内容自动解析为对应的布尔语义。

在 http://yaml.org/type/bool.html 中可以查阅这些特定词汇的名单，内容如下：

```
y|Y|yes|Yes|YES|n|N|no|No|NO
|true|True|TRUE|false|False|FALSE
|on|On|ON|off|Off|OFF
```

8．expose

expose 暴露容器端口，但不将其映射到宿主机，而是只允许被连接的服务访问，仅可以指定内部端口。示例如下：

```
expose:
 - "3000"
 - "8000"
```

9．links

links 链接到其他由 Compose 管理的服务容器，使用服务名称(同时作为别名)或“服务名称:服务别名”(SERVICE:ALIAS)格式皆可。示例如下：

```
links:
 - db
 - db:database
 - redis
```

使用的别名将会自动在服务容器中的 /etc/hosts 文件里创建，示例如下：

```
172.17.2.186   db
172.17.2.186   database
172.17.2.187   redis
```

同时，被链接容器中相应的环境变量也会被创建。

10．volumes

volumes_from 设置数据卷所挂载的路径，可以设置宿主机路径(HOST:CONTAINER)与访问模式(HOST:CONTAINER:ro)，支持相对路径。示例如下：

```
volumes:
  - /var/lib/mysql
  - cache/:/tmp/cache
  - ~/configs:/etc/configs/:ro
```

11．volumes_from

volumes_from 从另一个服务或容器挂载它的数据卷。示例如下：

```
volumes_from:
  - service_name
  - container_name
```

12．extends

extends 基于其他模板文件进行功能扩展。例如，已有一个 common.yml 模板文件定义了一个 webapp 服务，代码如下：

```
# common.yml
webapp:
  build: ./webapp
  environment:
    - DEBUG=false
    - SEND_EMAILS=false
```

然后编写一个新的 development.yml 模版文件，使用 common.yml 模版文件中的 webapp 服务进行扩展，新模版文件就会自动继承 common.yml 模版文件中的 webapp 服务及环境变量定义，代码如下：

```
# development.yml
web:
  extends:
    file: common.yml
    service: webapp
  ports:
    - "8000:8000"
  links:
    - db
  environment:
    - DEBUG=true
db:
  image: postgres
```

使用 extends 指令需要注意以下问题：

✧ 避免出现循环依赖。如模板文件 A 依赖模板文件 B，模板文件 B 依赖模板文件

C，模板文件 C 又反过来依赖模板文件 A 的情况。

✧ 使用该指令扩展的模版文件不会继承 links 和 volumes_from 中定义的容器和数据卷资源。因此，通常推荐在基础模板中只定义一些可共享的镜像与环境变量，而在扩展模板中具体指定应用变量、链接以及数据卷等信息。

13．external_links

external_links 链接到由其他 Docker Compose 模版文件管理的容器，也可以是并非由 Docker Compose 管理的外部容器。指令格式与 links 类似，示例如下：

```
external_links:
  - redis_1
  - project_db_1:mysql
  - project_db_1:postgresql
```

14．extra_hosts

extra_hosts 类似于 Docker 中的参数--add-host，可以指定其他主机的名称映射信息。示例如下：

```
extra_hosts:
  - "googledns:8.8.8.8"
  - "dockerhub:52.1.157.61"
```

配置完成后，会在启动后的服务容器的/etc/hosts 文件里添加以下信息：

```
8.8.8.8 googledns
52.1.157.61 dockerhub
```

15．labels

labels 为容器添加 Docker 元数据(metadata)信息。如为容器添加辅助说明，示例如下：

```
labels:
  com.startupteam.description: "webapp for a startup team"
  com.startupteam.department: "devops department"
  com.startupteam.release: "rc3 for v1.0"
```

16．ports

ports 暴露端口信息。使用“宿主:容器”(HOST:CONTAINER)格式，或者仅指定容器的端口(宿主将会随机选择端口)皆可。示例如下：

```
ports:
  - "3000"
  - "8000:8000"
  - "49100:22"
  - "127.0.0.1:8001:8001"
```

17．其他指令

除上述指令以外，Docker Compose 还有 cpu_shares、cpuset、domainname、entrypoint、hostname、ipc、mac_address、mem_limit、memswap_limit、privileged、

read_only、estart、stdin_open、tty、user、working_dir 等指令，与 docker-run 中对应参数的功能基本一致。

例如，使用以下指令，可指定使用 CPU 的 0 和 1 两个核，且只用 50%的 CPU 资源：

```
cpu_shares: 50
cpuset: 0,1
```

使用以下指令，可以指定服务容器启动后执行的命令：

```
entrypoint: /data/entrypoint.sh
```

使用以下指令，可以指定服务容器中运行应用的用户名：

```
user: mysql
```

使用以下指令，可以指定容器中的工作目录：

```
domainname: my.docker.com
hostname: mydocker
mac_address: 01-20-37-00-0B-0C
```

使用以下指令，可以将容器中的内存限制和内存交换区限制都指定为 1G：

```
mem_limit: 1g
memswap_limit: 1g
```

使用以下指令，可以允许在容器中运行一些特权命令：

```
privileged: true
```

使用以下指令，可以将容器退出后的重启策略设置为始终重启，该指令对保持服务始终运行十分有效，因此在生产环境中，推荐将其配置为 always 或者 unless-stopped：

```
restart: always
```

使用以下指令，可以以只读模式挂载容器的 root 文件系统，这意味着不能对容器内容进行修改：

```
read_only: true
```

使用以下指令，可以打开标准输入，允许接受外部输入：

```
stdin_open: true
```

11.2.5　使用 Docker Compose 启动容器

使用 Docker Compose，可以将启动服务的参数配置写入文件，用来快速启动容器。

1．启动单个容器

如果启动一个容器需要很多参数，则可以使用 Docker Compose 免去每次启动时的大量输入工作，方法如下：

(1) 启动 Insecure 模式的 Registry。首先执行以下命令，将 Registry 镜像下载到本地：

```
# docker pull registry:latest
```

创建一个目录，然后执行以下命令，在这个目录下编辑 Docker Compose 文件：

```
# vi docker-compose.yml
```

使用 VI 编辑器，在 docker-compose.yml 文件中添加以下内容：

```
registry:
```

```
    image: registry:latest
    restart: always
    volumes:
      - /opt/registry:/var/lib/registry
    ports:
      - "5000:5000"
```

编辑完成后，在 docker-compose.yml 文件的当前目录执行以下命令，启动 Registry：

```
# docker-compose up -d
```

执行结果如图 11-7 所示，Registry 成功启动。

```
root@ubuntu:~/compose# docker-compose up -d
Creating compose_registry_1
```

图 11-7　使用 Docker Compose 启动 Insecure 模式的 Registry

查询结果如图 11-8 所示，可以看到容器 3e4 的【STATUS】一栏为“Up”，表明 Registry 已经运行。

```
root@ubuntu:~/compose/app3# docker ps -a
CONTAINER ID        IMAGE               COMMAND
           CREATED             STATUS              POR
TS                    NAMES
3e4edc8be51b        registry:latest     "/entrypoint.s
h /etc/"    4 seconds ago       Up 3 seconds        0.0
.0.0:5000->5000/tcp   app3_registry_1
```

图 11-8　查看 Registry 运行状态

(2) 启动 TLS 认证模式的 Registry。使用 VI 编辑器，在 docker-compose.yml 文件中添加以下内容：

```
registry_new:
    restart: always
    image: registry:latest
    ports:
      - 8000:5000
    environment:
      REGISTRY_HTTP_TLS_CERTIFICATE: /certs/mydocker.crt
      REGISTRY_HTTP_TLS_KEY: /certs/mydocker.key
    volumes:
      - /opt/data2:/var/lib/registry
      - /opt/data2/certs:/certs
```

编辑完成后，在 docker-compose.yml 文件的当前目录下执行命令启动 Registry，方法与启动 Insecure 模式的 Registry 相同。

其他与 TLS 认证相关的配置可参考 10.6.3 节，此处不再赘述。

2. 启动一组服务

如果现有的业务需要一组相互连接的容器，可以使用 Docker Compose 启动。

例如，某业务要求在前台使用 Tomcat Web 服务器，并调用 Java 程序，然后从 MySQL 数据库读写数据。使用 Docker Compose 启动该业务的一组服务的步骤如下：

首先使用 10.3.4 节中的 Dockerfile 脚本文件，创建一个名为 mytomcat 的镜像。执行以下命令，下载一个 MySQL 镜像 mysql：

```
# docker pull mysql:latest
```

然后在宿主机系统中创建一个目录，在这个目录下创建一个 docker-compose.yml 文件，并在其中添加以下内容：

```
mysql:
  image: mysql:latest
  ports:
     - 3306:3306
  environment:
     - MYSQL_ROOT_PASSWORD=admin
tomcat:
  image: mytomcat
  ports:
    - 8080:8080
  links:
    - mysql:mysql
```

编辑完成后，在当前目录下执行以下命令，启动 Compose 脚本：

```
# docker-compose up -d
```

执行结果如图 11-9 所示，显示容器 mysql 和 mytomcat 已经成功启动。

```
root@docker:~/compose# docker-compose up -d
Creating compose_mysql_1
Creating compose_tomcat_1
```

图 11-9　使用 Docker Compose 启动一组容器

注意 在编辑 docker-compose.xml 文件时，需要注意以下两点：一，除第一行的服务名称以外，次级元素均不要顶格书写；二，次级元素与其内容之间要隔一个空格。否则容易报错，错误信息为“Error:In file ‘./docker-compose.yml’，service‘xxx’ must be a mapping not an array.”。

11.3　Docker Swarm 的使用

Docker Swarm 即容器群集服务，使用该服务，可以把多台安装了 Docker 的宿主机封装成一台虚拟 Docker 主机，从而快速打造一个基于 Docker 的容器云平台。

Docker 1.12 及之后的版本都已经集成了 swarmkit 等工具包，所以无需再安装 Docker Swarm 相关组件。

11.3.1 准备实验环境

本次实验需要使用四台主机，可以是实体主机，也可以是虚拟机，将各主机的 IP 地址和名称写入每台主机的/etc/hosts 文件中：

```
192.168.80.137   Swarm1
192.168.80.138   Swarm2
192.168.80.135   Swarm3
192.168.80.141   Swarm4
```

其中，在主机 Swarm1 和 Swarm2 上安装 Ubuntu 16.04 Desktop 系统，主机 Swarm3 和 Swarm4 上安装 CentOS 7.3 系统。

在每台主机的/etc/hostname 文件中写入本机的主机名，然后重新启动主机。

在 CentOS 系统的主机上执行以下命令，停止 firewall 服务：

```
# systemctl stop firewalld
# systemctl disable firewalld
```

在 Ubuntu 系统中，防火墙默认为 inactive 状态，不需进行操作。

最后，在各主机中安装 Docker，安装过程参见 10.3 节。

注意，在 Ubuntu 系统中，Docker 安装完毕即可使用；但在 CentOS 系统中，Docker 安装完毕后是未启动状态，需要执行以下命令启动 Docker：

```
# systemctl start docker
# systemctl enable docker
```

11.3.2 配置 Docker Swarm 服务

下面介绍 Docker Swarm 服务的配置方法。

1．初始化集群

在主机 Swarm1 上执行以下命令，初始化 Docker Swarm 集群：

```
# docker swarm init
```

执行结果如图 11-10 所示，可以看到，集群初始化成功，同时主机 Swarm1 作为 Manager 节点加入集群。

```
root@Swarm1:~# docker swarm init
Swarm initialized: current node (a1kb1ppzgimm0s0z51cuuoxb1) i
s now a manager.

To add a worker to this swarm, run the following command:

    docker swarm join \
    --token SWMTKN-1-36lhvmgdyxhef6c2k9hr0u10tl6v3atcasum6j1f
dnm5t46rbj-6807i3y9ob5sz8pwa5ss04isr \
    192.168.80.137:2377

To add a manager to this swarm, run 'docker swarm join-token
manager' and follow the instructions.
```

图 11-10　启动 Docker Swarm 服务

2．将 Worker 节点加入集群

在主机 Swarm2 上执行以下命令，可以将主机作为 Worker 节点加入集群：

```
# docker swarm join \
>    --token   SWMTKN-1-36lhvmgdyxhef6c2k9hr0u10tl6v3atcasum6j1fdnm5t46rbj-
6807i3y9ob5sz8pwa5ss04isr \
>192.168.80.137:2377
```

执行结果如图 11-11 所示，显示节点 Swarm2 已成功加入集群。

```
root@Swarm2:~# docker swarm join \
>     --token SWMTKN-1-36lhvmgdyxhef6c2k9hr0u10tl6v3atcas
um6j1fdnm5t46rbj-6807i3y9ob5sz8pwa5ss04isr \
>     192.168.80.137:2377
This node joined a swarm as a worker.
```

图 11-11　将节点以 Worker 身份加入集群

然后在主机 Swarm3、Swarm4 上执行相同命令，将它们作为 Worker 节点加入集群。

3．查看集群节点状态

在节点 Swarm1，即 Manager 节点上执行以下命令，可以查看集群节点的状态：

```
# docker node ls
```

查看结果如图 11-12 所示，可以看到，节点 Swarm1 的【MANAGER STATUS】项参数为“Leader”，即 Leader 节点(Manager 节点)；而其他三个节点的【MANAGER STATUS】项则是空白。因为在这个集群中 Swarm1 是唯一一个 Manager 节点，其他三个节点则都是 Worker 节点。

```
root@Swarm1:~# docker node ls
ID                           HOSTNAME  STATUS  AVAILABILITY  MANAGER STATUS
0smthvkph49yub66rj08lv7jx    Swarm4    Ready   Active
84nd0lpp18issj2fh5aqljit3    Swarm3    Ready   Active
a1kb1ppzgimm0s0z51cuuoxb1 *  Swarm1    Ready   Active        Leader
cl1lbqgpmtxr17pksosxbx84i    Swarm2    Ready   Active
```

图 11-12　查看集群节点状态

4．使 Worker 节点脱离集群

在 Worker 节点上执行以下命令，可以使该节点脱离集群：

```
# docker swarm leave
```

执行结果如图 11-13 所示，显示 Worker 节点 Swarm2 已成功脱离集群。

```
root@Swarm2:~# docker swarm leave
Node left the swarm.
```

图 11-13　使节点脱离集群

分别在节点 Swarm3 和 Swarm4 上执行相同命令，使所有的 Worker 节点都脱离集群。

5．删除 Worker 节点

在 Leader 节点 Swarm1 上执行以下命令，可以使用指定 Worker 节点的 ID 号(前三位即可)删除节点：

```
# docker node rm 节点 ID 号
```

同时删除多个节点时，需要依次指定待删除节点的 ID 号的前三位，删除成功后，查看节点状态，可以看到 Swarm2、Swarm3、Swarm4 三个节点已经被成功删除，如图 11-14 所示。

```
root@Swarm1:~# docker node rm 0sm 84n cl1
0sm
84n
cl1
root@Swarm1:~# docker node ls
ID                            HOSTNAME   STATUS   AVAILABILITY   MANAGER STATUS
a1kb1ppzgimm0s0z51cuuoxb1 *   Swarm1     Ready    Active         Leader
```

图 11-14　删除节点并查看节点状态

6. 将 Manager 节点加入集群

Docker Swarm 允许存在多个 Manager 节点，但只能存在唯一一个 Leader 节点。将节点以 Manager 身份加入集群的方法如下。

(1) 加入第一个 Manager 节点。执行以下命令，将第一个 Manager 节点加入集群：

```
# docker swarm join-token manager
```

执行结果如图 11-15 所示，可以看到，Lead 节点 Swarm1 已经以 Manager 身份加入集群。

```
root@Swarm1:~# docker swarm join-token manager
To add a manager to this swarm, run the following command:
```

图 11-15　将第一个 Manager 节点加入集群

(2) 加入其他 Manager 节点。上述命令执行后，会输出以下用于将其他节点以 Manager 身份加入集群的用户名和密码：

```
docker swarm join \
>    --token SWMTKN-1-05kduww6jclb8pnq01gfglzuvx8kj1n5bilc5wmyc3h326ygnm-
5s5qra15hvj2ku9iwkbz6ruam \
>    192.168.80.137:2377
```

在其他节点上分别输入以上代码，即可将该节点以 Manager 身份加入集群。以节点 Swarm2 为例，如图 11-16 所示。

```
root@Swarm2:~#  docker swarm join \
>     --token SWMTKN-1-05kduww6jclb8pnq01gfglzuvx8kj1n5bi
lc5wmyc3h326ygnm-5s5qra15hvj2ku9iwkbz6ruam \
>     192.168.80.137:2377

This node joined a swarm as a manager.
```

图 11-16　将节点以 Manager 身份加入集群

(3) 查看集群状态。在节点上执行以下命令，查看各节点状态：

```
# docker node ls
```

查询结果如图 11-17 所示，可以看到，目前集群中的 Swarm2、Swarm3 两个节点的【MANAGER STATUS】项信息都为“Reachable”，表明已获得 Manager 身份，但只有 Swarm1 节点的【MANAGER STATUS】项信息为“Leader”，表明只有节点 Swarm1 是

Leader 节点。

```
root@Swarm2:~# docker node ls
ID                            HOSTNAME   STATUS   AVAILABILITY   MANAGER STATUS
0bz5311cwcb1bo89wj4hz54tn     Swarm1     Ready    Active         Leader
4yq63enirrz30bsqcrupeikqy     Swarm3     Ready    Active         Reachable
byx9fhg2ok5y6tarshw5k83ak *   Swarm2     Ready    Active         Reachable
```

图 11-17　添加 Manager 节点后的各节点状态

7. 切换 Leader 节点

如果 Leader 节点关机或因故障退出，则其他节点会切换为 Leader 状态。

将 Leader 节点 Swarm1 关机，然后再查看节点状态，可以看到原来的 Leader 节点 Swarm1 的【STATUS】项为“Down”，【MANAGER STATUS】项为“Unreachable”；而节点 Swarm3 的【MANAGER STATUS】项变为“Leader”，成为了新的 Leader 节点，如图 11-18 所示。

```
root@Swarm2:~# docker node ls
ID                            HOSTNAME   STATUS   AVAILABILITY   MANAGER STATUS
0bz5311cwcb1bo89wj4hz54tn     Swarm1     Down     Active         Unreachable
4yq63enirrz30bsqcrupeikqy     Swarm3     Ready    Active         Leader
byx9fhg2ok5y6tarshw5k83ak *   Swarm2     Ready    Active         Reachable
```

图 11-18　关闭 Leader 节点后的各节点状态

注意　只有存在三个以上的 Manager 节点时，原有的 Leader 节点失效时才会有节点成为新的 Leader 节点来接管集群。

8. 重新加入失效节点

节点 Swarm1 开机后，会重新加入集群，但节点重新加入集群后，其【MANAGER STATUS】项会变为“Reachable”，不再是 Leader 节点，如图 11-19 所示。

```
root@Swarm1:~# docker node ls
ID                            HOSTNAME   STATUS   AVAILABILITY   MANAGER STATUS
0bz5311cwcb1bo89wj4hz54tn *   Swarm1     Ready    Active         Reachable
4yq63enirrz30bsqcrupeikqy     Swarm3     Ready    Active         Leader
byx9fhg2ok5y6tarshw5k83ak     Swarm2     Ready    Active         Reachable
```

图 11-19　失效节点重新加入集群

9. 使 Manager 节点脱离集群

在 Manager 节点上执行以下命令，可以使该节点脱离集群：

```
# docker swarm leave --force
```

执行结果如图 11-20 所示，显示 Manager 节点 Swarm3 已成功脱离集群。

```
[root@Swarm3 ~]# docker swarm leave --force
Node left the swarm.
```

图 11-20　Manager 节点脱离集群

10. 删除 Manager 节点

有两种方式可以删除 Manager 节点，一种是先使用--force 参数，使节点脱离集群，然

后执行以下命令，将其删除：

```
# docker node demote <node ID>
```

另一种是直接使用 demote 命令，将 Manager 节点转变为 Worker 节点，然后执行 docker node rm 命令，将其删除。示例如图 11-21 所示，ID 为 4yq 的 Swarm3 节点被彻底删除。

```
root@Swarm1:~# docker node demote 4yq
Manager 4yq demoted in the swarm.
root@Swarm1:~# docker node rm 4yq
4yq
root@Swarm1:~# docker node ls
ID                           HOSTNAME  STATUS  AVAILABILITY  MANAGER STATUS
0bz5311cwcb1bo89wj4hz54tn *  Swarm1    Ready   Active        Leader
byx9fhg2ok5y6tarshw5k83ak    Swarm2    Ready   Active        Reachable
```

图 11-21　删除脱离集群的 Manager 节点

11．销毁集群

在 Leader 节点 Swarm1 上执行以下命令，使该节点强制脱离集群，即可销毁这个集群：

```
# docker swarm leave --force
```

集群销毁后，再在该节点上查看节点状态，可以看到系统已不再输出有效信息，如图 11-22 所示。

```
root@Swarm1:~# docker swarm leave --force
Node left the swarm.
root@Swarm1:~# docker node ls
Error response from daemon: This node is not a swarm manager. Use "docker swa
rm init" or "docker swarm join" to connect this node to swarm and try again.
```

图 11-22　使 Leader 节点脱离集群

11.3.3　使用 Docker Swarm 创建服务

使用主机 Swarm1 作为 Manager 节点，其他三台主机作为 Worker 节点，组成集群，然后在上面创建容器，具体步骤如下。

1. 创建服务

本例基于之前创建的 ubuntu_ssh:latest 镜像创建服务。在节点 Swarm1 上执行以下命令，创建并运行服务 ssh-server：

```
# docker service create -name ssh-server --replicas 2 -p 11223:22 ubuntu_ssh:latest /etc/init.d/ssh start -D
```

其中，参数--name 用于指定服务名称；参数--replicas 用于设置服务期望的副本任务数；参数-p 用于指定对外开放的端口号。

执行结果如图 11-23 所示，可以看到服务已成功启动，返回值为服务的 ID 号。

```
root@Swarm1:~# docker service create --name ssh-server --replicas 2 -p 11223:22 ubuntu_ssh:latest /etc/init
.d/ssh start -D
13hopol2qgd7t2izzr4fklwdc
```

图 11-23　启动服务

2．查看服务

查看集群服务运行状态的步骤如下：

(1) 在 Leader 节点执行以下命令，查看 ssh-server 服务是否已存在：

```
# docker service ls
```

查询结果如图 11-24 所示，可以看到服务已在运行，且从【REPLICAS】项可以看出，副本运行的任务数与设置的服务运行副本数一致。

```
root@Swarm1:~# docker service ls
ID            NAME        REPLICAS  IMAGE               COMMAND
13hopol2qgd7  ssh-server  2/2       ubuntu_ssh:latest   /etc/init.d/ssh start -D
```

图 11-24　查看服务是否已存在

(2) 在 Leader 节点执行以下命令，查看 ssh-server 服务的详细信息：

```
# docker service ps ssh-server
```

查询结果如图 11-25 所示，可以看到【CURRENT STATE】项的值为“Running”，即服务运行正常；通过【NODE】项的值则可得知服务运行在哪些节点上。

```
root@Swarm1:~# docker service ps ssh-server
ID                         NAME          IMAGE              NODE    DESIRED STATE  CURRENT STATE           ERROR
2lq7zo1ken51jl67hd23karf9  ssh-server.1  ubuntu_ssh:latest  Swarm2  Running        Running 10 minutes ago
0uubla7hkkpibmwhknqea2uj9  ssh-server.2  ubuntu_ssh:latest  Swarm3  Running        Running 10 minutes ago
```

图 11-25　查看服务详细信息

(3) 在服务运行的 Worker 节点上，执行以下命令，查看已启动容器的信息：

```
# docker ps -a
```

查询结果如图 11-26 所示，可以看到容器的【STATUS】项信息为“Up”，即该容器运行正常。

```
root@Swarm2:~# docker ps -a
CONTAINER ID        IMAGE               COMMAND                  CREATED             STATUS              PORTS
          NAMES
3d9ac6c17639        ubuntu_ssh:latest   "/etc/init.d/ssh star"   14 minutes ago      Up 14 minutes
          ssh-server.1.2lq7zo1ken51jl67hd23karf9
```

图 11-26　在 Worker 节点上查看容器

(4) 在服务运行的 Worker 节点上，依次执行以下命令，停止该节点上的某个容器，然后查看容器的状态：

```
# docker stop 容器 ID
# docker ps -a
```

查询结果如图 11-27 所示，可以看到节点 Swarm2 的容器的【STATUS】项的信息变为“Exited”，即已停止运行。

```
root@Swarm2:~# docker stop 3d9
3d9
root@Swarm2:~# docker ps -a
CONTAINER ID        IMAGE               COMMAND                  CREATED             STATUS                     PORTS
          NAMES
3d9ac6c17639        ubuntu_ssh:latest   "/etc/init.d/ssh star"   About an hour ago   Exited (0) 30 seconds ago
          ssh-server.1.2lq7zo1ken51jl67hd23karf9
```

图 11-27　停止 Worker 节点上的容器

(5) 再次查看集群服务运行状态，结果如图 11-28 所示。可以看到，ssh-server 服务在节点 Swarm4 上又启动了一个容器实例，而原来运行在 Swarm2 节点上的容器的

【DESIRED STATE】项的值变为“Shutdown”，表示该节点上的容器已停止运行。

```
root@Swarm1:~# docker service ps ssh-server
ID                          NAME                IMAGE               NODE     DESIRED STATE   CURRENT STATE
 ERROR
cg4p6fyc7t44fgrkidlxnp6cq   ssh-server.1        ubuntu_ssh:latest   Swarm4   Running         Running 58 seconds ago

2lq7zo1ken51jl67hd23karf9    \_ ssh-server.1    ubuntu_ssh:latest   Swarm2   Shutdown        Failed about a minute ago
 "task: non-zero exit (137)"
0uubla7hkkpibmwhknqea2uj9   ssh-server.2        ubuntu_ssh:latest   Swarm3   Running         Running about an hour ago
```

图 11-28　查看集群服务运行状态

3. 增加/减少容器数量

执行以下命令，可以增加运行服务的容器数量：

```
# docker service scale ssh-server=3
```

执行结果如图 11-29 所示，显示运行 ssh-server 服务的容器数量增加到 3 个。

```
root@Swarm1:~# docker service scale ssh-server=3
ssh-server scaled to 3
root@Swarm1:~# docker service ps ssh-server
ID                          NAME                IMAGE               NODE     DESIRED STATE   CURRENT STATE
      ERROR
cg4p6fyc7t44fgrkidlxnp6cq   ssh-server.1        ubuntu_ssh:latest   Swarm4   Running         Running 3 minutes ago

2lq7zo1ken51jl67hd23karf9    \_ ssh-server.1    ubuntu_ssh:latest   Swarm2   Shutdown        Failed 3 minutes ago
      "task: non-zero exit (137)"
0uubla7hkkpibmwhknqea2uj9   ssh-server.2        ubuntu_ssh:latest   Swarm3   Running         Running about an hour ago

8wbxoi1hunobs1wfqwelki90u   ssh-server.3        ubuntu_ssh:latest   Swarm2   Running         Running less than a second
 ago
```

图 11-29　增加运行服务的容器数量

同样的命令也可以减少运行服务的容器数量，示例如下：

```
# docker service scale ssh-server=1
```

执行结果如图 11-30 所示，显示运行服务的容器数量减少至 1 个。

```
root@Swarm1:~# docker service scale ssh-server=1
ssh-server scaled to 1
```

图 11-30　减少运行服务的容器数量

然后执行 docker service ps 命令，查看服务的详细信息，结果显示正常运行服务的容器为 1 个，其他容器的状态则为“Shutdown”，如图 11-31 所示。

```
root@Swarm1:~# docker service ps ssh-server
ID                          NAME                IMAGE               NODE     DESIRED STATE   CURRENT STATE
 ERROR
cg4p6fyc7t44fgrkidlxnp6cq   ssh-server.1        ubuntu_ssh:latest   Swarm4   Shutdown        Shutdown 46 seconds ago

2lq7zo1ken51jl67hd23karf9    \_ ssh-server.1    ubuntu_ssh:latest   Swarm2   Shutdown        Failed 5 minutes ago
 "task: non-zero exit (137)"
0uubla7hkkpibmwhknqea2uj9   ssh-server.2        ubuntu_ssh:latest   Swarm3   Running         Running about an hour ago

8wbxoi1hunobs1wfqwelki90u   ssh-server.3        ubuntu_ssh:latest   Swarm2   Shutdown        Shutdown 46 seconds ago
```

图 11-31　查看容器的服务运行状态

4. 删除服务

可以使用以下命令，删除不再需要运行的服务，示例如下：

```
# docker service rm ssh-server
```

删除结果如图 11-32 所示，显示服务 ssh-server 已经被删除。

```
root@Swarm1:~# docker service rm ssh-server
ssh-server
root@Swarm1:~# docker service ls
ID  NAME  REPLICAS  IMAGE  COMMAND
root@Swarm1:~#
```

图 11-32　删除服务

11.3.4　创建负载均衡的容器网络

使用 Docker Swarm 可以实现容器网络的负载均衡，达到充分利用资源的目的。下面介绍具体的配置方法。

1．创建服务

在 Leader 节点 Swarm1 上执行 docker service create 命令，使用参数--mode global 创建全局负载均衡服务：

```
docker service create --name ssh --mode global -p 11223:22 ubuntu_ssh:latest /etc/init.d/ssh start -D
```

创建完毕，查看服务状态，可以看到，服务在 4 个节点上各运行了一个容器，如图 11-33 所示。

```
root@Swarm1:~# docker service ps ssh
ID                         NAME     IMAGE              NODE    DESIRED STATE  CURRENT STATE            ERROR
ad1byjdpyrqiro4dk8k40jpwi  ssh      ubuntu_ssh:latest  Swarm1  Running        Running 2 seconds ago
crzkg74s2efu8mjewde9tov04   \_ ssh  ubuntu_ssh:latest  Swarm4  Running        Running 4 seconds ago
2hhzyzc3pun5sc944dh13lnqk   \_ ssh  ubuntu_ssh:latest  Swarm3  Running        Running 4 seconds ago
buwcsuq1eh2ytowy7zoflwlnv   \_ ssh  ubuntu_ssh:latest  Swarm2  Running        Running 3 seconds ago
```

图 11-33　查看全局服务状态

2．测试负载均衡

多次登录容器进行负载均衡测试，注意容器主机名的变化，步骤如下。

(1) 在节点 Swarm1 上执行 ssh 命令，登录容器：

```
# ssh root@192.168.80.137 -p 11223
```

结果如图 11-34 所示，显示登录成功，ID 为 68a526fa1b06，表明容器已经运行且功能正常。

```
root@Swarm1:~# ssh root@192.168.80.137 -p 11223
The authenticity of host '[192.168.80.137]:11223 ([192.168.80.137]:11223)' can't be established.
ECDSA key fingerprint is SHA256:0oCvKjVsLF4GyvmH75hM51SepOEXK6RUzzGnLj8QS/M.
Are you sure you want to continue connecting (yes/no)? yes
Warning: Permanently added '[192.168.80.137]:11223' (ECDSA) to the list of known hosts.
root@192.168.80.137's password:
Welcome to Ubuntu 16.04.2 LTS (GNU/Linux 4.4.0-75-generic x86_64)

 * Documentation:  https://help.ubuntu.com
 * Management:     https://landscape.canonical.com
 * Support:        https://ubuntu.com/advantage

The programs included with the Ubuntu system are free software;
the exact distribution terms for each program are described in the
individual files in /usr/share/doc/*/copyright.

Ubuntu comes with ABSOLUTELY NO WARRANTY, to the extent permitted by
applicable law.

root@68a526fa1b06:~#
```

图 11-34　第一次登录容器的信息

(2) 退出容器后，在节点 Swarm1 上使用相同的命令再次登录容器，显示登录的容器是节点 Swarm2 上运行的容器，ID 为 edbd685a47cf，如图 11-35 所示。

```
root@68a526fa1b06:~# exit
logout
Connection to 192.168.80.137 closed.
root@Swarm1:~# ssh root@192.168.80.137 -p 11223
root@192.168.80.137's password:
Welcome to Ubuntu 16.04.2 LTS (GNU/Linux 4.4.0-75-generic x86_64)

 * Documentation:  https://help.ubuntu.com
 * Management:     https://landscape.canonical.com
 * Support:        https://ubuntu.com/advantage

The programs included with the Ubuntu system are free software;
the exact distribution terms for each program are described in the
individual files in /usr/share/doc/*/copyright.

Ubuntu comes with ABSOLUTELY NO WARRANTY, to the extent permitted by
applicable law.

root@edbd685a47cf:~# exit
logout
Connection to 192.168.80.137 closed.
```

图 11-35　第二次登录容器的信息

(3) 退出容器后，在节点 Swarm1 上使用相同的命令第三次登录容器，这次显示登录的是节点 Swarm3 的容器，ID 为 43bf3b076df8，如图 11-36 所示。

```
root@edbd685a47cf:~# exit
logout
Connection to 192.168.80.137 closed.
root@Swarm1:~# ssh root@192.168.80.137 -p 11223
root@192.168.80.137's password:
Welcome to Ubuntu 16.04.2 LTS (GNU/Linux 3.10.0-514.el7.x86_64 x86_64)

 * Documentation:  https://help.ubuntu.com
 * Management:     https://landscape.canonical.com
 * Support:        https://ubuntu.com/advantage

The programs included with the Ubuntu system are free software;
the exact distribution terms for each program are described in the
individual files in /usr/share/doc/*/copyright.

Ubuntu comes with ABSOLUTELY NO WARRANTY, to the extent permitted by
applicable law.

root@43bf3b076df8:~#
```

图 11-36　第三次登录容器的信息

(4) 退出容器后，在节点 Swarm1 上使用相同的命令第四次登录容器，显示这次登录的是节点 Swarm4 的容器，ID 为 8972486d2042，如图 11-37 所示。

```
root@192.168.80.137's password:
Welcome to Ubuntu 16.04.2 LTS (GNU/Linux 3.10.0-514.el7.x86_64 x86_64)

 * Documentation:  https://help.ubuntu.com
 * Management:     https://landscape.canonical.com
 * Support:        https://ubuntu.com/advantage

The programs included with the Ubuntu system are free software;
the exact distribution terms for each program are described in the
individual files in /usr/share/doc/*/copyright.

Ubuntu comes with ABSOLUTELY NO WARRANTY, to the extent permitted by
applicable law.

root@8972486d2042:~# exit
logout
Connection to 192.168.80.137 closed.
```

图 11-37　第四次登录容器的信息

可以看到，每次登录容器的主机名都不同，表明 Docker Swarm 的负载均衡功能使服务可以按顺序把任务分配给不同的容器。

11.4　Mesos 集群调度平台

Mesos 是一个资源管理平台，需要结合该平台上运行的分布式应用(Mesos 中被称做框架)使用。Mesos 可以对集群资源进行抽象和管理，从而实现分布式应用的自动化调度，用户只需要和框架打交道，底层的资源调用则由 Mesos 自动进行。

ZooKeeper 是分布式集群信息同步工具，可以自动在多个节点中选举 Leader 节点，从而保证多个节点的信息保持一致。Mesos 默认使用 ZooKeeper 在多个 Master 节点中选举 Leader 节点，并让节点在发现 Leader 节点后加入集群成为 Follower 节点。通常情况下，一个 Mesos 系统需要启动 3 至 5 个节点充当 Master 节点，而由 ZooKeeper 在这几个 Master 节点中选举出 Leader 节点。

Marathon 是 Mesos 的一个应用框架，用于保持 Mesos 服务的长时间稳定运行。本节将结合 Marathon 介绍 Mesos 的安装、配置及使用方法。

11.4.1　安装 Mesos

使用 Mesos，需要安装 Mesos、ZooKeeper、Marathon 三个软件。

Mesos 使用“主-从”架构，包括数个 Master 节点以及大量的 Slave 节点。Mesos Master 和 ZooKeeper 需要部署到所有 Master 节点；Mesos Slave 需要部署到所有 Slave 节点；Marathon 则一般部署在 Master 节点。

1．准备实验环境

本实验使用 3 个 Master 节点，2 个 Slave 节点，可以是实体机，也可以是虚拟机，每台主机上安装 Ubuntu 16.04 版本的操作系统。

各节点对应的 IP 地址和主机名如下：

```
192.168.80.146 Mesos1
192.168.80.147 Mesos2
192.168.80.148 Mesos3
192.168.80.128 Slave1
192.168.80.129 Slave2
```

将各节点的 IP 地址与对应的主机名写入/etc/hosts 文件，并将各节点的主机名写入相应节点的/etc/hostname 文件，然后重启主机，使设置生效。

重启后在各节点上安装 Docker，具体操作参考 10.2.2 小节。

2．添加软件源

本实验首先需要添加软件源，用于下载安装 Mesos 所需的各个组件。

在各节点终端执行以下命令，将公钥(用于确认软件使用权限)添加到系统，然后将系统类型(识别系统类型才能查到匹配的版本)赋值给 DISTRO(一个变量，使用命令写软件源时起作用)：

```
# apt-key adv --keyserver keyserver.ubuntu.com --recv E56151BF
# DISTRO=$( lsb_release -is | tr '[:upper:]' '[:lower:]' )
```

执行以下命令，查看 DISTRO 的值：

```
# echo $DISTRO
```

可以看到输出信息为“Ubuntu”，即系统类型。

执行以下命令，将 Ubuntu 的系统代号赋值给 CODENAME：

```
# CODENAME=$(lsb_release -cs)
```

执行以下命令，查看 CODENAME 的值，可以看到输出信息为 xenial，即系统代号：

```
# echo $CODENAME
```

在各主机终端执行以下命令，将 Mesos 软件源的下载路径添加到软件源配置文件中：

```
# echo "deb http://repos.mesosphere.io/${DISTRO} ${CODENAME} main "
>>/etc/apt/sources.list.d/mesosphere.list
```

上述命令将“deb http://repos.mesosphere.io/ubuntu xenial main”写入了软件源文件/etc/apt/sources.list.d/mesosphere.list 中。

3. 安装软件

执行以下命令，刷新软件源：

```
# apt-get update -y
```

刷新结束后，执行以下命令，安装 ZooKeeper、Mesos、Marathon 三个软件包：

```
# apt-get install -y zookeeper mesos marathon
```

安装完成后，会在/usr/bin/路径下生成 mesos-master 和 mesos-slave 两个文件，用于运行 Master 节点的管理服务和 Slave 节点的任务服务。

11.4.2 配置软件

本小节将介绍 Mesos 各主要软件的配置方法。基本步骤如下：首先配置 ZooKeeper，完成配置后，一台主机会成为 Leader 节点，其余两台则成为 Follower 节点；然后配置 mesos-master 和 mesos-slave 文件，用于登录 Web 界面，查看可用资源；最后配置 Marathon，用于在登录 Web 界面后创建 Docker 应用。

1. 配置 ZooKeeper

ZooKeeper 是分布式应用的协调工具，默认监听 2181 端口，用于管理多个 Master 节点的选举和冗余。ZooKeeper 最少需要三个节点才能进行选举，本实验即配置了三个 Master 节点。

ZooKeeper 的配置文件位于/etc/zookeeper/conf 路径下，其中有两个文件需要特别注意，即 myid 和 zoo.cfg，两个文件的配置方法如下：

(1) 编辑 myid 文件。文件 myid 用于记录加入 ZooKeeper 集群的节点序号，范围在 1～255 之间。每个节点在 ZooKeeper 集群中有唯一的序号，不能重复，/var/lib/zookeeper/myid 是本文件的软链接。

依次编辑三个 Master 节点的 myid 文件，删除文件中的原有内容，然后在其中添加一个 1～255 之间的任意数字，注意不要重复。myid 文件中只有这一个数字，ZooKeeper 启动的时候会读取这个数据，用于匹配 zoo.cfg 文件中的 server.id(比如 server.1，ID 就是 1)。

例如，在 IP 为 192.168.80.146 的 Master 节点的 myid 文件中写入以下内容：

```
1
```

在 IP 为 192.168.80.147 的 Master 节点的 myid 文件中写入以下内容：

```
2
```

在 IP 为 192.168.80.148 的 Master 节点的 myid 文件中写入以下内容：

```
3
```

(2) 编辑 zoo.cfg 文件。文件 zoo.cfg 是 ZooKeeper 集群的主配置文件，用于记录集群中机器的序号、IP 地址和监听端口。

依次编辑三个 Master 节点的 zoo.cfg 文件，将各节点的信息添加到其中，格式如下：

```
server.1=192.168.80.146:2888:3888
server.2=192.168.80.147:2888:3888
server.3=192.168.80.148:2888:3888
```

如果之前在/etc/hostname 中设置了主机名，zoo.cfg 文件中的 IP 地址也可使用主机名替换，格式如下：

```
server.1=Mesos1:2888:3888
server.2=Mesos2:2888:3888
server.3=Mesos3:2888:3888
```

其中，2888 端口用于 Follower 节点与 Master 节点的连接，3888 端口用于 Master 节点选举时的通信。

配置完成后，在三个 Master 节点上分别执行以下命令，依次启动 zookeeper 服务：

```
# service zookeeper start
```

然后，在三个 Master 节点上分别执行以下命令，查看 zookeeper 服务的运行状态：

```
# /usr/share/zookeeper/bin/zkServer.sh status
```

Master 节点 Mesos3 的查看结果如图 11-38 所示，其中【Mode】一行值为“leader”，即作为 Mesos3Master 节点中的 Leader 节点，Master 节点配置完成。

```
root@Mesos3:~# zkServer.sh status
ZooKeeper JMX enabled by default
Using config: /etc/zookeeper/conf/zoo.cfg
Mode: leader
```

图 11-38　在 Leader 节点上查看 ZooKeeper 服务的状态

其他 Master 节点的查看结果如图 11-39 所示，其中【Mode】一行值为“follower”，即作为 Follower 节点。

```
root@Mesos1:~# zkServer.sh status
ZooKeeper JMX enabled by default
Using config: /etc/zookeeper/conf/zoo.cfg
Mode: follower
```

图 11-39　在 Follower 节点上查看 ZooKeeper 服务的状态

2. 配置 Mesos

Mesos 的默认配置文件存放在三个路径下：

✧ /etc/mesos/：所有节点都要配置的 zk 文件存放路径。

✧ /etc/mesos-master：Master 节点的配置文件存放路径，需要配置 ip、cluster、quorum 三个文件。

✧ /etc/mesos-slave：Follower 节点的配置文件存放路径，需要配置 ip、containerizers 两个文件。

对 Mesos 进行配置的步骤如下：

(1) 配置所有节点。编辑所有节点的/etc/mesos/zk 文件，在其中写入三个 Master 节点的 IP 地址或主机名，格式如下：

```
zk://Mesos1:2181,Mesos2:2181,Mesos3:2181/mesos
```

(2) 配置 Master 节点。Master 节点的配置文件存放在/etc/mesos-master 路径下，需要配置其中的三个文件。

✧ ip：记录 Master 节点监听的外部连接地址，外界可以通过该地址的 5050 端口接入 Mesos 图形界面。本实验中写入的是 Master 节点自己的地址。

✧ cluster：集群名称，可以自定义设置，但各个 Master 节点上设置的集群名称需要保持一致。如果不配置这个文件，则 Mesos 启动后，集群名称将空缺。

✧ quorum：用于确认参加选举节点的数目。该文件默认值为 1，建议改为大于 ZooKeeper 集群中节点数目的一半，比如一共有三个节点，则建议配置为 2。

注意，该路径下默认存在的文件 work_dir 不需要修改。

配置完成后，在每一个 Master 节点上执行以下命令，启动 Master 节点的服务：

```
# systemctl start mesos-master
# systemctl enable mesos-master
```

执行结果如图 11-40 所示，显示 mesos-master 服务启动成功。

```
root@Mesos1:~# systemctl status mesos-master
● mesos-master.service - Mesos Master
   Loaded: loaded (/lib/systemd/system/mesos-master.service; enabled; vendor pre
   Active: active (running) since Sun 2017-08-20 17:28:46 PDT; 16min ago
 Main PID: 3697 (mesos-master)
    Tasks: 21
   Memory: 7.0M
      CPU: 4.075s
   CGroup: /system.slice/mesos-master.service
           ├─3697 /usr/sbin/mesos-master --zk=zk://Mesos1:2181,Mesos2:2181,Mesos
           ├─3733 logger -p user info -t mesos-master[3697]
           └─3734 logger -p user err -t mesos-master[3697]
```

图 11-40　启动 mesos-master 服务

(3) 配置 Slave 节点。首先配置/etc/mesos-slave 路径下的文件 ip，在其中写入和 Master 节点通信的 IP 地址。本实验中写入的是 Slave 节点主机的 IP 地址。

然后在/etc/mesos-slave 路径下创建 containerizers 文件，在其中写入以下代码：

```
# echo "docker, mesos" > containerizers
```

配置完成后，在所有 Slave 节点上执行以下命令，启动 Slave 节点的服务：

```
# systemctl start mesos-slave
# systemctl enable mesos-slave
```

执行结果如图 11-41 所示，显示 mesos-slave 服务启动成功。

```
root@Slave1:/etc/mesos-slave# systemctl status mesos-slave
● mesos-slave.service - Mesos Slave
   Loaded: loaded (/lib/systemd/system/mesos-slave.service; enabled; vendor preset: enabled)
   Active: active (running) since Sun 2017-08-20 18:07:03 PDT; 1s ago
 Main PID: 3844 (mesos-slave)
    Tasks: 3 (limit: 512)
   Memory: 1020.0K
      CPU: 19ms
   CGroup: /system.slice/mesos-slave.service
           ├─3844 /usr/sbin/mesos-slave --master=zk://Mesos1:2181,Mesos2:2181,Mesos3:2181/mesos
           ├─3865 logger -p user info -t mesos-slave[3844]
           └─3866 logger -p user err -t mesos-slave[3844]
```

图 11-41　启动 mesos-slave 服务

3．配置 Marathon

Marathon 配置文件是/etc/default/marathon，需要在文件中添加以下两行代码：

```
MARATHON_MASTER=zk://Mesos1:2181,Mesos2:2181,Mesos3:2181/mesos
MARATHON_ZK=zk://Mesos1:2181,Mesos2:2181,Mesos3:2181/marathon
```

编辑完成后，在各 Master 节点上执行以下命令，启动 marathon 服务：

```
# systemctl start marathon
# systemctl enable marathon
```

执行结果如图 11-42 所示，显示 marathon 服务启动成功。

```
root@Mesos1:~# systemctl status marathon
● marathon.service - Marathon
   Loaded: loaded (/lib/systemd/system/marathon.service; enabled; vendor preset:
   Active: active (running) since Sun 2017-08-20 18:14:07 PDT; 24min ago
 Main PID: 5111 (java)
    Tasks: 21
   Memory: 47.2M
      CPU: 33.027s
   CGroup: /system.slice/marathon.service
           ├─5111 java -Djava.library.path=/usr/local/lib:/usr/lib:/usr/lib64 -D
           ├─5161 logger -p user info -t marathon[5111]
           └─5162 logger -p user notice -t marathon[5111]
```

图 11-42　启动 marathon 服务

11.4.3　访问 Mesos 的图形界面

用户可以登录 Mesos 的 Web 端图形界面，查看群集状态。

使用浏览器访问 Master 节点 IP 地址的 5050 端口，即可进入 Mesos 图形界面。本实验中 Master 节点的 IP 地址可以为 192.168.80.146、192.168.80.147、192.168.80.148 中的任意一个。

例如，可以访问 http://192.168.80.146:5050，结果如图 11-43 所示。

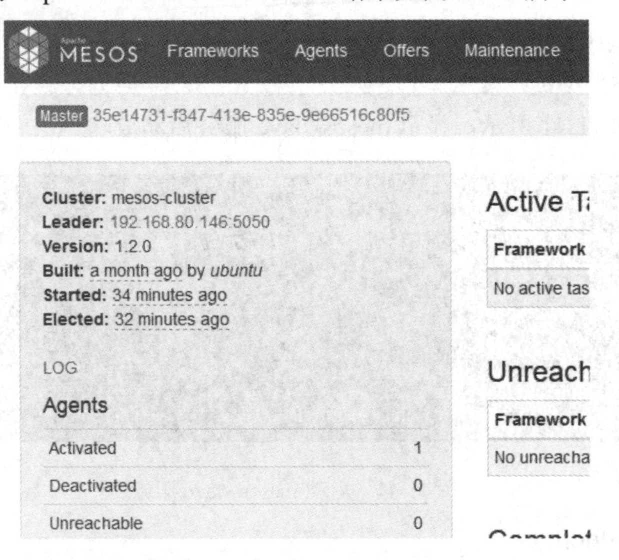

图 11-43　访问 Mesos 图形界面

可以看到，目前的 Leader 节点为 192.168.80.146；Cluster 名称为 mesos-cluster；Agents 栏的 Activated 值为 1，表示有一个 Slave 节点已经接入 Cluster。

11.4.4　在 Marathon 的图形界面创建容器

用户可以在 Marathon 的 Web 界面中创建容器，过程如下。

1．登录 Marathon 主页

使用浏览器访问某一 Master 节点的 IP 地址加 8080 端口，例如 http://192.168.80.146:8080，就可以进入 Marathon 的图形界面，结果如图 11-44 所示。

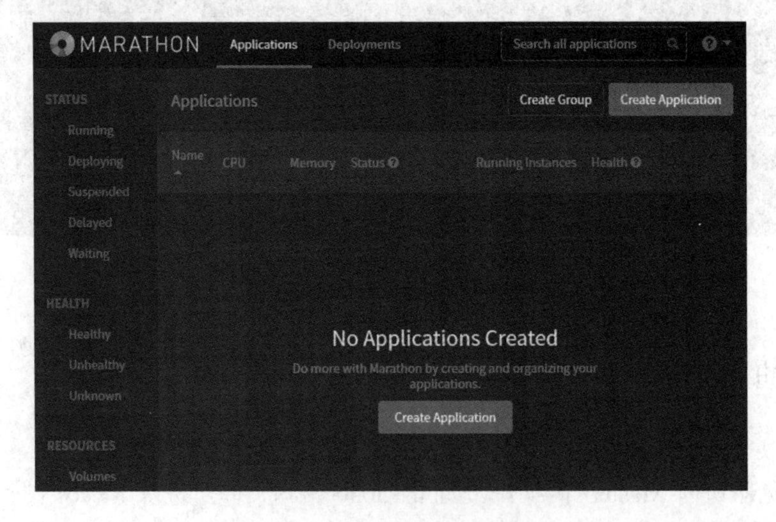

图 11-44　访问 Marathon 主页

2．创建容器

单击页面中央的【Create Application】按钮，进入容器创建页面，如图 11-45 所示。

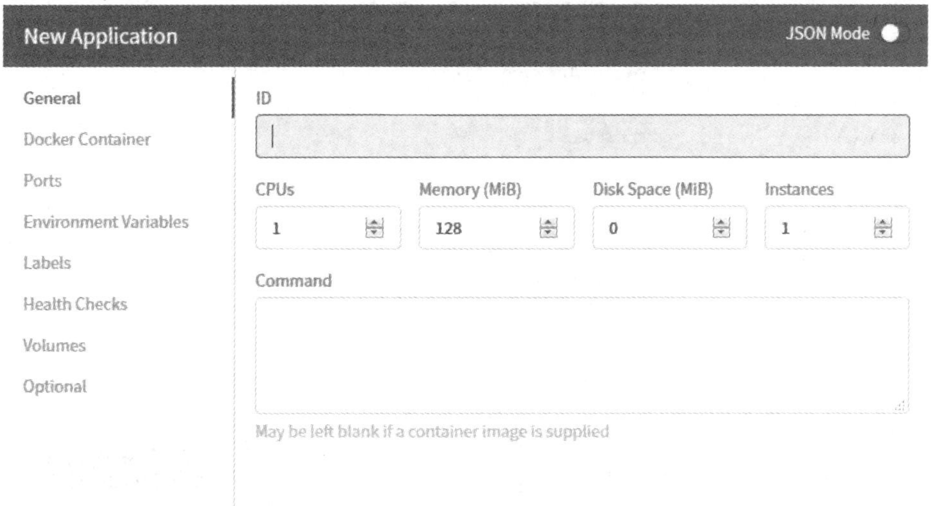

New Application　JSON Mode
General
Docker Container
Ports
Environment Variables
Labels
Health Checks
Volumes
Optional
ID
CPUs　Memory (MiB)　Disk Space (MiB)　Instances
1　128　0　1
Command
May be left blank if a container image is supplied

图 11-45　进入容器创建界面

注意，创建容器之前，需要先把镜像下载到本地，详细操作参见 10.3 节。

3．分配资源

在容器创建页面中，可以给容器分配 CPU、内存等资源。CPU 的最小分配单位是 0.1，即 10%的 CPU；内存的默认大小是 32 MB，如图 11-46 所示。

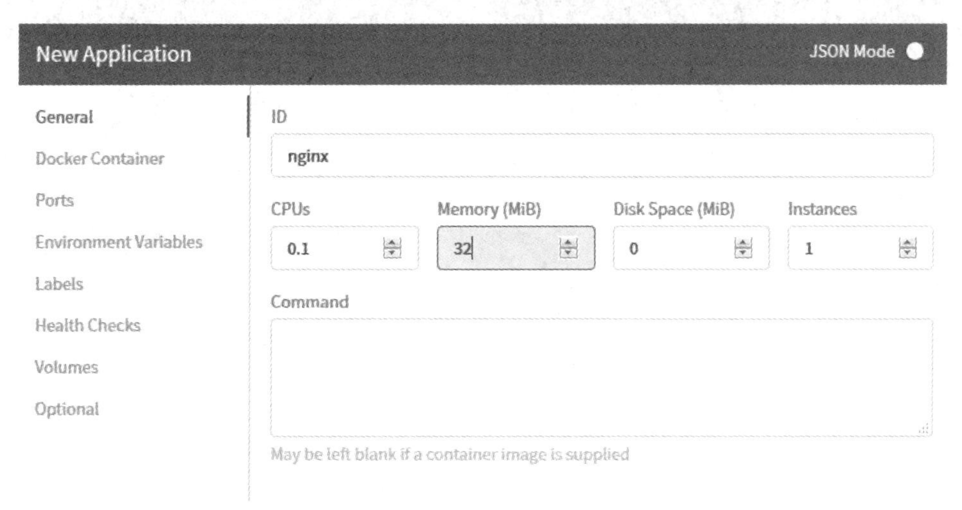

图 11-46　给要创建的容器分配资源

4．指定镜像

单击页面左侧菜单中的【Docker Container】命令，在页面右侧出现的【Image】项目下输入容器所用镜像的名称，如 nginx，如图 11-47 所示。

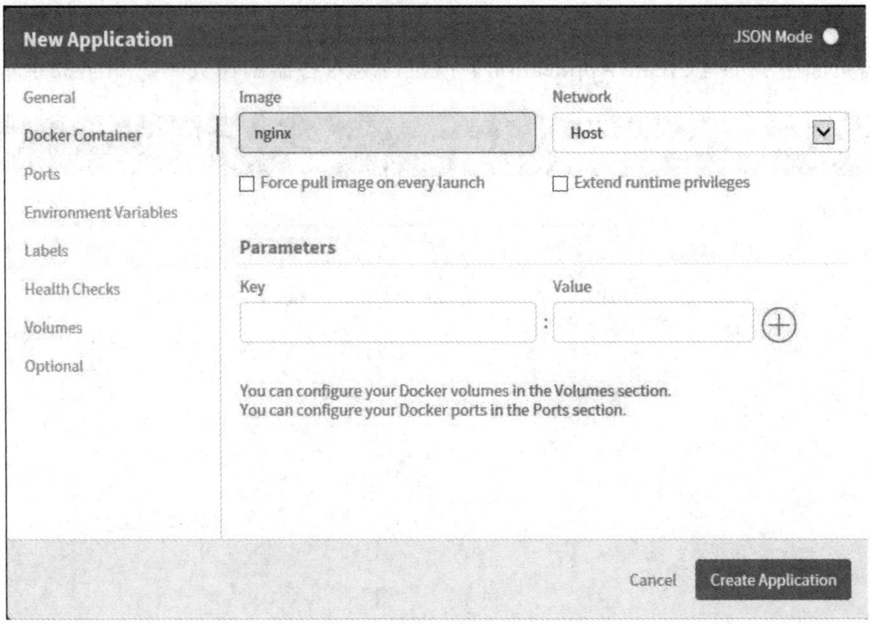

New Application
JSON Mode
General
Docker Container
Ports
Environment Variables
Labels
Health Checks
Volumes
Optional
Image
nginx
Network
Host
Force pull image on every launch
Extend runtime privileges
Parameters
Key
Value
You can configure your Docker volumes in the Volumes section.
You can configure your Docker ports in the Ports section.
Cancel
Create Application

图 11-47　选择容器基于的镜像

5．指定网络端口

单击页面左侧菜单中的【Ports】命令，可以指定容器的端口号、协议类型和名称。本实验使用默认的主机自带网络。设置完毕，单击【Create Application】按钮，开始创建容器，如图 11-48 所示。

New Application
JSON Mode
General
Docker Container
Ports
Environment Variables
Labels
Health Checks
Volumes
Optional
Port
Protocol
Name
$PORT0
tcp
Configure your application to listen to $PORT0 which will be assigned dynamically.
For more advanced port configuration options, including service ports, use JSON mode.
Cancel
Create Application

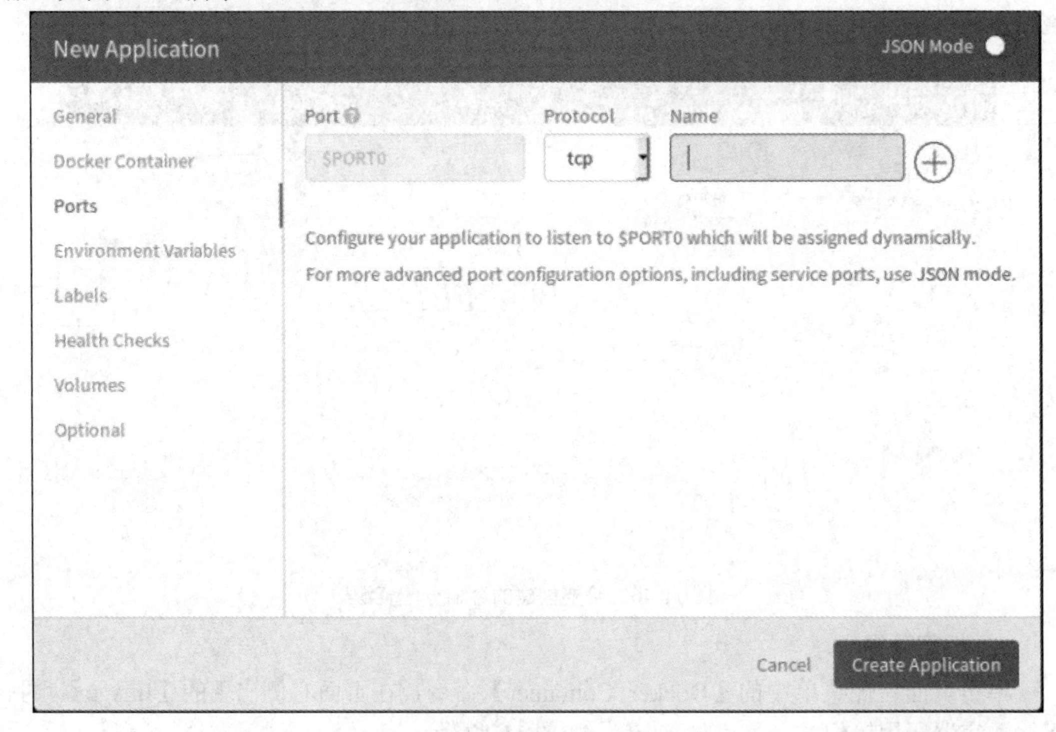

图 11-48　指定容器的网络端口

6．容器创建完成

回到 Marathon 主页，可以在其中看到新建的容器，其【Status】(状态)为黄色字符“Deploying”，表示容器正处于创建过程中，如图 11-49 所示。

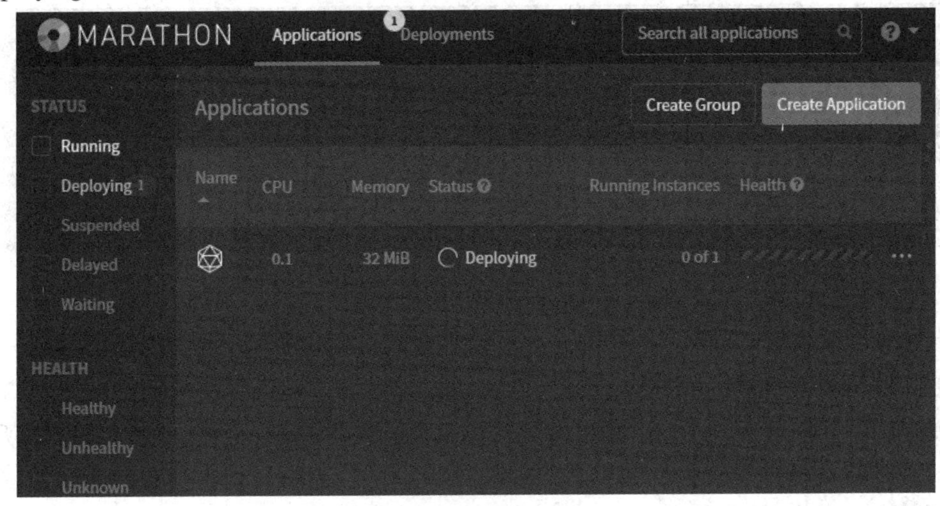

图 11-49　正在创建容器

容器创建完成后的主页如图 11-50 所示，可以看到【STATUS】中黄色的“Deploying”已经变成了蓝色的“Running”，表明容器创建成功，且可以正常运行。

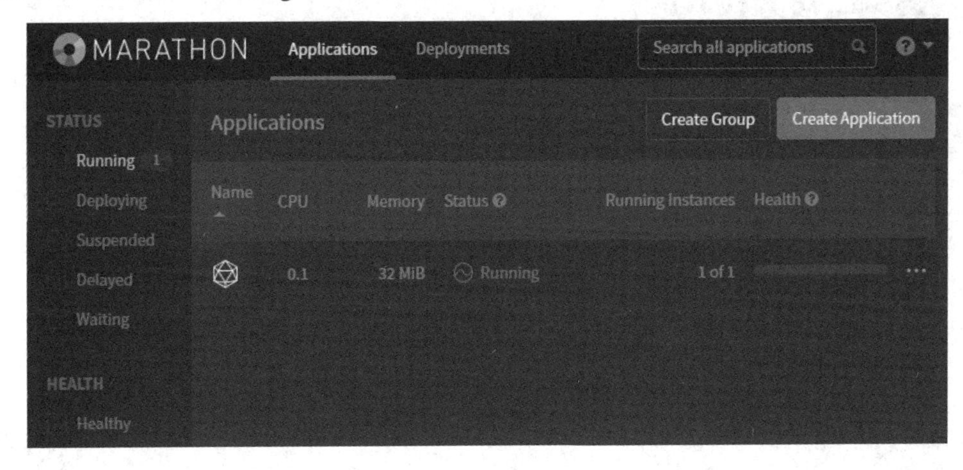

图 11-50　容器创建完成

7．在本地查看容器

容器创建完成后，可以在 Slave 节点上查看容器状态。如图 11-51 所示，容器运行正常。

图 11-51　在本地查看新建容器状态

8. 容错测试

如果在本地 Slave 节点上使用 docker stop 命令停止容器，Marathon 检测到正在运行的容器已经退出运行，就会根据创建时的设置再创建一个新的容器，如图 11-52 所示。

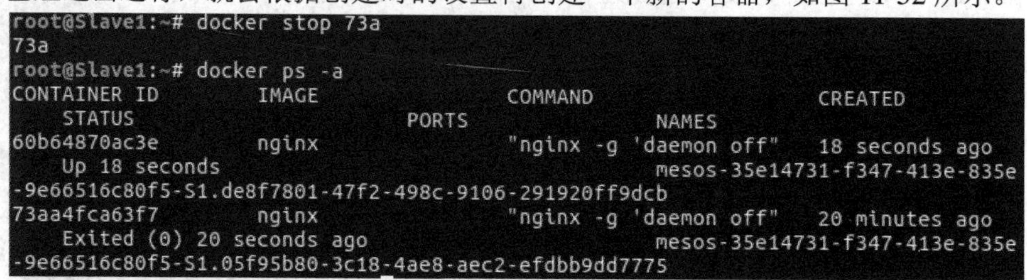

图 11-52　查看容器状态

可以看到，新容器已经正常运行，表明容器在意外停止后可以被重建。

9. 在 Web 端查看容器

使用浏览器登录 Mesos 的 Web 主页，可以查看容器的运行状态。如图 11-53 所示，在 Mesos 主页右侧的【Active Tasks】栏目，可以看到【Task Name】为“nginx”的容器在正常运行。

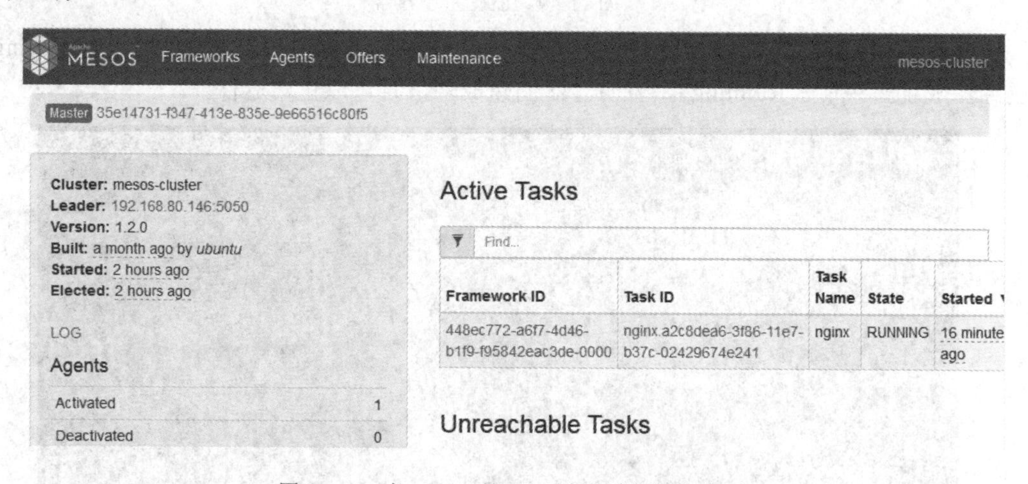

图 11-53　在 Mesos 的 Web 端查看容器状态

本 章 小 结

最新更新

通过本章的学习，读者应当了解：

✧ 在基于 Ubuntu 和 CentOS 镜像的容器上安装并配置 SSH 服务，可以对容器进行远程访问。

✧ Docker Compose 是 Docker 官方的编排工具，可以实现对容器资源的灵活管理。

✧ 使用 Docker Compose 模版文件启动的一组容器可以相互连接。

✧ Docker Swarm 即容器集群服务，使用这项服务可以把多台安装了 Docker 的宿主机封装成一台虚拟的 Docker 主机，从而快速打造一个基于 Docker 的容器云平台。

✧ Mesos 可以对集群资源进行抽象和管理，从而实现分布式应用的自动调度。
✧ 安装 Mesos 后，可以在 Mesos 的 Web 图形界面中监控容器的运行状态。
✧ 可以使用 Marathon 的 Web 图形界面创建容器。

本 章 练 习

1．有关在 CentOS 容器和 Ubuntu 容器中添加 SSH 服务，下列说法错误的是______。

A. 均需要修改/etc/ssh/sshd_config 文件

B. 均需要将/etc/ssh/sshd_config 文件中的“PermitRootLogin prohibit-password”修改为“PermitRootLogin yes”

C. 在 CentOS 容器中，还需要将/etc/ssh/sshd_config 文件中的“UsePrivilegeSeparation sandbox”改为“UsePrivilegeSeparation no”

D. 在 Ubuntu 容器中，还需要将/etc/ssh/sshd_config 文件中的“UsePrivilegeSeparation sandbox”改为“UsePrivilegeSeparation no”

2．有关 Docker Compose，下列说法错误的是_______。

A. 大部分 Docker Compose 命令的对象既可以是项目本身，也可以指定为项目中的服务或者容器

B. Docker Compose 可以定义和运行多个 Docker 容器

C. 如果没有特别的说明，则 Docker Compose 命令的对象将是服务

D. 可以配置一个单独的 docker-compose.yml 文件(YAML 格式)来定义一组容器，以满足某个项目的需求

3．在 Docker Compose 命令中，能够自动完成构建镜像、(重新)创建服务、启动服务并关联服务相关容器的一系列操作的命令是_______。

A. docker-compose start

B. docker-compose up

C. docker-compose build

D. docker-compose restart

4．某个 docker-compose.yml 文件的内容如下，下列说法正确的是_______。(多选)

```
registry:
image: registry:latest
restart: always
volumes:
    - /opt/registry:/var/lib/registry
ports:
   - "5001:5000"
```

A. 指定启动的容器名称为 registry，指定容器退出后的重启策略为始终重启

B. 将数据卷默认的路径/opt/registry 挂载到路径/var/lib/registry 下

C. 指定容器端口 5000 对应的暴露端口为 5001

D. 书写有误，除第一行的容器名称外，指令信息不能顶格书写

5．有关 Docker Swarm 中的 docker swarm init 命令，下列说法正确的是_____。(多选)

A. 集群进行初始化，并将当前节点作为 Manager 节点加入集群

B. 集群进行初始化，并将当前节点作为 Worker 节点加入集群

C. 集群进行初始化，并返回其他节点以 Manager 身份加入集群

D. 集群进行初始化，并返回其他节点以 Worker 身份加入集群

6．某集群有图中 4 个节点，可以使用 docker node ls 命令成功查看集群状态的是_______。

```
ID                            HOSTNAME   STATUS   AVAILABILITY   MANAGER STATUS
0smthvkph49yub66rj08lv7jx     Swarm4     Ready    Active
84nd0lpp18issj2fh5aqljit3     Swarm3     Ready    Active
a1kb1ppzgimm0s0z51cuuoxb1 *   Swarm1     Ready    Active         Leader
cl1lbqgpmtxr17pksosxbx84i     Swarm2     Ready    Active
```

A. Swarm1

B. Swarm2

C. Swarm3

D. Swarm4

7．在某集群上启动 SSH 服务，初始时服务实例数量为 4，要求在服务启动后将服务实例数量减少到 1，则下列操作命令正确的是_______。

A. docker service scale ssh-server=3

B. docker service scale ssh-server=1

C. docker service ssh-server=1

D. docker service ssh-server=3

8．Mesos 采用“主-从”结构，包括数个 Master 节点和大量 Slave 节点。有关 Mesos 的部署，下列说法错误的是_______。

A. Mesos Master 需要部署到所有 Master 节点

B. Mesos Slave 需要部署到所有 Slave 节点

C. Marathon 一般部署在 Master 节点

D. ZooKeeper 需要部署到所有 Slave 节点

9．在 Mesos 集群搭建过程中，关于 ZooKeeper 的配置及运行的说法错误的是_____。

A. 依次启动各 Master 节点的 zookeeper 服务后，在各节点上使用 /usr/share/zookeeper/bin/zkServer.sh status 命令，可以查看 zookeeper 服务的运行状态

B. ZooKeeper 的 myid 文件用于记录加入 ZooKeeper 集群的节点序号，范围在 1～255 之间

C. 由于每个节点在 ZooKeeper 集群中都有序号，因此需要在各节点的 myid 文件中写入其序号值，可以重复

D. ZooKeeper 的 zoo.cfg 文件用于记录集群中机器的序号、IP 地址和监听端口

10．有关 Mesos 集群搭建过程中的节点配置，下列说法错误的是_______。

A. 配置 Master 节点时，要修改/etc/mesos-master 路径下的文件，配置 Slave 节点时，则要修改/etc/mesos-slave 路径下的文件

B. 配置 Master 节点时，可以自定义 cluster 文件，即设置集群名称，若不配置这

个文件，Mesos 启动后，集群名称将空缺

C. 配置 Slave 节点时，ip 文件用于写入和 Master 节点通信的 IP 地址，即 Slave 节点主机的 IP 地址

D. 配置 Master 节点时，quorum 文件中设置的数值一般大于 ZooKeeper 群集中节点数目的一半

11．有关下面 Mesos 图形界面中显示的信息，下列描述正确的是______。

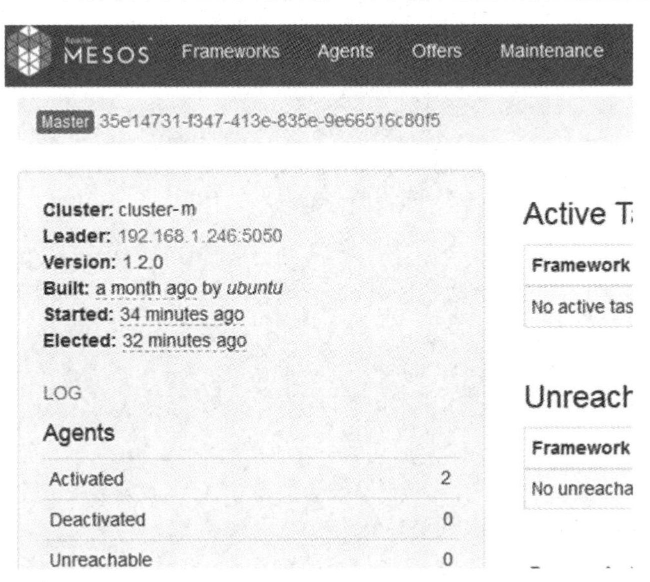

A. 集群名称为 cluster-m，Leader 节点的 IP 地址为 192.168.1.246，Activated 的值为 2，表示有两个 Master 节点已经接入该集群

B. 集群名称为 cluster-m，有一个 Slave 节点的 IP 地址为 192.168.1.246，Activated 的值为 2，表示有两个 Master 节点已经接入该集群

C. 集群名称为 cluster-m，Leader 节点的 IP 地址为 192.168.1.246，Activated 的值为 2，表示有两个 Slave 节点已经接入该集群

D. 集群名称为 cluster-m，有一个 Slave 节点的 IP 地址为 192.168.1.246，Activated 的值为 2，表示有两个 Slave 节点已经接入该集群

12．在容器内安装 SSH 服务，并远程登录该容器。

13．安装并使用 Docker Compose，然后在前台启动运行 Java 编程环境的程序，在后台启动运行 MySQL 数据库的容器，Java 可以正常连接 MySQL。

14．安装并使用 Docker Swarm，然后在上面创建一组可以实现负载均衡的容器。

15．安装并使用 Mesos 集群，然后在 Marathon 图形界面中创建并启动容器，最后在 Mesos 的 Web 界面中检测容器的运行。